MATEMÁTICAS ORIENTADAS A LAS ENSEÑANZAS APLICADAS 4

SECUNDARIA EDELVIVES

AUTORES
María Presentación García López
Pedro Ortega Pulido
Francisco Torres Quesada

ESPACIO *MAKER*
Rafaela Gallardo Madueño
José Antonio Muriel Zafra

REVISOR TÉCNICO
Vidal Quiralte Fuentes

El 0,7 % de la venta de este libro se destina
a proyectos de desarrollo de la ONGD SED
www.sed-ongd.org

PEFC
PEFC/14-38-00260
Certificado PEFC
Este producto procede de bosques gestionados de forma sostenible y fuentes controladas
www.pefc.es

PARA QUE

EXPERIMENTAR
DECIDIR
APRENDER
CONSTRUIR

SUMEMOS ESFUERZOS
SIGAMOS EN CONTACTO
TOMEMOS CONCIENCIA
VOLVAMOS A ENCONTRARNOS

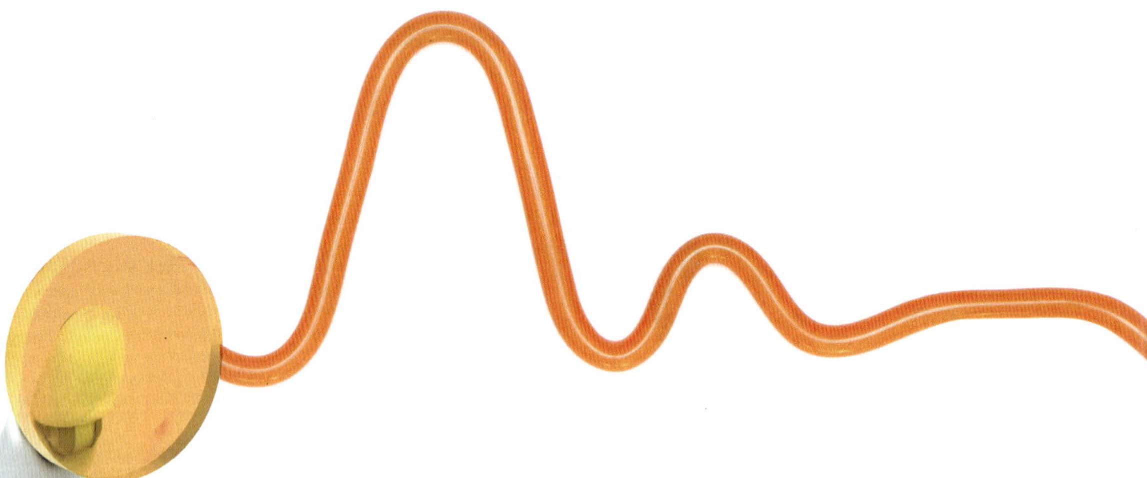

COSAS

ESPECIALES
FUTURIBLES
IMPORTANTES
DIFERENTES

LAS

MUJERES VIVAN
REDES DESENREDEN
NOTICIAS SEAN CIERTAS
DESPEDIDAS INCLUYAN AGRADECIMIENTOS

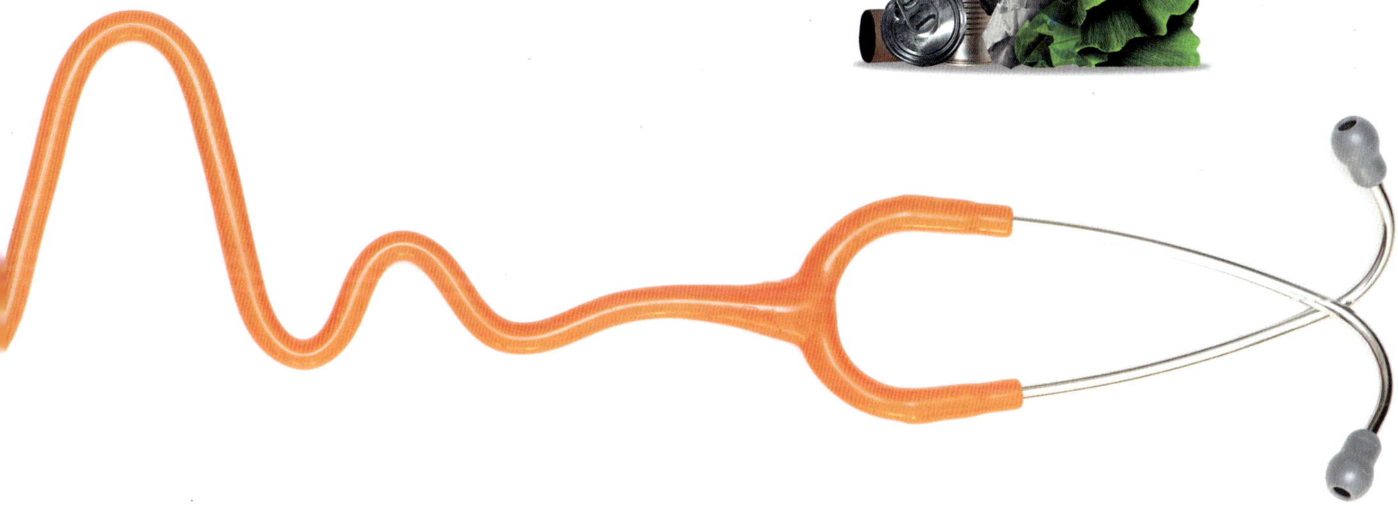

OCU 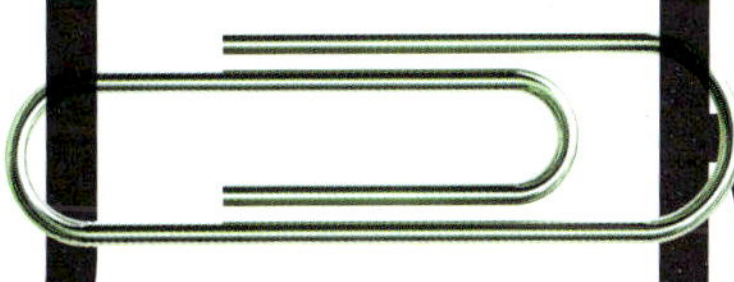 RRAN

ASÍ ES ESTE LIBRO
PARA QUE LAS COSAS OCURRAN

Cada unidad se estructura en dos partes: una teórica y otra práctica.

Teoría

Las páginas de teoría presentan los contenidos de forma sencilla, concreta y visual. En ellas son tan importantes los textos explicativos como los elementos gráficos y los ejemplos o modelos que los acompañan y los complementan.

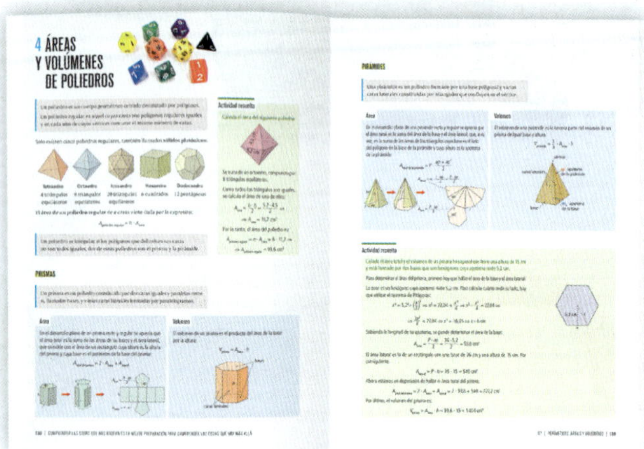

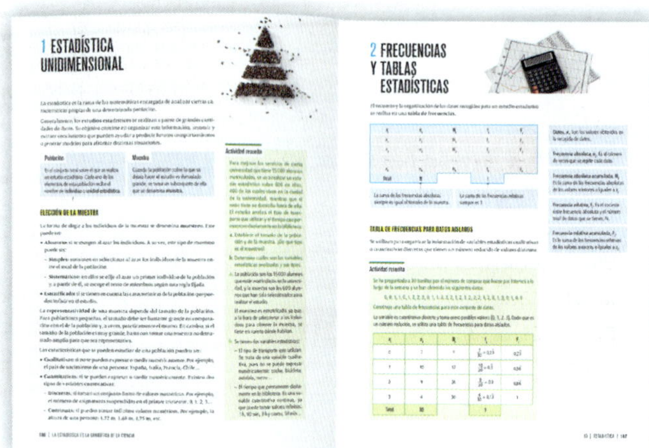

Actividades

Las páginas de actividades plantean ejercicios y propuestas de aplicación de los contenidos estudiados en la unidad. Todos ellos están agrupados según el epígrafe al que corresponden.

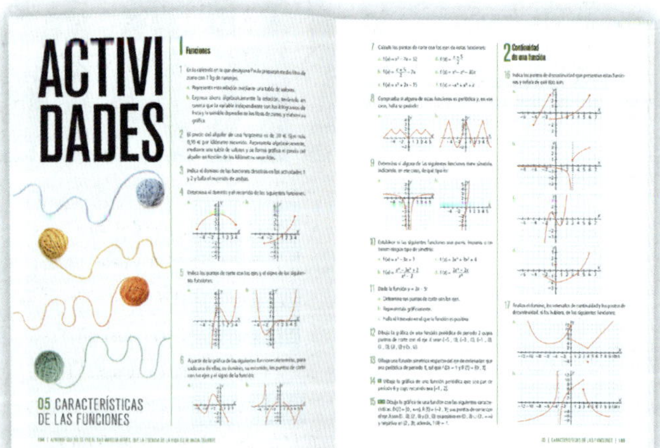

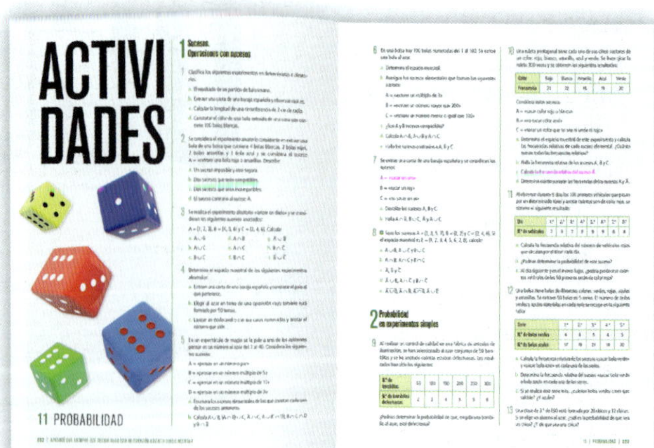

Lo novedoso de cada unidad es que comienza en un espacio *maker*, donde se plantean varias tareas para poner en práctica diversas habilidades y capacidades, en función de los contenidos que se trabajen.

06 TIPOS DE FUNCIONES

NO SE TRATA DE DÓNDE VIENES SINO DE A DÓNDE VAS

ELLA FITZGERALD

PRESENTAR

DISFRÁZATE DE FUNCIÓN

Vuestro colegio ha organizado una gran fiesta de disfraces bajo el lema «La función lineal y afín». Diseñad vuestros atuendos y recopilad todas las características de la función que representáis. Llegado el momento de la fiesta, tendréis que buscar, entre todos los invitados, a aquellos que hayan elegido vuestro mismo tipo de función. Cuando os hayáis reunido todos, explicaréis al resto de invitados a la fiesta qué es lo que representáis y cuáles son vuestras características. Será un buen momento para «conoceros» mejor.

CONOCER

PINTORES DE FUNCIONES

En un museo cercano a vuestro centro se va a celebrar una exposición de obras relacionadas con las funciones cuadráticas y el comisario de la exposición os ha pedido ayuda para completar Organizad la clase en grupos, de modo que ur se encarguen de escribir las características de funciones cuadráticas determinadas y los otros dibujarlas siguiendo las indicaciones. Después, grupos intercambiarán los roles. Los dibujos resultantes se entregarán luego al comisario d exposición para exhibirlos en el museo.

CREAR

¡CUIDADO, QUE HAY CURVAS!

Una empresa de juegos educativos os ha contratado para elaborar un juego orientado a aprender matemáticas de una forma entretenida. Con este fin, habéis pensado en preparar tarjetas de dos colores: uno de ellos para las funciones de proporcionalidad inversa y el otro color dedicado a las funciones exponenciales. En cada una de las tarjetas de cada color tendréis que plantear una cuestión sobre el tipo de función correspondiente e incluir la solución en el reverso. Partiendo de este material, inventaos un juego y diseñad sus reglas.

INVESTIGAR

EL NOTICIERO

Os han pedido que elaboréis un artículo sobre aplicaciones de las funciones para incluirlo en próxima edición de la revista que vuestro cent de enseñanza publica con carácter anual. Así tenéis que convertiros por unos días en report atentos a vuestro entorno, Internet, la televisió etc., a fin de recopilar noticias interesantes sol todo tipo de situaciones y eventos susceptibles de ser representados o complementados mediant funciones. Preparad un *collage* con todas esta noticias y sus funciones y proponedlas como u «gran noticiero» para incluir en la revista.

Frase

La frase que introduce la unidad da pie a reflexionar sobre el pensamiento o idea que expone. También es una oportunidad de conocer las aportaciones realizadas por el hombre o la mujer que pronunció esa cita.

Presentar

Es una tarea en la que se ponen en juego las habilidades y destrezas comunicativas, particularmente las relacionadas con la expresión oral, a partir de una propuesta vinculada con algún contenido de la unidad.

Crear

Es una tarea que implica la elaboración de un producto aplicando algunos de los contenidos propuestos en la unidad. Su finalidad es desarrollar la creatividad y la imaginación para aprender haciendo.

Conocer

Es una tarea enfocada a estudiar, repasar, consolidar, relacionar... determinados contenidos de la unidad. Pretende ser también una herramienta para aprender a aprender.

Investigar

Es una tarea cuyo objetivo principal es experimentar, recopilar información, comprobar o refutar hipótesis, trabajar con diversas fuentes... Con esta propuesta se desarrolla especialmente la competencia digital.

LO QUE VAMOS A APRENDER

PARA QUE LAS COSAS OCURRAN

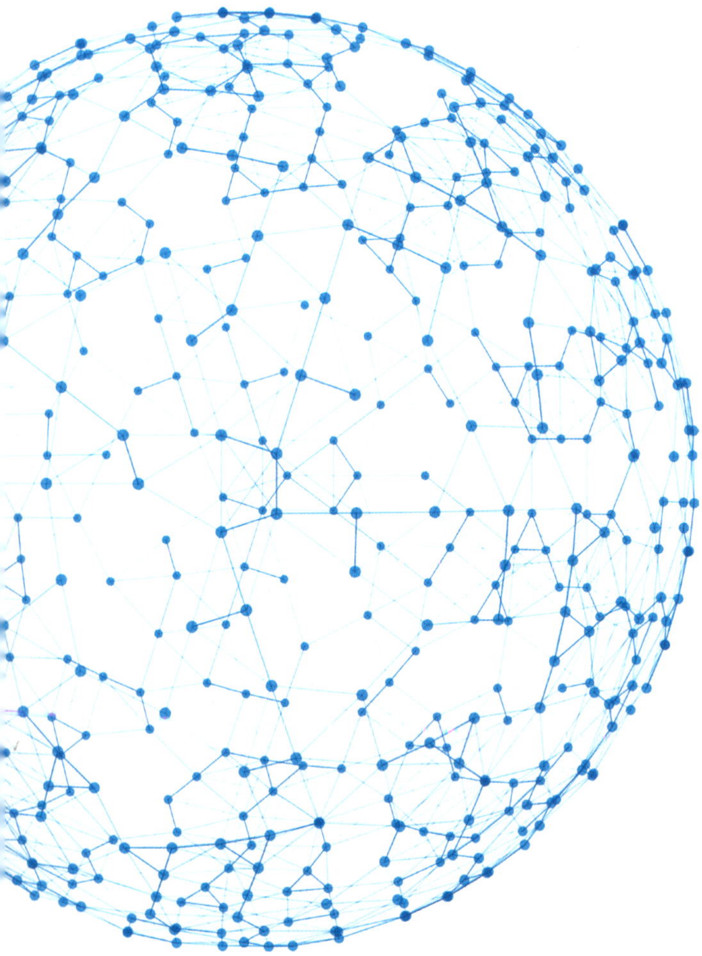

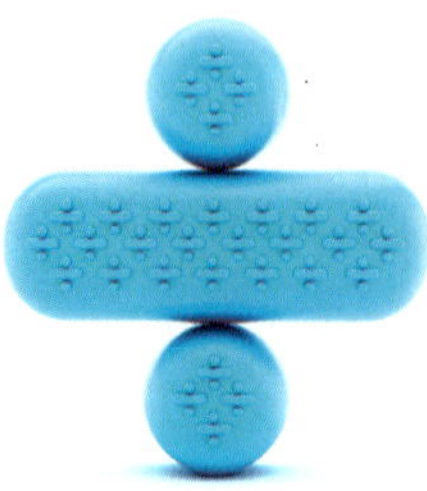

MATEMÁTICAS APLICADAS

05 CARACTERÍSTICAS DE LAS FUNCIONES

06 TIPOS DE FUNCIONES

07 PERÍMETROS, ÁREAS Y VOLÚMENES

08 SEMEJANZA

09 TRIÁNGULOS RECTÁNGULOS

10 ESTADÍSTICA

11 PROBABILIDAD

01 NÚMEROS REALES

CUENTA TU **EDAD** POR AMIGOS NO POR **AÑOS** CUENTA TU **VIDA** POR SONRISAS NO POR **LÁGRIMAS**

JOHN LENNON

PRESENTAR

RADIO INTERVALO

Os proponemos la elaboración del guion para un programa radiofónico sobre los distintos tipos de intervalos y semirrectas: tenéis que procurar que resulte ameno, de forma que permita acercar el tema a vuestros oyentes. No olvidéis ayudaros de ejemplos extraídos de la vida cotidiana susceptibles de ser descritos por estas herramientas matemáticas.

CONOCER

¡NO TE OLVIDES!

Os disponéis a diseñar vuestra versión del juego de la memoria. Preparad cinco tarjetas con una operación combinada con números racionales distinta en cada una y otras cinco con sus soluciones, todas ellas del mismo tamaño. Colocad las tarjetas boca abajo e invitad a los miembros de otros grupos a que, por turnos, traten de encontrar todas las parejas siguiendo las reglas del clásico juego.

CREAR

LA POTENCIA DE LAS MATEMÁTICAS

Estáis a punto de publicar en vuestro instituto la revista *La potencia de las matemáticas*. Para el primer número tenéis pensado diseñar un numerograma con preguntas cuya resolución exigirá la realización de operaciones con números en notación científica. Completad los huecos con los resultados de las respuestas transformadas a notación normal y guardad la plantilla. Intercambiad vuestro crucigrama numérico con los de otros grupos a fin de revisarlos y comprobad que están bien diseñados.

INVESTIGAR

CAMISETAS IRRACIONALES

En un local cercano a vuestro centro de estudios se va a inaugurar un negocio de estampado e impresión de camisetas. La jefa de la tienda, una antigua alumna, os ha pedido que la ayudéis a completar su catálogo elaborando diseños basados en los números irracionales. Investigad sobre ellos y preparad vuestros propios modelos. ¡Aventuraos a ser los más originales!

1 AMPLIACIONES DE LOS CONJUNTOS NUMÉRICOS

Los conjuntos numéricos han ido apareciendo a lo largo de la historia en función de las necesidades del ser humano.

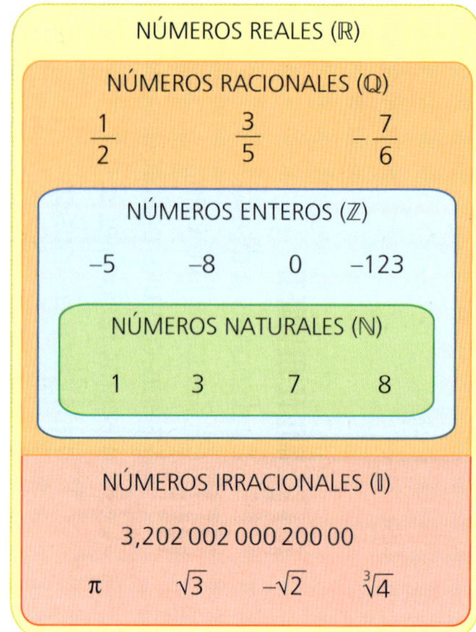

Números naturales	$\mathbb{N}$	El primer conjunto numérico surgió por la necesidad de contabilizar elementos de un conjunto (número de ovejas de un rebaño, por ejemplo) y de ordenar elementos (primer árbol, segundo árbol…). Son los **números naturales:** $\mathbb{N} = \{1, 2, 3, 4, \ldots\}$
Números enteros	$\mathbb{Z}$	La diferencia de dos números naturales no siempre es un número natural, por ejemplo 3 – 5. Esto provocó la aparición de los números negativos, que, junto con los números naturales y el 0, dan lugar a los **números enteros:** $\mathbb{Z} = \{\ldots, -4, -3, -2, -1, 0, 1, 2, 3, 4, \ldots\}$
Números racionales	$\mathbb{Q}$	El cociente de dos números enteros no siempre da como resultado otro número entero, por ejemplo 8 : 3. Esto originó la necesidad de crear el conjunto de los números fraccionarios y, con ellos, el de los **números racionales:** $\mathbb{Q} = \left\{\frac{p}{q}, \text{ donde } p \text{ y } q \text{ son números enteros, con } q \neq 0\right\}$
Números reales	$\mathbb{R}$	Algunas operaciones realizadas con números racionales dan como resultado un número que no es racional, como la raíz cuadrada. El ejemplo más típico es $\sqrt{2}$, que no se puede representar en forma de fracción. De esta manera surgió la necesidad de construir un conjunto formado por los números racionales y los números que no pueden expresarse como una fracción, es decir, los números irracionales, $\mathbb{I}$. Se crearon, así, los **números reales:** $\mathbb{R} = \mathbb{Q} \cup \mathbb{I}$

Se completa, de esta manera, el proceso de ampliación sucesiva de los distintos conjuntos numéricos:

$$\mathbb{N} \subset \mathbb{Z} \subset \mathbb{Q} \subset \mathbb{R}$$

Actividad resuelta

Indica el conjunto más pequeño ($\mathbb{N}$, $\mathbb{Z}$, $\mathbb{Q}$ o $\mathbb{R}$) al que pertenecen los valores numéricos correspondientes a las siguientes expresiones:

a. $8 - 5$

b. $1 + \frac{1}{2}$

c. $\sqrt[3]{-1000}$

d. $2 + \sqrt{2}$

e. 3^3

f. -5^2

g. $(-1)^3 + (-1)^5$

h. $\frac{3}{2}\sqrt{8}$

Se simplifica cada expresión para poder determinar el tipo de número resultante:

a. $8 - 5 = 3$. Es un número natural.

b. $1 + \frac{1}{2} = \frac{3}{2}$. Es un número racional.

c. $\sqrt[3]{-1000} = -10$. Es un número entero.

d. $\sqrt{2} + 2$. Como $\sqrt{2}$ es irracional, sigue siéndolo al sumarle dos unidades. Por lo tanto, es un número real.

e. $3^3 = 27$. Es un número natural.

f. $-5^2 = -25$. Es un número entero.

g. $(-1)^3 + (-1)^5 = -2$. Es un número entero.

h. $\frac{3}{2}\sqrt{8} = \frac{3}{2}\sqrt{2^3} = \frac{3 \cdot 2}{2}\sqrt{2} = 3\sqrt{2}$. Como $\sqrt{2}$ es irracional, también lo es al multiplicarlo por 3. En consecuencia, es un número real.

2 NÚMEROS RACIONALES E IRRACIONALES

El conjunto de los números reales se divide en aquellos que pueden expresarse en forma de fracción, los racionales, y los que no, los irracionales.

2.1. NÚMEROS RACIONALES

A cada número racional le corresponde una expresión decimal, que puede ser:

Decimal exacto

La parte decimal del número resultante tiene un número finito de cifras.

$\frac{9}{5} \Rightarrow 9 : 5 = 1{,}8$ (Parte entera: 1; Parte decimal: 8)

Decimal periódico puro

La parte decimal del número resultante tiene un número infinito de cifras que se repiten indefinidamente.

$\frac{8}{3} \Rightarrow 8 : 3 = 2{,}666\ldots = 2{,}\widehat{6}$ (Parte entera: 2; Periodo: 6)

Decimal periódico mixto

La parte decimal del número resultante tiene un número infinito de cifras que se repiten después de una determinada cifra.

$\frac{11}{6} \Rightarrow 11 : 6 = 1{,}8333\ldots = 1{,}8\widehat{3}$ (Parte entera: 1; Anteperiodo: 8; Periodo: 3)

Para obtener el número racional que representa un número decimal, se calcula su **fracción generatriz.**

Actividad resuelta

Obtén la fracción generatriz de los siguientes números decimales:

a. 3,85

b. $9{,}\widehat{23}$

c. $2{,}1\widehat{8}$

a. Se llama N al número decimal exacto. Como es un número con dos cifras decimales, se multiplica por 100 para conseguir un número entero y se despeja N.

$$100N = 385 \Rightarrow N = \frac{385}{100} = \frac{77}{20}$$

b. Se denomina N al número decimal periódico puro: $N = 9{,}\widehat{23}$. Se multiplican por 100 ambos lados de la igualdad (tantos ceros como cifras tenga el periodo) y se restan los elementos de cada una de las dos igualdades para eliminar el periodo.

$$\begin{array}{rcl} 100N & = & 923{,}\widehat{23} \\ N & = & 9{,}\widehat{23} \\ \hline 99N & = & 914 \end{array} \Rightarrow N = \frac{914}{99}$$

c. Se designa con la letra N al número decimal periódico mixto: $N = 2{,}1\widehat{8}$. Se multiplican por 100 y por 10 ambos lados de la igualdad y se restan los elementos de cada una de las dos igualdades para eliminar el periodo.

$$\begin{array}{rcl} 100N & = & 218{,}\widehat{8} \\ 10N & = & 21{,}\widehat{8} \\ \hline 90N & = & 197 \end{array} \Rightarrow N = \frac{197}{90}$$

2.2. NÚMEROS IRRACIONALES

Fíjate en la expresión decimal de las siguientes operaciones:

$\sqrt{3} = 1{,}732\,050\,807\ldots \qquad \sqrt{7} = 2{,}645\,751\,311\ldots \qquad 3\pi = 9{,}424\,777\,96\ldots$

El conjunto de los números irracionales, $\mathbb{I}$, está compuesto por los números que constan de infinitas cifras decimales no periódicas. Estos números no se pueden expresar mediante una fracción.

3 REPRESENTACIÓN GRÁFICA DE NÚMEROS REALES

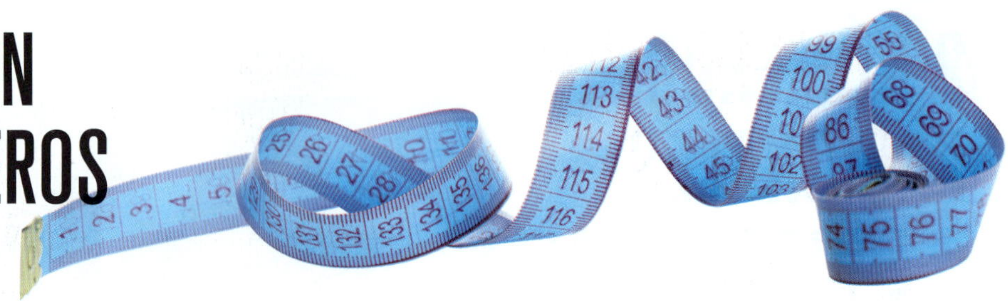

Todo número real se puede representar como un punto de una recta denominada **recta real.** A cada número real le corresponde un punto, y a cada punto de la recta real le corresponde un número real.

3.1 REPRESENTACIÓN DE NÚMEROS RACIONALES

Para representar **números fraccionarios,** se usa el teorema de Tales.

1 Para representar $\frac{2}{3}$, se dibuja una recta, se marca en ella el 0 y el 1 y se traza una recta auxiliar que pase por el 0 y esté inclinada hacia la derecha, ya que $\frac{2}{3}$ es positivo.

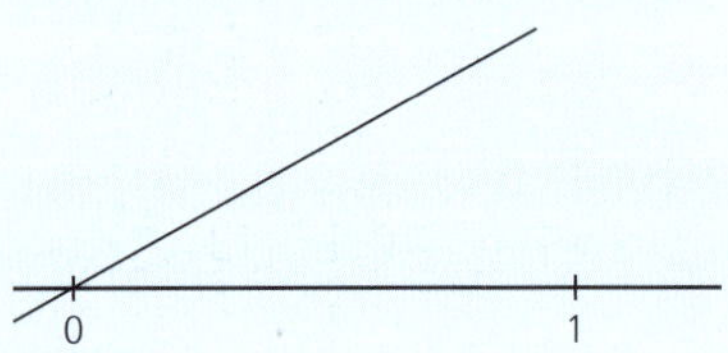

2 Sobre la recta auxiliar se marcan tres segmentos consecutivos iguales y se une el último con el 1 (es decir, se enlaza el punto $\frac{3}{3}$ de la recta auxiliar con el 1 de la recta real).

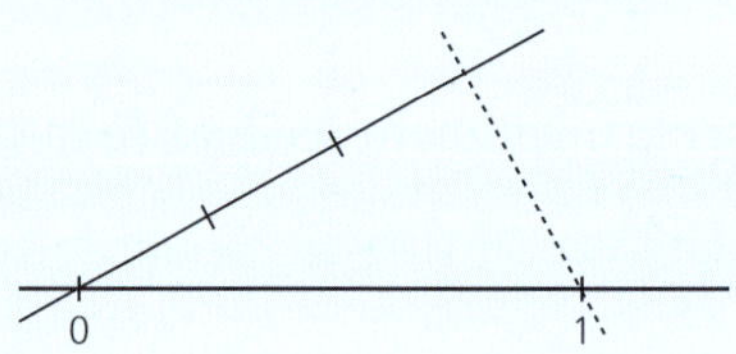

3 Se dibujan rectas paralelas a la trazada anteriormente que pasen por cada uno de los puntos de la recta auxiliar. Por el teorema de Tales, el número racional $\frac{2}{3}$ se corresponde con la 2.ª división en la recta real.

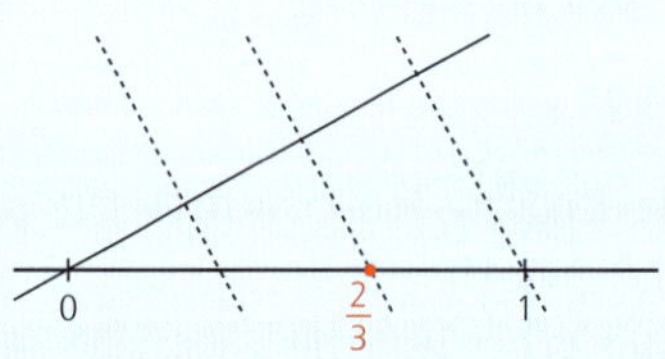

3.2. REPRESENTACIÓN DE NÚMEROS IRRACIONALES

Los **números irracionales** procedentes de una raíz cuadrada se pueden representar en la recta real utilizando el teorema de Pitágoras.

Para representar $\sqrt{10}$, por ejemplo, hay que tener en cuenta que $(\sqrt{10})^2 = 3^2 + 1^2$.
Así, $\sqrt{10}$ es la hipotenusa de un triángulo rectángulo cuyos catetos son 3 y 1.
Dibujando uno de los catetos en la recta real y el otro en una recta perpendicular, la hipotenusa se puede proyectar sobre la recta real, obteniéndose así la representación del número $\sqrt{10}$.

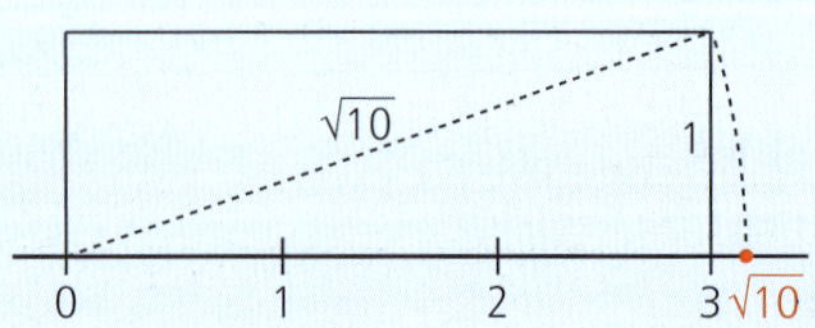

Actividad resuelta

Representa sobre la recta real los siguientes números reales:

a. $\frac{7}{3}$ **b.** $\sqrt{2}$ y $\sqrt{11}$

a. Para representar $\frac{7}{3}$, se efectúa previamente la división 7 : 3. Se obtiene 2 de cociente y 1 de resto, por lo que $\frac{7}{3} = 2 + \frac{1}{3}$. En el segmento que va de 2 a 3 se aplica el teorema de Tales para obtener $\frac{1}{3}$.

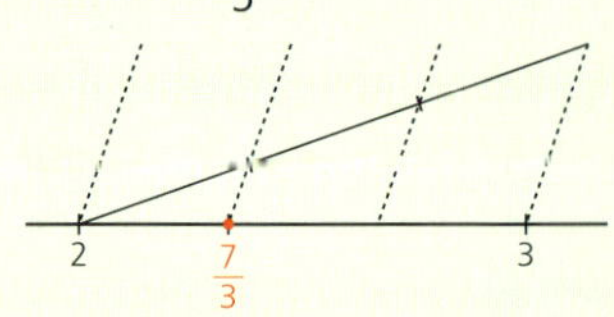

b. Mediante el teorema de Pitágoras:

$$(\sqrt{2})^2 = 1^2 + 1^2$$

$$(\sqrt{11})^2 = (\sqrt{2})^2 + 3^2$$

Se construyen los triángulos rectángulos cuyos catetos son 1, 1 y $\sqrt{2}$, 3, respectivamente. Se traslada el valor de la hipotenusa al eje:

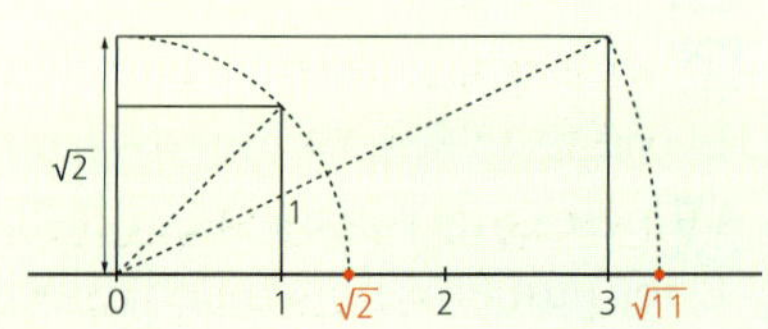

4 COMPARACIÓN DE NÚMEROS REALES

- Para **comparar fracciones,** estas se deben reducir a fracciones equivalentes con el mismo denominador para, después, ordenar los numeradores.
- Para **comparar números reales,** se representan sobre una misma recta numérica, de modo que los situados más a la derecha son mayores que los que se encuentran a su izquierda. En caso de no poder realizar la representación de alguno de ellos, se calculan tantas cifras decimales como sean necesarias para establecer la comparación.

Actividad resuelta

Compara las siguientes parejas de números reales y ordénalas de menor a mayor:

a. $\sqrt{3}$ y $\frac{5}{3}$ **b.** $\frac{63}{20}$ y π

a. Se representan gráficamente $\sqrt{3}$ y $\frac{5}{3}$:

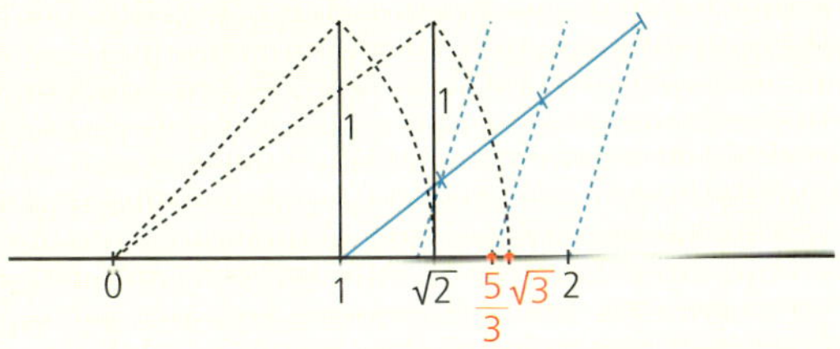

Se comprueba que $\frac{5}{3} < \sqrt{3}$.

b. Se expresan ambos números en forma decimal:

$$\frac{63}{20} = 3{,}15 \qquad \pi = 3{,}141\,59\ldots$$

En la segunda cifra decimal se observa que $\frac{63}{20}$ es mayor que π:

$$\pi < \frac{63}{20}$$

Actividad resuelta

Compara las siguientes fracciones, ordenándolas de menor a mayor:

$$-\frac{3}{4} \quad \frac{6}{5} \quad -\frac{5}{6} \quad \frac{13}{12}$$

El mínimo común múltiplo de 4, 5, 6 y 12 es 60, por lo que:

$$-\frac{3}{4} = -\frac{45}{60} \qquad \frac{6}{5} = \frac{72}{60}$$

$$-\frac{5}{6} = -\frac{50}{60} \qquad \frac{13}{12} = \frac{65}{60}$$

Al ordenar las fracciones resultantes según los valores de los numeradores, se obtiene:

$$-\frac{50}{60} < -\frac{45}{60} < \frac{65}{60} < \frac{72}{60}$$

Por tanto:

$$-\frac{5}{6} < -\frac{3}{4} < \frac{13}{12} < \frac{6}{5}$$

Representación gráfica del valor de π

Se puede conseguir una representación gráfica de π realizando los siguientes pasos:

1 Traza un círculo de 1 cm de radio en una cartulina o en un cartón.

2 Recórtalo y señala un punto cualquiera del borde.

3 Hazlo girar sobre un folio marcando la posición inicial y la final del punto.

4 La distancia entre las dos marcas es 2π cm; por lo tanto, la mitad de ese segmento mide π cm.

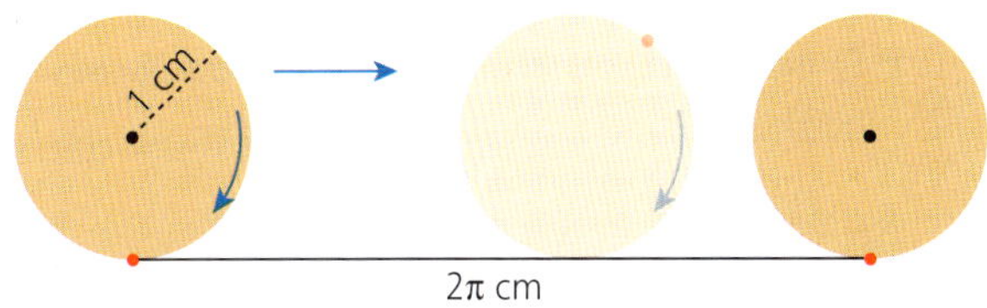

5 OPERACIONES CON NÚMEROS RACIONALES

Con los números racionales se pueden efectuar las mismas operaciones que con el resto de números.

Suma y resta

Se reducen las fracciones a común denominador, se suman o restan los numeradores, se deja el mismo denominador y se simplifica, si fuese posible, el resultado obtenido.

$$\frac{4}{9}+\frac{3}{9}=\frac{7}{9}$$

$$\frac{3}{4}-\frac{1}{8}=\frac{6}{8}-\frac{1}{8}=\frac{5}{8}$$

Multiplicación

Se multiplican los numeradores y los denominadores y se simplifica si fuera posible.

$$\frac{2}{5}\cdot\frac{3}{7}=\frac{6}{35}$$

División

Se multiplica el primero por el inverso del segundo y se simplifica si fuera posible.

$$\frac{1}{8}:\frac{4}{3}=\frac{1}{8}\cdot\frac{3}{4}=\frac{3}{32}$$

Potencia

Se multiplica cada número por sí mismo tantas veces como indique el exponente.

$$\left(\frac{3}{4}\right)^3=\frac{3}{4}\cdot\frac{3}{4}\cdot\frac{3}{4}=\frac{27}{64}$$

$$\left(\frac{4}{3}\right)^{-3}=\left(\frac{3}{4}\right)^3=\frac{27}{64}$$

Propiedades de las potencias con números racionales

Multiplicación con la misma base

$$\left(\frac{a}{b}\right)^m\cdot\left(\frac{a}{b}\right)^n=\left(\frac{a}{b}\right)^{m+n}$$

División con la misma base

$$\left(\frac{a}{b}\right)^m:\left(\frac{a}{b}\right)^n=\left(\frac{a}{b}\right)^{m-n}$$

Multiplicación con distinta base

$$\left(\frac{a}{b}\right)^m\cdot\left(\frac{c}{d}\right)^m=\left(\frac{a}{b}\cdot\frac{c}{d}\right)^m$$

División con distinta base

$$\left(\frac{a}{b}\right)^m:\left(\frac{c}{d}\right)^m=\left(\frac{a}{b}:\frac{c}{d}\right)^m$$

Potencia de una potencia

$$\left[\left(\frac{a}{b}\right)^m\right]^n=\left(\frac{a}{b}\right)^{m\cdot n}$$

Potencia de exponente 1

$$\left(\frac{a}{b}\right)^1=\frac{a}{b}$$

Potencia de exponente 0

$$\left(\frac{a}{b}\right)^0=1$$

Actividades resueltas

1 Efectúa las siguientes operaciones:

a. $\frac{5}{6}+\frac{3}{8}$ **b.** $\frac{4}{5}\cdot\frac{3}{2}$ **c.** $\frac{3}{7}:\frac{5}{8}$

a. Se reduce a denominador común y se suman los numeradores:

$$\frac{5}{6}+\frac{3}{8}=\frac{20}{24}+\frac{9}{24}=\frac{29}{24}$$

b. Se multiplican numeradores y denominadores:

$$\frac{4}{5}\cdot\frac{3}{2}=\frac{12}{10}=\frac{6}{5}$$

c. Se multiplica la primera fracción por la opuesta de la segunda:

$$\frac{3}{7}:\frac{5}{8}=\frac{3}{7}\cdot\frac{8}{5}=\frac{24}{35}$$

2 Realiza estas operaciones:

a. $\left(\frac{3}{4}\right)^3\cdot\left(\frac{3}{4}\right)^5$ **b.** $\left(\frac{4}{5}\right)^7:\left(\frac{3}{2}\right)^7$ **c.** $\left[\left(\frac{3}{4}\right)^3\right]^2$

a. Dado que es un producto de potencias con la misma base, se suman los exponentes:

$$\left(\frac{3}{4}\right)^3\cdot\left(\frac{3}{4}\right)^5=\left(\frac{3}{4}\right)^8$$

b. Al ser una división de potencias con el mismo exponente, se dividen las bases y se queda el mismo exponente:

$$\left(\frac{4}{5}\right)^7:\left(\frac{3}{2}\right)^7=\left(\frac{4}{5}:\frac{3}{2}\right)^7=\left(\frac{4}{5}\cdot\frac{2}{3}\right)^7=\left(\frac{8}{15}\right)^7$$

c. En este caso se trata de una potencia de una potencia; por consiguiente, se multiplican los exponentes:

$$\left[\left(\frac{3}{4}\right)^3\right]^2=\left(\frac{3}{4}\right)^6$$

5.1 JERARQUÍA DE LAS OPERACIONES

Cuando hay varias operaciones combinadas, se debe seguir este orden:

1. Se efectúan las operaciones que se encuentran entre paréntesis y corchetes, empezando por el más interno.
2. Se realizan las potencias y las raíces.
3. Se calculan las multiplicaciones y divisiones de izquierda a derecha.
4. Se llevan a cabo las sumas y las restas de izquierda a derecha.
5. Se simplifica si fuera posible.

Actividad resuelta

Realiza las siguientes operaciones:

a. $\frac{5}{2}+\frac{1}{2}\cdot\frac{5}{6}$

b. $\left(\frac{5}{2}+\frac{1}{2}\right)\cdot\frac{5}{6}$

c. $\frac{1}{4}-\frac{1}{3}\cdot\left(\frac{3}{2}\right)^2$

d. $3-\left(\frac{1}{2}+\frac{2}{5}\cdot\frac{3}{4}\right):\left(\frac{2}{5}\right)^3+\left(\frac{8}{3}\right)^{-2}\cdot\frac{8}{5}$

a. $\frac{5}{2}+\frac{1}{2}\cdot\frac{5}{6}=\frac{5}{2}+\frac{5}{12}=\frac{30}{12}+\frac{5}{12}=\frac{35}{12}$

Se efectúa la multiplicación. Se reducen las fracciones a común denominador. Se calcula la suma.

b. $\left(\frac{5}{2}+\frac{1}{2}\right)\cdot\frac{5}{6}=\left(\frac{6}{2}\right)\cdot\frac{5}{6}=3\cdot\frac{5}{6}=\frac{15}{6}=\frac{5}{2}$

Se realiza la operación que hay entre paréntesis. Se lleva a cabo la multiplicación. Se simplifica el resultado.

c. $\frac{1}{4}-\frac{1}{3}\cdot\left(\frac{3}{2}\right)^2=\frac{1}{4}-\frac{1}{3}\cdot\frac{9}{4}=\frac{1}{4}-\frac{9}{12}=\frac{1}{4}-\frac{3}{4}=-\frac{2}{4}=-\frac{1}{2}$

Se resuelve la potencia. Se efectúa la multiplicación. Se reducen las fracciones a común denominador. Se calcula la resta. Se simplifica el resultado.

d. $3-\left(\frac{1}{2}+\frac{2}{5}\cdot\frac{3}{4}\right):\left(\frac{2}{5}\right)^3+\left(\frac{8}{3}\right)^{-2}\cdot\frac{8}{5}=3-\left(\frac{1}{2}+\frac{6}{20}\right):\left(\frac{2}{5}\right)^3+\left(\frac{8}{3}\right)^{-2}\cdot\frac{8}{5}=3-\left(\frac{10}{20}+\frac{6}{20}\right):\left(\frac{2}{5}\right)^3+\left(\frac{8}{3}\right)^{-2}\cdot\frac{8}{5}=3-\frac{16}{20}:\left(\frac{2}{5}\right)^3+\left(\frac{8}{3}\right)^{-2}\cdot\frac{8}{5}=$

Se resuelven los paréntesis. Se realizan las potencias.

$=3-\frac{16}{20}:\frac{8}{125}+\left(\frac{3}{8}\right)^2\cdot\frac{8}{5}=3-\frac{16}{20}:\frac{8}{125}+\frac{9}{64}\cdot\frac{8}{5}=3-\frac{16\cdot125}{20\cdot8}+\frac{9\cdot8}{64\cdot5}=3-\frac{2000}{160}+\frac{72}{320}=$

Se efectúan la división y la multiplicación de izquierda a derecha. Se llevan a cabo las sumas y restas, reduciendo las fracciones a común denominador.

$=\frac{960}{320}-\frac{4000}{320}+\frac{72}{320}=\frac{-2968}{320}=\frac{-1484}{160}=\frac{-742}{80}=\frac{-371}{40}$

Se simplifica el resultado.

6 RADICALES

Cuando una raíz no es exacta, se puede dejar sin modificar, sin suprimir la raíz. Recibe entonces la denominación de **radical.**

> La **raíz enésima** de un número real, *a*, que se designa mediante $\sqrt[n]{a}$, es otro número real, *b*, que, elevado a la potencia *n*, da como resultado *a*, es decir:
>
> $$\sqrt[n]{a} = b \Leftrightarrow b^n = a$$

Los radicales pueden expresarse como potencias de exponente fraccionario:

$$\sqrt[n]{a^m} = a^{\frac{m}{n}}$$

$$\sqrt[6]{3^4} = 3^{\frac{4}{6}} = 3^{\frac{2}{3}} \qquad \sqrt{2^3} = 2^{\frac{3}{2}} \qquad \sqrt[3]{5} = 5^{\frac{1}{3}}$$

Los radicales tienen las siguientes propiedades:

$$\left(\sqrt[n]{a}\right)^m = \sqrt[n]{a^m} = a^{\frac{m}{n}} \qquad \sqrt[m]{\sqrt[n]{a}} = \sqrt[m \cdot n]{a} = a^{\frac{1}{m \cdot n}}$$

$$\sqrt[3]{2^5} = 2^{\frac{5}{3}} \qquad \sqrt[4]{\sqrt[3]{6}} = \sqrt[4 \cdot 3]{6} = 6^{\frac{1}{4 \cdot 3}} = 6^{\frac{1}{12}}$$

Recuerda

- Si a > 0, siempre se puede calcular la raíz:

  $\sqrt[3]{8} = 2;\ \sqrt[4]{16} = 2$

- Si a < 0, solo se puede calcular la raíz si el índice es impar:

  $\sqrt[3]{-8} = -2$

- Los radicales de índice impar solo tienen una raíz, mientras que los de índice par tienen dos raíces:

  $\sqrt[3]{8} = 2;\ \sqrt{4} = \pm 2$

Actividad resuelta

Realiza las siguientes operaciones:

a. $\sqrt[3]{2^2} \cdot \sqrt[6]{2^5} : \sqrt{2^5}$ **b.** $\sqrt[3]{4} \cdot \sqrt[5]{16} \cdot \sqrt[4]{64}$ **c.** $\sqrt{\left(\frac{3}{4}\right)^5} : \sqrt[3]{\left(\frac{3}{4}\right)^2} \cdot \sqrt[4]{\left(\frac{3}{4}\right)^5}$ **d.** $\sqrt{\sqrt[3]{2}} \cdot \left(\sqrt[3]{2}\right)^4$

Se expresa cada raíz en forma de potencia y se lleva a cabo la operación indicada, aplicando las propiedades de las potencias:

a. $\sqrt[3]{2^2} \cdot \sqrt[6]{2^5} : \sqrt{2^5} = 2^{\frac{2}{3}} \cdot 2^{\frac{5}{6}} : 2^{\frac{5}{2}} = 2^{\frac{2}{3} + \frac{5}{6} - \frac{5}{2}} = 2^{\frac{4}{6} + \frac{5}{6} - \frac{15}{6}} = 2^{-\frac{6}{6}} = 2^{-1} = \frac{1}{2}$

b. $\sqrt[3]{4} \cdot \sqrt[5]{16} \cdot \sqrt[4]{64} = \sqrt[3]{2^2} \cdot \sqrt[5]{2^4} \cdot \sqrt[4]{2^6} = 2^{\frac{2}{3}} \cdot 2^{\frac{4}{5}} \cdot 2^{\frac{6}{4}} = 2^{\frac{2}{3} + \frac{4}{5} + \frac{3}{2}} = 2^{\frac{20}{30} + \frac{24}{30} + \frac{45}{30}} = 2^{\frac{89}{30}} = \sqrt[30]{2^{89}}$

c. $\sqrt{\left(\frac{3}{4}\right)^5} : \sqrt[3]{\left(\frac{3}{4}\right)^2} \cdot \sqrt[4]{\left(\frac{3}{4}\right)^5} = \left(\frac{3}{4}\right)^{\frac{5}{2}} : \left(\frac{3}{4}\right)^{\frac{2}{3}} \cdot \left(\frac{3}{4}\right)^{\frac{5}{4}} = \left(\frac{3}{4}\right)^{\frac{5}{2} - \frac{2}{3} + \frac{5}{4}} = \left(\frac{3}{4}\right)^{\frac{30}{12} - \frac{8}{12} + \frac{15}{12}} = \left(\frac{3}{4}\right)^{\frac{37}{12}} = \sqrt[12]{\left(\frac{3}{4}\right)^{37}}$

d. Se efectúan las operaciones, se expresa el resultado en forma de potencia y se opera.

$\sqrt{\sqrt[3]{2}} \cdot \left(\sqrt[3]{2}\right)^4 = \sqrt[6]{2} \cdot \sqrt[3]{2^4} = 2^{\frac{1}{6}} \cdot 2^{\frac{4}{3}} = 2^{\frac{1}{6} + \frac{3}{4}} = 2^{\frac{9}{6}} = 2^{\frac{3}{2}} = \sqrt{2^3}$

Jerarquizar operaciones con radicales

Efectúa la siguiente operación: $\frac{5\sqrt{72}}{6} + \left(\sqrt[4]{2}\right)^2 - \frac{2\sqrt{18}}{3}$

1 Se simplifican los radicales, descomponiendo la expresión en factores primos:

$$\frac{5\sqrt{72}}{6} + \left(\sqrt[4]{2}\right)^2 - \frac{2\sqrt{18}}{3} = \frac{5\sqrt{2^3 \cdot 3^2}}{6} + \sqrt[4]{2^2} - \frac{2\sqrt{2 \cdot 3^2}}{3} = \frac{5 \cdot 2 \cdot 3 \cdot \sqrt{2}}{6} + \sqrt{2} - \frac{2 \cdot 3\sqrt{2}}{3} = \frac{30\sqrt{2}}{6} + \sqrt{2} - \frac{6\sqrt{2}}{3}$$

2 Para facilitar los cálculos, se simplifican las fracciones: $5\sqrt{2} + \sqrt{2} - 2\sqrt{2}$

3 Como las raíces coinciden, se pueden agrupar: $5\sqrt{2} + \sqrt{2} - 2\sqrt{2} = (5 + 1 - 2)\sqrt{2} = 4\sqrt{2}$

7 NOTACIÓN CIENTÍFICA

Existen números muy grandes o muy pequeños, como, por ejemplo, la distancia de la Tierra al Sol (149 675 000 km) o el porcentaje de yodo en el cuerpo humano (0,000 04 %). Es posible expresar de una forma manejable este tipo de números:

> Un número se expresa en **notación científica** como el producto de un número decimal con una sola cifra distinta de cero en la parte entera por una potencia de base 10 y de exponente entero:
>
> $$a,bcde... \cdot 10^k$$

De este modo, las cifras anteriores quedarían así en notación científica:

- Distancia de la Tierra al Sol: 149 675 000 km = $1,496\,75 \cdot 10^8$ km
- Porcentaje de yodo en el cuerpo humano: 0,000 04 % = $4 \cdot 10^{-5}$ %

7.1 SUMA Y RESTA DE NÚMEROS EN NOTACIÓN CIENTÍFICA

Para sumar o restar números expresados en notación científica, deben tener el mismo orden de magnitud. A tal fin, se han de seguir estos pasos:

1. Se expresan todos los números en el mismo orden de magnitud, generalmente el mayor.
2. Se saca factor común el orden de magnitud y se suman o restan las partes decimales de los números.
3. Finalmente, se expresa el resultado en notación científica.

Actividad resuelta

Realiza la siguiente operación: $4,03 \cdot 10^5 + 1,11 \cdot 10^7 - 2,4 \cdot 10^6$

Se expresan todos los números en forma de potencias en el orden superior, se saca factor común y se opera con los números decimales:

$$4,03 \cdot 10^5 + 1,11 \cdot 10^7 - 2,4 \cdot 10^6 = 0,0403 \cdot 10^7 + 1,11 \cdot 10^7 - 0,24 \cdot 10^7 =$$
$$= (0,0403 + 1,11 - 0,24) \cdot 10^7 = 0,9103 \cdot 10^7 = 9,103 \cdot 10^6$$

7.2 MULTIPLICACIÓN Y DIVISIÓN EN NOTACIÓN CIENTÍFICA

Para multiplicar o dividir dos números en notación científica, se multiplican o dividen sus partes decimales, por un lado, y las potencias de 10, por el otro. Finalmente, se ajusta el resultado para presentarlo en notación científica.

Actividad resuelta

Realiza la siguiente operación e indica el resultado en notación científica:

$$(3 \cdot 10^{12}) \cdot (5 \cdot 10^{21})$$

Se multiplican, por un lado, las partes decimales y, por otro, las potencias de 10:

$$(3 \cdot 10^{12}) \cdot (5 \cdot 10^{21}) =$$
$$= (3 \cdot 5) \cdot (10^{12} \cdot 10^{21}) = 15 \cdot 10^{12+21} =$$
$$= 15 \cdot 10^{33} = 1,5 \cdot 10^{34}$$

El resultado debe expresarse en notación científica. Con este fin, se divide 15 entre 10 y, para que la cantidad sea la misma, se multiplica 10^{33} por 10.

8 APROXIMACIONES Y ERRORES

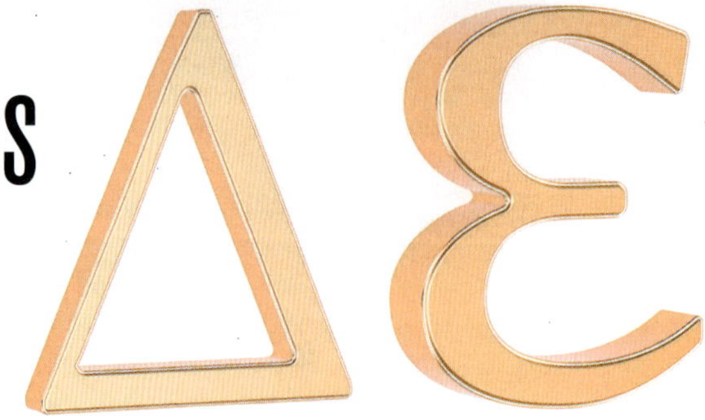

Algunos números reales vienen expresados con una cantidad infinita de cifras decimales, por lo que es imposible escribirlos de forma exacta. En estos casos se utiliza un valor aproximado del número, procedimiento que conlleva cierto error.

8.1 APROXIMACIONES

> **Aproximar** un número real consiste en sustituirlo por otro número racional cuya expresión decimal contenga un número finito de cifras decimales.

Si el número aproximado resultante es más pequeño que el número original, se trata de una **aproximación por defecto;** si, por el contrario, es mayor, es una **aproximación por exceso.** Los números reales se pueden aproximar mediante dos procedimientos:

- **Truncamiento:** el número real se corta en un lugar determinado (aproximación siempre por defecto).
- **Redondeo:** se eliminan las cifras decimales a partir de una posición determinada, teniendo en cuenta que:
  - Si la primera cifra que se elimina es menor que 5, entonces la última cifra decimal se mantiene como estaba (aproximación por defecto).
  - Si la primera cifra que se elimina es mayor o igual que 5, entonces la última cifra decimal se incrementa en una unidad (aproximación por exceso).

Actividades resueltas

1 Aproxima el número 52,261 572 a las décimas y a las centésimas por truncamiento y por redondeo.

- **Por truncamiento.** Se realiza el corte en la cifra indicada, sin tener en cuenta la cifra posterior:
  - Aproximación a las décimas: $52{,}261\,572 \approx 52{,}2$
  - Aproximación a las centésimas: $52{,}261\,572 \approx 52{,}26$
- **Por redondeo.** Se realiza el corte en la cifra indicada, manteniéndose como está si la cifra posterior es menor que 5 o incrementando una unidad si la cifra es mayor o igual que 5:
  - Aproximación a las décimas. Como la cifra de las centésimas es mayor o igual que 5: $52{,}261\,572 \approx 52{,}3$
  - Aproximación a las centésimas. Como la cifra de las milésimas es menor que 5: $52{,}261\,572 \approx 52{,}26$

2 Aproxima el número $\pi = 3{,}141\,592\,4...$ por redondeo tomando, por un lado, dos cifras decimales y, por otro, cuatro cifras decimales. Indica si estos redondeos son por exceso o por defecto. Después, aproxímalo a las milésimas por truncamiento.

$\pi = 3{,}141\,592\,4... \approx 3{,}14$. Se trata de un redondeo con dos cifras decimales (aproximación por defecto, al ser 1 la cifra de las milésimas).

$\pi = 3{,}141\,592\,4... \approx 3{,}141\,6$. En este caso es un redondeo con cuatro cifras decimales (aproximación por exceso, al ser 9 la cifra de las cienmilésimas).

Para aproximar el número a las milésimas por truncamiento, se realiza el corte en la cifra indicada:

$$\pi = 3{,}141\,592\,4... \approx 3{,}141$$

8.2 ERRORES

La cuantificación del error cometido al aproximar un número puede hacerse de dos maneras: mediante el error absoluto o mediante el error relativo.

El **error absoluto**, Δ, es la diferencia entre el número y su aproximación:

$$\Delta = |\text{Número} - \text{Número aproximado}|$$

Cuando lo que se quiere es comparar aproximaciones, el error absoluto no es una herramienta adecuada, pues mide una mera diferencia. Por esta razón, se utiliza el error relativo, que tiene en cuenta, además de la diferencia entre valores, su magnitud.

El **error relativo**, ε, es el cociente entre el error absoluto y el número:

$$\varepsilon = \frac{\Delta}{\text{Número}}$$

Ten en cuenta

El error absoluto cometido al aproximar un número irracional es una estimación, puesto que es imposible calcular la diferencia con infinitos decimales.

El error relativo suele expresarse en forma de porcentaje para una mejor comprensión, multiplicando el valor obtenido por 100.

Actividades resueltas

1 Se afirma de una persona de 1,78 m que mide aproximadamente 1,80 m. Calcula el error absoluto y el error relativo que se está cometiendo.

El error absoluto es $\Delta = |1{,}78 - 1{,}80| = 0{,}02$.

Así pues, se ha cometido un error de 0,02 m = 2 cm, pero este dato, pese a ser exacto, no es significativo, ya que depende de la medida: no es lo mismo un error de 2 cm en una estatura de 1,78 m que un error de 2 cm en un objeto que mide 10 cm.

Para establecer un error que indique con más claridad lo ajustada que es la aproximación, es preciso calcular el error relativo:

$$\varepsilon = \frac{|1{,}78 - 1{,}80|}{1{,}78} = \frac{0{,}02}{1{,}78} \approx 0{,}011$$

Expresado en forma de porcentaje para entender mejor este dato: «La estatura es de 1,80 m, con un 1,1 % de error».

2 La masa de una persona adulta es de 74,5 kg, y la de un bebé, de 8,5 kg. Si se aproximan sus masas a 75 kg y 8 kg, respectivamente, ¿en qué caso se realiza una peor aproximación?

En ambos casos el error absoluto es de 0,5 kg: $|74{,}5 - 75| = 0{,}5$; $|8{,}5 - 8| = 0{,}5$

Sin embargo, al calcular el error relativo, se puede concluir que la aproximación de la persona adulta es mejor:

$$\varepsilon_{\text{adulto}} = \frac{|74{,}5 - 75|}{|74{,}5|} = \frac{0{,}5}{74{,}5} = 0{,}00671\ldots$$

$$\varepsilon_{\text{bebé}} = \frac{|8{,}5 - 8|}{|8{,}5|} = \frac{0{,}5}{8{,}5} = 0{,}05882\ldots$$

Si se comparan porcentualmente ambos errores:

$$\varepsilon_{\text{adulto}} \approx 0{,}67\,\% \qquad \varepsilon_{\text{bebé}} \approx 5{,}88\,\%$$

Cabe concluir, pues, que un error de 0,5 kg cometido sobre una cantidad de 74,5 kg es menor que cometido sobre una cantidad de 8,5 kg.

9 INTERVALOS Y SEMIRRECTAS EN LA RECTA REAL

Todo número real se puede representar mediante un punto de la recta real. En ella es posible definir una serie de subconjuntos de números reales: intervalos y semirrectas.

> Un **intervalo** en ℝ es el conjunto de números comprendidos entre dos números dados, *a* y *b*, tales que a < b, denominados **extremos**, que pueden pertenecer o no al intervalo.

Recuerda

Si un punto pertenece al intervalo, se representa con el símbolo «•»; si, por el contrario, no pertenece al mismo, se representa como «○».

Intervalo cerrado

Los extremos, *a* y *b*, están incluidos en el intervalo.

[a , b]

$\{x \in \mathbb{R} / a \leq x \leq b\}$

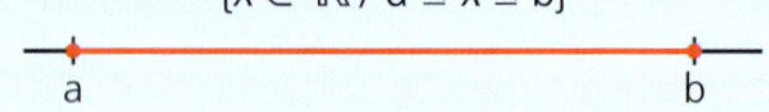

Intervalo abierto

Los extremos, *a* y *b*, no están incluidos en el intervalo.

(a , b)

$\{x \in \mathbb{R} / a < x < b\}$

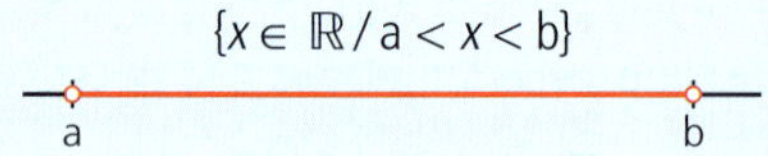

Intervalo semiabierto

Uno de los extremos, *a* o *b*, está incluido y el otro no.

[a , b)   (a , b]

$\{x \in \mathbb{R} / a \leq x < b\}$

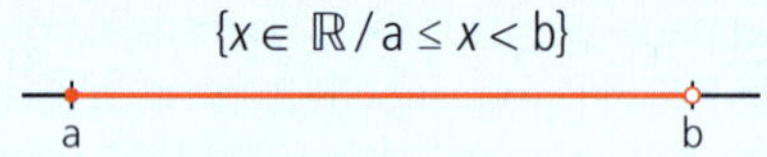

$\{x \in \mathbb{R} / a < x \leq b\}$

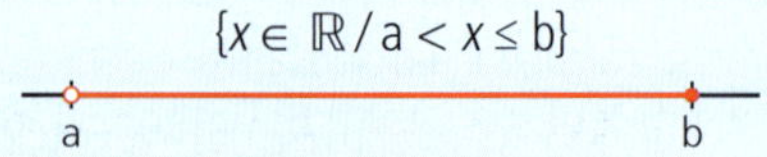

Actividades resueltas

1 Define los siguientes intervalos y represéntalos sobre la recta real:

a. (3 , 5]   **b.** [9 , 12]   **c.** (–5 , –3)

a. $(3 , 5] = \{x \in \mathbb{R} / 3 < x \leq 5\}$

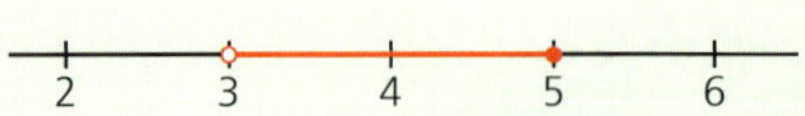

b. $[9 , 12] = \{x \in \mathbb{R} / 9 \leq x \leq 12\}$

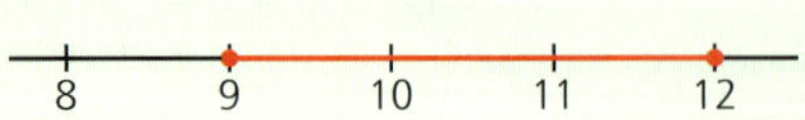

c. $(-5 , -3) = \{x \in \mathbb{R} / -5 < x < -3\}$

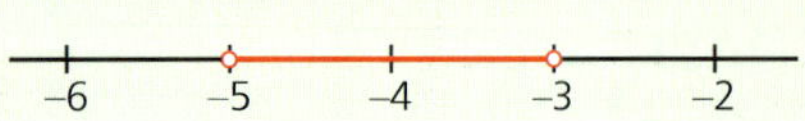

2 Expresa el intervalo representado en cada caso:

a.

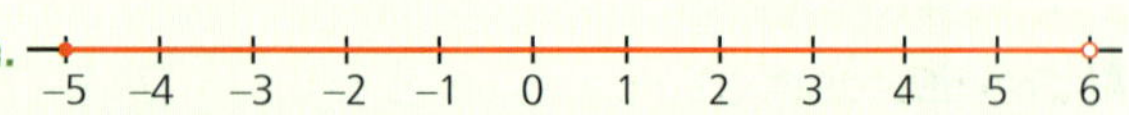

b.

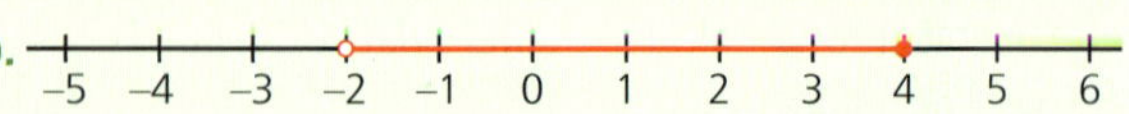

c.

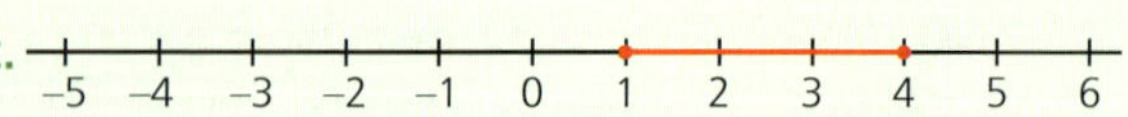

a. El intervalo está definido entre –5 y 6, pero este último sin incluir. Por tanto: $[-5 , 6) = \{x \in \mathbb{R} / -5 \leq x < 6\}$

b. En este caso no incluye al extremo –2 pero sí al 4. Así pues: $(-2 , 4] = \{x \in \mathbb{R} / -2 < x \leq 4\}$

c. Están incluidos los dos extremos en el intervalo. Entonces: $[1 , 4] = \{x \in \mathbb{R} / 1 \leq x \leq 4\}$

Una semirrecta en $\mathbb{R}$ es el conjunto de números mayores o menores que un número dado, a, denominado origen, que puede pertenecer o no a la semirrecta.

Semirrecta cerrada por la izquierda

$[a\ ,+\infty) = \{x \in \mathbb{R} / x \geq a\}$

Semirrecta cerrada por la derecha

$(-\infty\ , a] = \{x \in \mathbb{R} / x \leq a\}$

Semirrecta abierta por la izquierda

$(a\ ,+\infty) = \{x \in \mathbb{R} / x > a\}$

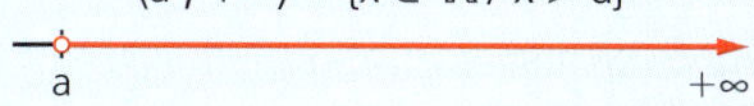

Semirrecta abierta por la derecha

$(-\infty\ , a) = \{x \in \mathbb{R} / x < a\}$

Actividad resuelta

Define las siguientes semirrectas y represéntalas en la recta real:

a. $(2\ ,+\infty)$ **b.** $(-\infty\ , -5]$ **c.** $[9\ ,+\infty)$

a. $(2\ ,+\infty) = \{x \in \mathbb{R} / x > 2\}$

b. $(-\infty\ , -5] = \{x \in \mathbb{R} / x \leq -5\}$

c. $[9\ ,+\infty) = \{x \in \mathbb{R} / x \geq 9\}$

9.1 OPERACIONES CON INTERVALOS Y SEMIRRECTAS

Las dos operaciones más habituales son la unión y la intersección.

Unión

Dados dos intervalos o semirrectas, A y B, se define la unión de A y B, y se representa como $A \cup B$, como el conjunto de puntos que están en A o en B, es decir, el conjunto de puntos comunes y no comunes de ambos:

$$A \cup B = \{x \in \mathbb{R} / x \in A \ \text{ o } \ x \in B\}$$

Intersección

Dados dos intervalos o semirrectas, A y B, se define la intersección de A y B, y se representa como $A \cap B$, como el conjunto de puntos que están en A y en B, es decir, el conjunto de puntos comunes a ambos:

$$A \cap B = \{x \in \mathbb{R} / x \in A \ \text{ y } \ x \in B\}$$

Actividades resueltas

1 Calcula la unión de los intervalos $A = [1\ , 4]$ y $B = (-3\ , 2)$.

Se representa la unión sobre la recta real. La solución se corresponderá con el intervalo que comprenda tanto a A como a B:

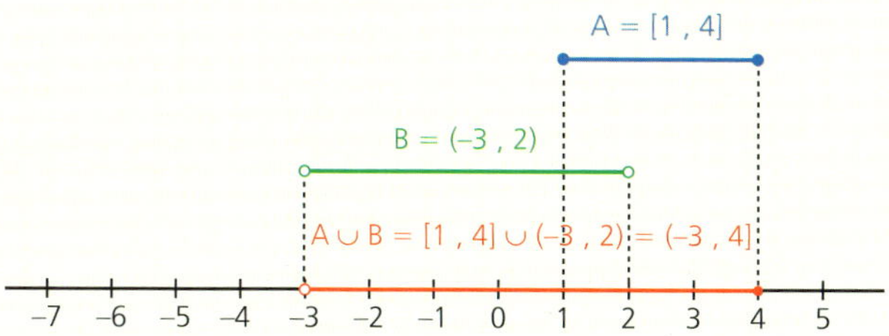

2 Calcula la intersección de $A = (-3\ , 2)$ con $B = (-\infty\ , 4)$.

Se representa la intersección sobre la recta real. La solución será el intervalo donde A y B coinciden:

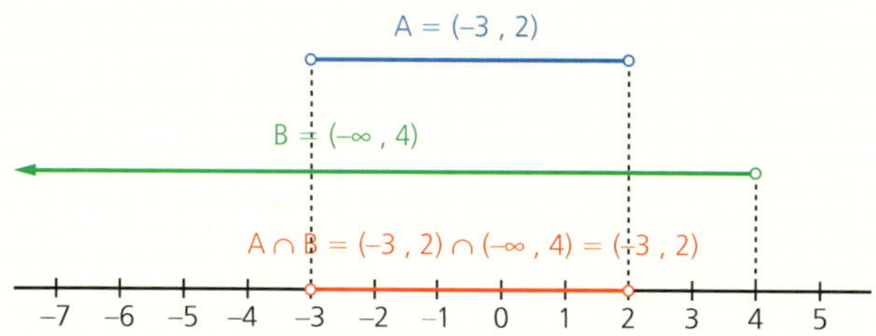

ACTIVIDADES

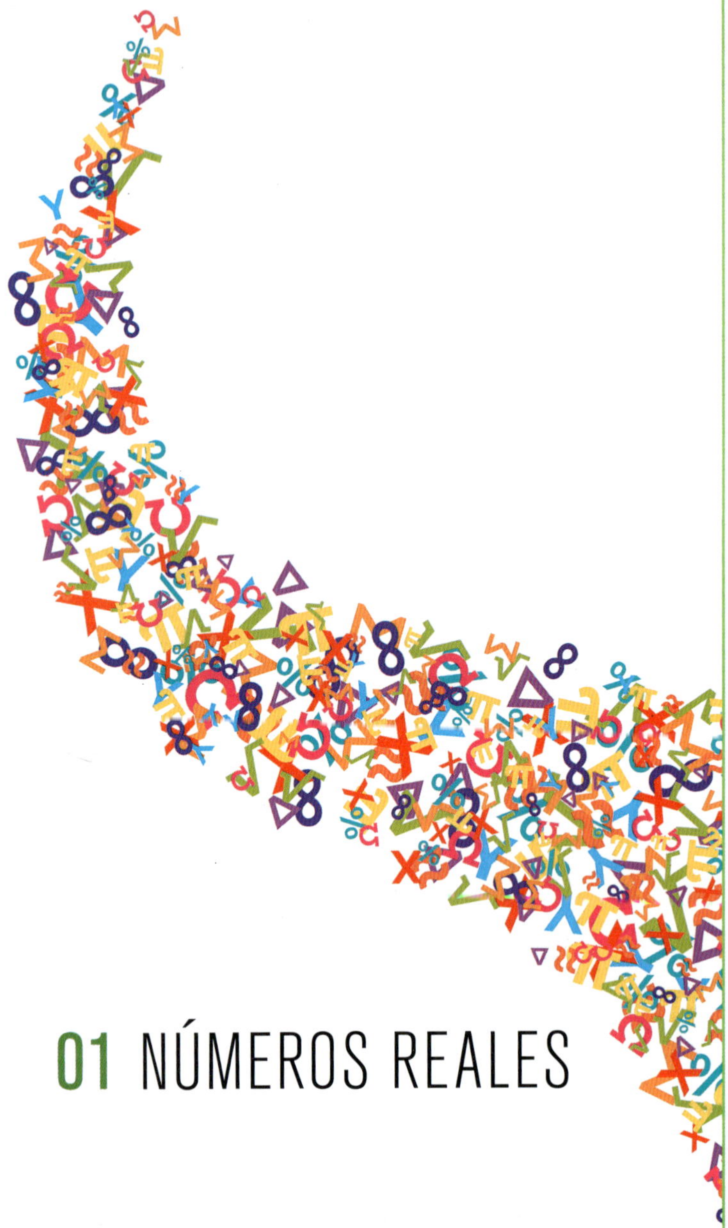

01 NÚMEROS REALES

1 Ampliaciones de los conjuntos numéricos

1. Indica en cada caso un número que verifique las siguientes afirmaciones:

   a. Se trata de un número que pertenece a su vez a los números racionales, enteros y naturales.

   b. Es negativo e irracional.

   c. Es el número natural más grande situado entre $\frac{13}{2}$ y $\frac{46}{5}$.

   d. Es un número racional no entero situado entre $\frac{3}{4}$ y $\frac{5}{2}$.

   e. Se trata de un número irracional situado entre 6 y 7.

   f. Es un número irracional situado entre –3 y –2.

   g. Es el número entero más grande situado entre –3,4 y $\frac{1}{3}$.

2. Señala cuáles de las siguientes afirmaciones son falsas y razona tu respuesta con un ejemplo:

   a. Los números irracionales son reales.

   b. Todos los números decimales son racionales.

   c. Un número racional no puede ser natural.

   d. En el conjunto de los números enteros hay números naturales.

   e. Si un número tiene infinitas cifras, es irracional.

   f. Los números reales son racionales.

   g. Todas las raíces cuadradas son números irracionales.

3. Determina el conjunto ($\mathbb{N}$, $\mathbb{Z}$, $\mathbb{Q}$ o $\mathbb{R}$) más pequeño al que pertenecen los valores de las siguientes expresiones numéricas:

   a. $3 - \frac{1}{2}$

   b. $3\sqrt{32} : \sqrt{2}$

   c. $\left(\sqrt{2} + 1\right)^2$

   d. $-5^2 + 3 \cdot 2^3$

   e. $\sqrt{\pi} + 8$

   f. $\frac{\sqrt[3]{4} \cdot \sqrt[3]{2}}{3}$

   g. $\frac{1}{6} + \frac{1}{3} + \frac{1}{2}$

   h. 2π

   i. $\left(\sqrt{2} - \sqrt{3}\right) \cdot \left(\sqrt{2} + \sqrt{3}\right)$

   j. $\frac{\sqrt[3]{27}}{4 + \sqrt{4}}$

4. ⊞ Calcula un valor de *a* para que las siguientes expresiones numéricas sean números racionales:

   a. $\frac{\sqrt{2a + 5}}{4}$

   b. $3\sqrt{a} : \sqrt{5}$

   c. $\frac{\sqrt{500}}{\sqrt{a + 1}}$

   d. $\frac{7}{\sqrt{a - 3}}$

   e. $\frac{3a}{\pi}$

   f. $\sqrt{3} \cdot \sqrt{a - 5}$

   g. $\frac{\sqrt{3} - 5\sqrt{a}}{\sqrt{a}}$

   h. $\sqrt{42} : \sqrt{2a + 1} \cdot \sqrt{6}$

   i. $\sqrt{a + 2} \cdot \sqrt{6 - a}$

   j. $\sqrt[4]{\frac{a}{21}}$

2 Números racionales e irracionales

5 Clasifica los siguientes números en racionales o irracionales:

a. 25,252 252
b. 3,189 999 999...
c. $\sqrt{6}$
d. 2,5
e. 0,333 333 333...
f. $\frac{1}{5}$
g. 1,783 903 849 619 843 089...
h. $\frac{\pi}{2}$
i. 1,111 222 222 222...
j. $\sqrt{7} - \sqrt{3}$

6 Determina de qué tipo es la expresión decimal de los siguientes números racionales:

a. $\frac{16}{27}$ b. $\frac{43}{15}$ c. $\frac{30}{32}$ d. $\frac{131}{180}$

7 Utiliza la calculadora para clasificar el resultado de las siguientes expresiones numéricas en racionales o irracionales:

a. $3\sqrt{3} - 4\sqrt{2}$
b. $\sqrt[3]{27}$
c. $\sqrt[3]{17}$
d. $\sqrt{625} + \sqrt[3]{64}$
e. $\sqrt[3]{27\,000} + 5$
f. $\sqrt[4]{8}$

8 Calcula la fracción generatriz de estos números decimales:

a. 23,14
b. 23,144 444 4...
c. 23,141 414 14...
d. –3,455 656 56...
e. 8,012 012 012...
f. 0,919 999 99...
g. 8,012 222 2...
h. 8,012

9 Expresa cada número decimal como fracción y opera.

a. $0,\widehat{3} + 1,5$
b. $0,1\widehat{6} - 2,\widehat{3}$
c. $3,\widehat{4} + 1,2 - 0,\widehat{1}$
d. $0,\widehat{5} \cdot 1,8$
e. $\left(3 + 1,\widehat{2}\right) \cdot 4,5$
f. $1,\widehat{3} : \left(0,04 + 2,\widehat{5}\right)$

10 Los antiguos griegos atribuyeron al número áureo propiedades relacionadas con la armonía y la belleza. Este número se escribe con la letra ϕ, y su valor es $\phi = \frac{1 + \sqrt{5}}{2}$. Determina si el número áureo es racional o irracional.

11 ⊞ Escribe seis números irracionales que se encuentren entre $\frac{1}{3}$ y 0,355 5...

12 ⊞ Escribe tres números racionales que se encuentren entre los dos números irracionales 4,567 891 011... y 4,578 910 11...

13 ⊞ Expresa como fracción cada número decimal y opera, dando el resultado final en forma de fracción:

$$0,3\widehat{4} - 4,\widehat{5} + \frac{4,\widehat{1}}{0,9} - 5,4$$

3 Representación gráfica de números reales

14 Expresa las siguientes fracciones como suma de un número entero más una fracción propia (es decir, con el numerador menor que el denominador) e indica entre qué números enteros se encuentran:

a. $\frac{3}{2}$ b. $\frac{16}{3}$ c. $\frac{29}{8}$ d. $\frac{155}{6}$

15 Señala el valor de la hipotenusa de los triángulos cuyos catetos miden:

a. 2 y 1
b. 4 y 2
c. $\sqrt{5}$ y 1
d. $\sqrt{10}$ y 2

16 Indica entre qué números enteros se encuentran estas raíces:

a. $\sqrt{13}$
b. $\sqrt{30}$
c. $\sqrt{75}$
d. $\sqrt{98}$
e. $\sqrt{44}$
f. $\sqrt{102}$

17 Representa en la recta real las siguientes fracciones:

$$\frac{4}{9} \quad -\frac{1}{5} \quad -\frac{6}{7} \quad \frac{9}{4}$$

18 Determina a qué números reales corresponden los puntos A, B, C y D dibujados en la siguiente gráfica:

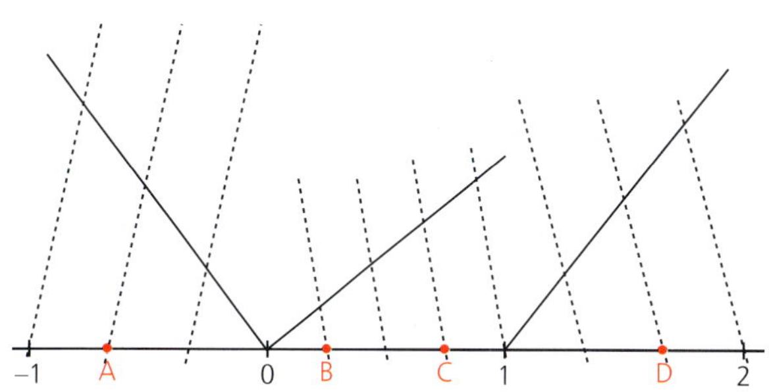

A

19 Determina el punto A de las siguientes representaciones en la recta real:

a.

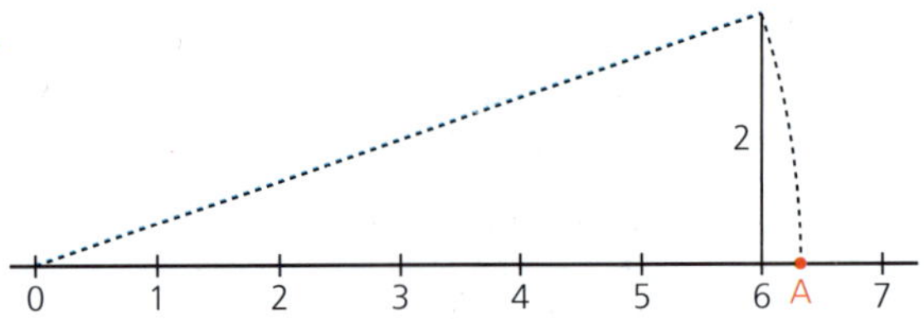

b.

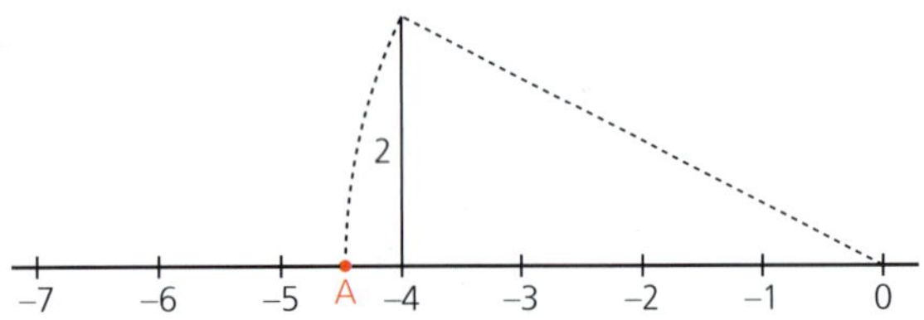

20 ⊞ Representa el número $\sqrt{69}$, teniendo en cuenta que:

$$\sqrt{69} = \sqrt{8^2 + \left(\sqrt{5}\right)^2} \text{ y que } \sqrt{5} = \sqrt{2^2 + 1^2}$$

21 ⊞ Representa en la recta real estos números reales:

a. $\sqrt{72}$

b. $\sqrt{74}$

c. $\sqrt{149}$

d. $\sqrt{125}$

22 ⊞ Determina los puntos A, B, C y D representados en la recta real siguiente:

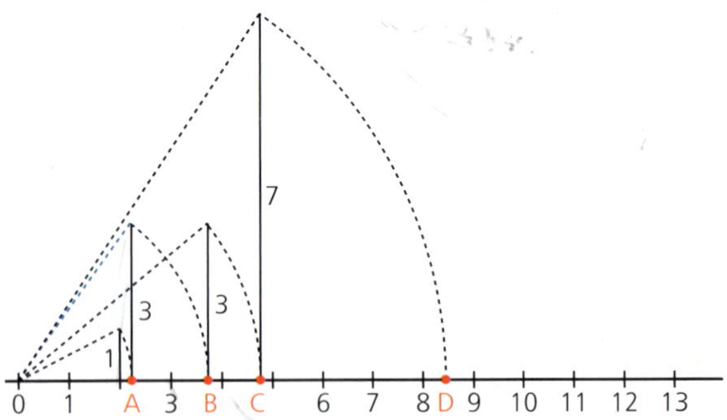

23 ⊞⊞ Señala en la recta real estos números reales:

a. $\sqrt{107}$

b. $\sqrt{28}$

c. $\sqrt{86}$

d. $\sqrt{132}$

4 Comparación de números reales

24 Ordena de menor a mayor las siguientes fracciones sin hacer operaciones:

$$\frac{23}{17} \quad -\frac{9}{4} \quad \frac{23}{36} \quad -\frac{14}{17}$$

25 Ordena de menor a mayor estas fracciones:

$$\frac{19}{12} \quad \frac{7}{4} \quad \frac{3}{2} \quad \frac{9}{8} \quad \frac{7}{6}$$

26 Con ayuda de la calculadora, ordena de mayor a menor estos números:

$$\sqrt{7} \quad \sqrt{3} + \sqrt{2} \quad \sqrt{\frac{29}{2}} \quad \sqrt{2\pi} \quad \sqrt{\pi^2 - 7}$$

27 Compara las siguientes parejas de números e indica cuál es mayor en cada caso:

a. $\sqrt{10}$ y $\frac{16}{5}$

b. $\frac{23}{4}$ y $\sqrt{29}$

c. $\sqrt{45}$ y $\frac{13}{2}$

d. $\frac{14}{5}$ y $\sqrt{13}$

28 Representa sobre la recta real los siguientes números y ordénalos de menor a mayor:

$$-\frac{5}{4} \quad \frac{6}{7} \quad -1 \quad 4,\widehat{4} \quad \sqrt{17} \quad \frac{5}{6} \quad \sqrt{26} \quad 2,3\widehat{9}$$

5 Operaciones con números racionales

29 Calcula y simplifica las siguientes operaciones:

a. $\frac{2}{3} + \frac{5}{2}$

b. $\frac{1}{2} + 2$

c. $\frac{3}{4} - \frac{9}{4}$

d. $1 + \frac{5}{4}$

e. $\frac{3}{4} \cdot \frac{2}{3}$

f. $-\frac{4}{5} \cdot \frac{25}{2}$

g. $\frac{4}{3} : \frac{2}{3}$

h. $\frac{1}{15} : \left(-\frac{3}{5}\right)$

30 Opera y simplifica los resultados.

a. $\frac{3}{5} + \frac{1}{10} - \frac{7}{2}$

b. $-\frac{4}{3} + \frac{7}{6} + \frac{5}{9}$

c. $1 + \frac{6}{7} - \frac{5}{3}$

d. $\frac{3}{4} + \frac{2}{5} \cdot \frac{9}{4}$

e. $\frac{4}{3} : \frac{4}{7} - \frac{4}{9} + 5 \cdot \frac{2}{6}$

f. $\frac{3}{5} - 4 : \frac{2}{3} + 5 + 2 \cdot \frac{7}{9}$

g. $2 + 3 : \frac{3}{5} + \frac{5}{6} - \frac{1}{6} \cdot 3$

h. $\frac{1}{2} + \frac{1}{2} : \frac{1}{2} - \frac{3}{4} \cdot \frac{1}{3} - \frac{1}{4}$

31 Calcula y simplifica.

a. $\frac{7}{3} - \left(\frac{2}{3} + \frac{5}{9}\right) : 5$

b. $\frac{5}{3} - \left[2 - \left(\frac{3}{5} + \frac{1}{10}\right)\right]$

c. $\left[\frac{1}{2} - \left(\frac{3}{5} - 2\right)\right] : \left(\frac{3}{4} - 1\right)$

d. $\left(\frac{4}{5} - \frac{2}{3} : \frac{2}{4}\right) : \left(2 - \frac{7}{15}\right)$

e. $\frac{2}{3} \cdot \left(\frac{2}{3} - \frac{4}{2}\right) : \frac{6}{5} \cdot \left(\frac{1}{6} + \frac{1}{3}\right)$

f. $\frac{1}{2} \cdot \left[\frac{3}{2} : \left(1 - \frac{2}{3}\right)\right] \cdot \left(\frac{1}{3} - 3\right)$

32 Realiza las siguientes operaciones y simplifica el resultado:

a. $\left(\frac{3}{5} - \frac{1}{2} \cdot \frac{4}{3}\right)^2 + \frac{3}{5} : 5 - \left(\frac{3}{2} \cdot \frac{7}{5} + \frac{1}{3}\right)$

b. $\frac{5}{9} - \left(-\frac{3}{4} + \frac{1}{2} \cdot 3\right) - \frac{1}{3} : \left(\frac{1}{4}\right)^2$

c. $\left[\left(\frac{1}{4} + \frac{1}{5}\right) \cdot \left(\frac{1}{5} - \frac{1}{6}\right)\right]^2 : \left[\left(\frac{1}{6} - 4\right) \cdot \left(\frac{1}{4} + \frac{1}{2}\right)^2\right]$

d. $\dfrac{\left(1 - \frac{1}{3}\right) \cdot \left(1 + \frac{1}{2}\right) \cdot \left(1 - \frac{1}{5}\right) \cdot \left(1 + \frac{1}{4}\right)}{\left(1 + \frac{1}{3}\right) \cdot \left(1 - \frac{1}{2}\right) \cdot \left(1 + \frac{1}{5}\right) \cdot \left(1 - \frac{1}{4}\right)} : \frac{2}{5}$

e. $\left(\frac{1}{4} - \frac{7}{12}\right)^{-2} \cdot \left(\frac{1}{3} - \frac{7}{9}\right)^{-1} + \left(\frac{2}{3} - 1\right)^2$

f. $\left[\left(\frac{3}{4}\right)^{-4} : \left(\frac{4}{3}\right)^{-2} : \left(\frac{3}{4}\right)\right]^3 : \left[\left(\frac{4}{5}\right)^5 \cdot \left(\frac{5}{4}\right)^{-3} : \left(\frac{4}{3}\right)^2\right]^2$

6 Radicales

33 Expresa en forma de potencia estos radicales:

a. $\sqrt[3]{2^4}$

b. $\sqrt[5]{3^3}$

c. $\sqrt[4]{7^3}$

d. $\sqrt{5^7}$

e. $\sqrt[3]{\left(\frac{1}{3}\right)^2}$

f. $\sqrt[6]{2^8}$

34 Expresa en forma de radical las siguientes potencias:

a. $3^{\frac{2}{3}}$

b. $3^{\frac{3}{2}}$

c. $5^{\frac{1}{5}}$

d. $\left(\frac{2}{5}\right)^{\frac{3}{7}}$

35 Realiza las operaciones propuestas.

a. $\sqrt[3]{2^2} \cdot \sqrt[3]{2^5}$

b. $\sqrt[4]{3^3} \cdot \sqrt[4]{3^5}$

c. $\sqrt[5]{5^{12}} : \sqrt[5]{5^8}$

d. $\sqrt[3]{2^{11}} : \sqrt[3]{2^5}$

e. $\sqrt[3]{5^2} \cdot \sqrt[6]{5} \cdot \sqrt{5}$

f. $\sqrt{\left(\frac{1}{5}\right)^3} : \sqrt[3]{\left(\frac{1}{5}\right)^5} \cdot \sqrt[4]{\frac{1}{5}}$

g. $\sqrt[3]{9} \cdot \sqrt{27} \cdot \sqrt[3]{3}$

h. $\sqrt{\sqrt[4]{2}} \cdot \left(\sqrt[5]{2}\right)^2$

36 ⊞ Calcula las siguientes operaciones con radicales, transformándolos previamente en potencias fraccionarias:

a. $\sqrt[3]{5^2} \cdot \sqrt[3]{3^2} : \sqrt[3]{6^2}$

b. $\dfrac{\sqrt{\sqrt[3]{4^5}} : \sqrt{4^3}}{\sqrt[4]{\sqrt{4^5}}}$

c. $\sqrt[12]{\left(\frac{1}{3}\right)^7} \cdot \left(\sqrt[4]{5^3} : \sqrt[3]{5^4}\right)$

d. $\dfrac{\sqrt[3]{7^2}}{\sqrt[4]{7^3} \cdot \sqrt[12]{7^2}}$

e. $\sqrt[3]{\left(\frac{1}{2}\right)^2} \cdot \sqrt[4]{\left(\frac{1}{2}\right)^7} : \sqrt{\left(\frac{1}{2}\right)^6}$

f. $\sqrt{\sqrt{\frac{3}{7}} \cdot \sqrt[3]{\frac{3}{7}}} \cdot \sqrt{\sqrt[4]{\frac{3}{7}} \cdot \sqrt[5]{\frac{3}{7}}}$

37 Realiza estas operaciones y expresa el resultado en forma de radical:

a. $3^{\frac{1}{2}} \cdot 21^{\frac{1}{2}} : 7^{\frac{1}{2}}$

b. $\left(6^{\frac{1}{3}} : 2^{\frac{1}{3}} \cdot 8^{\frac{1}{3}}\right)^2$

c. $\left(15^{\frac{1}{2}} \cdot 20^{\frac{1}{2}}\right) : \left(5^{\frac{1}{2}} \cdot 4^{\frac{1}{2}}\right)$

d. $\left(7^{\frac{2}{3}} \cdot 8^{\frac{2}{3}} \cdot 2^{\frac{2}{3}}\right) : \left(4^{\frac{2}{3}} : 2^{\frac{2}{3}}\right)$

e. $\left(\frac{1}{2}\right)^{\frac{4}{5}} : \left(\frac{1}{2}\right)^{\frac{3}{4}} \cdot \left(\frac{1}{2}\right)^3 : 2^{\frac{3}{4}}$

f. $\left[\left(\frac{3}{7}\right)^{\frac{4}{5}} : \left(\frac{3}{7}\right)^{\frac{2}{6}}\right]^{\frac{1}{2}} : \left[\frac{3}{7} : \left(\frac{7}{3}\right)^{\frac{4}{5}} \cdot \left(\frac{3}{7}\right)^{\frac{1}{4}}\right]$

g. $\left[\left(\frac{1}{5}\right)^{\frac{2}{7}} : 5^{\frac{2}{3}} \cdot \left(\frac{1}{5}\right)^{-\frac{3}{4}}\right]^2 \cdot \left(\frac{1}{5}\right)^{-\frac{5}{6}}$

7 Notación científica

38 Expresa los siguientes números en notación científica:

a. 347 000 000 000 000 000 000 000 000

b. 12 345 000 000 000 000 000

c. 0,000 000 004 84

d. 0,000 000 000 000 125

e. 0,000 020 04

f. 409 000 000 000

39 Identifica cuáles de los siguientes números no están expresados en notación científica y escríbelos correctamente:

a. $345{,}9 \cdot 10^{12}$

b. $97\,823{,}43 \cdot 10^{7}$

c. $0{,}0345 \cdot 10^{15}$

d. $1\,563{,}87 \cdot 10^{-6}$

e. $3{,}456 \cdot 10^{-10}$

f. $0{,}0678 \cdot 10^{-14}$

40 Expresa en notación decimal estos números:

a. $5{,}91 \cdot 10^{7}$

b. $3{,}87 \cdot 10^{-7}$

c. $1{,}435 \cdot 10^{9}$

d. $8{,}4352 \cdot 10^{-10}$

41 Ordena de menor a mayor los números que aparecen en cada apartado después de escribirlos en notación científica.

a. $1{,}98 \cdot 10^{11}$ $\quad 96{,}3 \cdot 10^{10}$ $\quad 173{,}51 \cdot 10^{9}$

b. $4{,}34 \cdot 10^{17}$ $\quad 54{,}36 \cdot 10^{16}$ $\quad 345{,}43 \cdot 10^{15}$

c. $2{,}25 \cdot 10^{-5}$ $\quad 19 \cdot 10^{-6}$ $\quad 1{,}025 \cdot 10^{-9}$

42 Calcula las operaciones y expresa el resultado en notación científica.

a. $2{,}3 \cdot 10^{12} + 5{,}2 \cdot 10^{12}$

b. $4{,}14 \cdot 10^{34} - 2{,}92 \cdot 10^{34}$

c. $1{,}7 \cdot 10^{-6} + 3{,}2 \cdot 10^{-6}$

d. $5{,}63 \cdot 10^{21} + 7{,}92 \cdot 10^{21}$

e. $9{,}3 \cdot 10^{-18} + 5{,}5 \cdot 10^{-18}$

f. $1{,}5 \cdot 10^{10} + 3{,}2 \cdot 10^{8}$

g. $4 \cdot 10^{23} + 2{,}5 \cdot 10^{25} + 3{,}5 \cdot 10^{20}$

h. $7{,}5 \cdot 10^{-8} + 3{,}8 \cdot 10^{-7}$

i. $3{,}74 \cdot 10^{-11} + 7{,}19 \cdot 10^{-15} - 3{,}32 \cdot 10^{-14}$

43 Calcula y expresa el resultado en notación científica.

a. $(5 \cdot 10^{12}) \cdot (3{,}5 \cdot 10^{8})$

b. $(4{,}1 \cdot 10^{-21}) \cdot (2{,}5 \cdot 10^{-12})$

c. $(7{,}25 \cdot 10^{-8}) \cdot (3{,}8 \cdot 10^{17})$

d. $(3{,}6 \cdot 10^{11}) : (2{,}4 \cdot 10^{-15})$

e. $(4{,}9 \cdot 10^{23}) : (7 \cdot 10^{31})$

f. $(8{,}1 \cdot 10^{-3}) : (1{,}2 \cdot 10^{-14})$

44 Opera y escribe el resultado en notación científica con cuatro cifras decimales.

a. $\dfrac{(4{,}5 \cdot 10^{7} - 7{,}12 \cdot 10^{6}) \cdot 9{,}15 \cdot 10^{9}}{8{,}3 \cdot 10^{6}}$

b. $\dfrac{6{,}81 \cdot 10^{3} + 7{,}25 \cdot 10^{4} + 6{,}72 \cdot 10^{5}}{6 \cdot 10^{3} - 2{,}3 \cdot 10^{-2}}$

c. $\dfrac{(8{,}5 \cdot 10^{6} + 5{,}69 \cdot 10^{5}) \cdot 3{,}45 \cdot 10^{5}}{3 \cdot 10^{4} - 1{,}8 \cdot 10^{-1}}$

8 Aproximaciones y errores

45 Aproxima los siguientes números a las décimas, las centésimas y las milésimas por truncamiento:

a. 5,184 501 38

b. 0,055 192

c. 23,649 120 049

d. 89,915 304

e. 43,223 496

f. 4,002 003 5

46 Aproxima estos números a las décimas, las centésimas y las milésimas por redondeo:

a. 5,184 501 38

b. 0,055 192

c. 23,649 120 049

d. 89,915 304

e. 43,223 496

f. 4,002 003 5

47 Copia esta tabla en tu cuaderno y complétala aproximando los números indicados con tres cifras decimales:

Número real	Por exceso	Por defecto	Truncamiento	Redondeo
3,842 3				
$\sqrt{5}$				
7π				
$\frac{16}{9}$				

48 Aproxima los siguientes números reales por truncamiento y por redondeo a las décimas, las centésimas, las milésimas y las diezmilésimas (utiliza la calculadora):

a. $\sqrt{3} - 1$

b. $2 - \sqrt{2}$

c. $2\sqrt{23}$

d. $3\sqrt{5} - 2\sqrt{3}$

49 Con ayuda de la calculadora, redondea los siguientes números con la cantidad de cifras decimales que se señalan:

a. $\sqrt{8} - \sqrt{3}$ (con tres cifras decimales)

b. $3\pi - \sqrt[3]{3}$ (con cuatro cifras decimales)

50 Aproxima por redondeo a las milésimas y determina los errores absoluto y relativo de las aproximaciones de los siguientes números reales:

a. $\sqrt{37}$

b. $\sqrt[3]{42}$

c. π^3

d. $2\sqrt[5]{6}$

51 Considera una superficie cuadrada de 2 035 dm de diagonal y obtén la longitud del lado en milímetros con un error máximo de 1 mm.

52 La distancia entre Sevilla y Zaragoza es de 644,25 km, y la que hay entre Santander y Lugo es de 307,64 km. Si se aproximan ambas distancias a 644 km y 308 km, respectivamente, ¿qué porcentaje de error se comete en cada caso? ¿En cuál de ellos se realiza una mejor aproximación?

53 La diagonal de un rectángulo mide $\sqrt{12}$ m. Si la altura del rectángulo es de 2 m, calcula los metros cuadrados que tiene su área con una aproximación por redondeo de 6 cifras decimales. Halla el error que se comete en centímetros cuadrados.

9 Intervalos y semirrectas en la recta real

54 Escribe estas expresiones en forma de intervalo:

a. $\{x \in \mathbb{R} / 2 \leq x \leq 9\}$
b. $\{x \in \mathbb{R} / -3 \leq x \leq 3\}$
c. $\{x \in \mathbb{R} / -1 < x \leq 5\}$
d. $\{x \in \mathbb{R} / 2 < x < 9\}$
e. $\{x \in \mathbb{R} / x \leq 9\}$
f. $\{x \in \mathbb{R} / x > -3\}$
g. $\{x \in \mathbb{R} / x \geq 0\}$
h. $\{x \in \mathbb{R} / x < 10\}$

55 Expresa mediante intervalos los siguientes conjuntos numéricos:

a. Números reales mayores que 14.
b. Números reales menores o iguales que −5.
c. Números reales mayores o iguales que 18.
d. Números reales menores que 0.
e. Números reales mayores que 1 y menores que 9.
f. Números reales menores o iguales que −2 y mayores que −6.

56 Escribe en forma de desigualdad y representa en la recta real los siguientes intervalos y semirrectas:

a. $(-5, 3]$
b. $[3, 7]$
c. $(-\infty, 6)$
d. $(7, +\infty)$
e. $[6, 12)$
f. $[-3, +\infty)$

57 Escribe los siguientes conjuntos en la notación de intervalo o semirrecta:

a. Los números comprendidos entre −4 y 8, ambos incluidos.
b. Los números menores que −4.
c. Los números mayores o iguales que 6.
d. Los números comprendidos entre 3 y 8, no incluidos.
e. Los números menores o iguales que 7.
f. Los números comprendidos entre −10 y 8, incluido el −10, pero no el 8.

58 Realiza estas operaciones con intervalos:

a. $(-\infty, 5) \cap [3, 5]$
b. $(-7, 4) \cap [0, 5)$
c. $[5, 8) \cap [8, 10]$
d. $[2, +\infty) \cap (5, +\infty)$
e. $(-\infty, 5) \cup [3, +\infty)$
f. $[5, 7] \cap [7, 9)$

59 Observa los siguientes conjuntos y efectúa las operaciones indicadas:

$A = (3, 9]$ $B = [-1, 8)$ $C = [-5, 14]$ $D = (1, \infty)$

a. $A \cup B$
b. $A \cap C$
c. $B \cap D$
d. $A \cup D$
e. $B \cup C$
f. $C \cap A$
g. $C \cup D$
h. $D \cap A$
i. $D \cup B$

60 ⊞ Realiza las siguientes operaciones con intervalos:

a. $((-\infty, 5) \cap (3, 6]) \cup (-2, 4)$
b. $([1, 2) \cap [2, 3)) \cup ((-\infty, 4] \cup (-8, 2])$
c. $([2, 7) \cap (3, 9)) \cup ((-1, 5] \cap (4, +\infty))$
d. $((-7, 0) \cup [-2, +\infty)) \cap ([2, 4) \cup [4, 5))$

61 ⊞ Determina los valores de *a* y *b* para que se cumplan las siguientes operaciones con intervalos y semirrectas:

a. $[-3, a) \cap (b, 2) = (-1, 1)$
b. $[-2, 5] \cap (a, b) = (-1, 4)$
c. $(-2, a) \cup [b, +\infty) = [-5, +\infty)$
d. $(a, +\infty) \cap (-\infty, b] = (2, 4]$
e. $(-\infty, a] \cup (0, b) = (-\infty, 4)$
f. $(-3, a) \cap [b, 5) = \varnothing$

62 Escribe en forma de intervalo o semirrecta los conjuntos de números representados en estas rectas numéricas:

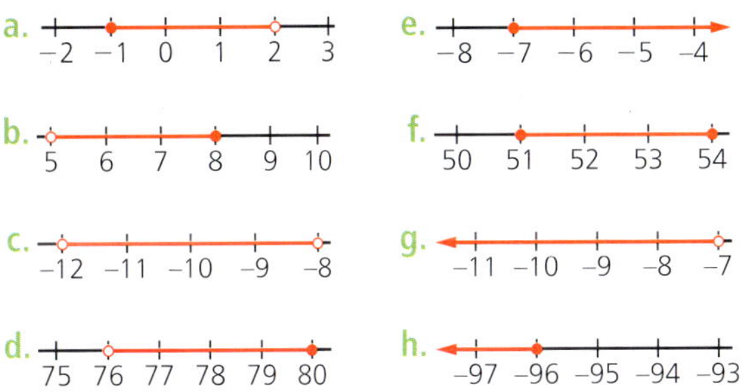

63 Copia en tu cuaderno y empareja los siguientes conjuntos de números en sus distintas representaciones (como intervalo, desigualdad o representación en la recta numérica) y exprésalos en la forma que falte:

$-9 \leq x < -3$	$[-9, +\infty)$
$(-7, -3]$	$(-\infty, 3]$
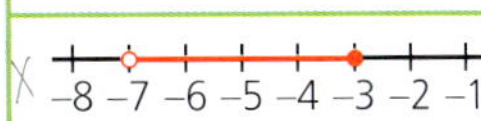	$1 < x < 5$
$x \geq -9$	$x > -5$
$[-7, 8]$	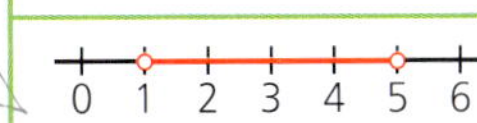
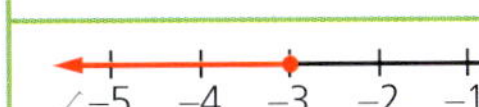	$[-9, -3)$
$-7 \leq x \leq 8$	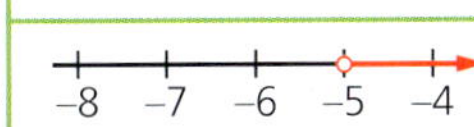
$x < -10$	$(-\infty, -10)$

02 PROPORCIONALIDAD

EL LUJO
ESTÁ SIEMPRE
EN PROPORCIÓN CON LA
DESIGUALDAD
DE LAS FORTUNAS

MONTESQUIEU

PRESENTAR

PORCENTAJES AL INSTANTE

Habéis consultado un blog de matemáticas en Internet y constatado que su autor tiene una extraña habilidad a la hora de calcular de forma rápida determinados porcentajes, como, por ejemplo, el 5 %, el 10 %, el 20 % o el 30 % de una cantidad. El autor del blog afirma que cualquiera puede hacerlo mediante un sencillo truco. Por grupos, tratad de averiguar en qué consiste ese truco y exponedlo al resto de compañeros ilustrándolo con los ejemplos que sean necesarios para su comprensión.

INVESTIGAR

TARJETAS DE CRÉDITO

Seguro que habéis oído hablar sobre las tarjetas de crédito. Por grupos, deberéis averiguar para qué se emplean y qué ventajas y desventajas presentan con respecto a las tarjetas de débito. También tendréis que investigar si su utilización puede suponer algún riesgo y cuáles son sus condiciones de uso habituales. ¿Conocéis otras formas de pago? Reflejad por escrito todas vuestras pesquisas y conclusiones y elaborad unas recomendaciones para hacer un uso razonable de este medio de pago.

CREAR

PLANIFICACIÓN CAMBIANTE

Los alumnos de cursos inferiores están confeccionando pulseras con el objetivo de recaudar fondos para una asociación que persigue fines solidarios. A fin de completar un pedido de 400 pulseras que les han hecho, hay 20 alumnos trabajando 5 días a la semana. Dado el gran éxito que ha tenido su iniciativa, les han encargado otro pedido de 600 pulseras para esta semana y han pensado en formar un grupo de trabajo de 25 alumnos, aunque tienen dudas de si podrán finalizar el encargo a tiempo. Por ello, os han solicitado ayuda. ¿Qué respuesta les podéis dar? ¿Qué otras alternativas se os ocurren? Trabajando por grupos, elaborad un documento en el que plasméis varias soluciones al problema planteado.

CONOCER

VIAJE DE FIN DE CURSO

Los alumnos que van a realizar el viaje de fin de curso han estado vendiendo fruta en los recreos con objeto de conseguir fondos para el viaje. Quieren repartir el beneficio que sacan cada mes en función del número de días que cada uno emplea en esta tarea. No tienen muy claro cómo hacerlo, así que os han pedido que les echéis una mano. Organizados por grupos, tendréis que mostrarles un método para poder hacer cada mes el reparto de los beneficios. ¿Podéis intentar plantearlo de otra forma?

1 RAZÓN Y PROPORCIÓN

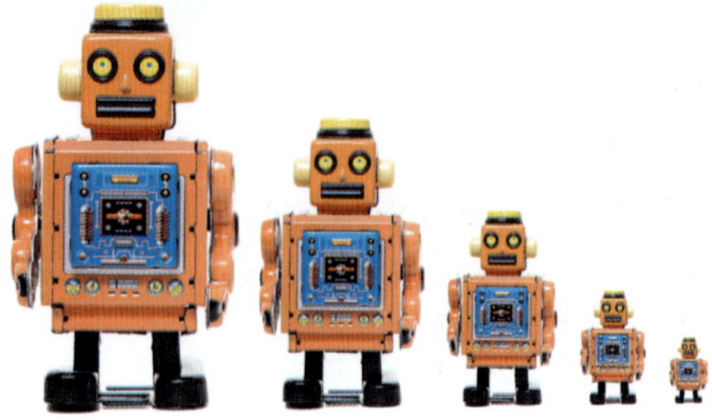

La **razón** entre dos magnitudes, *a* y *b*, es el cociente indicado de dichas magnitudes, es decir, $\frac{a}{b}$.

Por ejemplo, la razón entre 3 y 4 es: $\frac{3}{4} = 0{,}75$

Todas las fracciones equivalentes tienen la misma razón. De este modo, la razón entre 6 y 8 coincide con la razón entre 3 y 4, ya que $\frac{6}{8} = \frac{3}{4}$. En este caso se dice que 6, 8, 3 y 4 forman una proporción.

Dos razones, $\frac{a}{b}$ y $\frac{c}{d}$, forman una **proporción** si $\frac{a}{b} = \frac{c}{d}$.

Las proporciones verifican la siguiente propiedad fundamental:

$$\frac{a}{b} = \frac{c}{d} \Rightarrow a \cdot d = b \cdot c$$

Recuerda

Las fracciones $\frac{4}{5}$ y $\frac{8}{10}$ son equivalentes:

$$\frac{4}{5} = \frac{8}{10} \quad (\times 2)$$

Ten en cuenta

En una proporción:

$$\frac{a}{b} = \frac{c}{d}$$

se distinguen cuatro términos: dos **extremos**, *a* y *d*, y dos **medios**, *b* y *c*.

Actividades resueltas

1 Comprueba si las siguientes razones forman una proporción:

a. $\frac{2}{5}$ y $\frac{4}{10}$ b. $\frac{3}{2}$ y $\frac{7}{5}$ c. $\frac{8}{14}$ y $\frac{2}{3{,}5}$

La comprobación se realiza mediante la propiedad fundamental.

a. $\frac{2}{5}$ y $\frac{4}{10} \Rightarrow 2 \cdot 10 = 5 \cdot 4 = 20$. Las razones sí forman una proporción.

b. Procediendo como en el apartado anterior: $3 \cdot 5 = 15$; $2 \cdot 7 = 14$

Es decir, las razones no forman una proporción.

c. $\frac{8}{14}$ y $\frac{2}{3{,}5} \Rightarrow 8 \cdot 3{,}5 = 14 \cdot 2 = 28$. Las razones sí forman una proporción.

2 Determina el valor de *x* en cada uno de los siguientes casos para que las razones indicadas formen una proporción:

a. $\frac{2}{5}$ y $\frac{6}{x}$ b. $\frac{x}{4}$ y $\frac{6}{3}$ c. $\frac{6}{16}$ y $\frac{x}{10}$

Se aplica la propiedad fundamental de las proporciones y se despeja *x* para obtener su valor:

a. $\frac{2}{5} = \frac{6}{x} \Rightarrow 2 \cdot x = 5 \cdot 6 \Rightarrow 2 \cdot x = 30 \Rightarrow x = \frac{30}{2} \Rightarrow x = 15$

b. $\frac{x}{4} = \frac{6}{3} \Rightarrow x \cdot 3 = 4 \cdot 6 \Rightarrow 3 \cdot x = 24 \Rightarrow x = \frac{24}{3} \Rightarrow x = 8$

c. $\frac{6}{16} = \frac{x}{10} \Rightarrow 6 \cdot 10 = 16 \cdot x \Rightarrow 60 = 16 \cdot x \Rightarrow x = \frac{60}{16} \Rightarrow x = 3{,}75$

Actividad resuelta

Si 5 kg de fruta cuestan 3 €, determina cuál es la razón de esta proporción y utilízala para calcular el precio de 7 kg de esa misma fruta.

La razón de esta proporción es de $\frac{5}{3}$, ya que cada 5 kg de fruta cuestan 3 €.

Aplicando esta proporción a la nueva cantidad de fruta, se debe cumplir:

$$\frac{\text{cantidad (kg)}}{\text{precio (€)}} \begin{matrix}\rightarrow \\ \rightarrow\end{matrix} \frac{5}{3} = \frac{7}{x}$$

$$5 \cdot x = 3 \cdot 7 \Rightarrow 5 \cdot x = 21 \Rightarrow x = \frac{21}{5}$$

$$x = 4{,}20 \text{ €}$$

Así, 7 kg de fruta cuestan 4,20 €.

2 MAGNITUDES DIRECTA E INVERSAMENTE PROPORCIONALES

2.1 MAGNITUDES DIRECTAMENTE PROPORCIONALES

Dos magnitudes son **directamente proporcionales** si, al aumentar una, la otra se incrementa en la misma proporción, y viceversa.

Cantidades homólogas

Magnitud A	a	b	c	...
Magnitud B	a'	b'	c'	...

Se cumple que $\frac{a}{a'} = \frac{b}{b'} = \frac{c}{c'} = ... = k$. Al cociente o la razón de las cantidades homólogas se la denomina **constante de proporcionalidad directa, *k*.**

Recuerda

Regla de tres directa

Tiempo		Precio
7 noches	→	560 €
10 noches	→	x €

Con lo que se obtiene:

$$\frac{7}{10} = \frac{560}{x} \Rightarrow x = \frac{10 \cdot 560}{7} = 800 \text{ €}$$

2.2 MAGNITUDES INVERSAMENTE PROPORCIONALES

Dos magnitudes son **inversamente proporcionales** si, al aumentar una, la otra se reduce en la misma proporción, y viceversa.

Cantidades homólogas

Magnitud A	a	b	c	...
Magnitud B	a'	b'	c'	...

Se cumple que $a \cdot a' = b \cdot b' = c \cdot c' = ... = k$. Al producto de las cantidades homólogas se lo denomina **constante de proporcionalidad inversa, *k*.**

Recuerda

Regla de tres inversa

Amigos		Tiempo
3	→	12 días
4	→	x días

De lo que se obtiene:

$$\frac{4}{3} = \frac{12}{x} \Rightarrow x = \frac{3 \cdot 12}{4} = 9 \text{ días}$$

Actividades resueltas

1 Un grupo de 3 personas puede terminar un trabajo de clase en 12 días. Si en lugar de ser 3 personas fueran 4, y todas realizasen la misma cantidad de trabajo que si fueran 3, ¿cuántos días tardarían?

En este caso, cuantas más personas participen, menos tiempo tardarán en hacer el trabajo. Por tanto, se trata de una proporción inversa. Hay que resolver la ecuación que iguala el producto de los valores de cada proporción o usar una regla de tres inversa:

$$\text{personas} \cdot \text{días} \Rightarrow 3 \cdot 12 = 4 \cdot x \Rightarrow$$
$$\Rightarrow x = 9 \text{ días}$$

Si fueran 4 personas, tardarían 9 días.

2 La familia de Darío ha pagado 560 € por pasar 7 noches en la habitación de cierto hotel. ¿Cuánto deberían pagar si quisieran permanecer 10 noches?

Cuantas más noches estén alojados en el hotel, mayor será el precio. Cabe concluir, pues, que se trata de una proporción directa.

Se utilizan proporciones o una regla de tres directa:

$$\frac{\text{tiempo (noches)}}{\text{precio (€)}} \begin{matrix} \rightarrow \\ \rightarrow \end{matrix} \frac{7}{560} = \frac{10}{x} \Rightarrow 7 \cdot x = 560 \cdot 10 \Rightarrow$$
$$\Rightarrow x = 800 \text{ €}$$

Deberían pagar 800 € si quisieran permanecer 10 noches.

3 REPARTOS DIRECTA E INVERSAMENTE PROPORCIONALES

3.1 REPARTOS DIRECTAMENTE PROPORCIONALES

Se dice que un reparto es directamente proporcional si, dadas unas magnitudes de un mismo tipo y una magnitud total, a cada receptor le corresponde una parte de la magnitud total directamente proporcional a la magnitud aportada.

Actividad resuelta

Se van a repartir 200 árboles entre tres poblaciones que tienen una extensión de 11 km², 14 km² y 15 km², respectivamente, de manera directamente proporcional a su extensión. ¿Qué cantidad le corresponderá a cada una?

Entre las tres poblaciones suman 40 km², lo que significa que a cada una de ellas le corresponderán las siguientes proporciones: $\frac{11}{40}, \frac{14}{40}$ y $\frac{15}{40}$

Se calculan, pues, estas fracciones de 200 árboles:

$$\frac{11}{40} \text{ de } 200 = \frac{11 \cdot 200}{40} = 55 \qquad \frac{14}{40} \text{ de } 200 = \frac{14 \cdot 200}{40} = 70 \qquad \frac{15}{40} \text{ de } 200 = \frac{15 \cdot 200}{40} = 75$$

De este modo, a cada población le corresponderán 55, 70 y 75 árboles, respectivamente.

Para hacer un **reparto en partes directamente proporcionales** a los números a, b, c... de una cantidad M, se siguen los siguientes pasos:

1. Se suman las cantidades dadas:
$$S = a + b + c + \ldots$$
2. Se asigna a cada número su proporción:
$$\frac{a}{S}, \frac{b}{S}, \frac{c}{S}, \ldots$$
3. Se calcula la fracción de la cantidad M correspondiente:
$$\frac{a}{S} \text{ de M}, \frac{b}{S} \text{ de M}, \frac{c}{S} \text{ de M} \ldots$$

3.2 REPARTOS INVERSAMENTE PROPORCIONALES

Se dice que un reparto es inversamente proporcional si, dadas unas magnitudes de un mismo tipo y una magnitud total, a cada receptor le corresponde una parte de la magnitud total inversamente proporcional a la magnitud aportada.

Actividad resuelta

Andrés tiene la intención de repartir 210 € entre sus tres nietos de 3, 5 y 6 años, respectivamente, pero de forma inversamente proporcional a sus edades. ¿Qué cantidad le corresponderá a cada nieto?

Como el reparto es inverso, a cada nieto le corresponderá:

$$3 \text{ años} \rightarrow \frac{1}{3} \qquad 5 \text{ años} \rightarrow \frac{1}{5} \qquad 6 \text{ años} \rightarrow \frac{1}{6}$$

Para comparar estas cantidades, se reducen a denominador común:

$$3 \text{ años} \rightarrow \frac{1}{3} = \frac{10}{30} \qquad 5 \text{ años} \rightarrow \frac{1}{5} = \frac{6}{30} \qquad 6 \text{ años} \rightarrow \frac{1}{6} = \frac{5}{30}$$

Los numeradores representan la cantidad que se asigna a cada nieto de forma directamente proporcional, 10, 6 y 5, respectivamente: $10 + 6 + 5 = 21$

$$3 \text{ años: } \frac{10}{21} \text{ de } 210 = 100 \qquad 5 \text{ años: } \frac{6}{21} \text{ de } 210 = 60 \qquad 6 \text{ años: } \frac{5}{21} \text{ de } 210 = 50$$

De este modo, los nietos de Andrés recibirán 100 €, 60 € y 50 €, respectivamente.

Para hacer un **reparto en partes inversamente proporcionales** a los números a, b, c... de una cantidad M, se procede así:

1. Se hallan los inversos de cada número $\frac{1}{a}, \frac{1}{b}, \frac{1}{c}, \ldots$ y se reducen las fracciones a denominador común.
2. Se dividen en partes directamente proporcionales, asignando el valor correspondiente a los numeradores.

4 PROPORCIONALIDAD COMPUESTA

Se denomina **problemas de proporcionalidad compuesta** a aquellos en los que intervienen tres o más magnitudes vinculadas dos a dos por una relación de proporcionalidad directa o inversa. Para resolverlos, se usa la regla de tres compuesta, que resulta de aplicar sucesivamente varias reglas de tres simples.

Veamos a continuación los tres casos de regla de tres compuesta. Con este fin, se considerarán tres magnitudes, A, B y C, de las cuales la incógnita del problema corresponde a la magnitud C.

REGLA DE TRES COMPUESTA DIRECTA-DIRECTA

Si C y A y C y B son directamente proporcionales, entonces se trata de una **regla de tres compuesta directa-directa:**

$$\frac{A_1}{A_2}\cdot\frac{B_1}{B_2}=\frac{C_1}{x}\Rightarrow x=\frac{A_2\cdot B_2\cdot C_1}{A_1\cdot B_1}$$

A	B	C
A_1	B_1	C_1
A_2	B_2	x

Directa
Directa

REGLA DE TRES COMPUESTA INVERSA-INVERSA

Si C y A y C y B son inversamente proporcionales, estamos ante una **regla de tres compuesta inversa-inversa:**

$$\frac{A_2}{A_1}\cdot\frac{B_2}{B_1}=\frac{C_1}{x}\Rightarrow x=\frac{A_1\cdot B_1\cdot C_1}{A_2\cdot B_2}$$

A	B	C
A_1	B_1	C_1
A_2	B_2	x

Inversa
Inversa

REGLA DE TRES COMPUESTA DIRECTA-INVERSA

Si C y A son inversamente proporcionales y C y B son directamente proporcionales, o viceversa, se trata de una **regla de tres compuesta directa-inversa:**

$$\frac{A_2}{A_1}\cdot\frac{B_1}{B_2}=\frac{C_1}{x}\Rightarrow x=\frac{A_1\cdot B_2\cdot C_1}{A_2\cdot B_1}$$

A	B	C
A_1	B_1	C_1
A_2	B_2	x

Directa
Inversa

Actividad resuelta

Un grupo musical de 3 miembros ha compuesto 12 canciones en 20 días. Si se suman 2 miembros más al grupo y todos realizan la misma cantidad de trabajo, ¿cuántas canciones compondrán en 15 días?

Si aumenta el número de miembros del grupo, se incrementará en número de canciones. De este modo, la proporción es directa.

Por otro lado, si disminuye el número de días, se reducirá también el número de canciones, por lo que la proporción es también directa.

En consecuencia, la regla de tres es compuesta directa-directa.

N.º de miembros	N.º de días	N.º de canciones
3	20	12
5	15	x

Directa
Directa

Se aplica la regla de tres compuesta:

$$\frac{3}{5}\cdot\frac{20}{15}=\frac{12}{x}\Rightarrow x=\frac{5\cdot 15\cdot 12}{3\cdot 20}\Rightarrow x=15$$

Así pues, los 5 miembros del grupo compondrán 15 canciones en 15 días.

Actividades resueltas

1 **Doce obreros, trabajando 3 h diarias, cavan una zanja en 20 días. ¿Cuánto tardarán 8 obreros en excavar la misma zanja si trabajan 10 h diarias?**

Si disminuye el número de obreros, aumenta el número de días. Por consiguiente, la proporción es inversa.

Si se incrementa el número de horas, se reduce el número de días. La proporción es, así, también inversa.

Por tanto, se trata de una regla de tres compuesta inversa-inversa.

Se aplica la correspondiente regla de tres compuesta:

N.º de obreros	N.º de horas	N.º de días
12	3	20
8	10	x

Inversa

Inversa

$$\frac{8}{12}\cdot\frac{10}{3}=\frac{20}{x}\Rightarrow x=\frac{12\cdot 3\cdot 20}{8\cdot 10}\Rightarrow x=9$$

Los 8 obreros, trabajando 10 horas diarias, tardarían 9 días.

2 **Una compañía de automóviles fabrica 1 500 coches trabajando 5 h diarias durante 20 días. ¿Cuánto tiempo tardará en producir 1 200 coches trabajando 10 h diarias?**

Si se reduce el número de coches, disminuirá el número de días. Se trata, pues, de una proporción directa.

Si aumenta el número de horas, será menor el número de días. Entonces, la proporción es inversa.

En consecuencia, estamos ante una regla de tres compuesta directa-inversa.

Se aplica la regla de tres compuesta:

N.º de coches	N.º de horas	N.º de días
1 500	5	20
1 200	10	x

Inversa

Directa

$$\frac{1500}{1200}\cdot\frac{10}{5}=\frac{20}{x}\Rightarrow x=\frac{1200\cdot 5\cdot 20}{1500\cdot 10}\Rightarrow x=8$$

Para fabricar 1 200 coches trabajando 10 horas diarias, se necesitan 8 días.

La proporción sirve de ayuda

En muchas ocasiones, gracias a una fotografía tomada por una cámara de seguridad, se han podido determinar los rasgos aproximados de una persona, como, por ejemplo, su altura.

La técnica utilizada en estos casos se basa en la proporcionalidad. Solo se necesita una fotografía en la que aparezca algún objeto reconocible junto a la persona cuya altura se desea determinar. El procedimiento es el siguiente:

1 Se localiza dentro de la fotografía algún elemento que esté en el mismo plano que la persona.

2 Se toma en la fotografía la medida de ese elemento, *a*, y de la persona, *b*.

3 Se aplica la proporción $\frac{a}{a'}=\frac{b}{b'}$, donde *a'* es la medida real del objeto conocido, y *b'*, la altura real de la persona de la fotografía.

En la imagen se ha comparado la estatura del joven con la altura de su bicicleta, que mide 84 cm de alto en la realidad:

$$\frac{2{,}7}{84}=\frac{5{,}4}{b'}\Rightarrow b'=168\text{ cm}$$

5 PORCENTAJES

Es muy frecuente escuchar o leer noticias relacionadas con porcentajes. Informaciones o situaciones de la vida cotidiana como «la población de linces ha aumentado un 3 % este último año», «el primer domingo de cada mes los libros están rebajados un 15 %», «el equipo local acertó el 84 % de los pases»... ¿Qué significado tienen estas expresiones? Todas ellas están realizando comparaciones de cantidades con el número 100.

Un **porcentaje** o **tanto por ciento** es una razón en la que el denominador es 100. Se representan por %.

En tanto por ciento	En forma de fracción	En forma decimal	Explicación
3 %	$\frac{3}{100}$	0,03	Por cada 100 linces que había antes, hay 3 más este año.
15 %	$\frac{15}{100} = \frac{3}{20}$	0,15	Por cada 100 € que cueste un libro, hay que aplicarle una rebaja de 15 €.
84 %	$\frac{84}{100} = \frac{21}{25}$	0,84	Por cada 100 pases intentados, 84 han sido acertados.

5.1 CÁLCULO DEL PORCENTAJE DE UNA CANTIDAD TOTAL

Para calcular el porcentaje (%) de una cantidad total (C), se aplica la siguiente expresión:

$$\% \text{ de } C = \frac{\% \cdot C}{100}$$

Actividades resueltas

1 En una ciudad, el número de parados era de 350, pero esta cifra ha descendido un 2 % el último mes. Calcula el número de personas que han encontrado empleo.

Se halla el 2 % de 350:

$$2\% \text{ de } 350 = \frac{2 \cdot 350}{100} = 7$$

Por tanto, han encontrado empleo 7 personas.

2 En una tienda de ropa se practica un descuento del 30 % en todos los artículos. Si un pantalón cuesta 40 €, ¿qué descuento le harán a Berta por él?

Se determina el 30 % de 40:

$$30\% \text{ de } 40 = \frac{30 \cdot 40}{100} = 12$$

A Berta le harán un descuento de 12 €.

3 Un grupo de 60 alumnos va a realizar una prueba oficial de cierto idioma. Si aproximadamente el 80 % supera esta prueba, ¿cuál es el número estimado de alumnos aprobados? Si se estima que el 25 % de los que suspenden aprobarán en la siguiente convocatoria, ¿cuántos aprobarán?

Se calcula el 80 % de 60:

$$80\% \text{ de } 60 = \frac{80 \cdot 60}{100} = 48$$

Se estima, pues, que 48 de los alumnos que se han presentado a la prueba la superarán.

Se calcula el 25 % de 12: $25\% \text{ de } 12 = \frac{25 \cdot 12}{100} = 3$

Por tanto, aprobarán 3 alumnos en la segunda convocatoria.

5.2 CÁLCULO A PARTIR DE LA RELACIÓN ENTRE PORCENTAJE, CANTIDAD TOTAL Y UNA PARTE

Al realizar un porcentaje, intervienen varias cantidades: la cantidad total (C), la parte del total que representa, el porcentaje (%) y el número 100.

Con dichas cantidades se establece la siguiente proporción: $\frac{\text{parte}}{C} = \frac{\%}{100}$

- A partir de esta proporción, conocidas la parte y la cantidad total, se puede obtener el porcentaje: $\% = \frac{\text{parte}}{C} \cdot 100$
- También es posible calcular la cantidad total si conocemos el porcentaje aplicado y la parte resultante: $C = \frac{100 \cdot \text{parte}}{\%}$

Ten en cuenta

La parte del total, C, % y 100 son cuatro números que forman una proporción.

Actividad resuelta

Natalia ha recorrido 129,22 km en una etapa de la vuelta ciclista. Teniendo en cuenta que esa distancia representa un 70 % del total, ¿cuántos kilómetros tiene la etapa?

Si se denomina C a la distancia total de la etapa, se tienen que:

$$\frac{129{,}22}{C} = \frac{70}{100} \Rightarrow C = \frac{129{,}22 \cdot 100}{70} = 184{,}6$$

La etapa tiene 184,6 km.

Actividad resuelta

Hace 10 años, Oliver se compró un piso que le costó 120 000 €. Si hasta ahora lleva pagados 96 000 €, ¿qué porcentaje ha abonado del total? ¿Qué porcentaje le queda por pagar?

Aplicando la fórmula:

$$\frac{96\,000}{120\,000} = \frac{\%}{100}$$

$$\% = \frac{96\,000}{120\,000} \cdot 100 = 80$$

Ha pagado un 80 % y, por tanto, le queda por abonar un 20 %.

5.3 AUMENTO Y DISMINUCIÓN PORCENTUAL

Una de las situaciones más habituales en las que intervienen porcentajes es la de aplicar un aumento o una disminución porcentual a una cantidad. Si a una cantidad inicial ($C_{inicial}$) se le aplica un aumento o una disminución porcentual, %, se obtiene una cantidad final (C_{final}) aplicando las siguientes fórmulas:

Aumento porcentual

$$C_{final} = C_{inicial} \cdot \underbrace{\left(1 + \frac{\%}{100}\right)}_{\text{iv = índice de variación}}$$

$$C_{final} = C_{inicial} \cdot \text{iv}$$

Disminución porcentual

$$C_{final} = C_{inicial} \cdot \underbrace{\left(1 - \frac{\%}{100}\right)}_{\text{iv = índice de variación}}$$

$$C_{final} = C_{inicial} \cdot \text{iv}$$

Actividad resuelta

En las rebajas de unos grandes almacenes, Mario se ha comprado unos pantalones que inicialmente costaban 40 €, pero que estaban rebajados un 10 %. ¿Cuál es el índice de variación de esta rebaja? ¿Cuál es el precio final de los pantalones?

Como se trata de una disminución, el índice de variación es: $\text{iv} = 1 - \frac{10}{100} = 0{,}9$

$$C_{final} = C_{inicial} \cdot \text{iv} = 40 \cdot 0{,}9 = 36$$

El gasto de ese mes será, por tanto, de 36 €.

Actividad resuelta

Los gastos de energía de una empresa han subido un 12 % este mes. Si el mes pasado fueron de 450 €, ¿cuál es el índice de variación de esa subida? ¿Cuál ha sido el gasto de este mes?

Como se trata de un aumento, el índice de variación es:

$$\text{iv} = 1 + \frac{12}{100} = 1{,}12$$

$$C_{final} = C_{inicial} \cdot \text{iv} = 450 \cdot 1{,}12 = 504$$

El gasto de este mes será, por tanto, de 504 €.

5.4 CÁLCULO CON AUMENTOS Y DISMINUCIONES PORCENTUALES ENCADENADOS

Cuando se encadenan varios aumentos y disminuciones sobre una misma cantidad, basta con multiplicar los índices de variación asociados de forma sucesiva:

$$C_{final} = C_{inicial} \cdot iv_1 \cdot iv_2 \cdot iv_3 \cdot \ldots \cdot iv_n$$

Actividad resuelta

El precio de un ordenador ha oscilado con el paso del tiempo. En el mes de enero sufrió un descuento del 5 %, en febrero aumentó un 15 %, en marzo se rebajó un 10 % y en abril se volvió a rebajar un 20 %. Si el precio al principio del mes de enero era de 1 300 €:

a. Determina el porcentaje de aumento o disminución que ha experimentado después de todas las oscilaciones.

b. Calcula el precio del ordenador a finales de abril.

a. El índice de variación asociado a un descuento del 5 % es: $iv_1 = 0{,}95$

El índice de variación asociado a un aumento del 15 % es: $iv_2 = 1{,}15$

El índice de variación asociado a una rebaja del 10 % es: $iv_3 = 0{,}9$

El índice de variación asociado a una rebaja del 20 % es: $iv_4 = 0{,}8$

El índice de variación total es: $iv = iv_1 \cdot iv_2 \cdot iv_3 \cdot iv_4 = 0{,}95 \cdot 1{,}15 \cdot 0{,}9 \cdot 0{,}8 = 0{,}7866$

Se ha producido, pues, una disminución porcentual de: $100 - 78{,}66 = 21{,}34$ %

b. $Precio_{final} = Precio_{inicial} \cdot iv = 1300 \cdot 0{,}7866 = 1022{,}58$

El precio del ordenador a finales de abril es de 1 022,58 €.

Busca regularidades

Carmen es dueña de una tienda de instrumentos musicales y desde hace mucho tiempo tiene a la venta un piano que no consigue vender. Se ha propuesto lanzar una oferta definitiva para deshacerse de él. Cada mes reducirá su precio un 10 %. Si el precio del piano es de 2 400 €, ¿cuál será el precio transcurrido un año si no ha conseguido venderlo para entonces?

Se calcula el precio del piano cada mes:

- Inicialmente: $P_0 = 2400$
- Primer mes: $P_1 = P_0 \cdot iv = 2400 \cdot 0{,}9 = 2160$
- Segundo mes: $P_2 = P_1 \cdot iv = P_0 \cdot iv \cdot iv = P_0 \cdot iv^2 = 2400 \cdot 0{,}9^2 = 1944$
- El tercer mes: $P_3 = P_2 \cdot iv = P_0 \cdot iv^2 \cdot iv = P_0 \cdot iv^3 = 2400 \cdot 0{,}9^3 = 1749{,}6$

Se observa que, para calcular el precio que tendrá al cabo de un año, no es necesario calcular el precio de los once meses anteriores uno por uno:

$$P_{12} = P_0 \cdot iv^{12} = 2400 \cdot 0{,}9^{12} = 677{,}83$$

Transcurrido un año, el piano costará 677,83 €.

6 INTERÉS SIMPLE Y COMPUESTO

Una aplicación práctica de los porcentajes se encuentra en el rendimiento que produce un capital inicial, C_i, en un periodo de tiempo, *t*. El capital final, C_f, varía dependiendo de si se ofrece un tipo de interés simple o compuesto.

- **Capital inicial (C_i).** Es la cantidad de dinero que inicialmente se deposita en el banco.
- **Intereses (*i*).** Son los beneficios que el banco abona al cliente por depositar su dinero.
- **Tipo de interés anual o rédito (*r*).** Se trata del porcentaje que el banco aplica para pagar al cliente el beneficio.
- **Periodo de duración del depósito o del préstamo o tiempo (*t*).** Puede venir expresado en años, meses o días.
- **Capital final (C_f).** Es la cantidad que se recibe al término del depósito, incluyendo capital, el inicial y los intereses.

6.1 INTERÉS SIMPLE

El cálculo del interés simple consiste en un aumento porcentual, en el que hay que tener en cuenta que el índice de variación depende también del tiempo.

El **interés simple** que produce un **capital inicial, C_i**, con un rédito del r % durante un tiempo, *t*, expresado en años, viene dado por la expresión:

$$i = \frac{C_i \cdot r \cdot t}{100}$$

El **capital final, C_f**, que se obtiene al depositar un capital inicial, C_i, a un interés simple del r % anual durante un periodo de tiempo, *t*, expresado en años será:

$$C_f = C_i + i = C_i + \frac{C_i \cdot r \cdot t}{100} = C_i \cdot \left(1 + \frac{r \cdot t}{100}\right)$$

Ten en cuenta

La expresión del interés simple también puede ser:

- $i = \frac{C_i \cdot r \cdot t}{1200}$ si *t* se expresa en meses.
- $i = \frac{C_i \cdot r \cdot t}{36\,000}$ si *t* se expresa en días.

Actividad resuelta

A partir de un depósito de 2 000 € en un banco que abona un interés simple del 5 % anual, calcula:

a. El capital final que se tiene transcurridos los 3 primeros años.

b. El interés producido por ese depósito al cabo de 6 años y el capital final.

Se parte de un $C_i = 2000$ y un $r = 5\%$.

a. Se aplica la fórmula para $t = 3$:

$$C_f = C_i \cdot \left(1 + \frac{r \cdot t}{100}\right) = 2000 \cdot \left(1 + \frac{5 \cdot 3}{100}\right) = 2300$$

El capital final que se obtiene tras los primeros 3 años es de 2 300 €.

b. Para el interés producido en 6 años, se aplica la fórmula:

$$i = \frac{C_i \cdot r \cdot t}{100} = \frac{2000 \cdot 5 \cdot 6}{100} = 600$$

De este modo: $C_f = C_i + i = 2000 + 600 = 2600$

El capital final después de 6 años es de 2 600 €.

6.2 INTERÉS COMPUESTO

Cuando un capital está depositado a un interés compuesto, a diferencia del interés simple, los beneficios que produce anualmente se acumulan en el capital, por lo que este vuelve a generar intereses en el siguiente periodo directamente proporcionales al capital obtenido tras el primer periodo.

El **capital final, C_f**, que se obtiene al depositar un capital inicial, C_i, a un interés compuesto del r % anual durante un periodo de tiempo, *t*, de años se expresa por:

$$C_f = C_i \cdot \left(1 + \frac{r}{100}\right)^t$$

La fórmula del capital final también puede ser:

- $C_f = C_i \cdot \left(1 + \frac{r}{1200}\right)^t$ si *t* está expresado en meses.
- $C_f = C_i \cdot \left(1 + \frac{r}{36\,000}\right)^t$ si *t* está expresado en días.

Actividades resueltas

1 Calcula el capital final, transcurridos los 3 primeros años, de un depósito de 2 000 € en un banco que abona un interés compuesto del 5 % anual.

Como puedes comprobar, se reproducen aquí los datos de la anterior actividad resuelta: allí también se partía de un capital inicial de 2 000 € depositados a un 5 % anual con un interés simple, y se vio que el capital final que se obtiene al cabo de 3 años es de 2 300 €.

Veamos qué ocurre si se calculan los intereses reinvirtiendo cada año los intereses del periodo anterior.

Transcurrido un año:

$$C_f = C_i \cdot \left(1 + \frac{5}{100}\right) = C_i \cdot 1{,}05 = 2\,000 \cdot 1{,}05 = 2\,100 \text{ €}$$

Al reinvertir todo el capital, el capital inicial para el segundo año será de 2 100 €. Se aplica de nuevo un interés del 5 % y se obtiene:

$$C_f = C_i \cdot \left(1 + \frac{5}{100}\right) = C_i \cdot 1{,}05 = 2\,100 \cdot 1{,}05 = 2\,205 \text{ €}$$

El capital inicial para el tercer año es, así, de 2 205 €. Se considera otra vez un interés del 5 %:

$$C_f = C_i \cdot \left(1 + \frac{5}{100}\right) = C_i \cdot 1{,}05 = 2\,205 \cdot 1{,}05 = 2\,315{,}25 \text{ €}$$

Se constata que existe una diferencia entre el capital que se obtiene aplicando un interés simple y el que resulta de aplicar un interés compuesto:

$$2\,315{,}25 - 2\,300 = 15{,}25 \text{ €}$$

2 Se han depositado 1 200 € en una entidad bancaria a un interés compuesto del 3 % anual durante 2 años. Calcula el capital final. Estudia la diferencia con este mismo depósito, pero a un interés simple.

Se tiene un $C_i = 1\,200$ y un r = 3 %.

En primer lugar, se aplica la fórmula del interés compuesto para t = 2:

$$C_f = C_i \cdot \left(1 + \frac{r}{100}\right)^t = 1200 \cdot \left(1 + \frac{3}{100}\right)^2 = 1\,273{,}08 \text{ €}$$

Para calcular el capital final con un interés simple, aplicamos la fórmula:

$$C_f = C_i \cdot \left(1 + \frac{r \cdot t}{100}\right) = 1200 \cdot \left(1 + \frac{3 \cdot 2}{100}\right) = 1\,272 \text{ €}$$

La diferencia del capital final entre aplicar un interés compuesto y un interés simple es: 1 273,08 − 1 272 = 1,08 €

3 Al depositar cierto capital inicial a un 5 % de interés compuesto durante 8 años, se ha obtenido un capital final de 17 729,47 €. ¿Cuál fue el capital inicial depositado?

A partir de la expresión que calcula el capital final, se tiene:

$$C_f = C_i \cdot \left(1 + \frac{r}{100}\right)^t \Rightarrow 17\,729{,}47 = C_i \cdot \left(1 + \frac{5}{100}\right)^8$$

$$\Rightarrow 17\,729{,}47 = C_i \cdot 1{,}477\,455$$

$$\Rightarrow C_i = \frac{17\,729{,}47}{1{,}477\,455} = 12\,000 \text{ €}$$

Así, el capital inicial depositado fue de 12 000 €.

ACTIVIDADES

02 PROPORCIONALIDAD

1 Razón y proporción

1 Comprueba si las siguientes razones forman una proporción:

a. $\frac{6}{8}$ y $\frac{3}{4}$ c. $\frac{8}{6}$ y $\frac{12}{9}$ e. $\frac{9}{10}$ y $\frac{18}{20}$

b. $\frac{7}{6}$ y $\frac{9}{8}$ d. $\frac{7}{13}$ y $\frac{13}{25}$ f. $\frac{11}{4}$ y $\frac{15}{6}$

2 Halla el valor de x en cada una de estas razones para que formen una proporción:

a. $\frac{5}{2}$ y $\frac{x}{8}$ d. $\frac{x}{3}$ y $\frac{49}{7}$

b. $\frac{x}{2}$ y $\frac{21}{7}$ e. $\frac{5}{10}$ y $\frac{x}{30}$

c. $\frac{9}{6}$ y $\frac{12}{x}$ f. $\frac{6}{x}$ y $\frac{4}{14}$

3 Determina la razón correspondiente en cada uno de los siguientes enunciados:

a. Las latas vienen en paquetes de 8.

b. Cinco entradas para el teatro cuestan 60 €.

c. Tres kilos de fruta valen 2 €.

d. Cinco lápices tienen un precio de 80 cts.

4 Escoge cuatro de los seis siguientes números para formar una proporción: 6, 10, 14, 15, 25, 35. ¿Puedes encontrar otra proporción distinta?

5 Los padres de María le dan cada semana 5 € y a su hermano Juan 3 €. Si la semana que viene tienen pensado darle 8 € a María, ¿qué cantidad le corresponderá a Juan manteniendo la misma proporción?

6 Calcula el valor de x en estas proporciones:

a. $\frac{15}{6} = \frac{x+7}{14}$ d. $\frac{4x}{8} = \frac{24}{6}$

b. $\frac{10}{2x} = \frac{15}{21}$ e. $\frac{30}{35} = \frac{x^2}{42}$

c. $\frac{12}{9} = \frac{28}{7x}$ f. $\frac{30}{4x+4} = \frac{90}{72}$

7 ⊞ Los extremos de una proporción son 28 y 24. Encuentra al menos dos parejas de números que puedan ser los medios y construye sendas proporciones.

2 Magnitudes directa e inversamente proporcionales

8 Determina si las siguientes magnitudes son directa o inversamente proporcionales:

a. El número de naranjas y el número de sacos de naranjas.

b. El número de libros vendidos y el dinero recaudado.

c. La velocidad de un automóvil y el tiempo que tarda en realizar un trayecto.

d. El tiempo empleado en recorrer un trayecto y el espacio recorrido a velocidad constante.

9 Un grupo de amigos decide alquilar una casa para pasar las vacaciones. Indica cuáles de las siguientes cantidades son directamente proporcionales y cuáles inversamente proporcionales en relación con el número total de amigos que vayan:

a. La cantidad de comida que deben llevar.

b. El espacio del que dispondrá cada uno en la casa.

c. El precio del alquiler de la casa.

d. Los kilogramos del equipaje que llevarán en total.

e. El consumo de agua y electricidad.

10 Indica si las siguientes tablas representan magnitudes directa o inversamente proporcionales y calcula en cada caso la razón de proporcionalidad:

a.

A	6	15	10,5	31,5	22,5	15,75
B	4	10	7	21	15	10,5

b.

A	36	28	12	30	63	7
B	70	90	210	84	40	360

11 Un equipo de 6 sastres puede tejer el vestuario de los actores de una película en 24 días. Si el rodaje de la película empieza dentro de 9 días, ¿cuántos sastres deberían trabajar para que estuviera listo en ese tiempo? ¿Y si el rodaje empezase dentro de 36 días?

12 Para realizar las obras de rehabilitación de los frescos de una catedral en 3 meses, se necesita un equipo de 8 restauradores. Tras evaluar el lugar de trabajo, han visto que solo es posible el acceso de 2 personas. ¿Cuánto tiempo se necesitará en ese caso para terminar la rehabilitación?

13 Un estanque de 300 m^3 tarda en llenarse 10 h. ¿En cuánto tiempo se llenará un estanque que tiene 25 m^3 más de volumen?

14 Para realizar una obra, 40 obreros han necesitado un total de 30 días. ¿Cuánto tiempo precisarán 50 obreros para completar la misma obra? ¿Cuántos obreros habría que emplear si se quiere efectuar el trabajo en 20 días?

15 Si por alquilar cierta máquina durante 15 días se pagan 390 €. ¿cuánto habrá que pagar por solo 7 días? ¿Cuántos días se habrá alquilado si se han pagado 130 €?

16 Con el objetivo de recaudar fondos para el viaje de fin de curso, cada uno de los 30 alumnos de una clase va a vender 100 participaciones para el sorteo de una bicicleta.

a. Si finalmente hay 5 alumnos que no van a asistir al viaje, ¿cuántas papeletas deberá vender cada uno?

b. Descontando el precio de la bicicleta, cada alumno iba a obtener un beneficio de 190 €. ¿Cuánto se repartirán ahora?

17 Con dos grifos que tienen el mismo caudal se llena una piscina en 15 h.

a. ¿Cuánto tardarán en llenar la misma piscina 5 grifos con el mismo caudal que los anteriores?

b. ¿Con cuántos grifos se podría llenar la piscina en 3 h?

3 Repartos directa e inversamente proporcionales

18 Reparte las cantidades indicadas en partes directamente proporcionales a los números señalados.

a. 270 con respecto a 8, 9 y 10.

b. 3 478 con respecto a 21, 22, y 51.

c. 4 000 con respecto a 4, 8, 10 y 18.

d. 7 820 con respecto a 12, 15, 27 y 31.

19 Reparte las cantidades indicadas en partes inversamente proporcionales a los números señalados.

a. 1 125 con respecto a 3, 5 y 15.

b. 1 955 con respecto a 5, 15 y 25.

c. 15 045 con respecto a 4, 8, 16 y 32.

d. 9 420 con respecto a 7, 14, 2 y 30.

20 En un concurso se han repartido 1 890 € de forma directamente proporcional a la puntuación que han obtenido los tres mejores participantes, que ha sido de 10, 9 y 8, respectivamente. ¿Cuánto recibirá cada uno?

21 En los pueblos de Ayllón, Riaza y Cantalejo de 1 200, 2 100 y 3 500 habitantes, respectivamente, se ha solicitado la participación de 340 personas en un programa de televisión. Si la cantidad de participantes de cada uno de los pueblos debe ser directamente proporcional al número de habitantes, ¿cuántas personas han participado de cada pueblo?

22 Una ciudad ha destinado 7 728 € de premio a los tres barrios mejor decorados por Navidad. Al primero se le asigna el doble que al segundo, y a este, el doble que al tercero. Indica cuánto le corresponderá a cada uno.

23 Calcula el dinero repartido entre tres personas en partes directamente proporcionales a los números 3, 4 y 5, si a la primera le han correspondido 1 000 €.

24 Los cuatro socios de una cooperativa se han repartido los beneficios del último año en función de la cantidad que cada uno de ellos había aportado. Las aportaciones de los socios han sido de 10 000 €, 15 000 €, 25 000 € y 35 000 €, respectivamente. Si al socio que menos ha invertido le ha correspondido un beneficio de 20 000 €, ¿cuánto han recibido? ¿Cuál fue el beneficio total que obtuvo la cooperativa?

25 Cuatro hermanos han heredado unas tierras con una superficie de 77 520 m^2 y tienen que repartírselas en proporción al número de miembros de sus respectivas familias. Si la unidad familiar de cada uno de los herederos está formada por 2, 4, 5 y 6 personas, respectivamente, ¿cuántos metros cuadrados le corresponderán a cada familia?

26 ⊞ Cáritas tiene que repartir entre cuatro barrios de Sevilla 6 600 kg de alimentos. El reparto se va a realizar utilizando unas claves numéricas de proporcionalidad que dependen de la población y la situación social de las familias. Dichas claves son $\frac{1}{3}$, 3, $\frac{2}{9}$ y $\frac{4}{3}$, respectivamente; ¿cuántos kilogramos de alimentos recibirá cada barrio?

27 Una librería de segunda mano ha decidido premiar con un lote de libros a los tres ganadores de un concurso de relatos cortos. Para ello, ha resuelto repartir los libros de forma inversamente proporcional a la edad de los ganadores: Julia, de 8 años; Alejandro, de 12 años, y Andrea, de 7 años. A Julia le han correspondido 42 libros; ¿qué cantidad recibirán Alejandro y Andrea? ¿Cuántos ejemplares integraban en total el lote de libros?

4 Proporcionalidad compuesta

28 Determina si las magnitudes del siguiente problema verifican la regla de tres compuesta directa-directa, inversa-inversa o directa-inversa:

Un lienzo de 1,40 m × 0,50 m cuesta 20 €. ¿Cuál será la longitud de otro lienzo que mide 70 cm de ancho y cuesta 40 €?

29 Sean A, B y C tres magnitudes entre las que se establece una relación de proporcionalidad compuesta. Teniendo en cuenta que A es directamente proporcional a C, y que B es directamente proporcional a C, calcula la incógnita de las siguientes tablas, utilizando la regla de tres compuesta:

a.

Magnitud A	Magnitud B	Magnitud C
13	62	54
27	26	x

b.

Magnitud A	Magnitud B	Magnitud C
84	15	20
56	10	x

c.

Magnitud A	Magnitud B	Magnitud C
63	56	42
120	28	x

30 Sean A, B y C tres magnitudes entre las que se establece una relación de proporcionalidad compuesta. Teniendo en cuenta que A es directamente proporcional a C, y que B es inversamente proporcional a C, calcula la incógnita de las siguientes tablas, utilizando la regla de tres compuesta:

a.

Magnitud A	Magnitud B	Magnitud C
9	21	45
18	14	x

b.

Magnitud A	Magnitud B	Magnitud C
46	23	50
47	25	x

c.

Magnitud A	Magnitud B	Magnitud C
4	5	18
8	10	x

31 Sean A, B y C tres magnitudes entre las que se establece una relación de proporcionalidad compuesta. Teniendo en cuenta que A es inversamente proporcional a C, y que B es inversamente proporcional a C, calcula la incógnita de las siguientes tablas, utilizando la regla de tres compuesta:

a.

Magnitud A	Magnitud B	Magnitud C
105	28	49
140	21	x

b.

Magnitud A	Magnitud B	Magnitud C
50	70	13
26	35	x

c.

Magnitud A	Magnitud B	Magnitud C
24	7	40
12	8	x

32 Alquilar un coche cuesta 250 € durante 10 días; ¿cuánto valdrá alquilar 3 coches durante 5 días?

33 Cuatro cosechadoras han recogido en 5 h un campo de cereales de 36 ha. ¿Cuántas cosechadoras serán necesarias para recoger en 2 h un campo de cereales de 18 ha?

34 Trabajando 8 h diarias, 6 programadores necesitaron 12 días para terminar una aplicación informática. ¿Cuántos programadores, trabajando lo mismo que los 6 iniciales, se necesitarían para terminar la misma aplicación en 6 días trabajando 6 horas diarias?

35 Los 13 huéspedes de un hotel hacen un consumo energético de 590 € durante 16 días. ¿Cuánto gastarían 10 huéspedes durante 8 días en las mismas condiciones?

36 Un servicio de paquetería cobra a Pilar 21 € por enviar un paquete de 8 kg a una ciudad que está a 130 km de distancia. ¿Cuánto le cobrarían si el paquete pesara 9 kg y hubiera que mandarlo a 150 km de distancia? ¿Y por enviar un paquete de 18 kg a 75 km de distancia? Relaciona las respuestas de forma proporcionada y explica a qué se deben estos precios.

37 Un tablero de 2,50 m × 1,20 m cuesta 35 €. ¿Cuánto valdrá otro tablero de 1,50 m × 1 m?

38 Un grupo de 6 trabajadores ha cobrado 4 350 € por un encargo que les ha llevado 5 días. ¿Cuántos trabajadores formarán otro grupo que, cobrando de forma similar, ha recibido 1 450 € por un trabajo que ha durado 2 días?

39 Un grifo con un caudal de 0,4 L/s llena un camión cisterna en 6 h. ¿Qué caudal deberá tener el grifo para llenar 3 camiones cisterna en 2 h?

40 En el entrenamiento de ayer, María corrió 4 tramos de 30 min cada uno y quemó 1 700 calorías. Si hoy hace 2 tramos más, pero reduce cada uno 5 min, ¿cuántas calorías quemará?

41 + Una máquina llena 5 garrafas de 20 L de zumo cada una en 25 min. ¿Cuál es la capacidad de cada garrafa si la misma máquina llena 10 garrafas en 15 min?

42 ++ Una modista ha cobrado 400 € por un vestido con el que ha utilizado 5 m de tela y en el que ha invertido 12 h de trabajo. ¿Cuánto recibirá por otro vestido para el que ha necesitado 3 m de tela y 10 h de trabajo?

5 Porcentajes

43 Calcula los siguientes porcentajes:

a. 31 % de 1 200

b. 1,5 % de 1 350

c. 135 % de 876

d. 0,5 % de 2 540

44 Un embalse tiene una capacidad máxima de 450 hm^3, pero actualmente se encuentra al 3 % de su capacidad; ¿cuántos litros de agua contiene?

45 En la etiqueta de un pantalón de 36 € se indica que está rebajado un 25 %; ¿cuánto habrá que pagar por él?

46 Tras aplicar un descuento del 35 % sobre el precio de un mueble, se le debe sumar un impuesto del 21 %. ¿Cuál será el precio final si inicialmente valía 480 €?

47 Calcula el porcentaje que representan las siguientes cantidades respecto de las cantidades indicadas:

a. 702 respecto de 5 850.

b. 90,72 respecto de 7 560.

48 Ainhoa se ha leído el 35 % de un libro y le faltan todavía 325 páginas. ¿Cuántas páginas tiene el libro?

49 El último partido de fútbol celebrado en un estadio ha tenido solo 9 360 asistentes. Si esta cantidad representa un 12 % de su aforo total, ¿cuál es la capacidad máxima del estadio?

50 Laura le ha devuelto a su hermano 240 € del dinero que le dejo para comprar un ordenador y aún le falta por pagarle un 20 %. ¿Cuánto le prestó?

51 Calcula los índices de variación asociados a los siguientes aumentos o disminuciones porcentuales:

a. Aumento del 8 %.
b. Disminución del 5 %.
c. Aumento del 0,1 %.
d. Aumento del 7,4 %.
e. Disminución del 1 %.
f. Disminución del 0,1 %.

52 Calcula el aumento o disminución porcentual asociado a los siguientes índices de variación:

a. 0,7
b. 3
c. 1,05
d. 0,005
e. 0,04
f. 2,04

53 Calcula los siguientes aumentos porcentuales utilizando los índices de variación asociados:

a. 17 % a 3 450
b. 25 % a 1 240
c. 30 % a 34 000
d. 1,3 % a 4 500

54 Calcula las siguientes disminuciones porcentuales utilizando los índices de variación asociados:

a. 40 % a 9 000
b. 12 % a 15 400
c. 3,5 % a 5 000
d. 0,5 % a 7 400

55 Una botella de 2 L tiene $\frac{4}{10}$ partes de su contenido, mientras que una garrafa de 5 L tiene $\frac{7}{15}$. ¿Qué porcentaje del contenido queda en los recipientes? ¿Cuántos litros hay en cada uno?

56 Calcula el índice de variación aplicado a la población de un pueblo que ha pasado de 1 110 habitantes a 1 286 en un año. ¿A qué porcentaje corresponde?

57 El número de aprobados en el primer curso de una carrera universitaria que tiene siempre la misma cantidad de alumnos matriculados ha descendido de 250 a 220. ¿Qué índice de variación supone este descenso? ¿A qué porcentaje de alumnos corresponde?

58 En una tienda de electrodomésticos tienen todos los productos rebajados al 10 %. Gabriel se ha comprado una batidora que valía 56 € antes del descuento. ¿Cuál es el índice de variación de esa rebaja? ¿Cuánto ha costado finalmente la batidora? En esas mismas rebajas, Julia se ha comprado una lavadora por un precio ya rebajado de 459 €; ¿cuánto costaba la lavadora antes de las rebajas?

59 Azucena compró un vehículo por 8 500 €. Ahora quisiera venderlo y le han informado de que el valor del vehículo se ha depreciado en un 35 %; además, tiene que pagar un 3 % de impuestos sobre el precio de venta. ¿Cuál será la cantidad bruta que recibirá finalmente?

60 El año pasado el precio de los productos A, B y C era de 30 €, 36,25 € y 62,50 €, respectivamente. Si este año los productos cuestan 33 €, 40,60 € y 67,50 €, respectivamente:

a. Indica cuánto ha aumentado porcentualmente el precio de cada uno.

b. ¿Qué producto ha sufrido una mayor subida?

61 El café ha experimentado diferentes variaciones de precio a lo largo de este mes. A primeros de mes valía 1,50 €/kg; luego, descendió a 1,35 €/kg; por último, a fin de mes, su precio tuvo un aumento a 1,62 €/kg. Calcula los porcentajes de aumento y disminución que ha sufrido el café, así como el porcentaje total.

62 Comprueba si es cierto lo que afirma Marta: «Hace algunos días fui a una perfumería a mirar el precio de un perfume y vi que costaba 60 €. Días más tarde me quedé sorprendida porque el mismo artículo costaba un 10 % más caro. Entré a la tienda y le pregunté al dependiente si no podría hacerme un descuento. El dependiente me dijo que, por tratarse de mí, me haría un descuento del 10 %. He tenido suerte: al final pagué 60 €, el mismo importe que marcaba hace algunos días».

63 ➕➕ En un banco de alimentos, las reservas de productos perecederos han experimentado diferentes oscilaciones en función de la demanda y las donaciones recibidas durante los últimos meses. A finales de diciembre, el banco tenía un total de 2 500 kg de alimentos de reserva. A primeros de enero, esa cantidad se había incrementado en un 13 %. En febrero volvió a aumentar la reserva en un 10 %. En marzo descendió en un 25 %, pero en abril experimentó un nuevo incremento, esta vez del 8 %.

a. ¿En qué situación se encuentra la reserva de alimentos a finales de abril con respecto al mes de diciembre? ¿Ha habido un aumento o una disminución porcentual? ¿Cuál es la variación?

b. ¿Qué cantidad de alimentos hay en abril?

c. Si se desea tener en mayo un total de 3 500 kg de alimento, ¿en qué porcentaje es necesario que aumente la reserva desde abril?

6 Interés simple y compuesto

64 Calcula el capital final que se obtiene al depositar en una entidad bancaria 10 000 € a un interés simple anual del 4 % durante:

a. 3 años. c. 10 años. e. 15 años.
b. 5 años. d. 12 años. f. 20 años.

65 Calcula el interés y el capital final que se obtienen al depositar en un banco 12 000 € a un interés simple anual de un 4,75 % durante 10 años.

66 Calcula el capital final conseguido al depositar en una entidad bancaria 1 000 € durante 5 años a un interés simple anual del:

a. 2 % c. 5 %
b. 3 % d. 7 %

67 Calcula los intereses que se obtienen al depositar 1 500 € durante 6 años a un interés simple del:

a. 1,5 % c. 6,25 %
b. 4,7 % d. 8,45 %

68 Calcula los intereses conseguidos al depositar 9 000 € durante 10 años a un interés compuesto del:

a. 5 % c. 7 %
b. 4,5 % d. 3,75 %

69 Calcula el capital final y los intereses que se obtienen al depositar en un banco 8 000 € a un interés compuesto de un 5,1 % durante 6 años.

70 Calcula el capital final que se recibe al depositar en una entidad bancaria 5 000 € durante 10 años:

a. A un interés simple del 3 %.

b. A un interés compuesto del 3 %.

71 Calcula el capital final que se obtiene al colocar 25 000 € durante 7 años:

a. A un interés simple anual de un 4,5 %.

b. A un interés compuesto de un 4,5 %.

72 ➕ Susan quiere depositar 8 000 € en el banco y ha recibido varios tipos de oferta:

- Depósito A: interés simple anual de un 5 % durante 8 años.
- Depósito B: interés simple anual de un 8 % durante 10 años.
- Depósito C: interés compuesto de un 4 % durante 8 años.
- Depósito D: interés compuesto de un 5 % durante 7 años.

¿Cuál de las ofertas produce más intereses?

73 ➕ Un capital de 60 000 € se colocó a un interés simple anual del 8 % y se ha obtenido un capital final de 108 000 €. ¿Cuánto tiempo estuvo el capital en depósito?

74 Al depositar cierto capital inicial a un 7 % de interés simple durante 6 años, se ha obtenido un capital final de 1 746,60 €. ¿Cuál fue el capital inicial depositado?

75 ➕ Un capital de 7 000 € fue depositado durante 6 años a un interés simple anual. Si se han obtenido unos intereses de 1 050 €, ¿cuál ha sido el tipo de interés aplicado?

76 ➕ Al depositar 120 000 € a un interés compuesto durante 10 años, se ha obtenido un capital final de 236 058,16 €. ¿Cuál ha sido el tipo de interés aplicado?

77 Si se ha obtenido un capital final de 23 152,50 € al haber depositado cierta cantidad en un banco con un 5 % de interés compuesto durante 3 años, ¿cuál fue el capital inicial?

78 ➕➕ Se han depositado 28 000 € a un 7 % de interés compuesto y se han obtenido 42 020,45 €; ¿cuántos años ha durado la inversión?

03 POLINOMIOS

EXISTE UN LENGUAJE
QUE VA MÁS ALLÁ DE LAS
PALABRAS

PAULO COELHO

PRESENTAR

MÚSICA NOTABLE

Con motivo de la celebración del concurso Matemúsica, el instituto ha organizado una prueba para elegir al mejor grupo musical. Los participantes han de componer una canción sobre las identidades notables e interpretarla. Recordad que tenéis que incluir en la letra las fórmulas de las mismas y algún ejemplo práctico. Podéis enriquecer la actuación añadiendo gráficos o vídeos que ilustren la letra de vuestra composición. Seguro que dais la nota.

CREAR

¡FACTORES EN RAYA!

Cread un tablero de 5 × 5 casillas y escribid en cada una de ellas un polinomio diferente. Factorizadlos y elaborad fichas que contengan los distintos factores. A continuación, jugad a las cuatro en raya, colocando las fichas con los factores sobre los polinomios correspondientes. Ganará el primero en conseguir alinear cuatro fichas. ¿Serás tú?

CONOCER

YINCANA DE POLINOMIOS

Vuestra clase ha sido elegida como comité organizador del Día del Polinomio y se os ha encargado los preparativos para la realización de una yincana matemática. Cada grupo debe elaborar tarjetas que recojan las distintas operaciones con polinomios, tomando la precaución de guardar aparte las soluciones. Cuando terminéis, acudid a otro de los grupos e intentad resolver de forma correcta todas las operaciones que ha ideado. Si lo conseguís, podréis pasar al siguiente grupo, y así sucesivamente.

INVESTIGAR

LA HABITACIÓN DE RUFFINI

Próximamente se va a inaugurar en un local cercano a vuestro centro una sala de *escape room*. Los creadores os han invitado a diseñar la prueba final que permite escapar de la sala en la que estarán encerrados los participantes. El único requisito que os han puesto es que este último enigma esté basado en la regla de Ruffini.

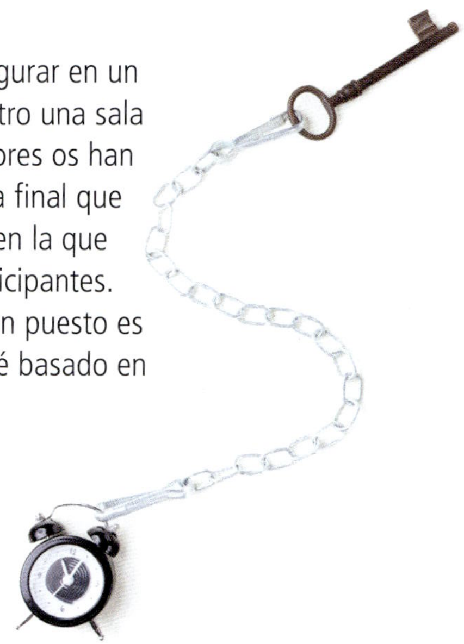

1 POLINOMIOS

Un **polinomio** es una expresión algebraica que se obtiene al sumar o restar dos o más monomios no semejantes. Se representa por una letra mayúscula seguida, entre paréntesis, de la variable o variables que tenga el polinomio. Por ejemplo:

$P(x)$, con una sola variable: $P(x) = 4x^3 + 5x^2 - 3x + 8$

$Q(x, y)$, con dos variables: $Q(x, y) = 5xy^3 - 3x^2y^2 - 2x^4y + 9x$

Dado un polinomio cualquiera, sus elementos son:

$$-3x^4 + x^3 - 5x^2 + 8$$

- **Coeficiente principal (−3).** Es la parte numérica del monomio de mayor grado.
- **Grado (4).** Es el mayor de los grados de los monomios del polinomio.
- **Término ($-3x^4$, x^3, $-5x^2$ y 8).** Es cada uno de los monomios que forman el polinomio.
- **Coeficientes del polinomio (−3, 1, −5 y 8).** Es la parte numérica de cada monomio.
- **Término independiente (8).** Es el término que no tiene parte literal.

Los polinomios pueden clasificarse de la siguiente manera:

Polinomio reducido

Es un polinomio que no tiene términos semejantes:

- $P(x) = 2x^3 + 3x^2 + x$ es un polinomio reducido.
- $P(x) = 4x^3 + 5x^2 - 2x^2 + x - 2x^3$ no es un polinomio reducido.

Polinomio completo

Es un polinomio en el que aparecen todos los términos de grado inferior al grado del polinomio; en caso contrario, es incompleto:

- $P(x) = 2x^4 - 5x^3 + x^2 + x - 7$ es un polinomio completo.
- $P(x) = 2x^4 + x^2 + x - 7$ es un polinomio incompleto.

Polinomio ordenado

Es un polinomio cuyos términos están ordenados según el valor de sus grados:

- $P(x) = 5x^4 + x^2 - 4x - 1$ es un polinomio ordenado.
- $P(x) = x^2 + 5x^4 - 1 - 4x$ es un polinomio desordenado.

Recuerda

Un monomio es una expresión algebraica formada por una parte numérica (coeficiente) y otra con letras (parte literal):

$$3x^2;\quad -5x^2y^3$$

Dos **monomios** son semejantes si tienen la misma parte literal. Por ejemplo:

$$9xy^2 \qquad 3xy^2$$

Ten en cuenta

La ordenación de un polinomio puede hacerse en sentido tanto ascendente como descendente, aunque lo más habitual es este último caso:

$$P(x) = 3x^2 + 5x - 1$$

Actividad resuelta

Dado el polinomio $P(x) = -x + \frac{3}{2}x^3 - \frac{1}{3} - 5x^5$, ordénalo e indica:

a. Su grado.

b. El término independiente.

c. Sus coeficientes.

d. El coeficiente del término de grado 3.

e. El coeficiente del término de grado 2.

f. Si es un polinomio completo.

El polinomio ordenado es $P(x) = -5x^5 + \frac{3}{2}x^3 - x - \frac{1}{3}$.

a. Su grado es 5.

b. El término independiente es $-\frac{1}{3}$.

c. Sus coeficientes son $-5, 0, \frac{3}{2}, 0, -1, -\frac{1}{3}$.

d. El coeficiente de grado 3 es $\frac{3}{2}$.

e. El coeficiente de grado 2 es 0.

f. No es un polinomio completo; faltan los monomios de grado 2 y 4.

Actividades resueltas

1 Indica si los siguientes polinomios son reducidos, completos y ordenados:

a. $3x^2 + 4x - 3x^3 - 3 + 2x^2$

b. $x^4 + 3x^2 + x - 6$

c. $-2x^4 + x^3 - 5x^2 + 7x - 1$

a. No es un polinomio reducido, pero sí es completo y está desordenado.

b. Es un polinomio reducido, no es completo y sí está ordenado.

c. Es un polinomio reducido, es completo y está ordenado.

2 Escribe un polinomio completo y ordenado de grado 3 cuyo coeficiente principal sea 1 y que tenga por término independiente –1.

El polinomio podría ser $P(x) = x^3 + x^2 + x - 1$.

Los coeficientes de los términos de grado 2 y grado 1 podrían ser cualquier número salvo el 0, puesto que el polinomio debe ser completo.

Al ser un polinomio ordenado, se debe escribir con los términos en orden según el valor de sus grados.

1.1 VALOR NUMÉRICO DE UN POLINOMIO

Dependiendo del valor que se les asigne a las variables de un polinomio, este puede tomar distintos valores.

El **valor numérico** de un polinomio, $P(x)$, para $x = a$, es el valor que se obtiene al sustituir la variable x por el valor a. Se designa mediante $P(a)$.

Si el valor numérico obtenido tomando $x = a$ es cero, se dice que a es una **raíz del polinomio.**

Actividades resueltas

1 Calcula el valor numérico del polinomio $P(x) = 2x^3 - 5x - 3$ para los valores de la variable indicados.

a. $x = 1$

b. $x = 3$

c. $x = 0$

d. $x = -1$

e. $x = -2$

f. $x = 2$

Se sustituyen los valores indicados en el polinomio $P(x)$:

a. $P(1) = 2 \cdot (1)^3 - 5 \cdot (1) - 3 = 2 - 5 - 3 = -6$

b. $P(3) = 2 \cdot (3)^3 - 5 \cdot (3) - 3 = 54 - 15 - 3 = 36$

c. $P(0) = 2 \cdot (0)^3 - 5 \cdot (0) - 3 = -3$

d. $P(-1) = 2 \cdot (-1)^3 - 5 \cdot (-1) - 3 = -2 + 5 - 3 = 0$

$x = -1$ es una raíz del polinomio, ya que $P(-1) = 0$.

e. $P(-2) = 2 \cdot (-2)^3 - 5 \cdot (-2) - 3 = -16 + 10 - 3 = -9$

f. $P(2) = 2 \cdot (2)^3 - 5 \cdot (2) - 3 = 16 - 10 - 3 = 3$

2 Fíjate en estos valores: –1, 0, –2, 2, –3. Indica cuáles de ellos son raíces del siguiente polinomio:

$$P(x) = x^4 - 15x^2 - 10x + 24$$

Se sustituyen los valores indicados en el polinomio $P(x)$:

- $P(-1) = (-1)^4 - 15 \cdot (-1)^2 - 10 \cdot (-1) + 24 =$
  $= 1 - 15 + 10 + 24 = 20$
- $P(0) = (0)^4 - 15 \cdot (0)^2 - 10 \cdot (0) + 24 =$
  $= 0 - 0 - 0 + 24 = 24$
- $P(-2) = (-2)^4 - 15 \cdot (-2)^2 - 10 \cdot (-2) + 24 =$
  $= 16 - 60 + 20 + 24 = 0$
- $P(2) = (2)^4 - 15 \cdot (2)^2 - 10 \cdot (2) + 24 =$
  $= 16 - 60 - 20 + 24 = -40$
- $P(-3) = (-3)^4 - 15 \cdot (-3)^2 - 10 \cdot (-3) + 24 =$
  $= 81 - 135 + 30 + 24 = 0$

Los valores obtenidos indican que $x = -2$ y $x = -3$ son raíces de $P(x)$.

2 SUMA Y RESTA DE POLINOMIOS

Para **sumar** o **restar** polinomios, se suman o se restan entre sí los monomios que tengan la misma parte literal, es decir, los monomios semejantes.

- La **suma** se realiza agrupando los monomios semejantes de los dos polinomios de forma ordenada y efectuando la suma de los coeficientes de estos monomios.

  Por ejemplo, la suma $P(x) = 5x^3 + 3x^2 - 6x + 5$ y $Q(x) = 2x^3 + 4x - 4$ es:

  $$P(x) + Q(x) = (5x^3 + 3x^2 - 6x + 5) + (2x^3 + 4x - 4) =$$
  $$= (5x^3 + 2x^3) + (3x^2) + (-6x + 4x) + (5 - 4) = 7x^3 + 3x^2 - 2x + 1$$

- La **resta** se realiza efectuando la suma del primer polinomio con el opuesto del segundo.

Dado un polinomio, $P(x)$, su **polinomio opuesto**, $-P(x)$, es aquel cuyos coeficientes son los opuestos de los coeficientes de $P(x)$.

Por ejemplo, para restar $P(x) = 5x^3 + 3x^2 - 6x + 5$ y $Q(x) = 2x^3 + 4x - 4$, hay que proceder así:

$$P(x) - Q(x) = P(x) + [-Q(x)] = (5x^3 + 3x^2 - 6x + 5) + (-2x^3 - 4x + 4) =$$
$$= (5x^3 - 2x^3) + (3x^2) + (-6x - 4x) + (5 + 4) = 3x^3 + 3x^2 - 10x + 9$$

Otro método consiste en colocar un polinomio sobre otro, procurando que coincidan los monomios semejantes:

$$\begin{array}{rrrrr} P(x) = & 5x^3 & +3x^2 & -6x & +5 \\ +\ Q(x) = & 2x^3 & & +4x & -4 \\ \hline P(x)+Q(x) = & 7x^3 & +3x^2 & -2x & +1 \end{array}$$

De manera análoga, se pueden restar polinomios situando uno sobre el otro:

$$\begin{array}{rrrrr} P(x) = & 5x^3 & +3x^2 & -6x & +5 \\ +\ \ -Q(x) = & -2x^3 & & -4x & +4 \\ \hline P(x)-Q(x) = & 3x^3 & +3x^2 & -10x & +9 \end{array}$$

Actividad resuelta

Efectúa las operaciones que se indican con los siguientes polinomios:

$P(x) = x^2 + x + 2$ $\quad Q(x) = -3x^2 + 5$ $\quad R(x) = 2x^3 - 3x^2 + x - 2$

a. $P(x) + Q(x)$ **c.** $P(x) - R(x)$

b. $Q(x) + R(x)$ **d.** $R(x) + P(x) - Q(x)$

a. Se agrupan los monomios semejantes y se realiza la suma:

$$P(x) + Q(x) = (x^2 + x + 2) + (-3x^2 + 5) = (x^2 - 3x^2) + x + (2 + 5) = -2x^2 + x + 7$$

b. Del mismo modo, se agrupan los monomios con la misma parte literal y se suman:

$$Q(x) + R(x) = (-3x^2 + 5) + (2x^3 - 3x^2 + x - 2) = 2x^3 + (-3x^2 - 3x^2) + x + (5 - 2) =$$
$$= 2x^3 - 6x^2 + x + 3$$

c. Se suma a $P(x)$ el opuesto de $R(x)$:

$$P(x) - R(x) = P(x) + [-R(x)] = (x^2 + x + 2) + (-2x^3 + 3x^2 - x + 2) =$$
$$= -2x^3 + (x^2 + 3x^2) + (x - x) + (2 + 2) = -2x^3 + 4x^2 + 4$$

d. Se suma $R(x) + P(x)$ y al resultado se le suma el opuesto de $Q(x)$:

$$R(x) + P(x) - Q(x) = (2x^3 - 3x^2 + x - 2) + (x^2 + x + 2) - (-3x^2 + 5) =$$
$$= 2x^3 + (-3x^2 + x^2) + (x + x) + (-2 + 2) - (-3x^2 + 5) =$$
$$= (2x^3 - 2x^2 + 2x) - (-3x^2 + 5) = (2x^3 - 2x^2 + 2x) + (3x^2 - 5) =$$
$$= 2x^3 + (-2x^2 + 3x^2) + 2x - 5 = 2x^3 + x^2 + 2x - 5$$

Propiedades de la suma

Dados los polinomios $A(x)$, $B(x)$ y $C(x)$, se verifican las siguientes propiedades:

Conmutativa
$A(x) + B(x) = B(x) + A(x)$
Asociativa
$[A(x) + B(x)] + C(x) = A(x) + [B(x) + C(x)]$
Elemento neutro
$A(x) + 0 = A(x)$
Elemento opuesto
$A(x) + [-A(x)] = 0$

3 MULTIPLICACIÓN DE POLINOMIOS

- La multiplicación más sencilla es la de un **monomio por otro monomio.** Basta con multiplicar los coeficientes por un lado y las partes literales por otro. Por ejemplo:

$$(2x^3) \cdot (5x^4) = (2 \cdot 5) \cdot (x^3 \cdot x^4) = 10x^7$$

- Para multiplicar un **monomio por un polinomio,** se multiplica el monomio por todos los términos del polinomio:

$$(2x^3) \cdot (5x^2 - 3x + 2) = (2x^3) \cdot (5x^2) + (2x^3) \cdot (-3x) + (2x^3) \cdot (2) = 10x^5 - 6x^4 + 4x^3$$

- Para **multiplicar dos polinomios,** se multiplican todos los términos de uno de los polinomios por todos los términos del otro polinomio y después se suman los términos semejantes. El resultado es otro polinomio cuyo grado es igual a la suma de los grados de los polinomios.

$$(3x^2 + x - 1) \cdot (-2x^2 + 4) = 3x^2 \cdot (-2x^2 + 4) + x \cdot (-2x^2 + 4) - 1 \cdot (-2x^2 + 4) =$$
$$= -6x^4 + 12x^2 - 2x^3 + 4x + 2x^2 - 4 = -6x^4 - 2x^3 + 14x^2 + 4x - 4$$

Recuerda

Propiedades de las potencias:

$$a^n \cdot a^m = a^{n+m}$$
$$a^n : a^m = a^{n-m}$$
$$(a^n)^m = a^{n \cdot m}$$

Otro modo de multiplicar polinomios consiste en ordenarlos en forma descendente, colocarlos uno sobre otro y multiplicar los términos del segundo polinomio por los del primero, de derecha a izquierda. Finalmente, se suman los monomios semejantes:

$$\begin{array}{rrrrrr} & & 5x^3 & -4x^2 & +x & +3 \\ \times & & & -3x^2 & +5x & \\ \hline & 25x^4 & -20x^3 & +5x^2 & +15x & \\ -15x^5 & +12x^4 & -3x^3 & -9x^2 & & \\ \hline -15x^5 & +37x^4 & -23x^3 & -4x^2 & +15x & \end{array}$$

Actividad resuelta

Realiza las siguientes multiplicaciones:

a. $(4x^3) \cdot (-2x^5)$

b. $(-3x^2) \cdot (3x^3 - 2x + 1)$

c. $(3x^2 + x + 3) \cdot (2x^2 + 5)$

d. $(5x^3 - 4x^2 + x + 3) \cdot (-3x^2 + 5x)$

a. Se multiplican los coeficientes por un lado y las partes literales por otro, teniendo en cuenta las propiedades de las potencias:

$$(4x^3) \cdot (-2x^5) = -8x^8$$

b. Se multiplica el monomio por cada uno de los términos del polinomio:

$$(-3x^2) \cdot (3x^3 - 2x + 1) = (-3x^2) \cdot (3x^3) + (-3x^2) \cdot (-2x) + (-3x^2) \cdot (1) = -9x^5 + 6x^3 - 3x^2$$

c. Se multiplica cada término del primer polinomio por cada término del segundo y se agrupan los términos semejantes:

$$(3x^2 + x + 3) \cdot (2x^2 + 5) = (3x^2) \cdot (2x^2 + 5) + x \cdot (2x^2 + 5) + 3 \cdot (2x^2+5) =$$
$$= 6x^4 + 15x^2 + 2x^3 + 5x + 6x^2 + 15 =$$
$$= 6x^4 + 2x^3 + 21x^2 + 5x + 15$$

d. Se multiplica cada término del primer polinomio por cada término del segundo y se simplifica, agrupando los términos semejantes que resulten:

$$(5x^3 - 4x^2 + x + 3) \cdot (-3x^2 + 5x) =$$
$$= (5x^3) \cdot (-3x^2 + 5x) - 4x^2 \cdot (-3x^2 + 5x) + x \cdot (-3x^2 + 5x) + 3 \cdot (-3x^2 + 5x) =$$
$$= -15x^5 + 25x^4 + 12x^4 - 20x^3 - 3x^3 + 5x^2 - 9x^2 + 15x =$$
$$= -15x^5 + 37x^4 - 23x^3 - 4x^2 + 15x$$

PROPIEDADES DE LA MULTIPLICACIÓN DE POLINOMIOS

Actividades resueltas

1 Realiza las siguientes multiplicaciones e indica qué propiedad se cumple.

a. $(x^2 + 3x) \cdot (x - 4)$ **b.** $(x - 4) \cdot (x^2 + 3x)$

a. $(x^2 + 3x) \cdot (x - 4) = x^3 - 4x^2 + 3x^2 - 12x = x^3 - x^2 - 12x$

b. $(x - 4) \cdot (x^2 + 3x) = x^3 + 3x^2 - 4x^2 - 12x = x^3 - x^2 - 12x$

Se cumpe la propiedad conmutativa, ya que no influye el orden de los factores en el producto.

2 Comprueba la propiedad distributiva respecto de la suma, efectuando las operaciones indicadas a partir de los siguientes polinomios:

$P(x) = x^2 + 2$ $Q(x) = -3x^2 + 5$ $R(x) = 2x^3 + 3x^2 + 1$

a. $P(x) \cdot [Q(x) + R(x)]$ **b.** $P(x) \cdot Q(x) + P(x) \cdot R(x)$

a. $P(x) \cdot [Q(x) + R(x)] = (x^2 + 2) \cdot [(-3x^2 + 5) + (2x^3 + 3x^2 + 1)] =$

$= (x^2 + 2) \cdot (2x^3 + 6) = 2x^5 + 6x^2 + 4x^3 + 12 = 2x^5 + 4x^3 + 6x^2 + 12$

b. $P(x) \cdot Q(x) + P(x) \cdot R(x) = (x^2 + 2) \cdot (-3x^2 + 5) + (x^2 + 2) \cdot (2x^3 + 3x^2 + 1) =$

$= (-3x^4 + 5x^2 - 6x^2 + 10) + (2x^5 + 3x^4 + x^2 + 4x^3 + 6x^2 + 2) = 2x^5 + 4x^3 + 6x^2 + 12$

Propiedades de la multiplicación

Dados los polinomios A (x), B (x) y C (x), se verifican las siguientes propiedades:

Conmutativa
$A(x) \cdot B(x) = B(x) \cdot A(x)$
Asociativa
$[A(x) \cdot B(x)] \cdot C(x) =$ $= A(x) \cdot [B(x) \cdot C(x)]$
Elemento neutro
$A(x) \cdot 1 = A(x)$
Distributiva respecto de la suma
$A(x) \cdot [B(x) + C(x)] =$ $= A(x) \cdot B(x) + A(x) \cdot C(x)$
Distributiva respecto de la resta
$A(x) \cdot [B(x) - C(x)] =$ $= A(x) \cdot B(x) - A(x) \cdot C(x)$

FACTOR COMÚN

Aplicar la propiedad distributiva en el orden inverso es a lo que comúnmente nos referimos con la expresión **«sacar factor común»**. Dado un polinomio cualquiera, se trata de extraer los factores comunes a todos los monomios que lo conforman.

Actividad resuelta

Extrae el factor común en las siguientes expresiones:

a. $15x^3 + 3x^2 + 12x$ **c.** $3x^2y + 3x^2z + 3x^2$

b. $6a^2b^3 + 12a^3b - 9a^2b^5$ **d.** $4ab \cdot (x + 1) + 4ac \cdot (x + 1)$

Se descomponen los coeficientes y se identifican los elementos coincidentes de cada uno de los factores. A continuación, se aplica la propiedad distributiva en orden inverso:

a. $15x^3 + 3x^2 + 12x = 3 \cdot 5 \cdot x \cdot x \cdot x + 3 \cdot x \cdot x + 2 \cdot 2 \cdot 3 \cdot x = 3x \cdot (5x^2 + x + 4)$

b. $6a^2b^3 + 12a^3b - 9a^2b^5 =$

$2 \cdot 3 \cdot a \cdot a \cdot b \cdot b \cdot b + 2 \cdot 2 \cdot 3 \cdot a \cdot a \cdot a \cdot b - 3 \cdot 3 \cdot a \cdot a \cdot b \cdot b \cdot b \cdot b \cdot b =$

$= 3a^2b \cdot (2b^2 + 4a - 3b^4)$

c. $3x^2y + 3x^2z + 3x^2 = 3x^2y + 3x^2z + 3x^2 = 3x^2(y + z + 1)$

d. $4ab \cdot (x + 1) + 4ac \cdot (x + 1) = 4ab \cdot (x + 1) + 4ac \cdot (x + 1) = 4a \cdot (x + 1) \cdot (b + c)$

4 POTENCIA DE UN POLINOMIO. IDENTIDADES NOTABLES

POTENCIAS

Para elevar un polinomio a una potencia, se multiplica el polinomio por sí mismo tantas veces como indique la potencia:

$$[P(x)]^n = \underbrace{P(x) \cdot P(x) \cdot \ldots \cdot P(x)}_{n \text{ veces}}$$

Actividad resuelta

Calcula las siguientes potencias:

a. $(x+3)^3$

b. $(x^2+3x-1)^2$

a. $(x+3)^3 = (x+3) \cdot (x+3) \cdot (x+3) = (x^2+3x+3x+9) \cdot (x+3) =$
$= (x^2+6x+9) \cdot (x+3) = x^3+3x^2+6x^2+18x+9x+27 = x^3+9x^2+27x+27$

b. $(x^2+3x-1)^2 = (x^2+3x-1) \cdot (x^2+3x-1) =$
$= x^4+3x^3-x^2+3x^3+9x^2-3x-x^2-3x+1 = x^4+6x^3+7x^2-6x+1$

IDENTIDADES NOTABLES

Algunas potencias de expresiones algebraicas cumplen ciertas reglas que permiten su cálculo sin efectuar las multiplicaciones. Estos productos se denominan **identidades notables.**

Cuadrado de la suma de dos monomios	$(a+b)^2 = a^2+2ab+b^2$	$(2x+3)^2 = (2x)^2+2 \cdot 2x \cdot 3+3^2 = 4x^2+12x+9$
Cuadrado de la diferencia de dos monomios	$(a-b)^2 = a^2-2ab+b^2$	$(x-5)^2 = x^2-2 \cdot x \cdot 5+5^2 = x^2-10x+25$
Suma por diferencia	$(a+b) \cdot (a-b) = a^2-b^2$	$(2+3x) \cdot (2-3x) = 2^2-(3x)^2 = 4-9x^2$

Actividad resuelta

Aplica las identidades notables en las siguientes expresiones:

a. $(x+1)^2$

b. $(3x+4)^2$

Se aplica la fórmula del cuadrado de la suma:

a. $(x+1)^2 = (x)^2+2 \cdot x \cdot 1+1^2 =$
$= x^2+2x+1$

b. $(3x+4)^2 = (3x)^2+2 \cdot 3x \cdot 4+4^2 =$
$= 9x^2+24x+16$

c. $(x-2)^2$

d. $(x^2-3)^2$

Se aplica la fórmula del cuadrado de la diferencia:

c. $(x-2)^2 = (x)^2-2 \cdot x \cdot 2+2^2 =$
$= x^2-4x+4$

d. $(x^2-3)^2 = (x^2)^2-2 \cdot x^2 \cdot 3+3^2 =$
$= x^4-6x^2+9$

e. $(x-2) \cdot (x+2)$

f. $(2x-5) \cdot (2x+5)$

Se aplica la fórmula de la suma por la diferencia:

e. $(x-2) \cdot (x+2) = (x)^2-2^2 = x^2-4$

f. $(2x-5) \cdot (2x+5) = (2x)^2-5^2 = 4x^2-25$

Actividad resuelta

Realiza esta operación, teniendo en cuenta la jerarquía de operaciones:

$$(2x^2 + 1) + (x - 1) \cdot [(2x^2 + 3x + 1) - (2x^2 - x + 2)]^2$$

Se empieza por desarrollar la operación que aparece en el corchete:

$(2x^2 + 1) + (x - 1) \cdot [(2x^2 + 3x + 1) - (2x^2 - x + 2)]^2 =$

$= (2x^2 + 1) + (x - 1) \cdot (4x - 1)^2 = (2x^2 + 1) + (x - 1) \cdot (16x^2 - 8x + 1) =$

Se desarrolla la **potencia**.

Se efectúa la **multiplicación**.

$= (2x^2 + 1) + (16x^3 - 8x^2 + x - 16x^2 + 8x - 1) =$

$= (2x^2 + 1) + (16x^3 - 24x^2 + 9x - 1) = 16x^3 - 22x^2 + 9x$

Finalmente, se realiza la **suma**.

Recuerda

Jerarquía de operaciones

Si en una operación aparecen sumas y restas combinadas con multiplicaciones y divisiones y potencias de polinomios, se aplicarán los criterios habituales de jerarquía de operaciones:

1. Paréntesis o corchetes.
2. Potencias.
3. Multiplicaciones y divisiones.
4. Sumas y restas.

Construcción del triángulo de Pascal-Tartaglia

La fórmula que se utiliza para calcular las sucesivas potencias de un binomio se llama **binomio de Newton.** Las primeras potencias son:

$$(a + b)^2 = a^2 + 2ab + b^2$$

$$(a + b)^3 = a^3 + 3a^2b + 3ab^2 + b^3$$

$$(a + b)^4 = a^4 + 4a^3b + 6a^2b^2 + 4ab^3 + b^4$$

Si se analizan las partes literales de cada uno de los monomios, se observa una clara relación con la potencia calculada:

- Los exponentes de *a* van disminuyendo, de uno en uno, desde *n* hasta 0.
- Los exponentes de *b* van aumentando, de uno en uno, desde 0 hasta *n*.

$$(a + b)^n \rightarrow a^n \quad a^{(n-1)}b \quad a^{(n-2)}b^2 \quad \dots \quad a^2b^{(n-2)} \quad ab^{(n-1)} \quad b^n$$

Los coeficientes siguen una secuencia que aparece en el **triángulo de Pascal-Tartaglia,** que se construye de la siguiente forma:

1. Se sitúa un 1 en la parte superior del triángulo.
2. Cada fila tiene un elemento más que la fila superior.
3. Todas las filas tienen un 1 en ambos extremos.
4. Los demás números de cada fila se obtienen de sumar los dos números que tienen encima.

1
1 + 1
1 + 2 1
1 3 3 1
1 4 6 4 1
1 5 10 10 5 1

Los coeficientes de la potencia $(a + b)^n$ se corresponden con la fila n + 1 del triángulo de Pascal-Tartaglia.

Por ejemplo, para desarrollar $(x + 2)^5$, se procede del siguiente modo:

$$(a + b)^5 = a^5 + 5a^4b + 10a^3b^2 + 10a^2b^3 + 5ab^4 + b^5$$

$$(x + 2)^5 = x^5 + 5 \cdot x^4 \cdot 2 + 10 \cdot x^3 \cdot 2^2 + 10 \cdot x^2 \cdot 2^3 + 5 \cdot x \cdot 2^4 + 2^5 =$$
$$= x^5 + 10x^4 + 40x^3 + 80x^2 + 80x + 32$$

a. Construye el triángulo de Pascal-Tartaglia hasta la fila 8.

b. Halla la potencia $(x + 1)^6$.

c. Desarrolla $(x - 1)^6$. ¿Qué observas?

5 DIVISIÓN DE POLINOMIOS

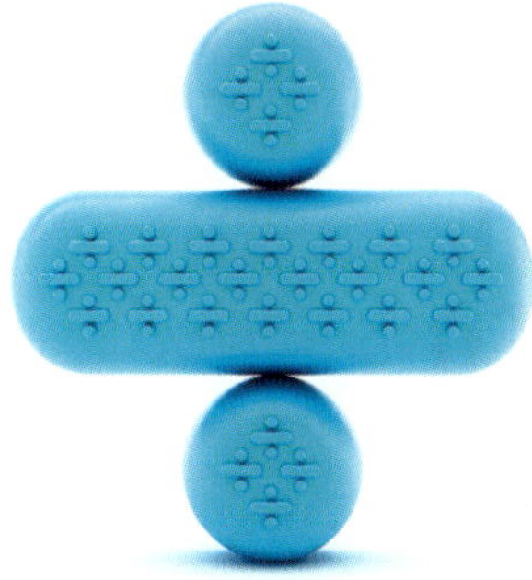

Para dividir un polinomio, D (x), entre otro polinomio no nulo, d (x), es necesario que el grado de D (x) sea mayor o igual que el grado de d (x). A dichos polinomios se los denomina, respectivamente, **polinomio dividendo** y **polinomio divisor.**

Al efectuar la división, se obtiene un **polinomio cociente,** C (x), y un **polinomio resto,** R (x).

Actividad resuelta

Realiza la división de D $(x) = 4x^4 + 3x^2 + 3x + 6$ entre d $(x) = x^2 - x + 2$.

1 Se colocan el dividendo y el divisor ordenados de forma decreciente. Si el dividendo no está completo, se deja un hueco en los términos que falten.

$$4x^4 \qquad + 3x^2 + 3x + 6 \;\; \underline{|\, x^2 - x + 2}$$

2 Se halla el primer término del cociente, dividiendo el término de mayor grado del dividendo entre el de mayor grado del divisor: $4x^4 : x^2 = 4x^2$

Se multiplica el resultado por los monomios del divisor y se dispone el nuevo resultado debajo de los términos del dividendo que tengan el mismo grado, pero cambiado de signo. A continuación, se suman los términos.

$$\begin{array}{rrrrr|l} 4x^4 & & +3x^2 & +3x & +6 & x^2 - x + 2 \\ \cline{6-6} -4x^4 & +4x^3 & -8x^2 & & & 4x^2 \\ \cline{1-3} & 4x^3 & -5x^2 & & & \end{array}$$

3 Se baja el siguiente término del dividendo y se repite el proceso, dividiendo el término de mayor grado del resto entre el de mayor grado del divisor: $4x^3 : x^2 = 4x$

$$\begin{array}{rrrrr|l} 4x^4 & & +3x^2 & +3x & +6 & x^2 - x + 2 \\ \cline{6-6} -4x^4 & +4x^3 & -8x^2 & \downarrow & & 4x^2 + 4x \\ \cline{1-3} & 4x^3 & -5x^2 & +3x & & \\ & -4x^3 & +4x^2 & -8x & & \\ \cline{2-4} & & -x^2 & -5x & & \end{array}$$

4 Se divide de nuevo el término de mayor grado del resto entre el de mayor grado del divisor: $-x^2 : x^2 = -1$

$$\begin{array}{rrrrr|l} 4x^4 & & +3x^2 & +3x & +6 & x^2 - x + 2 \\ \cline{6-6} -4x^4 & +4x^3 & -8x^2 & \downarrow & & 4x^2 + 4x - 1 \\ \cline{1-3} & 4x^3 & -5x^2 & +3x & & \uparrow \\ & -4x^3 & +4x^2 & -8x & \downarrow & \text{Cociente} \\ \cline{2-4} & & -x^2 & -5x & +6 & \\ & & x^2 & -x & +2 & \\ \cline{3-5} & & & -6x & +8 & \leftarrow \text{Resto} \end{array}$$

La división termina cuando el grado del resto es menor que el grado del divisor. Puede comprobarse que la división de la actividad resuelta ha finalizado, ya que el grado del resto es 1, y el del divisor, 2.

PRUEBA DE LA DIVISIÓN

Para comprobar que una división se ha efectuado correctamente, se tiene que cumplir que el dividendo, D (x), sea igual al producto del divisor, d (x), por el cociente, C (x), más el resto, R (x):

$$D(x) = C(x) \cdot d(x) + R(x)$$

Si el resto de la división es cero, R $(x) = 0$, la división es exacta. Si R $(x) \neq 0$, la división es entera.

6 REGLA DE RUFFINI. TEOREMA DEL RESTO Y DEL FACTOR

Cuando el polinomio divisor es un binomio de la forma $(x - a)$, donde a es cualquier número real, se puede calcular la división por la **regla de Ruffini.**

Actividad resuelta

Realiza la división de $D(x) = 3x^4 - 2x^3 - 5x - 2$ entre el binomio $d(x) = (x - 2)$, utilizando la regla de Ruffini.

1 Se ordenan los coeficientes del polinomio del dividendo dispuestos en orden descendente en la parte superior. Si falta algún término, se pone un cero en su lugar. Debajo, a la izquierda, se sitúa el valor de *a*. A continuación, se baja el primer coeficiente, 3.

	3	−2	0	−5	−2
2	↓				
	3				

2 Se multiplica el coeficiente que se ha bajado por el valor de *a*, y el resultado se coloca debajo del segundo coeficiente. Se suman ambos valores y se escribe el resultado en la parte inferior.

	3	−2	0	−5	−2
2		6			
	3	4			

3 Se repite el proceso hasta completar la fila inferior. En dicha fila, el valor de la derecha es el resto, mientras que los valores situados a su izquierda son los coeficientes del cociente. El cociente es un polinomio de un grado menor que el dividendo.

Cociente: $C(x) = 3x^3 + 4x^2 + 8x + 11$

Resto: $R(x) = 20$

$3x^4 - 2x^3 - 5x - 2 = (3x^3 + 4x^2 + 8x + 11) \cdot (x - 2) + 20$

	3	−2	0	−5	−2
2		6	8	16	22
	3	4	8	11	20
	cociente				resto

TEOREMA DEL RESTO

El resto que resulta de dividir un polinomio, $P(x)$, entre un binomio del tipo $(x - a)$ coincide con el valor numérico del polinomio $P(x)$ para el valor $x = a$.

Esto significa que, en el ejemplo anterior, el valor numérico del polinomio $P(x) = 3x^4 - 2x^3 - 5x - 2$ para $x = 2$, por la regla de Ruffini, es 20.

Actividad resuelta

Halla el resto que resulta de dividir el polinomio $P(x) = -2x^5 + x^3 - 5x^2 - 3x - 12$ entre $(x + 2)$ sin hacer la división.

Bastaría con determinar el valor numérico del polinomio $P(x)$ para $x = -2$.

$P(-2) = -2 \cdot (-2)^5 + (-2)^3 - 5 \cdot (-2)^2 - 3 \cdot (-2) - 12 = 64 - 8 - 20 + 6 - 12 = 30$

Por tanto, el resto de la división es 30.

TEOREMA DEL FACTOR

Si un polinomio puede expresarse como producto de otros polinomios, se dice de cada uno de ellos que son factores (o divisores) de ese polinomio.

A partir del teorema del resto, y teniendo en cuenta la definición de raíz de un polinomio, se obtienen los factores de dicho polinomio, resultado que se recoge en el llamado teorema del factor:

> Si a es una raíz de un polinomio, P (x), entonces (x – a) es un factor de P (x), y a la inversa:
>
> $$a \text{ es raíz de P } (x) \Leftrightarrow x - a \text{ es factor de P } (x)$$

Ten en cuenta

Si a es una raíz de un polinomio, el resto de la división de dicho polinomio entre (x – a) será cero, y, por lo tanto, (x – a) será un divisor de P (x).

Actividad resuelta

Indica si alguno de los binomios (x – 1), (x – 3), (x + 2), (x + 5) son factores del polinomio P (x) = $x^2 - x - 6$.

Para que (x – a) sea un factor de P (x), a tiene que ser una raíz de dicho polinomio.

Para (x – 1) $\longrightarrow x = 1$: P (1) = $1^2 - 1 - 6 = -6 \neq 0 \Rightarrow x = 1$ no es una raíz de P (x).

Para (x – 3) $\longrightarrow x = 3$: P (3) = $3^2 - 3 - 6 = 0 \Rightarrow x = 3$ es una raíz de P (x).

Para (x + 2) $\longrightarrow x = -2$: P (–2) = $(-2)^2 - (-2) - 6 = 0 \Rightarrow x = -2$ es una raíz de P (x).

Para (x + 5) $\longrightarrow x = -5$: P (–5) = $(-5)^2 - (-5) - 6 = 24 \neq 0 \Rightarrow x = -5$ no es una raíz de P (x).

Es decir, (x – 3) y (x + 2) son factores de P (x).

Herramientas tecnológicas

Encuentra alguna raíz del siguiente polinomio: P (x) = $4x^4 - 16x^3 + x^2 + 39x - 18$

Para encontrar las raíces de un polinomio, se deben sustituir valores en dicho polinomio y evaluar si el resultado es cero. Esta tarea puede llegar a ser muy laboriosa, por lo que se puede utilizar alguna aplicación que nos ayude a dar con dichas raíces.

GeoGebra

Se introduce el polinomio en la barra de entrada (el exponente se inserta con el acento circunflejo, ^).

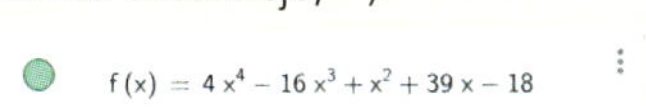

Directamente se obtiene una vista gráfica de ese polinomio.

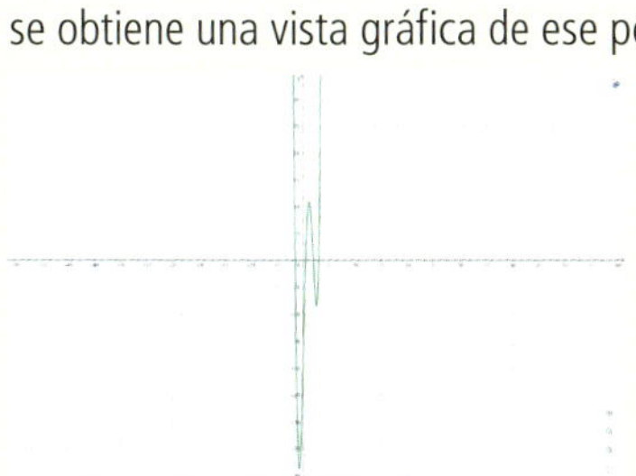

Las raíces coinciden con los puntos de corte con el eje X:

$x = -1{,}5$ $\quad x = 0{,}5$ $\quad x = 2$ $\quad x = 3$

Photomath

Con esta aplicación, simplemente se enfoca al polinomio con la cámara del móvil o de la tableta, se realiza la captura y automáticamente se obtienen los valores de sus raíces.

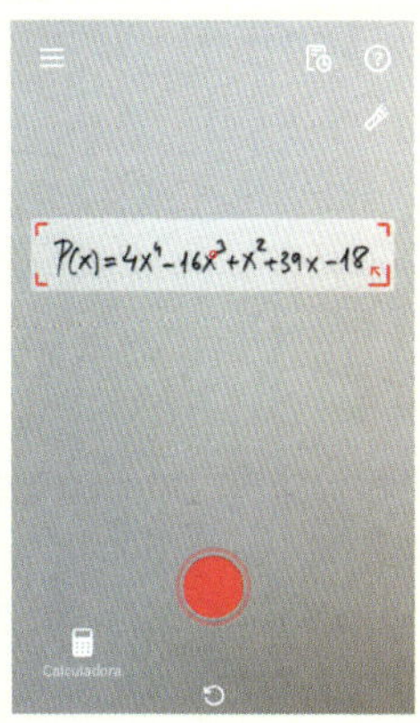

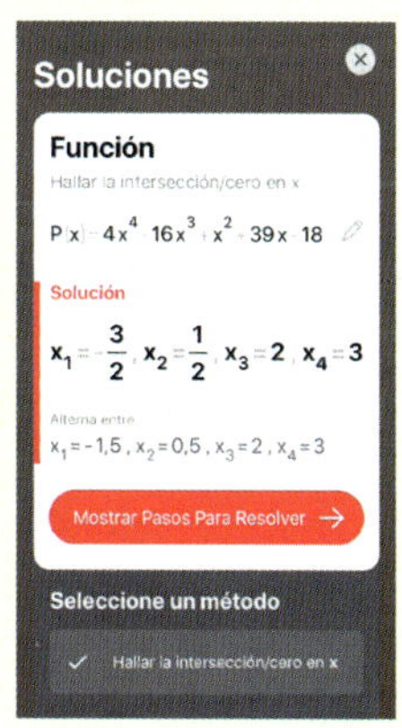

7 FACTORIZACIÓN DE POLINOMIOS

Factorizar un polinomio es expresarlo como una multiplicación de polinomios irreducibles de menor grado.

Teniendo en cuenta el teorema del factor, para factorizar un polinomio, hay que buscar qué valores de la variable x son raíces del polinomio. Dichas raíces, si son enteras, se encuentran en los divisores del término independiente.

Para factorizar un polinomio de grado mayor que 1, se siguen estos pasos:

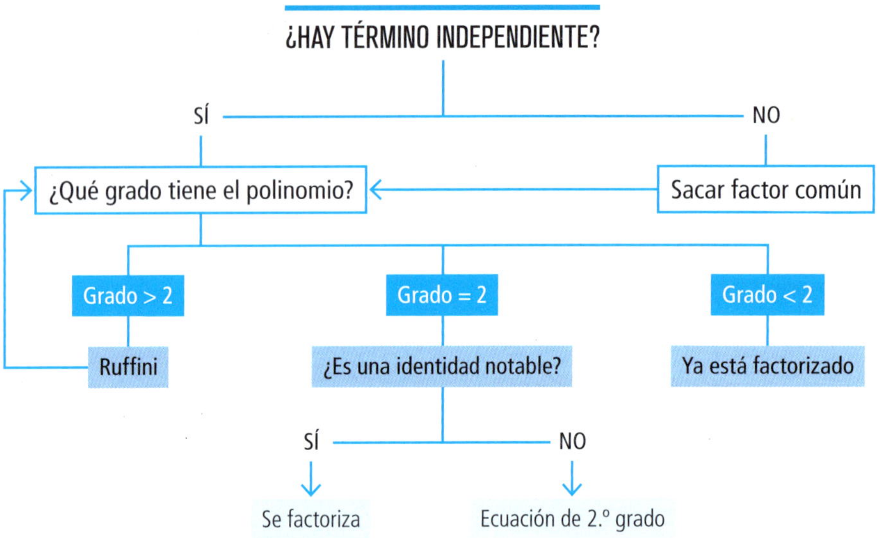

Ten en cuenta

Para elegir los números que den de resto cero aplicando la regla de Ruffini, ten en cuenta que:

- Si la suma de todos los coeficientes del polinomio es cero, hay que probar $x = 1$, pues es una raíz del polinomio.
- Si todos los coeficientes del polinomio tienen el mismo signo, solo se debe probar con los números negativos.

Actividad resuelta

Factoriza el polinomio $P(x) = x^3 - 5x^2 + 8x - 4$.

Las raíces del polinomio $P(x) = x^3 - 5x^2 + 8x - 4$ se encontrarían entre los divisores de 4; es decir, ± 1, ± 2 y ± 4.

Para estudiar cuáles son, se aplica la regla de Ruffini con estos divisores, probando hasta encontrar las raíces, que son aquellas que dan como resto 0.

Paso 1. Se empieza con el primer divisor, $x = 1$.

Paso 3. Después de probar de nuevo con $x = 1$ y con $x = -1$, con lo que se obtienen restos distintos de cero, se intenta con $x = 2$ y el resultado es una nueva raíz.

	1	−5	8	−4
1		1	−4	4
	1	−4	4	0
2		2	−4	
	1	−2	0	

Paso 2. Como el resto es 0, $(x - 1)$ es un factor del polinomio:
$P(x) = x^3 - 5x^2 + 8x - 4 = (x^2 - 4x + 4) \cdot (x - 1)$

Paso 4. Se obtiene que $(x - 2)$ es otro factor:
$P(x) = x^3 - 5x^2 + 8x - 4 = (x^2 - 4x + 4) \cdot (x - 1) =$
$= (x - 2) \cdot (x - 2) \cdot (x - 1)$

Después de aplicar el método de Ruffini hasta alcanzar un polinomio de primer grado como cociente, el polinomio dado se expresa factorizado como:

$$P(x) = x^3 - 5x^2 + 8x - 4 = (x - 2)^2 \cdot (x - 1)$$

La aparición del factor $(x - 2)$ dos veces indica que la raíz $x = 2$ es doble.

Actividad resuelta

Descompón en factores los siguientes polinomios, indicando cuáles son sus raíces y la multiplicidad de estas:

a. $A(x) = x^4 - 6x^3 + x^2 + 24x - 20$

b. $B(x) = x^3 - x^2 - 8x + 12$

c. $C(x) = x^3 - 2x^2 - 3x$

d. $D(x) = 3x^3 + 4x^2 - 49x + 30$

a. Se aplica la regla de Ruffini, utilizando los divisores del término independiente hasta conseguir reducir el polinomio inicial a un polinomio de grado uno. Las posibles raíces son ±1, ±2, ±4, ±5, ±10 y ±20.

	1	−6	1	24	−20
1		1	−5	−4	20
	1	−5	−4	20	0
2		2	−6	−20	
	1	−3	−10	0	
−2		−2	10		
	1	−5	0		

$A(x) = x^4 - 6x^3 + x^2 + 24x - 20 =$

$= (x - 1) \cdot (x - 2) \cdot (x + 2) \cdot (x - 5)$

Raíces: $x = 1$, $x = 2$, $x = -2$ y $x = 5$

La raíz $x = 5$ se extrae del factor $(x - 5)$ si:

$$x - 5 = 0 \rightarrow x = 5$$

b. Se aplica la regla de Ruffini tomando como candidatos los divisores del término independiente: ±1, ±2, ±3, ±4, ±6 y ±12.

	1	−1	−8	12
2		2	2	−12
	1	1	−6	0
2		2	6	
	1	3	0	

$B(x) = x^3 - x^2 - 8x + 12 = (x - 2)^2 \cdot (x + 3)$

Raíces: $x = 2$ (doble) y $x = -3$

La raíz $x = -3$ se extrae del factor $(x + 3)$ si:

$$x + 3 = 0 \rightarrow x = -3$$

c. Como en el polinomio $C(x) = x^3 - 2x^2 - 3x$ se puede extraer x factor común: $C(x) = x \cdot (x^2 - 2x - 3)$, se factoriza el polinomio resultante: $x^2 - 2x - 3$

Por tanto, se aplica la regla de Ruffini a este polinomio, una vez que se ha extraído el factor común. Para ello, se toma como posibles raíces los divisores del término independiente: ±1 y ±3.

	1	−2	−3
−1		−1	3
	1	−3	0

$C(x) = x^3 - 2x^2 - 3x = x \cdot (x + 1) \cdot (x - 3)$

Raíces: $x = 0$, $x = -1$ y $x = 3$

La raíz $x = 3$ se extrae del factor $(x - 3)$ si:

$$x - 3 = 0 \rightarrow x = 3$$

d. Se aplica la regla de Ruffini tomando como candidatos los divisores del término independiente. Por tanto, las raíces pueden ser ±1, ±2, ±3, ±5, ±6, ±10, ±15 y ±30.

	3	4	−49	30
3		9	39	−30
	3	13	−10	0
−5		−15	10	
	3	−2	0	

$D(x) = 3x^3 + 4x^2 - 49x + 30 = (x - 3) \cdot (x + 5) \cdot (3x - 2)$

Raíces: $x = 3$, $x = -5$ y $x = \frac{2}{3}$

La raíz $x = \frac{2}{3}$ se extrae del factor $(3x - 2)$ si:

$$3x - 2 = 0 \rightarrow x = \frac{2}{3}$$

ACTIVIDADES

03 POLINOMIOS

1 Polinomios

1 Señala si las siguientes oraciones son verdaderas o falsas:

a. El término independiente del polinomio $x^3 + 3x - 2$ es x^3.

b. El polinomio $x^5 + 3$ es de grado 5.

c. El coeficiente principal del polinomio $x^2 + 5x^3 - 4$ es 1.

d. El polinomio $x^2 - x + 8$ está ordenado.

e. Todos los polinomios de grado 4 son completos.

2 Indica la variable, el grado, el término principal y el término independiente de los siguientes polinomios:

a. $A(x) = 6x^2 - x^4 + 4x - 9 + 16x^3$

b. $B(t) = -2t^5 + 5t^3 + 6t$

c. $C(y) = 5y^3 - 2y^2 + 7y + 1$

d. $D(z) = 5 - z^2 - 6z$

3 Pon un ejemplo de polinomio ordenado y completo de grado 5, que tenga por coeficiente principal –3 y cuyo término independiente sea 6.

4 Escribe un polinomio ordenado y completo de grado 4, que tenga por coeficiente principal 5 y que carezca de término independiente.

5 Pon un ejemplo de polinomio ordenado e incompleto de grado 5, cuyo coeficiente principal sea –1, que tenga por término independiente 2 y que carezca de términos de grado par.

6 Dado el polinomio $P(x) = -4x^2 + 5x - 4x^5 + 6x^3 - 1$, resuelve las siguientes cuestiones:

a. ¿Se trata de un polinomio reducido?

b. ¿Es un polinomio completo?

c. Escríbelo como un polinomio ordenado.

d. Determina su grado.

e. Señala sus coeficientes.

f. Indica su coeficiente principal y su término independiente.

7 Calcula el valor numérico de los siguientes polinomios para los valores de la variable que se indican:

a. $P(x) = x^2 + x + 1$ para $x = 2$

b. $P(x) = x^2 + 2x + 3$ para $x = -3$

c. $P(x) = x^3 - 3x^2 + x - 2$ para $x = -1$

d. $P(x) = -2x^3 - 7x + 8$ para $x = -2$

8 Indica cuáles de estos valores: +4, –2, +3, +1, 0, son raíces del polinomio $P(x) = x^3 - 2x^2 - 5x + 6$.

9 Halla el valor de k en el polinomio $P(x) = kx^2 + 3x - 5$, en cada caso.

a. $P(-3) = 13$

b. $P(1) = 4$

10 Calcula el valor de a para que el valor de la variable que se indica en cada uno de estos polinomios sea una raíz de dicho polinomio:

a. $P(x) = ax^2 - x + 2$, para $x = -2$

b. $Q(x) = 2x^2 - ax - 3$, para $x = -3$

2 Suma y resta de polinomios

11 Efectúa las siguientes operaciones de polinomios:

a. $(3x^2 + 5x - 1) + (2x^3 - 3x + 3)$

b. $(x^3 - 2x^2 + x + 1) + (3x^3 + 3x^2 + 3x - 1)$

c. $(4x^3 - 3x^2 + 5x + 3) - (2x^3 - 2x + 1)$

d. $(5x^3 - 2x^2 + x + 1) - (x^3 - 2x^2 + x + 3)$

12 Efectúa las operaciones que se indican con estos polinomios:

$$P(x) = -x^2 + 5x - 4$$
$$Q(x) = 3x^2 - 6x + 9$$
$$H(x) = 7x^2 - 5x - 2$$

a. $P(x) + Q(x)$

b. $P(x) - H(x)$

c. $P(x) + H(x) - Q(x)$

d. $P(x) - [H(x) + Q(x)]$

e. $[P(x) - Q(x)] + [P(x) - H(x)]$

f. $[P(x) + Q(x)] - [P(x) + H(x)]$

13 Dados estos polinomios, realiza las operaciones indicadas:

$$A(x) = 2x^3 - 6x^2 + x + 1$$
$$B(x) = 5x^3 + 4x - 2$$
$$C(x) = x^2 - 5x + 7$$

a. $B(x) - A(x)$

b. $A(x) + B(x) + C(x)$

c. $A(x) - B(x) + C(x)$

d. $B(x) - [C(x) - A(x)]$

e. $[A(x) - B(x)] - [C(x) + B(x)]$

f. $[A(x) + B(x)] - [C(x) - B(x)]$

14 Dados los polinomios:

$$A(x) = x^3 + 2x^2 + 5$$
$$B(x) = x^2 + x + 1$$
$$C(x) = 2x^3 - 2x^2 + x + 1$$

a. Comprueba la propiedad conmutativa:
$A(x) + B(x) = B(x) + A(x)$

b. Comprueba la propiedad asociativa:
$[A(x) + B(x)] + C(x) = A(x) + [B(x) + C(x)]$

c. Calcula $A(x) - C(x)$ y $C(x) - A(x)$. Con los resultados obtenidos, indica si se cumple la propiedad conmutativa para la resta.

15 Efectúa las operaciones con los polinomios que se indican.

$$A(x) = 2x^2 - x + 3$$
$$B(x) = -x^3 + 5x - 1$$
$$C(x) = x^3 - 2x^2 + 4$$

a. $A(x) - B(x) + C(x)$

b. $A(x) - [C(x) - B(x)]$

c. $[A(x) + B(x)] - [A(x) - C(x)]$

d. $(-3) \cdot A(x) + 4 \cdot B(x) - 2 \cdot C(x)$

e. $[C(x) - 3 \cdot B(x)] - 2 \cdot [A(x) + C(x) + B(x)]$

3 Multiplicación de polinomios

16 Realiza las siguientes multiplicaciones:

a. $(5x^3) \cdot (3x^5)$

b. $(-x^2) \cdot (4x^2 - 5x + 2)$

c. $(3x + 5) \cdot (6x^8)$

d. $(-2x + 9) \cdot (3x^2 + x + 1)$

17 Multiplica de dos formas distintas los polinomios que se indican.

a. $A(x) = 2x + 3$ y $B(x) = x^2 + 3x - 2$

b. $C(x) = 3x^2 - 2x$ y $D(x) = 6x^2 + 10x$

c. $E(x) = x^2 + 3x - 2$ y $F(x) = 2x^2 - x + 3$

18 Efectúa las multiplicaciones de estos polinomios:

a. $S(x) = 2x^4 + x^2 - 5x + 3$ y $R(x) = 3x^2 - 2x^3$

b. $S(x) = 4x^3 - 6x + x^2 - 5$ y $R(x) = 7x^2 - x$

c. $S(x) = x + x^3 - 5x^4 + 3$ y $R(x) = 3x^2 - 5$

19 Lleva a cabo estas operaciones con polinomios:

a. $2 \cdot (x^2 - 5x + 1) - 3x \cdot (x + 2)$

b. $(-2) \cdot [(6x^2 - 3x - 5) + (x - 1)]$

c. $(-3) \cdot (x^2 - 3x) - 4 \cdot (4x^2 - 7)$

d. $5x \cdot [(2x^2 + x - 1) - 3 \cdot (x^2 - x - 5)]$

e. $4x^2 \cdot (3x - 5x^2) - (x^2 + 5x - 1) \cdot (x^2 + 1)$

20 Resuelve las siguientes operaciones:

a. $(5x + 1) \cdot [(x^3 + 3x^2 - 2x + 5) - (x^3 + 3x - 1)]$

b. $(x^3 - 2x^2 + 4x - 6) - (x^2 - x - 6) \cdot (2x + 1)$

c. $(x + 2) \cdot (3x^2 + 5) - (4x^3 + x - 9)$

d. $[(5x^2 - 7x + 1) - 6 \cdot (x^2 - 2)] - 2x \cdot (-4x + 3)$

e. $(3x^2 - 4) \cdot (x + 2) - 3x \cdot (x + 3x^2)$

f. $(4x^3 + 2x) \cdot x^2 - (x + 2) \cdot (x^2 + 2x - 8)$

21 Realiza las operaciones indicadas con los siguientes polinomios:

$$P(x) = 4x^3 - 2x^2 + 2x - 1$$
$$Q(x) = x^2 + x + 3$$
$$R(x) = 2x - 3$$

a. $P(x) - 2 \cdot Q(x) + 3 \cdot R(x)$

b. $R(x) \cdot Q(x) - 2 \cdot P(x)$

c. $R(x) \cdot [P(x) + Q(x)]$

d. $2 \cdot P(x) - 3 \cdot (x + 1) \cdot Q(x) - x \cdot R(x)$

e. $P(x) \cdot Q(x) - 2x \cdot R(x)$

f. $[2 \cdot P(x) - Q(x)] \cdot R(x)$

22 Dados los polinomios:

$A(x) = x^2 + 1 \quad B(x) = 3x - 4 \quad C(x) = 2x^2 + x - 5$

a. Comprueba que se cumple la propiedad conmutativa con los polinomios $A(x)$ y $B(x)$.

b. Comprueba que se cumple la propiedad asociativa.

c. Comprueba que se cumplen las propiedades distributivas, tanto respecto de la suma como respecto de la resta.

23 Saca factor común en las siguientes expresiones:

a. $5m^3 - 10m^2 + 20m$

b. $6x^2y - 4xy^2 - 10x^2y^2 + 2xy$

c. $21a^4b^3 - 14a^2b^2 + 7ab^2 + 28a^3b^2$

d. $8 \cdot (m + n) - 12 \cdot (m + n)$

e. $a^2 \cdot (x - y) - 2a \cdot (x - y)$

f. $6x \cdot (a + b) - 3x \cdot (a + b)$

g. $10xy \cdot (3a + b) - 5xy \cdot (3a + b)$

h. $7ab \cdot (m - n) - ab \cdot (m - n)$

i. $ab \cdot (b^2 - a^2) - ab \cdot (a^2 - b^2)$

j. $2xy \cdot (ab^2 - ab) - 6xy \cdot (ab^2 - ab)$

24 Calcula el perímetro y el área de los siguientes polígonos:

a. 

b. 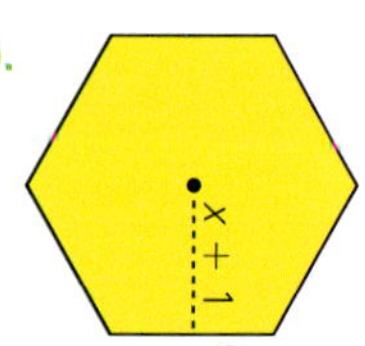

25 Halla el área y el volumen del siguiente prisma:

26 Con una cartulina cuyas dimensiones son 30 cm × 40 cm se quiere construir una caja sin tapa. Para ello, se recortan cuatro cuadrados iguales de x cm de lado en cada una de las esquinas. Determina la expresión algebraica del área total y del volumen de la caja en función del lado del cuadrado.

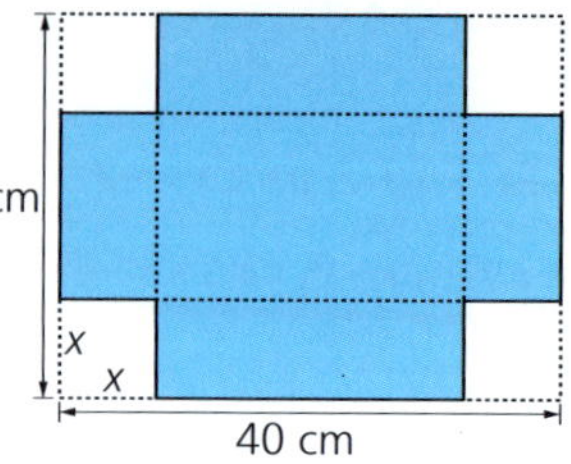

4 Potencia de un polinomio. Identidades notables

27 Realiza las operaciones siguientes:

a. $(x^2 + 2x + 3)^2$

b. $(2x^2 - 3)^3$

c. $(x^3 - x + 1)^2$

d. $(x^2 + 1)4$

e. $(x^4 - 2x^2 + 3)^2$

f. $(2x^2 - 1)^5$

28 Desarrolla estas identidades notables:

a. $(3x + 2)^2$

b. $(a - 4b)^2$

c. $(5m + 3) \cdot (5m - 3)$

d. $(3m^2 - 4n)^2$

e. $(x^4 - 2y) \cdot (x^4 + 2y)$

f. $(ab^2 + 3)^2$

g. $(6x^5 - 5y^6)^2$

h. $(a^3 + 7b) \cdot (a^3 - 7b)$

29 Calcula estas identidades notables:

a. $\left(\frac{x}{2} + 3\right)^2$

b. $\left(4 - \frac{x}{4}\right)^2$

c. $\left(\frac{x}{5} + \frac{y}{2}\right) \cdot \left(\frac{x}{5} - \frac{y}{2}\right)$

d. $\left(\frac{3x}{2} + 1\right)^2$

e. $\left(3x^2 - \frac{x}{6}\right)^2$

f. $\left(x^2 - \frac{y^3}{5}\right) \cdot \left(x^2 + \frac{y^3}{5}\right)$

30 Razona si las siguientes expresiones corresponden a alguna identidad notable. En caso afirmativo, escribe la identidad de que se trata.

a. $81 - 4x^2$

b. $a^2 - 2a + 4$

c. $x^2 + 10xy + 25y^2$

d. $36m^2 + n^2$

e. $a^4 - 4b^2$

f. $9x^2 - 12x + 16$

g. $25x^6 - y^2$

h. $4m^2 + m + \frac{1}{16}$

i. $36a^2 - 2a + \frac{1}{36}$

j. $x^2 + 3x + \frac{9}{4}$

31 Halla el área de las siguientes figuras:

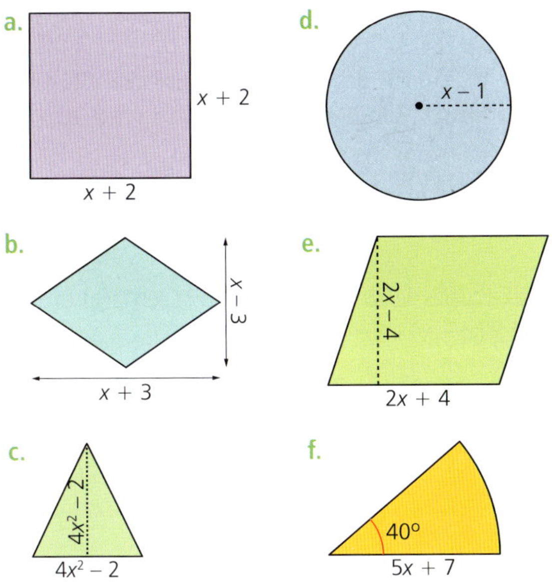

32 Resuelve mediante las identidades notables:

a. $42^2 - 40^2$

b. $28^2 - 25^2$

33 Efectúa estas operaciones combinadas con polinomios:

a. $(3x - 2) \cdot (x^2 - 3x - 1) - 5x \cdot (2x^2 + x - 4)$

b. $(x^2 + 2x - 2) \cdot [(3x^2 - 4x - 2) - (x - 6)]$

c. $(2x^2 - 1) \cdot (x^2 - 3x - 5) - x \cdot (5x^3 + 3x - 7)$

d. $[(2x^2 - 5) - 3 \cdot (x^2 - x - 5)] - 5x \cdot (3x + 2)$

e. $4x^2 \cdot (2x - x^2) - (x^2 + 5) \cdot (x^2 + 1)$

f. $x \cdot (x^2 - 3x - 1) - (x^3 - 6x + 2)$

34 Realiza estas operaciones con polinomios, teniendo en cuenta la jerarquía de las mismas:

a. $x^3 \cdot [(x^2 + 7) - (x^2 + x - 1)] + (x^2 - 2x)^2$

b. $(x^2 - 5) \cdot (x^2 + 1) + [(3x^2 - x + 1) - (x^2 - 3x)]^2$

c. $(x + 1) \cdot (5x^2 + 3x - 2) - (x^3 + 7x^2 - 2x + 6)$

d. $[(x^2 - 3x + 1) - (x^2 - 1)]^2 - (2x - 4) \cdot (3x + 6)$

e. $3x \cdot [(x^2 - 1) - (x^2 - x - 1)] \cdot (x - 3)^2$

f. $[(3x - 1) \cdot (3x + 1) - (3x + 2)^2] \cdot (2x^3 - 4x + 6)$

35 Realiza las operaciones que se indican, desarrollando las identidades notables que aparecen.

a. $(2x - 4)^2 - (x + 1)^2 - 5 \cdot (x + 2) \cdot (x - 2)$

b. $(4x - 5) \cdot (4x + 5) - (4x - 5)^2$

c. $[(x - 1)^2 + (x + 1)^2]^2$

d. $(x^2 - 2)^2 - (x^2 + 2) \cdot (x^2 - 2)$

e. $(x^2 + x)^2 - (x^2 - x) \cdot (x^2 + x) + (x^2 - x)^2$

f. $(2 - 3x^2)^2 + (2 + 3x^2)^2$

5 División de polinomios

36 Calcula el polinomio cociente y el polinomio resto en las siguientes divisiones:

a. $(x^3 - 8x^2 + 2x + 5) : (x - 3)$

b. $(6x^3 - 6x^2 - x - 1) : (x + 2)$

c. $(2x^4 - 8x^3 - 10x^2 - 15x + 100) : (x - 5)$

d. $(x^4 + 7x^3 + 6x^2 - x + 4) : (x + 4)$

e. $(4x^5 - 100x^3 + 50x + 100) : (x + 5)$

37 Efectúa las siguientes divisiones:

a. $(2x^3 + 4x^2 - x + 5) : (x^2 - 3x + 1)$

b. $(3x^3 - 4x^2 + 5x - 1) : (x + 2)$

c. $(6x^4 - x^3 + 4x^2 + 2x - 7) : (x^2 - 2x - 1)$

d. $(5x^4 + 2x^3 - 3x - 8) : (x^2 - x + 3)$

38 Comprueba si estas divisiones son enteras o exactas:

a. $(4x^2 - 2x + 5) : (2x - 3)$ $2x+2$ resto 11

b. $(3x^2 + 5x - 2) : (3x - 1)$ $x+2$ resto 0 exacta

c. $(6x^3 + 5x^2 + 2x - 3) : (2x - 1)$ $3x^2+4x+3$ resto 0

d. $(2x^3 - 8x^2 - 3x + 5) : (2x^2 + 3)$ $x-4$ $-6x+17$

e. $(9x^3 - 6x^2 - 3) : (3x^2 + x + 1)$ $3x-3$ exacta 0

f. $(6x^4 - 3x^3 - x^2 + 4x - 1) : (3x^2 - 5)$ $2x^2-x+3$ $-x+14$

g. $(10x^4 + 7x^3 + 6x^2 + 4x - 1) : (5x^2 + x + 1)$ NO

h. $(4x^5 - 5x^3 - 3x - 4) : (2x^2 + 3x)$ $2x^3-3x^2+2x-3$ $+6x-4$

39 Comprueba que se cumple la propiedad fundamental de la división.

a. $(8x^3 - 6x^2 + 4x - 1) : (2x^2 + 3x + 1)$ $4x-9$ resto $27x+8$

b. $(3x^4 + x^3 + x - 1) : (3x^2 + x)$ x^2 resto $x-1$

c. $(8x^4 + 2x^2 - 15) : (2x^2 - 2x - 1)$ $4x^2+4x+7$ resto $18x-8$

d. $(9x^5 + 3x^3 - 3x - 6) : (3x^2 - 4)$ $3x^3+5x$ resto $17x-6$

40 Utiliza la propiedad fundamental de la división para hallar en cada caso la expresión pedida.

a. Un polinomio, P (x), tal que, al dividirlo entre $(x + 1)$, dé como cociente $(x^2 + 3x + 1)$ y como resto 2.

b. Un polinomio, P (x), tal que, al dividirlo entre $x^2 + 3$, dé como resultado una división exacta de cociente $(x + 3)$.

c. El resto que resulta de dividir el polinomio $(x^3 + x + 8)$ entre el polinomio $(x - 3)$, teniendo en cuenta que se obtiene de cociente $x^2 + 3x + 10$.

41 Calcula el valor de C (*x*) en las siguientes igualdades:

a. $(x^3 + x^2 - x - 1) = (x + 4) \cdot C(x) - 45$

b. $(x^3 - 2x^2 + x + 6) = (x^2 + 1) \cdot C(x) + 8$

c. $(x^4 - 5x^2 + 4) = (x^2 + x + 2) \cdot C(x) + (8x + 16)$

d. $(x^5 + 6x^3 + x^2 - 9) = (x^2 + 4) \cdot C(x) + (x^2 - 8x - 9)$

42 ⊞ Indica cuál debe ser el valor de *a* para que las siguientes divisiones sean exactas:

a. $(2x^5 - x^4 + 7x^3 + 2x^2 + 5x + a) : (x^2 + 1)$

b. $(5x^4 - 8x^3 + x^2 - 3x + a) : (5x + 2)$

6 Regla de Ruffini. Teorema del resto y del factor

43 Utiliza la regla de Ruffini para dividir estos polinomios:

a. $(x^3 + 3x^2 - 4x + 2) : (x + 1)$

b. $(-2x^3 + x^2 + 3x - 1) : (x - 1)$

c. $(3x^4 + 6x^3 + x^2 - 2x + 4) : (x + 2)$

d. $(4x^4 + 8x^3 + 3x - 9) : (x + 3)$

e. $(-4x^5 + 35x^3 - 3x - 4) : (x - 3)$

f. $(x^5 - 3x^4 - x^2 - 11x - 16) : (x - 4)$

44 A partir de los resultados obtenidos en la actividad anterior, determina los valores numéricos siguientes:

a. A (–1), si $A(x) = x^3 + 3x^2 - 4x + 2$

b. B (1), si $B(x) = -2x^3 + x^2 + 3x - 1$

c. C (–2), si $C(x) = 3x^4 + 6x^3 + x^2 - 2x + 4$

d. D (–3), si $D(x) = 4x^4 + 8x^3 + 3x - 9$

e. E (3), si $E(x) = -4x^5 + 35x^3 - 3x - 4$

f. F (4), si $F(x) = x^5 - 3x^4 - x^2 - 11x - 16$

45 Utiliza la regla de Ruffini para determinar el valor numérico de los siguientes polinomios en los valores de *x* indicados:

a. $P(x) = x^5 + 3x^3 - 2x^2 + 3$, para $x = -2$

b. $P(x) = x^6 - 2x + 1$, para $x = 2$

c. $P(x) = x^3 - 3x^2 - x + 8$, para $x = 3$

46 Utiliza la regla de Ruffini para encontrar el valor de *m* en cada uno de los siguientes casos:

a. El resto de dividir el polinomio $P(x) = 2x^2 + 5x + m$ entre $(x + 2)$ es 3.

b. El resto de dividir el polinomio $P(x) = x^2 + mx + 3$ entre $(x - 1)$ es 1.

47 ⊞ Determina el valor de *m* en el polinomio $P(x) = -x^2 - x + m$ para que sea divisible entre $(x - 4)$.

48 Calcula el valor que debe tener *a* en el polinomio $P(x) = x^3 + 2x^2 - x + a$ para que el valor numérico en $x = 2$ sea 10.

49 Halla el valor que debe tener *a* en el polinomio $P(x) = -2x^3 + ax - 1$ para que $P(-1) = 3$.

50 Determina el valor que debe tener *a* en el polinomio $P(x) = ax^2 - 3x + 2$ para que $x = 2$ sea una raíz del polinomio.

51 Indica cuáles de los siguientes binomios son factores del polinomio $P(x) = x^3 + 3x^2 - 4x - 12$:

$(x - 1), (x + 2), (x - 4), (x - 2), (x + 3), (x + 1)$

52 Calcula el resto de la división $(3x^5 - 3x^3 + x^2 - 1) : (x + 3)$, utilizando:

a. La división de polinomios.

b. La regla de Ruffini.

c. El teorema del resto.

53 Encuentra un polinomio de grado 2 que tenga por raíces 4 y –1. ¿Es único? Justifica tu respuesta.

54 ¿Qué expresión tiene un polinomio de grado 2 cuyas raíces son –3 y –1?

55 Encuentra la expresión de un polinomio de grado 3 suponiendo que tenga por raíces –4, 1 y 0.

56 ⊞ Ayudándote del teorema del factor, escribe un polinomio cuyo coeficiente principal sea 4 y que solo tenga por raíces 3, –1 y 2. ¿Es único? Justifica tu respuesta.

7 Factorización de polinomios

57 Factoriza los siguientes polinomios, indicando cuáles son sus raíces:

a. $A(x) = x^2 + 2x - 35$ (x-5)·(x+7)

b. $B(x) = x^2 + 11x + 30$ (x+5)·(x+6)

c. $C(x) = x^3 - 8x^2 + 9x + 18$ (x+1)·(x-3)·(x-6)

d. $D(x) = x^3 - 6x^2 - 9x + 4$ (x-1)·(x+2)·(x-7)

e. $E(x) = x^4 + 2x^3 - 13x^2 - 14x + 24$ (x-1)·(x+2)·(x-3)·(x+4)

f. $F(x) = x^4 + 10x^3 + 35x^2 + 50x + 24$ (x+1)·(x+2)·(x+3)·(x+4)

58 Indica de qué forma se factoriza el polinomio:

$$P(x) = x^4 - x^3 - 12x^2 + 28x - 16$$

a. $(x-1)^2 \cdot (x-3) \cdot (x+2)$

b. $(x-2)^2 \cdot (x+4) \cdot (x-1)$

c. $(x-4) \cdot (x+9) \cdot (x+1)^2$

d. $x \cdot (x+2) \cdot (x-2) \cdot (x+1)$

e. $(x+2) \cdot (x-4)^2 \cdot (x-1)$

59 ⊞ Descompón en factores estos polinomios, indicando cuáles son sus raíces:

a. $P(x) = 2x^5 - 16x^2 - 18x$

b. $Q(x) = 3x^4 - 24x^3 - 3x^2 + 24x$

c. $R(x) = -5x^4 - 30x^3 + 5x^2 + 30x$

d. $S(x) = 6x^4 + 6x^3 - 24x^2 - 24x$

60 ⊞⊞ Halla la descomposición factorial de los siguientes polinomios, indicando cuáles son sus raíces y la multiplicidad de las mismas:

a. $P(x) = x^5 + x^4 - 4x^3 - 4x^2$

b. $Q(x) = x^5 - 9x^4 + 7x^3 + 9x^2 - 8x$

c. $R(x) = x^6 + 7x^5 + 4x^4 - 14x^3 - 11x^2 + 7x + 6$

d. $S(x) = x^6 - 7x^5 - 17x^4 - 9x^3$

e. $T(x) = x^4 + 5x^3 - 3x^2 - 45x - 54$

f. $U(x) = x^6 - 3x^5 - 9x^4 + 51x^3 - 84x^2 + 60x - 16$

e. $x^6 - 7x^5 + 14x^4 - 2x^3 - 15x^2 + 9x$

f. $x^6 - 12x^4 + 16x^3$

61 ⊞⊞ La altura alcanzada por un avión de madera viene dada por la expresión $h(t) = -20t^2 + 200t$, donde el tiempo, t, viene dado en segundos y la altura, $h(t)$, en centímetros.

a. ¿Qué altura alcanza después de 1, 2 y 4 segundos?

b. ¿Y después de 10 segundos?

c. ¿Es $t = 10$ una raíz del polinomio $h(t)$?

d. Determina la expresión factorizada del polinomio $h(t)$.

62 ⊞⊞ Se ha observado que la expresión que determina la altura, en centímetros, a la que se encuentra un salmón es $h(t) = t^4 - 15t^3 + 68t^2 - 84t$, expresión en la que t es la variable asociada al tiempo medido en segundos.

a. Determina en qué segundos el salmón está al nivel del agua.

b. ¿A qué altura se encuentra el salmón en el segundo 4?

c. ¿En qué segundo está el salmón a 36 cm por encima del agua? ¿Y en qué segundo está a 30 cm?

63 ⊞⊞ Los siguientes polinomios presentan raíces fraccionarias. Halla la descomposición factorial de cada uno e indica cuáles son sus raíces.

a. $A(x) = 4x^2 + 27x - 7$

b. $B(x) = 5x^2 - 44x - 9$

c. $C(x) = 3x^3 - 7x^2 - 3x + 7$

d. $D(x) = 6x^4 - 11x^3 - x^2 + 11x - 5$

e. $E(x) = 9x^4 + 20x^3 - 32x^2 - 80x - 16$

64 Determina un polinomio de segundo grado que tenga por raíces −2 y 3.

65 Halla un polinomio de tercer grado cuyas raíces sean 1 (doble) y 2.

66 ¿Qué polinomio de tercer grado tiene por raíces −3, 2 y 0 y por coeficiente principal 2?

67 Encuentra la expresión de un polinomio de quinto grado cuyas raíces sean 5, −2 (doble), 1 y 0.

68 Determina la expresión de un polinomio de quinto grado que tenga por raíces 0 (doble), 1 (doble) y −1 y cuyo coeficiente principal sea 3.

69 Da un ejemplo de un polinomio de cuarto grado con una raíz triple.

70 ⊞ Halla un polinomio de tercer grado cuyas raíces sean 2, $\frac{1}{2}$ y −3 y cuyo valor numérico para $x = 3$ sea 30.

04 ECUACIONES Y SISTEMAS DE ECUACIONES

„LA VIDA ES Y SERÁ UNA **ECUACIÓN SIN SOLUCIÓN,** PERO TIENE ALGUNOS FACTORES CONOCIDOS"

NIKOLA TESLA

PRESENTAR

LA CLAVE SECRETA

Se os ha propuesto diseñar una clave de cuatro dígitos que permite pasar a la siguiente unidad. Para ello, se os sugiere utilizar las ecuaciones bicuadradas. Organizados por grupos, idead una sola ecuación que os aporte esos cuatro dígitos que necesitáis. Posteriormente tendréis que exponer el proceso seguido. ¡Intercambiad las ecuaciones con el resto de grupos y tratad de resolverlas todas!

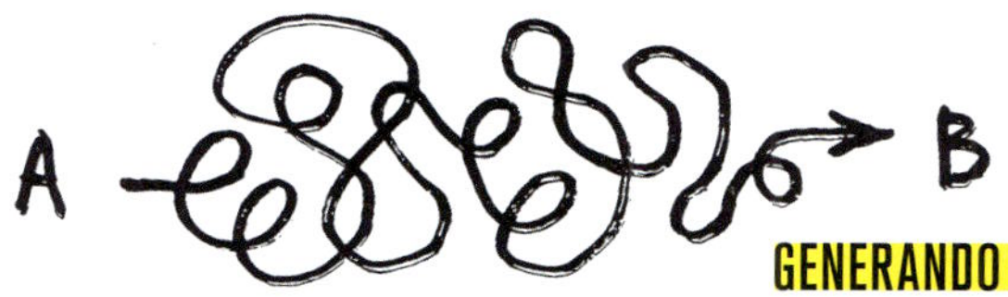

CONOCER

GENERANDO EL PROBLEMA

Hay artistas que son capaces de crear una poesía o una canción al instante a partir de algunas palabras dichas al azar por alguien del público. El profesor os propone hoy algo parecido.
Os facilitará una ecuación y vuestro grupo tendrá que elaborar el enunciado de un problema para cuya resolución se tenga que hacer uso de ella. A continuación, lo resolveréis y comprobaréis si, efectivamente, la ecuación dada sirve para solucionar el problema planteado en vuestro enunciado. ¡Poned a prueba vuestra imaginación!

CREAR

SISTEMAS INTERACTIVOS

A lo largo de los próximos días recibiréis en vuestro centro la visita de profesores de otros institutos que vienen a ver cómo trabajáis las distintas materias. Por ello, el departamento de Matemáticas os ha pedido que, por grupos, diseñéis un póster divulgativo e interactivo sobre la resolución gráfica de sistemas de ecuaciones. Podéis añadir enlaces, códigos QR y demás elementos que se os ocurran. Elaborad vuestros trabajos de forma cuidada y vistosa para mostrar lo que estáis aprendiendo.

INVESTIGAR

NO HAY DOS SIN TRES

El equipo editor de la revista *Final de Curso* os ha pedido que, a fin de complementar lo estudiado en la unidad, redactéis un artículo sobre los procedimientos de resolución de sistemas de ecuaciones con tres incógnitas. Buscad, indagad y escribid un artículo que muestre de forma amena cómo resolver estos sistemas y las diferencias y semejanzas que podéis encontrar con respecto a la resolución de los sistemas de ecuaciones con dos incógnitas.

1 ECUACIONES DE PRIMER GRADO

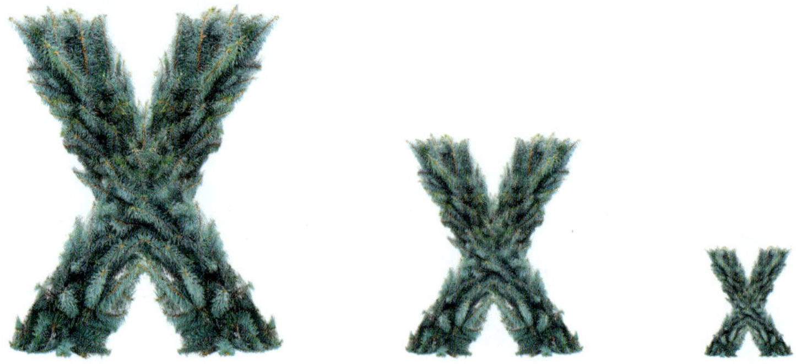

Una ecuación es una igualdad de dos expresiones algebraicas que se cumple para determinados valores de las variables o incógnitas que aparecen en ellas. El caso más sencillo es la ecuación de primer grado con una incógnita.

> **Una ecuación de primer grado con una incógnita es una ecuación de la forma:**
>
> $$ax + b = 0, \text{ donde } a, b \in \mathbb{R}$$

Los elementos de una ecuación son:

1.er miembro — 2.º miembro

$$5x - 4 = x + 8$$

Términos

- **Miembros.** Son las expresiones algebraicas que están a cada lado del signo igual.
- **Términos.** Son los sumandos de cada uno de los miembros de la ecuación.
- **Incógnitas.** Son las letras que aparecen en los términos. En el ejemplo, la incógnita es la x.
- **Grado.** Es el mayor de los grados de los términos de sus miembros.

Las soluciones de una ecuación son los valores que deben tomar las incógnitas para que la igualdad sea cierta. Dependiendo del número de soluciones, una ecuación puede ser:

- **Incompatible.** No tiene soluciones. Por ejemplo: $x + 3 = x - 2$
- **Compatible determinada.** Tiene una única solución. Por ejemplo: $x + 3 = 9$
- **Compatible indeterminada.** Tiene infinitas soluciones. Por ejemplo: $x - 2 = 3 + x - 5$

Mediante la obtención de ecuaciones equivalentes es posible resolver una ecuación, es decir, encontrar sus soluciones. Para obtener una ecuación equivalente a otra dada, se utilizan las siguientes reglas de equivalencia:

Regla de la suma

Si a los dos miembros de la ecuación se les suma o resta un mismo número o expresión algebraica, se obtiene una ecuación equivalente:

$$x + 5 = 9 \Rightarrow x + 5 - 5 = 9 - 5 \Rightarrow$$
$$\Rightarrow x = 4$$

Regla del producto

Si los dos miembros de la ecuación son multiplicados o divididos por un mismo número distinto de cero o una misma expresión algebraica no nula, el resultado es una ecuación equivalente:

$$3x = 15 \Rightarrow \frac{3x}{3} = \frac{15}{3} \Rightarrow x = 5$$

Recuerda

Puede haber dos tipos de igualdades según sean los valores de las variables para los que se cumple la igualdad:

- **Identidad.** Es una igualdad algebraica que se cumple para todos los valores de la variable, por ejemplo:

$$3x - 2 = x - 2 + 2x$$

- **Ecuación.** Es una igualdad algebraica que se cumple solo para determinados valores de la variable, por ejemplo:

$$x + 2 = 5$$

Actividad resuelta

Resuelve las siguientes ecuaciones de primer grado:

a. $3x + 6 = 0$ **b.** $5x - 1 = 9$

a. **1** Se resta 6 a ambos miembros de la ecuación:

$$3x + 6 - 6 = 0 - 6 \Rightarrow 3x = -6$$

2 Se dividen entre 3 los dos miembros de la ecuación:

$$\frac{3x}{3} = -\frac{6}{3} \Rightarrow x = -2$$

b. **1** Se suma 1 a ambos miembros de la ecuación:

$$5x - 1 + 1 = 9 + 1 \Rightarrow 5x = 10$$

2 Se dividen entre 5 los dos miembros de la ecuación:

$$\frac{5x}{5} = \frac{10}{5} \Rightarrow x = 2$$

Ten en cuenta

Dos ecuaciones son equivalentes si tienen las mismas soluciones.

1.1 RESOLUCIÓN GRÁFICA DE UNA ECUACIÓN DE PRIMER GRADO

A partir de la ecuación $ax + b = 0$ es posible realizar la representación gráfica de la recta $y = ax + b$. El punto de corte de esta recta con el eje X coincide con la solución de la ecuación.

Actividad resuelta

Resuelve la ecuación $2x - 3 = 1$ por el método gráfico.

1 Se expresa la ecuación dada en el enunciado de la forma $ax + b = 0$, aplicando las reglas de equivalencia:

$$2x - 3 + 3 = 1 + 3 \Rightarrow 2x - 4 = 0$$

2 Se considera el polinomio de primer grado $P(x) = 2x - 4$, es decir, el polinomio cuyos términos coinciden con los del miembro de la ecuación que es distinto de 0. Se calcula el valor numérico del polinomio $P(x)$ para dos valores cualesquiera de x, por ejemplo: $x = 0$ y $x = 1$

$$P(0) = 2 \cdot 0 - 4 = -4 \qquad P(1) = 2 \cdot 1 - 4 = -2$$

3 Se representan en unos ejes cartesianos los puntos $(0, -4)$ y $(1, -2)$ y se traza la recta que pasa por ellos. Los puntos de esta recta estarán determinados por la expresión $[x, P(x)]$.

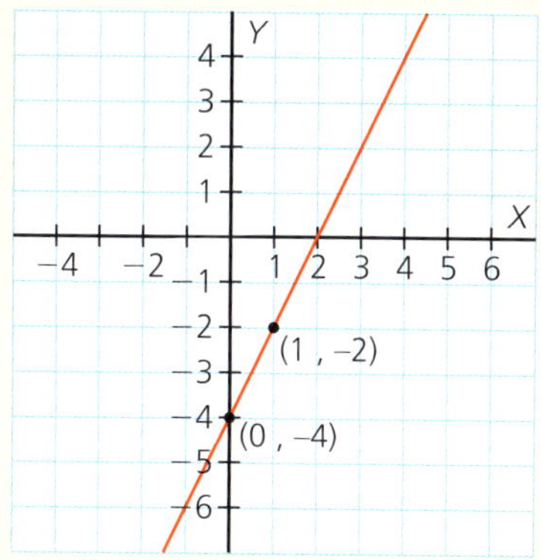

4 El punto donde la recta corta al eje X es el punto $(2, 0)$, es decir, el punto donde el valor numérico del polinomio $P(x)$ es igual a 0 y, por tanto, donde $2x - 4 = 0$. El valor de x en ese punto, $x = 2$, es la solución de la ecuación dada en el enunciado, $2x - 3 = 1$.

5 Se comprueba algebraicamente que la solución obtenida por el método gráfico es correcta. Para ello, se sustituye el valor $x = 2$ en la ecuación de partida:

$$2x - 3 = 1 \Rightarrow 2 \cdot 2 - 3 = 1 \Rightarrow 4 - 3 = 1 \Rightarrow 1 = 1$$

1.2 ECUACIONES DE PRIMER GRADO CON PARÉNTESIS

Si en una ecuación de primer grado aparecen paréntesis, primero conviene eliminarlos. A tal fin, se aplican estos criterios:

- Si delante hay un signo «+», se elimina el paréntesis y se dejan invariables los términos que contiene:

$$3x + (2x - 5) \Rightarrow 3x + 2x - 5$$

- Si delante hay un signo «−», se quita el paréntesis, pero todos los términos que contiene cambian de signo:

$$3x - (2x - 5) \Rightarrow 3x - 2x + 5$$

- Si delante hay un número multiplicando, se aplica la propiedad distributiva del producto con respecto a la suma o a la resta, es decir, el número multiplica a todos los términos que contiene el paréntesis:

$$3x + 4 \cdot (2x - 5) \Rightarrow 3x + 8x - 20$$

Actividad resuelta

Resuelve la siguiente ecuación:

$$5 + (3x - 5) + 2x = 3x - (2x + 4)$$

1 Se eliminan los paréntesis:

$$5 + 3x - 5 + 2x = 3x - 2x - 4$$

2 Se resuelve la ecuación por el procedimiento habitual:

$$3x + 2x - 3x + 2x = -4 - 5 + 5 \Rightarrow$$
$$\Rightarrow 4x = -4 \Rightarrow x = -1$$

3 Se comprueba la solución:

$$5 + [3 \cdot (-1) - 5] + 2 \cdot (-1) =$$
$$= 3 \cdot (-1) - [2 \cdot (-1) + 4] \Rightarrow$$
$$\Rightarrow 5 + (-3 - 5) - 2 =$$
$$= -3 - (-2 + 4) \Rightarrow$$
$$\Rightarrow 5 - 8 - 2 = -3 - 2 \Rightarrow$$
$$\Rightarrow -5 = -5$$

1.3 ECUACIONES DE PRIMER GRADO CON FRACCIONES

Para resolver ecuaciones de primer grado en las que aparezcan fracciones, primero se deben eliminar los denominadores para luego aplicar el procedimiento habitual. Los denominadores de la ecuación se eliminan multiplicando los dos miembros de la ecuación por el m.c.m. de todos los denominadores.

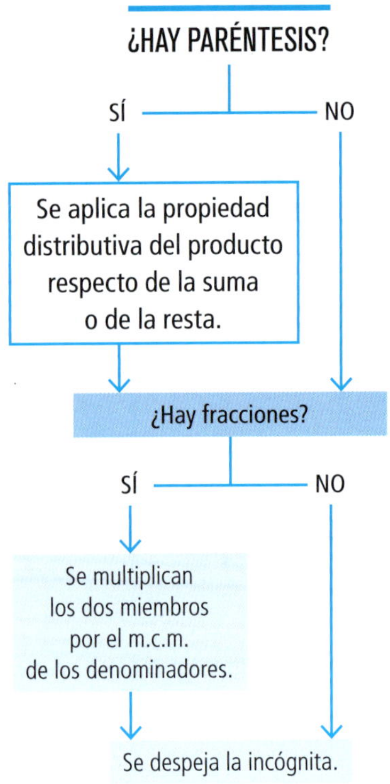

Actividad resuelta

Resuelve las siguientes ecuaciones de primer grado:

a. $\frac{x+1}{2} + \frac{x-3}{4} = \frac{3x-6}{6}$ **b.** $\frac{3\cdot(x+3)}{2} - \frac{2\cdot(x+1)}{3} = 3$

a. 1 Se eliminan los denominadores multiplicando los dos miembros de la ecuación por el m.c.m. de los denominadores:

$$\text{m.c.m.}(2, 4, 6) = 12 \Rightarrow 12\cdot\frac{x+1}{2} + 12\cdot\frac{x-3}{4} = 12\cdot\frac{3x-6}{6} \Rightarrow$$
$$\Rightarrow 6\cdot(x+1) + 3\cdot(x-3) = 2\cdot(3x-6) \Rightarrow$$
$$\Rightarrow 6x + 6 + 3x - 9 = 6x - 12$$

2 Se resuelve la ecuación por el procedimiento habitual:

$$6x + 3x - 6x = -12 - 6 + 9 \Rightarrow 3x = -9 \Rightarrow x = -3$$

3 Se comprueba que la solución es válida:

$$\frac{-3+1}{2} + \frac{-3-3}{4} = \frac{3\cdot(-3)-6}{6} \Rightarrow -\frac{2}{2} - \frac{6}{4} = -\frac{15}{6} \Rightarrow$$
$$\Rightarrow -\frac{12}{12} - \frac{18}{12} = -\frac{30}{12} \Rightarrow -\frac{30}{12} = -\frac{30}{12}$$

b. 1 Se eliminan los paréntesis:

$$\frac{3x+9}{2} - \frac{2x+2}{3} = 3$$

2 Se suprimen los denominadores multiplicando los dos miembros de la ecuación por el m.c.m. de los denominadores:

$$\text{m.c.m.}(2, 3) = 6 \Rightarrow 6\cdot\frac{3x+9}{2} - 6\cdot\frac{2x+2}{3} = 6\cdot 3 \Rightarrow$$
$$\Rightarrow 3\cdot(3x+9) - 2\cdot(2x+2) = 18 \Rightarrow 9x + 27 - 4x - 4 = 18$$

3 Se sigue el procedimiento habitual para hallar la solución de la ecuación:

$$9x - 4x = 18 - 27 + 4 \Rightarrow 5x = -5 \Rightarrow x = -1$$

4 Se comprueba la validez de la solución:

$$\frac{3\cdot(-1+3)}{2} - \frac{2\cdot(-1+1)}{3} = 3 \Rightarrow \frac{3\cdot 2}{2} - \frac{2\cdot 0}{3} = 3 \Rightarrow \frac{6}{2} - \frac{0}{3} = 3 \Rightarrow 3 = 3$$

1.4 ECUACIONES DE PRIMER GRADO CON IDENTIDADES NOTABLES

Además de paréntesis y fracciones, en las ecuaciones puede aparecer todo tipo de operaciones combinadas. Para resolverlas, se recurre a la jerarquía de operaciones que ya conoces. Por otro lado, si en la ecuación aparecen identidades notables, se desarrollan antes de proceder a la eliminación de los paréntesis.

Actividad resuelta

Resuelve la siguiente ecuación:

$$x + (x+1)^2 = (x+4)\cdot(x+1) - 1$$

1 Se desarrolla la identidad notable y se realiza el producto de los binomios:

$$x + x^2 + 2x + 1 = x^2 + x + 4x + 4 - 1$$

2 Como aparecen términos de segundo grado, se pasa todo al mismo miembro de la ecuación para agrupar términos semejantes:

$$x + x^2 + 2x + 1 - x^2 - x - 4x - 4 + 1 = 0$$
$$\Rightarrow -2x - 2 = 0$$

3 Se resuelve la ecuación por el procedimiento habitual:

$$-2x - 2 = 0 \Rightarrow -2x = 2 \Rightarrow x = -1$$

4 Se comprueba que la solución es válida:

$$-1 + (-1+1)^2 = (-1+4)\cdot(-1+1) - 1$$
$$\Rightarrow -1 + 0 = 3\cdot 0 - 1 \Rightarrow -1 = -1$$

2 ECUACIONES DE SEGUNDO GRADO

Cuando la expresión algebraica que define una ecuación es un polinomio de grado dos, se trata de una ecuación de segundo grado. También recibe el nombre de ecuación cuadrática.

> Una **ecuación de segundo grado** con una incógnita es una ecuación de la forma:
>
> $$ax^2 + bx + c = 0, \text{ donde a, b, c} \in \mathbb{R}, \text{ y a} \neq 0$$

Esta expresión se denomina **expresión general** de la ecuación de segundo grado. Como sucede en las ecuaciones de primer grado, se pueden aplicar los principios de equivalencia hasta llegar a una ecuación que sea equivalente y nos permita resolverla.

2.1 RESOLUCIÓN ALGEBRAICA DE ECUACIONES DE SEGUNDO GRADO COMPLETAS

Una ecuación de segundo grado es **completa** si $b \neq 0$ y $c \neq 0$. La solución viene dada por la expresión:

$$x = \frac{-b \pm \sqrt{b^2 - 4ac}}{2a}$$

La expresión que se encuentra dentro de la raíz, $b^2 - 4ac$, se denomina **discriminante de la ecuación** de segundo grado y se representa mediante la letra griega Δ:

- Si $\Delta < 0$, la ecuación no tiene solución real.
- Si $\Delta = 0$, la ecuación tiene una solución (doble) real.
- Si $\Delta > 0$, la ecuación tiene dos soluciones reales.

Actividad resuelta

Resuelve la siguiente ecuación de segundo grado: $3x^2 + 5x - 2 = 0$

Se trata de una ecuación de segundo grado completa en la que $a = 3$, $b = 5$ y $c = -2$.

$$x = \frac{-5 \pm \sqrt{5^2 - 4 \cdot 3 \cdot (-2)}}{2 \cdot 3} = \frac{-5 \pm \sqrt{25 + 24}}{6} = \frac{-5 \pm 7}{6} \Rightarrow \begin{cases} x_1 = \dfrac{-5+7}{6} = \dfrac{2}{6} = \dfrac{1}{3} \\ x_2 = \dfrac{-5-7}{6} = \dfrac{-12}{6} = -2 \end{cases}$$

Es decir, las soluciones de la ecuación son:

$$x_1 = \frac{1}{3} \text{ y } x_2 = -2$$

Actividad resuelta

Indica si las siguientes expresiones definen ecuaciones de segundo grado:

a. $3x^2 + 4x - 3 = 5 - x$

b. $x^2 - 5x + 3 = x + x^2$

c. $-x + 2x^2 + 3 = -x + x^2$

Se aplican los principios de equivalencia hasta obtener su expresión general:

a. $3x^2 + 5x - 8 = 0$. Por tanto, es una ecuación de segundo grado.

b. $-6x + 3 = 0$. Al no tener término de segundo grado, no es una ecuación cuadrática.

c. $x^2 + 3 = 0$. Esta también es una ecuación de segundo grado, pero no es completa al no tener ningún término asociado a x.

Actividad resuelta

Determina cuántas soluciones tienen las siguientes ecuaciones sin resolverlas previamente:

a. $x^2 - 6x + 9 = 0$ **b.** $x^2 - 5x + 4 = 0$ **c.** $2x^2 - 3x + 4 = 0$

Se calcula el discriminante de las ecuaciones y se analiza el signo:

a. Como a = 1, b = –6 y c = 9:

$\Delta = (-6)^2 - 4 \cdot 1 \cdot 9 = 36 - 36 = 0$

Tiene una solución doble.

b. Como a = 1, b = –5 y c = 4:

$\Delta = (-5)^2 - 4 \cdot 1 \cdot 4 = 25 - 16 = 9 > 0$

Tiene dos soluciones.

c. Como a = 2, b = –3 y c = 4:

$\Delta = (-3)^2 - 4 \cdot 2 \cdot 4 = 9 - 32 = -23 < 0$

No tiene solución.

2.2 RESOLUCIÓN GRÁFICA DE UNA ECUACIÓN DE SEGUNDO GRADO

En los siguientes gráficos se han representado las tres funciones que se obtienen de las ecuaciones de la actividad resuelta anterior:

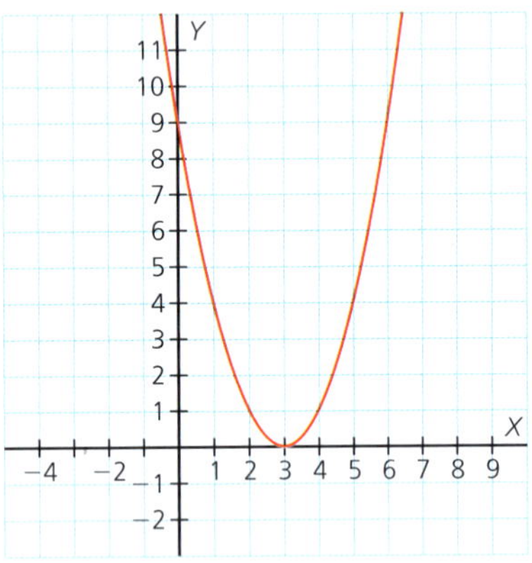

En la gráfica se observa que la función $x^2 - 6x + 9 = 0$ tiene solo una solución, que es el punto donde se corta con el eje X, (3 , 0).

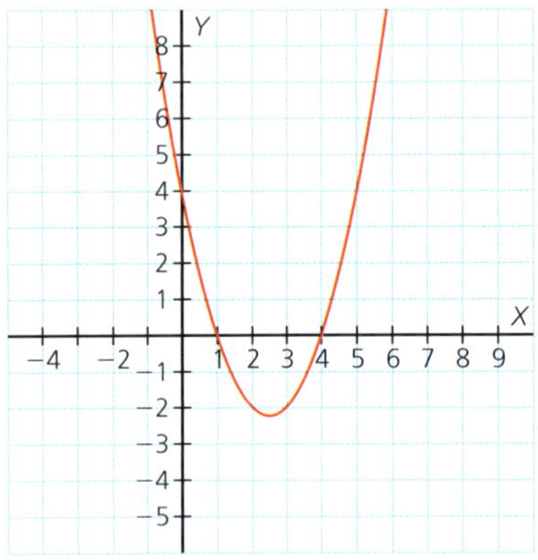

La función $x^2 - 5x + 4 = 0$ tiene dos soluciones, que son los puntos del eje de coordenadas donde se cortan la parábola y el eje X, (1 , 0) y (4 , 0).

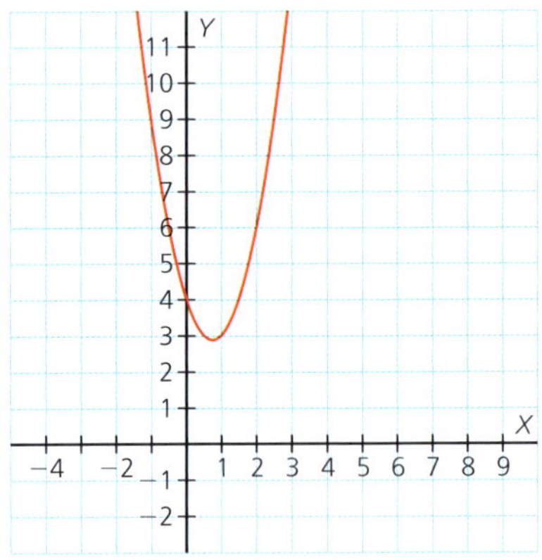

En este caso, se puede comprobar que la parábola no corta en ningún punto al eje X. Por tanto, la función $2x^2 - 3x + 4 = 0$ no tiene ninguna solución.

2.3 ECUACIÓN DE SEGUNDO GRADO INCOMPLETA

Una ecuación de segundo grado es **incompleta** si b = 0 y/o c = 0.

- Si b = 0 y c = 0, se tiene la ecuación $ax^2 = 0$. Todas tienen como solución $x = 0$.

  Ejemplo: $5x^2 = 0 \Rightarrow x^2 = 0 \Rightarrow x = \pm\sqrt{0} \Rightarrow x_1 = x_2 = 0$

- Si b = 0, la ecuación es $ax^2 + c = 0$. Se resuelve despejando la incógnita x.

  Ejemplo: $2x^2 - 8 = 0 \Rightarrow 2x^2 = 8 \Rightarrow x^2 = 4 \Rightarrow x = \pm\sqrt{4}$.

  De esta ecuación se obtienen dos soluciones: $x_1 = 2$ y $x_2 = -2$

- Si c = 0, se tiene la ecuación $ax^2 + bx = 0$. Se resuelve sacando factor común x.

  Ejemplo: $x^2 + 3x = 0 \Rightarrow x \cdot (x + 3) = 0 \Rightarrow \begin{cases} x = 0 \\ x + 3 = 0 \Rightarrow x = -3 \end{cases}$

  De esta ecuación se obtienen dos soluciones: $x_1 = 0$ y $x_2 = -3$

2.4 FACTORIZACIÓN DE UNA ECUACIÓN DE SEGUNDO GRADO

Factorizar una ecuación de segundo grado es convertirla en una multiplicación de dos binomios de primer grado.

La factorización de una ecuación de la forma $ax^2 + bx + c = 0$ es:

$$a \cdot (x - x_1) \cdot (x - x_2) = 0$$

donde x_1 y x_2 son las soluciones de la ecuación.

Ten en cuenta

Si la ecuación solo tiene una solución, x_1, la factorización es:

$$a \cdot (x - x_1)^2 = 0$$

Si la ecuación no tiene soluciones, no es posible factorizarla.

Actividad resuelta

Factoriza las ecuaciones siguientes:

a. $2x^2 + 4x - 6 = 0$

a. Se aplica la fórmula general de la ecuación de segundo grado para obtener su solución:

$$x = \frac{-4 \pm \sqrt{4^2 - 4 \cdot 2 \cdot (-6)}}{2 \cdot 2} = \frac{-4 \pm \sqrt{16 + 48}}{4} = \frac{-4 \pm 8}{4} \Rightarrow \begin{cases} \dfrac{-4 + 8}{4} = \dfrac{4}{4} = 1 \\ \dfrac{-4 - 8}{4} = \dfrac{-12}{4} = -3 \end{cases}$$

La ecuación factorizada es: $2 \cdot (x - 1) \cdot (x + 3) = 0$

b. $x^2 - 2x + 1 = 0$

b. Se aplica la fórmula general de la ecuación de segundo grado para obtener su solución:

$$x = \frac{-(-2) \pm \sqrt{(-2)^2 - 4 \cdot 1 \cdot 1}}{2 \cdot 1} = \frac{2 \pm \sqrt{4 - 4}}{2} = \frac{2 \pm 0}{2} = 1$$

Por tanto, tiene una única solución, que es doble, $x = 1$.

La ecuación factorizada será:

$$(x - 1)^2 = 0$$

2.5 RELACIONES DE CARDANO-VIETA

A partir de la expresión general de una ecuación de segundo grado, $ax^2 + bx + c = 0$, dividiendo todos los términos por a, es posible obtener:

$$x^2 + \frac{b}{a}x + \frac{c}{a} = 0$$

Las **relaciones de Cardano-Vieta** establecen que:

La suma de las soluciones es: $S = x_1 + x_2 = -\frac{b}{a}$

El producto de las soluciones es: $P = x_1 \cdot x_2 = \frac{c}{a}$

Observa

Conocidos la suma, S, y el producto, P, de las soluciones de una ecuación de segundo grado, es posible hallar las soluciones resolviendo la siguiente expresión:

$$x^2 - Sx + P = 0$$

Actividad resuelta

Halla las soluciones de una ecuación de segundo grado cuya suma es −1 y cuyo producto es $\frac{2}{9}$.

Partiendo de la expresión, $x^2 - Sx + P = 0$, se sustituyen los valores por $S = -1$ y $P = \frac{2}{9}$.

$$x^2 + x + \frac{2}{9} = 0 \Rightarrow x = \frac{-1 \pm \sqrt{1^2 - 4 \cdot 1 \cdot \left(\frac{2}{9}\right)}}{2 \cdot 1} = \frac{-1 \pm \sqrt{\frac{1}{9}}}{2} = \frac{-1 \pm \frac{1}{3}}{2} = \begin{cases} -\dfrac{1}{6} \\ -\dfrac{1}{3} \end{cases}$$

Es decir, las soluciones son: $x_1 = -\frac{1}{6}$ y $x_2 = -\frac{1}{3}$

3 ECUACIONES BICUADRADAS

Reciben la denominación de ecuación bicuadrada aquellas ecuaciones polinómicas de cuarto grado que carecen de términos en x^3 y en x.
La expresión general de una **ecuación bicuadrada** viene dada por:

$$ax^4 + bx^2 + c = 0 \text{ si a, b, c} \in \mathbb{R}, \text{ donde a} \neq 0$$

Para resolver una ecuación bicuadrada, se siguen estos pasos:

1 Se aplica un cambio de variable: $x^2 = t \Rightarrow t^2 = x^4$

$$ax^4 + bx^2 + c = 0 \Rightarrow a(x^2)^2 + bx^2 + c = 0 \Rightarrow at^2 + bt + c = 0$$

De este modo se ha transformado la ecuación bicuadrada en una ecuación de segundo grado con una incógnita, t.

$$x^4 - 5x^2 + 4 = 0$$

Cambio de variable: $x^2 = t$

$$(x^2)^2 - 5x^2 + 4 = 0 \Rightarrow t^2 - 5t + 4 = 0$$

2 Se obtienen las soluciones t_1 y t_2, resolviendo la ecuación de segundo grado.

$$t = \frac{-(-5) \pm \sqrt{(-5)^2 - 4 \cdot 1 \cdot 4}}{2 \cdot 1} = \frac{5 \pm 3}{2} = \begin{cases} 4 \\ 1 \end{cases} \Rightarrow t_1 = 4 \text{ y } t_2 = 1$$

3 Para calcular los valores de x, se deshace el cambio de variable: $x = \pm\sqrt{t_1}$ y $x = \pm\sqrt{t_2}$, lo que da como resultado las soluciones de la ecuación.

$$x = \pm\sqrt{t_1} = \pm\sqrt{4} = \pm 2 \qquad x = \pm\sqrt{t_2} = \pm\sqrt{1} = \pm 1$$

Las cuatro soluciones de la ecuación bicuadrada son:

$$x_1 = 2 \qquad x_2 = -2 \qquad x_3 = 1 \qquad x_4 = -1$$

Existen otras ecuaciones, además de las bicuadradas, que permiten realizar un cambio de variable similar, del tipo $x^n = t$. La solución de x existe dependiendo del signo de t y de la paridad de n.

Ten en cuenta

El número de soluciones de una raíz varía según su índice sea par o impar:

$$\sqrt[n]{t} = \begin{cases} n \text{ par} \begin{cases} t > 0 \mid 2 \text{ raíces} \begin{cases} + \\ - \end{cases} \\ t < 0 \mid \text{No hay raíz} \end{cases} \\ n \text{ impar} \begin{cases} t > 0 \mid 1 \text{ raíz} + \\ t < 0 \mid 1 \text{ raíz} - \end{cases} \end{cases}$$

Actividad resuelta

Resuelve la siguiente ecuación bicuadrada:

$$x^4 - 8x^2 - 9 = 0$$

1 Se efectúa el cambio de variable: $x^2 = t$

$$(x^2)^2 - 8x^2 - 9 = 0 \Rightarrow t^2 - 8t - 9 = 0$$

2 Se resuelve la ecuación de segundo grado con incógnita t:

$$t = \frac{-(-8) \pm \sqrt{(-8)^2 - 4 \cdot 1 \cdot (-9)}}{2 \cdot 1} = \frac{8 \pm 10}{2} = \begin{cases} 9 \\ -1 \end{cases} \Rightarrow t_1 = 9 \text{ y } t_2 = -1$$

3 Se deshace el cambio para hallar las soluciones de la ecuación bicuadrada, pero solo se obtiene la solución de la raíz positiva:

$$x = \pm\sqrt{9} = \pm 3 \qquad x = \pm\sqrt{-1} \notin \mathbb{R}$$

La ecuación bicuadrada tiene dos soluciones:

$$x_1 = 3 \text{ y } x_2 = -3$$

4 SISTEMAS DE DOS ECUACIONES LINEALES CON DOS INCÓGNITAS

Una ecuación lineal con dos incógnitas, x e y, es una expresión del tipo $ax + by = c$, donde a, b y c son números reales.

Un **sistema de dos ecuaciones lineales con dos incógnitas** plantea el problema de encontrar el valor o los valores de x e y que cumplan simultáneamente ambas ecuaciones, siendo cada par (x , y) una solución de dicho sistema:

$$\begin{cases} ax + by = c \\ a'x + b'y = c' \end{cases}$$

donde a, b, c, a', b' y c' $\in \mathbb{R}$, mientras que x e y son las incógnitas.

Recuerda

La ecuación lineal $ax + by = c$ se representa gráficamente mediante una recta. Cada punto de la recta es una solución de la ecuación.

4.1 CLASIFICACIÓN DE LOS SISTEMAS DE ECUACIONES LINEALES

Se pueden clasificar los sistemas de ecuaciones según el número de soluciones.

	Sistema compatible determinado	Sistema compatible indeterminado	Sistema incompatible
Número de soluciones	Tiene una única solución.	Tiene infinitas soluciones.	No tiene solución.
Gráficamente	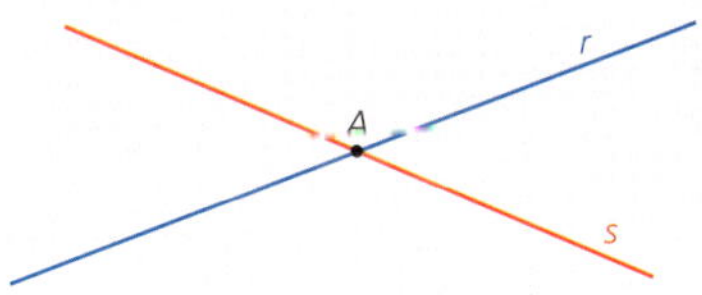 Rectas secantes: se cortan en un punto.	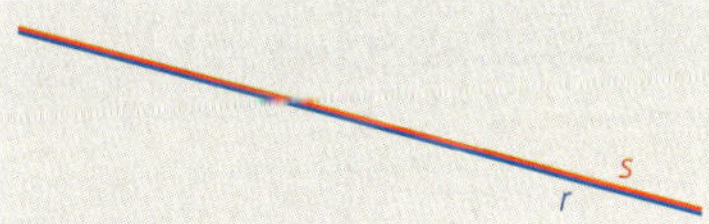 Rectas coincidentes: se cortan en infinitos puntos.	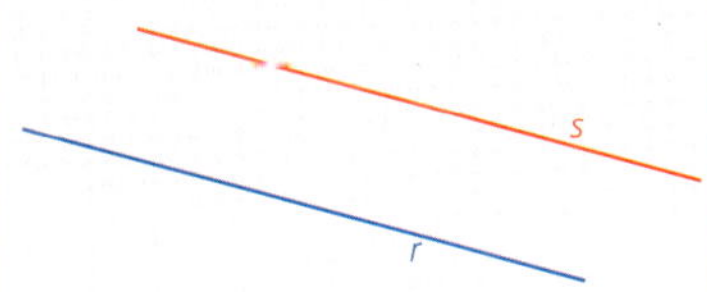 Rectas paralelas: no se cortan en ningún punto.
Algebraicamente	$\frac{a}{a'} \neq \frac{b}{b'}$	$\frac{a}{a'} = \frac{b}{b'} = \frac{c}{c'}$	$\frac{a}{a'} = \frac{b}{b'} \neq \frac{c}{c'}$

Actividad resuelta

Resuelve gráficamente el sistema siguiente: $\begin{cases} 2x + y = 6 \\ x + 3y = -2 \end{cases}$

Se construye la tabla de valores para cada una de las ecuaciones y se representan las dos en el mismo eje de coordenadas.

x	2	3	4
$y = 6 - 2x$	2	0	−2

x	−2	1	4
$y = \frac{-2 - x}{3}$	0	−1	−2

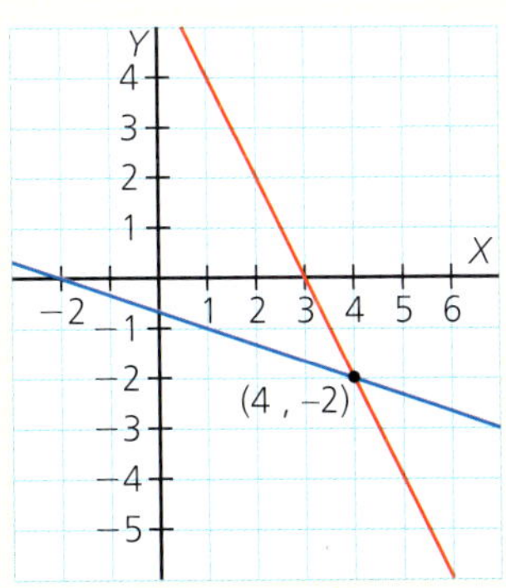

La solución del sistema es el punto de corte de las dos rectas, es decir, $(4 , -2)$. Por lo tanto, $x = 4$ e $y = -2$.

Actividad resuelta

Clasifica los siguientes sistemas de ecuaciones:

a. $\begin{cases} -2x + 2y = 7 \\ x + 5y = -3 \end{cases}$ b. $\begin{cases} 2x + 6y = 1 \\ x + 3y = -2 \end{cases}$

a. Como $\frac{-2}{1} \neq \frac{2}{5}$, el sistema es compatible determinado. Tiene una única solución.

b. Como $\frac{2}{1} = \frac{6}{3} \neq \frac{1}{-2}$, el sistema es incompatible. Por tanto, no tiene ninguna solución.

4.2 MÉTODOS DE RESOLUCIÓN DE UN SISTEMA DE DOS ECUACIONES LINEALES

Para encontrar el valor de las incógnitas, x e y, de un sistema de ecuaciones lineales, existen tres métodos numéricos de resolución.

MÉTODO DE SUSTITUCIÓN

Consiste en despejar una incógnita de una de las ecuaciones y **sustituirla** en la otra a fin de transformarla en una ecuación con una incógnita.

1 Se despeja una de las incógnitas en una de las ecuaciones.

2 Se sustituye la expresión de la incógnita despejada en la otra ecuación y se resuelve la expresión resultante.

3 El valor de la incógnita que se ha obtenido se sustituye en la expresión despejada de dicha incógnita, con lo que se determina el valor de la otra incógnita.

4 Se comprueba la solución.

Actividad resuelta

Resuelve por el método de sustitución este sistema de ecuaciones: $\begin{cases} 2x + y = 1 \\ 4x + 3y = -1 \end{cases}$

1 Se despeja una incógnita en una de las ecuaciones:

$$y = 1 - 2x$$

2 Se sustituye la incógnita en la otra ecuación y se resuelve:

$$4x + 3 \cdot (1 - 2x) = -1 \Rightarrow 4x + 3 - 6x = -1 \Rightarrow -2x = -4 \Rightarrow x = 2$$

3 Este valor de x se sustituye en una de las ecuaciones iniciales para obtener el valor de y:

$$2 \cdot 2 + y = 1 \Rightarrow y = 1 - 4 = -3$$

4 Se comprueba la solución sustituyendo los valores de x e y en las dos ecuaciones:

$$x = 2;\ y = -3 \Rightarrow \begin{cases} 2x + y = 1 \Rightarrow 2 \cdot 2 - 3 = 1 \Rightarrow 1 = 1 \\ 4x + 3y = -1 \Rightarrow 4 \cdot 2 + 3 \cdot (-3) = -1 \Rightarrow -1 = -1 \end{cases}$$

MÉTODO DE IGUALACIÓN

Consiste en despejar la misma incógnita en ambas ecuaciones, **igualar** las expresiones obtenidas y resolver la ecuación de primer grado con una incógnita.

1 Se despeja la misma incógnita en las dos ecuaciones.

2 Se igualan las dos expresiones despejadas y se resuelve la ecuación resultante.

3 El valor resultante de la incógnita se sustituye en cualquiera de las dos expresiones despejadas de dicha incógnita, lo que permite determinar el valor de la otra incógnita.

4 Se comprueba la solución.

Actividad resuelta

Resuelve por el método de igualación este sistema de ecuaciones: $\begin{cases} x + 3y = 7 \\ 2x - 5y = 3 \end{cases}$

1 Se despeja la misma incógnita en las dos ecuaciones:

$$\begin{cases} x + 3y = 7 \\ 2x - 5y = 3 \end{cases} \Rightarrow \begin{cases} x = 7 - 3y \\ x = \dfrac{3 + 5y}{2} \end{cases}$$

2 Se igualan las expresiones resultantes y se resuelve la ecuación:

$$7 - 3y = \frac{3 + 5y}{2} \Rightarrow 14 - 6y = 3 + 5y \Rightarrow -11y = -11 \Rightarrow y = 1$$

3 Este valor de y se sustituye en una de las ecuaciones iniciales para obtener el valor de x:

$$x + 3 \cdot 1 = 7 \Rightarrow x = 7 - 3 = 4$$

4 Se comprueba la solución sustituyendo los valores de x e y en las dos ecuaciones:

$$x = 4;\ y = 1 \Rightarrow \begin{cases} x + 3y = 7 \Rightarrow 4 + 3 \cdot 1 = 7 \Rightarrow 7 = 7 \\ 2x - 5y = 3 \Rightarrow 2 \cdot 4 - 5 \cdot 1 = 3 \Rightarrow 3 = 3 \end{cases}$$

MÉTODO DE REDUCCIÓN

Consiste en obtener un sistema equivalente tal que, al sumar sus ecuaciones, se **reduzca** eliminando una de las incógnitas y dé como resultado una ecuación de primer grado con una incógnita.

Actividad resuelta

Resuelve por el método de reducción el siguiente sistema de ecuaciones: $\begin{cases} 5x + 3y = 4 \\ 2x + y = 1 \end{cases}$

1 Se observan las dos ecuaciones para decidir por qué números se deben multiplicar o dividir con objeto de conseguir que los coeficientes de una de las incógnitas sean iguales, pero de signo contrario. En este caso, lo más cómodo es multiplicar por (–3) la segunda ecuación para eliminar la incógnita *y*:

$$\begin{cases} 5x + 3y = 4 \\ 2x + y = 1 \end{cases} \xrightarrow{\cdot(-3)} \begin{cases} 5x + 3y = 4 \\ -6x - 3y = -3 \end{cases}$$

2 Se suman las ecuaciones y se resuelve la ecuación resultante:

$$\begin{cases} 5x + 3y = 4 \\ -6x - 3y = -3 \end{cases}$$
$$-x = 1 \Rightarrow x = -1$$

3 El valor resultante de *x* se sustituye en una de las ecuaciones iniciales para obtener el valor de *y*:

$$5 \cdot (-1) + 3 \cdot y = 4 \Rightarrow 3y = 9 \Rightarrow y = 3$$

4 Se puede comprobar la solución obtenida sustituyendo los valores de *x* e *y* en las dos ecuaciones:

$$x = -1;\ y = 3 \Rightarrow \begin{cases} 5x + 3y = 4 \Rightarrow 5 \cdot (-1) + 3 \cdot 3 = 4 \Rightarrow 4 = 4 \\ 2x + y = 1 \Rightarrow 2 \cdot (-1) + 3 = 1 \Rightarrow 1 = 1 \end{cases}$$

1 Se multiplican las ecuaciones por los números necesarios para obtener ecuaciones equivalentes que tengan una incógnita con coeficientes iguales, pero de signo contrario, es decir, coeficientes que sean números opuestos.

2 Se suman las ecuaciones, con lo que se obtiene el valor de una de las dos incógnitas, y se resuelve la ecuación resultante.

3 El valor de la incógnita que se ha obtenido se sustituye en cualquiera de las dos ecuaciones con objeto de hallar el valor de la otra incógnita.

4 Se comprueba la solución.

Representar un sistema sobre un plano cartesiano

En la introducción de este epígrafe se ha visto que, desde un punto de vista gráfico, un sistema de ecuaciones lineales equivale al punto de corte de dos rectas en el plano.

Veamos cómo se representa el siguiente sistema de ecuaciones:

$$\begin{cases} 2x + y = 6 \\ x + 3y = -2 \end{cases}$$

1 Se localizan los puntos de corte de cada una de las rectas con los ejes de coordenadas:

- Puntos de corte de la primera ecuación: $2x + 1y = 6$
  - Punto de corte con el eje *X*: $x = \frac{6}{2} = 3$
  - Punto de corte con el eje *Y*: $y = \frac{6}{1} = 6$
- Puntos de corte de la segunda ecuación: $1x + 3y = -2$
  - Punto de corte con el eje *X*: $x = \frac{-2}{1} = -2$
  - Punto de corte con el eje *Y*: $y = \frac{-2}{3}$

2 Se representan los puntos sobre los ejes y se trazan las rectas que los unen:

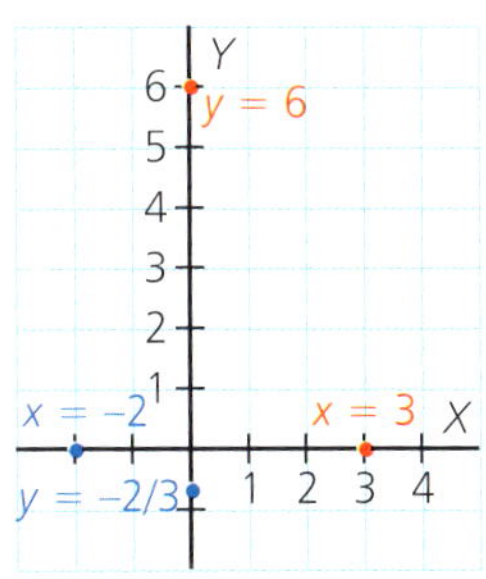

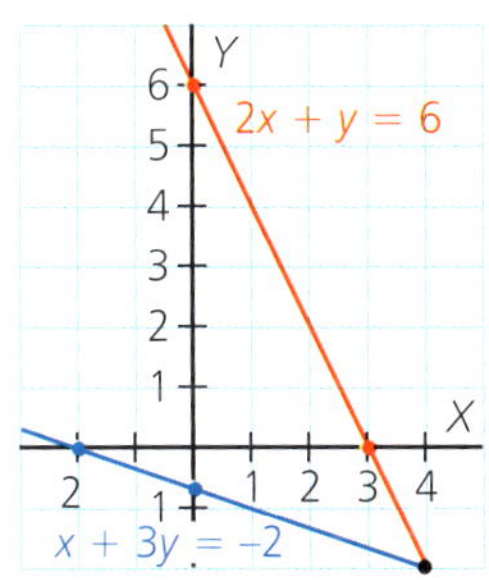

3 Se localiza el punto de corte, que será la solución del sistema de ecuaciones:

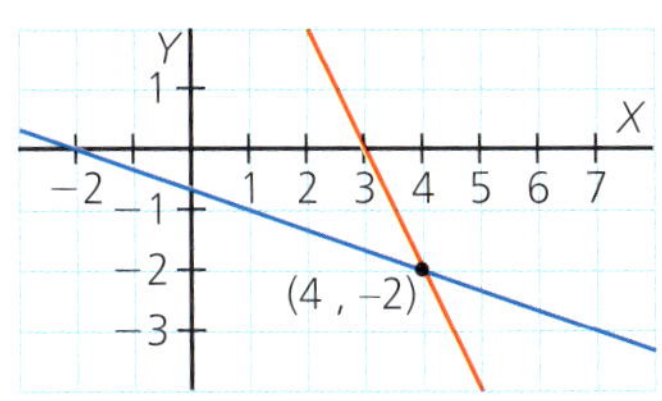

5 RESOLUCIÓN DE PROBLEMAS

Las ecuaciones y los sistemas de ecuaciones se utilizan para resolver problemas en los que intervienen relaciones numéricas con cantidades desconocidas.

Después de leer atentamente el problema y estar seguro de haberlo comprendido, el procedimiento para resolverlo consiste en:

1. Identificar los datos y las incógnitas que aparecen en el problema.
2. Expresar las relaciones numéricas mediante el lenguaje algebraico, planteando una ecuación o sistema de ecuaciones.
3. Resolver la ecuación o el sistema planteado.
4. Expresar la solución obtenida en las unidades adecuadas.
5. Comprobar la validez e interpretar la coherencia de la solución obtenida.

Actividad resuelta

En una frutería se han vendido durante un día la mitad de las manzanas que había en *stock*. Al día siguiente, los clientes compraron la mitad de las restantes, y el tercer día se terminaron los 12 kg que quedaban. Calcula la cantidad de manzanas que había a la venta el primer día.

Tras leer detenidamente el problema, identificamos la incógnita del problema.

1. Se denomina x a la cantidad de manzanas que la frutería tenía en *stock*.

   Las ventas realizadas los tres días deben sumar el número total de kilos de manzanas:

   Primer día: $\frac{x}{2}$ Segundo día: $\frac{1}{2}$ de $\frac{x}{2} = \frac{x}{4}$ Tercer día: 12 kg

2. Las cantidades vendidas deben sumar x:

$$\frac{x}{2} + \frac{x}{4} + 12 = x$$

3. Se resuelve la ecuación:

$$\frac{x}{2} + \frac{x}{4} + 12 = x \Rightarrow \frac{2x}{4} + \frac{x}{4} + \frac{48}{4} = \frac{4x}{4} \Rightarrow 2x + x + 48 = 4x \Rightarrow 48 = x$$

4. De este modo, el primer día se pusieron a la venta 48 kg de manzanas.
5. Se analiza si la solución cumple las condiciones del problema. Si había 48 kg de manzanas, el primer día se vendieron 24 (la mitad), y, el día siguiente, 12 (la mitad de las restantes), con lo que quedaron otras 12 para el tercer día: $24 + 12 + 12 = 48$

PROBLEMAS DE RELACIONES ARITMÉTICAS

Cada problema tiene sus características y su propio planteamiento. Sin embargo, se puede dar una orientación sobre los casos más comunes.

Actividad resuelta

El número de mujeres que asisten a una reunión de 30 personas supera en tres al doble del número de hombres. Calcula cuántas mujeres y hombres hay.

1. Se denomina x al número de mujeres e y al de hombres.
2. Se plantean las ecuaciones a partir de la información del enunciado:
   - En la reunión hay 30 personas: $x + y = 30$
   - El número de mujeres supera en tres al doble del número de hombres: $x = 2y + 3$
3. Se resuelve el sistema de ecuaciones:

$$\begin{cases} x + y = 30 \\ x = 2y + 3 \end{cases} \Rightarrow \begin{cases} x + y = 30 \\ x - 2y = 3 \end{cases} \Rightarrow \begin{cases} x = 21 \\ y = 9 \end{cases}$$

4. El número de mujeres es 21, y el de hombres, 9.
5. Hay $21 + 9 = 30$ personas, y el número de mujeres, 21, es el doble del de hombres más 3, es decir, $2 \cdot 9 + 3 = 21$.

PROBLEMAS TEMPORALES

Actividad resuelta

En la actualidad, Carla tiene 7 años menos que Alejandro, y dentro de 4 años, la edad de Alejandro duplicará la de Carla. Calcula la edad actual de Carla y Alejandro.

1 Se denominan x e y las edades actuales de Carla y de Alejandro, respectivamente.

2 Se hace una línea temporal para comparar los años que tienen ambos en cada momento. De esta forma se establecen las relaciones en cada espacio temporal:

Actualidad	Dentro de 4 años
Edad de Carla: x	Edad de Carla: $x + 4$
Edad de Alejandro: y	Edad de Alejandro: $y + 4$

Carla tiene siete años menos que Alejandro: $x + 7 = y$

Dentro de cuatro años, la edad de Alejandro duplicará la de Carla: $y + 4 = 2 \cdot (x + 4)$

3 Se simplifican las ecuaciones y se resuelve el sistema:

$$\begin{cases} x + 7 = y \\ y + 4 = 2 \cdot (x + 4) \end{cases} \Rightarrow \begin{cases} x - y = -7 \\ -2x + y = 4 \end{cases} \Rightarrow \begin{cases} x = 3 \\ y = 10 \end{cases}$$

4 Carla tiene en la actualidad 3 años, y Alejandro, 10.

5 Actualmente, Carla es 7 años menor, y dentro de 4 años, Carla tendrá 7 años y Alejandro 14 (el doble).

PROBLEMAS DE INTERCAMBIOS

Actividad resuelta

Si Marcos le diera 2 sellos a Lucía, los dos amigos tendrían el mismo número de sellos. Pero si fuera Lucía la que le diera 25 sellos a Marcos, este tendría el triple de sellos que Lucía. Calcula cuántos sellos tiene cada uno.

1 Se denominan x e y el número de sellos de Marcos y Lucía, respectivamente.

2

	Marcos	Lucía	
1.er intercambio	$x - 2$	$y + 2$	→ Marcos y Lucía tienen el mismo número de sellos: $x - 2 = y + 2$
2.º intercambio	$x + 25$	$y - 25$	→ Marcos tiene el triple de sellos que Lucía: $x + 25 = 3 \cdot (y - 25)$

3 Se resuelve el sistema de ecuaciones:

$$\begin{cases} x - 2 = y + 2 \\ x + 25 = 3 \cdot (y - 25) \end{cases} \Rightarrow \begin{cases} x - y = 4 \\ x - 3y = -100 \end{cases} \Rightarrow \begin{cases} y = 52 \\ x = 56 \end{cases}$$

4 Así pues, Marcos tiene 56 sellos, y Lucía, 52.

5 Si Marcos le da 2 sellos a Lucía, entre los dos amigos tienen 54. Por otro lado, si es Lucía la que le entrega 25 sellos a Marcos, entonces este tendría 81 y Lucía se quedaría con 27, por lo que el número de sellos de Marcos sería, en efecto, el triple.

PROBLEMAS DE NÚMEROS

Actividad resuelta

Reparte 376 en dos sumandos de modo que, al dividir el mayor entre el menor, se obtenga 3 de cociente y 8 de resto.

1 Se denomina x al mayor de los dos sumandos e y al menor.

2 Se plantean las ecuaciones a partir de la información del enunciado:

- Repartir 376 en dos sumandos:

$$x + y = 376$$

- El mayor dividido entre el menor da como cociente 3 y como resto 8:

$$x = 3 \cdot y + 8$$

3 Se resuelve el sistema de ecuaciones:

$$\begin{cases} x + y = 376 \\ x = 3 \cdot y + 8 \end{cases} \Rightarrow \begin{cases} x + y = 376 \\ x - 3y = 8 \end{cases} \Rightarrow \begin{cases} y = 92 \\ x = 284 \end{cases}$$

4 Los números buscados son 284 y 92.

5 Se comprueba que la suma de ambos números es $92 + 284 = 376$, y que, al dividir 284 entre 92, se obtiene 3 de cociente y 8 de resto.

PROBLEMAS DE MEZCLAS

Actividad resuelta

Se mezclan copos de maíz a 2 €/kg con frutos secos y frutos rojos a 5 €/kg para obtener 100 kg de preparado de cereales para el desayuno. ¿Cuántos kilogramos se tienen que poner de cada ingrediente para que el precio de los cereales sea de 2,75 €/kg?

1 Se denomina x e y a la cantidad de kilogramos de copos de maíz y a la de frutos secos y rojos, respectivamente.

2

	Copos de maíz	Frutos secos y rojos	Mezcla de cereales
Cantidad	x	y	100 kg
Precio	2 €/kg	5 €/kg	2,75 €/kg

→ Ecuación de la cantidad: $x + y = 100$

→ Ecuación del coste: $2x + 5y = 2{,}75 \cdot 100$

3 Se resuelve el sistema de ecuaciones:

$$\begin{cases} x + y = 100 \\ 2x + 5y = 2{,}75 \cdot 100 \end{cases} \Rightarrow \begin{cases} x + y = 100 \\ 2x + 5y = 275 \end{cases} \Rightarrow \begin{cases} x = 75 \\ y = 25 \end{cases}$$

4 Deben mezclarse 75 kg de copos de maíz y 25 kg de frutos secos y rojos.

5 La suma de ambas cantidades son 100 kg y la ecuación del coste se cumple:

$$2 \cdot 75 + 5 \cdot 25 = 2{,}75 \cdot 100$$

PROBLEMAS GEOMÉTRICOS

Actividad resuelta

Calcula los lados de un triángulo isósceles teniendo en cuenta que el lado desigual es 4 cm menor que cada uno de los lados iguales, y que el perímetro total mide 17 cm.

1 Se denomina x a la medida del lado desigual e y a la de los lados iguales.

2 Se plantean las ecuaciones a partir de la información del enunciado:

- El lado desigual es 4 cm menor que cada uno de los lados iguales: $x = y - 4$
- El perímetro total mide 17 cm: $x + 2y = 17$

3 Se resuelve el sistema de ecuaciones:

$$\begin{cases} x = y - 4 \\ x + 2y = 17 \end{cases} \Rightarrow \begin{cases} x - y = -4 \\ x + 2y = 17 \end{cases} \Rightarrow \begin{cases} x = 3 \\ y = 7 \end{cases}$$

4 El lado desigual mide 3 cm, y los lados iguales, 7 cm.

5 De este modo, el lado desigual es 4 cm menor, y el perímetro es:

$$3 + 7 + 7 = 21 \text{ cm}$$

Ten en cuenta

En muchas ocasiones, dependiendo de la elección de las incógnitas, un problema resuelto por medio de un sistema de ecuaciones podría resolverse con una sola ecuación, y viceversa.

- Lado desigual: x
- Lado igual: $x + 4$

$$x + (x + 4) + (x + 4) = 17$$

Lado desigual: $x = 3$ cm

Lados iguales: $3 + 4 = 7$ cm

Los porcentajes en el lenguaje algebraico

Al 50 % de los alumnos de una clase solo le gusta el fútbol, y el 20 % es aficionado únicamente al baloncesto. El resto, que son 6 alumnos, no muestra interés por ninguno de estos deportes. Averigua cuántos alumnos hay en la clase.

1 Se denomina x al número total de alumnos de la clase.

2 Se escriben con lenguaje algebraico las cantidades descritas para cada grupo de alumnos:

- Aficionados al fútbol: 50 % de $x = \dfrac{50x}{100} = 0{,}5x$
- Aficionados al baloncesto: 20 % de $x = \dfrac{20x}{100} = 0{,}2x$
- No interesados en ninguno de estos deportes: 6 alumnos

3 Se plantea la ecuación. La suma total de alumnos es x; por lo tanto:

$$0{,}5x + 0{,}2x + 6 = x$$

Para trabajar con números enteros, se multiplica por 10: $5x + 2x + 60 = 10x$

Se resuelve: $5x + 2x + 60 = 10x \Rightarrow 5x + 2x - 10x = -60 \Rightarrow -3x = -60 \Rightarrow x = 20$

4 Así pues, el número total de alumnos en la clase es 20.

5 Se constata que el 50 % de 20 (10) más el 20 % de 20 (4) más 6 da como resultado 20.

ACTIVIDADES

04 ECUACIONES Y SISTEMAS DE ECUACIONES

1 Ecuaciones de primer grado

1 Resuelve gráficamente las siguientes ecuaciones de primer grado:

a. $3x + 2 = 0$

b. $4x + 3 = 5$

c. $9x - 2 = x + 4$

d. $7 - x = x + 7$

e. $3x + 1 - x = 5x + 8 - 3$

2 Averigua si las siguientes igualdades son identidades o ecuaciones:

a. $2x + 5 - 3 \cdot (x + 1) = 5x - 4$

b. $4x - 2 \cdot (4 + x) + 9 = 1 + 2x$

c. $-3x + 5 \cdot (1 - 2x) + 6x - 1 = 0$

d. $3x + 9 - 2 \cdot (x + 1) + x - (5x - 1) = x$

e. $-2 \cdot (x - 2) + 3 \cdot (x - 1) - 4 \cdot (x + 1) = -3 \cdot (1 + x)$

f. $5x - (x + 3) - 2 = 2 \cdot (3x - 1) + 8$

3 Resuelve las siguientes ecuaciones de primer grado:

a. $2 \cdot (3x + 2) - 5 \cdot (1 - x) - 3 = (5x + 2) - 3 \cdot (2x - 6)$

b. $3 - 4 \cdot (2x + 3) - 6x + 5 \cdot (1 - 2x) = 0$

c. $(3x + 2) \cdot (3x - 2) - 6 = 9 \cdot (x + 1) \cdot (x - 1)$

d. $(x - 1)^2 + 3x - 2 = x^2 + 5x - 1$

e. $2 - 3x + 5 \cdot (x - 1) + x^2 - 1 + (x - 2) \cdot (x + 2) = 2x^2 - 3$

f. $5x^2 - (3x - 2)^2 - x \cdot (9 - 4x) = 1$

g. $(5x + 6)^2 - 3 \cdot (20x + 11) = 25x^2 + 4x$

4 Halla el valor de x en estas ecuaciones de primer grado:

a. $\frac{9x - 2}{4} = 3 - x$

b. $\frac{3x + 7}{3} - 1 = 4x + 3$

c. $\frac{4}{5}x - 6 = 1 + \frac{3}{2}x$

d. $\frac{3}{2}x - 4x + 9 = \frac{4}{5}x + 6$

e. $\frac{x + 1}{2} + x = \frac{3}{2}x + \frac{1}{3}$

f. $\frac{x - 8}{4} - \frac{3x - 5}{2} = \frac{1}{5} - x$

g. $\frac{2x + 3}{5} - \frac{1 - x}{2} = 1 + \frac{x}{10}$

h. $\frac{5 \cdot (3 + x)}{6} - \frac{x - 6}{4} + \frac{1 - x}{2} = 2$

i. $\frac{x - 2}{20} - \frac{2 - x}{5} = \frac{x - 2}{4}$

2 Ecuaciones de segundo grado

5 Determina el número de soluciones que tienen las siguientes ecuaciones sin resolverlas previamente:

a. $x^2 + 3x - 2$

b. $-x^2 + x - 3$

c. $4x^2 - 9$

d. $8x^2 - x + 2$

e. $3x^2 - 4x + 5$

f. $4x^2 + 2x + 1$

g. $-2x^2 - 5x$

h. $-5x^2 + x + 3$

6 Resuelve algebraicamente las siguientes ecuaciones de segundo grado:

a. $x^2 - 5x + 6 = 0$

b. $x^2 - 4x - 5 = 0$

c. $x^2 + 7x + 12 = 0$

d. $2x^2 - 3x + 1 = 0$

e. $3x^2 - 7x - 6 = 0$

f. $-6x^2 + 7x + 3 = 0$

7 Indica las soluciones de las ecuaciones de segundo grado propuestas a partir de la representación gráfica dada.

a. $x^2 + x - 6 = 0$

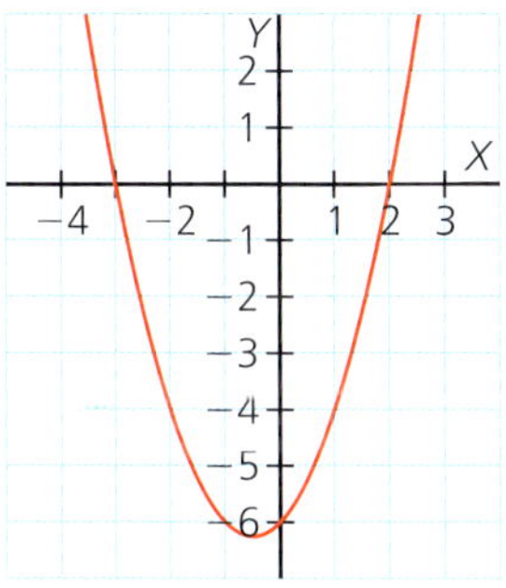

d. $-x^2 - x = 0$

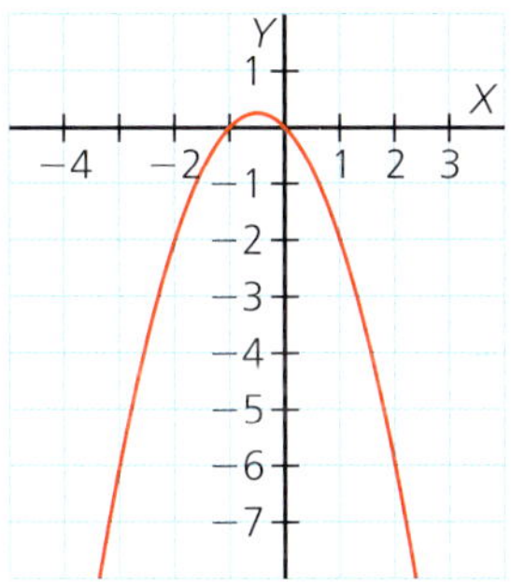

b. $-x^2 + 8x - 16 = 0$

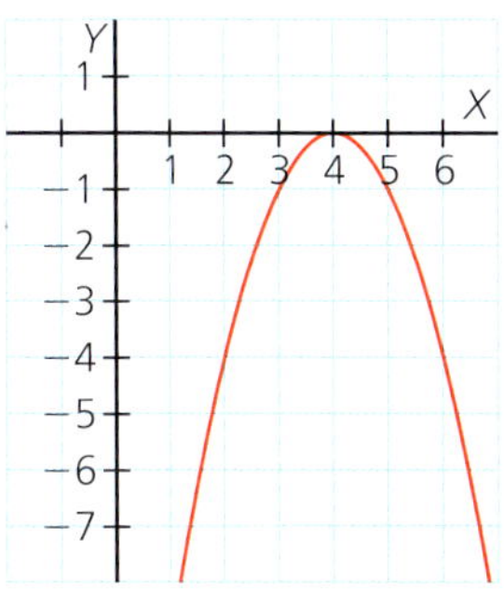

e. $x^2 - 3x + 5 = 0$

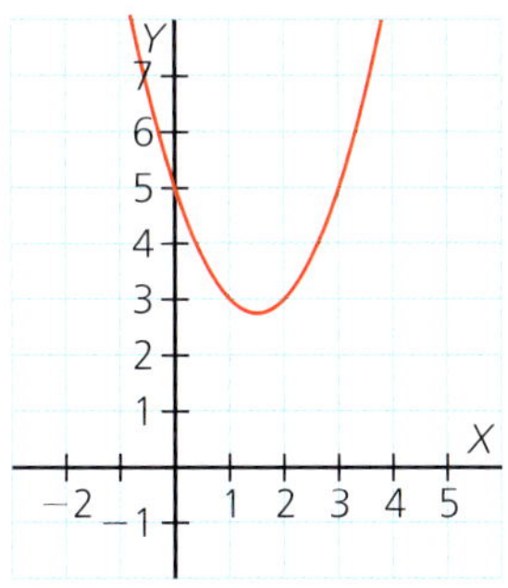

c. $2x^2 + x + 8 = 0$

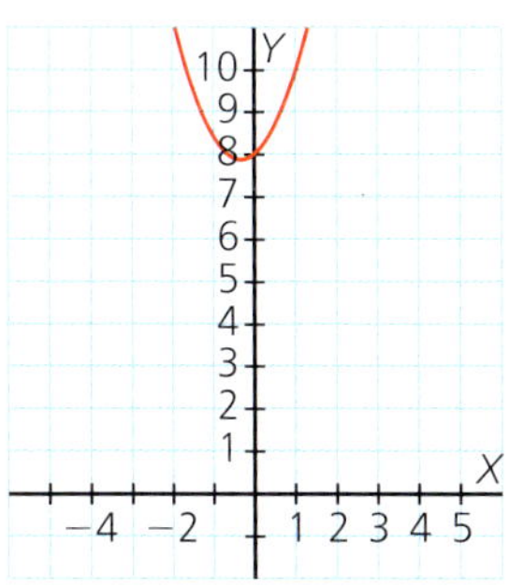

f. $-2x^2 + x = 0$

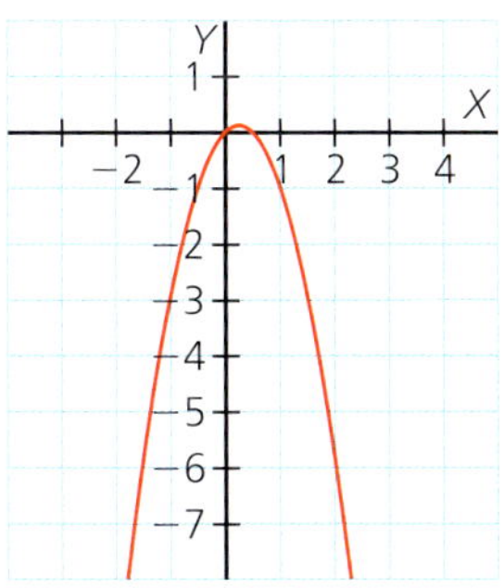

8 Calcula estas ecuaciones de segundo grado:

a. $5x^2 - 4x - 1 = 0$

b. $225x^2 - 16 = 0$

c. $12x^2 + 5x = 0$

d. $9 - \frac{144}{25}x^2 = 0$

e. $\frac{5}{2}x - \frac{3}{4}x^2 = 0$

f. $6x^2 - 13x + 6 = 0$

g. $\frac{5}{16}x + \frac{5}{4}x^2 = 0$

h. $\frac{5}{16} - \frac{4}{5}x^2 = 0$

i. $x^2 + 1 = \frac{10}{3}x$

j. $\frac{81}{100}x^2 - 25 = 0$

9 ⊞ Soluciona las siguientes ecuaciones de segundo grado:

a. $(x + 1)^2 - 9 = 16$

b. $(x - 3)^2 + 11 = 36$

c. $36 + (4x + 6)^2 = 100$

d. $(x - 1)^2 - 6x = 1$

e. $(4x - 2)^2 - 4 = (3x + 1) \cdot (3x - 1) + 1$

f. $4x - (1 + 2x)^2 = 5x^2 - 10$

10 Halla el número de soluciones de estas ecuaciones de segundo grado sin resolverlas, haciendo uso del discriminante:

a. $x^2 - 8x + 16 = 0$

b. $-6x^2 + x - 7 = 0$

c. $3x^2 - 9x + 6 = 0$

d. $8x^2 + 7x + 2 = 0$

e. $-x^2 + 10x - 25 = 0$

f. $x^2 + 10x - 25 = 0$

11 Determina las soluciones de las siguientes ecuaciones sin resolverlas:

a. $3 \cdot (x + 3) \cdot (x - 4) = 0$

b. $(x - 1) \cdot x = 0$

c. $5 \cdot (x + 9)^2 = 0$

d. $-(x - 2) \cdot (x + 2) = 0$

12 ⊞ Factoriza las siguientes ecuaciones de segundo grado:

a. $3x^2 + 11x - 4 = 0$

b. $x^2 + 6x + 9 = 0$

c. $9x^2 - 16 = 0$

d. $5x^2 + 6x = 0$

e. $2x^2 - 7x - 15 = 0$

f. $16x^2 + 8x + 1 = 0$

13 ⊞ Las soluciones de una ecuación de segundo grado son $x_1 = \frac{1}{3}$ y $x_2 = -4$. Encuentra la ecuación.

14 ⊞ Halla la ecuación de segundo grado a la que corresponden estas soluciones: $x_1 = -3$ y $x_2 = -\frac{1}{4}$

15 ⊞ La suma de las soluciones de una ecuación de segundo grado es -6, y su producto es 8. ¿De qué ecuación se trata?

16 ⊞ Halla las soluciones de una ecuación de segundo grado sabiendo que su suma es 2 y su producto, $\frac{3}{4}$.

3 Ecuaciones bicuadradas

17 Resuelve las siguientes ecuaciones bicuadradas:

a. $x^4 + 3x^2 - 4 = 0$

b. $x^4 - 10x^2 + 9 = 0$

c. $x^4 - 13x^2 + 36 = 0$

d. $x^4 + 8x^2 - 9 = 0$

e. $x^4 - 24x^2 - 25 = 0$

f. $x^4 + 5x^2 + 4 = 0$

g. $16x^4 - 81 = 0$

h. $16x^4 - 81x^2 = 0$

18 ++ Resuelve las siguientes ecuaciones:

a. $x^2 + (x^2 - 1)^2 - 13 = 0$

b. $(x^2 - 2) \cdot (x^2 + 2) + x^4 - 5x^2 + 1 = 0$

c. $2 \cdot (x^4 - 6x^2) - (x^2 - 6) \cdot (x^2 + 6) - x^2$

4 Sistemas de dos ecuaciones lineales con dos incógnitas

19 Asocia cada uno de los siguientes sistemas con las gráficas representadas:

a. $\begin{cases} 2x - y = 3 \\ x + 2y = 4 \end{cases}$ b. $\begin{cases} 2x + 3y = 1 \\ -6x - 9y = -3 \end{cases}$ c. $\begin{cases} 2x - y = 3 \\ -4x + 2y = 1 \end{cases}$

I.

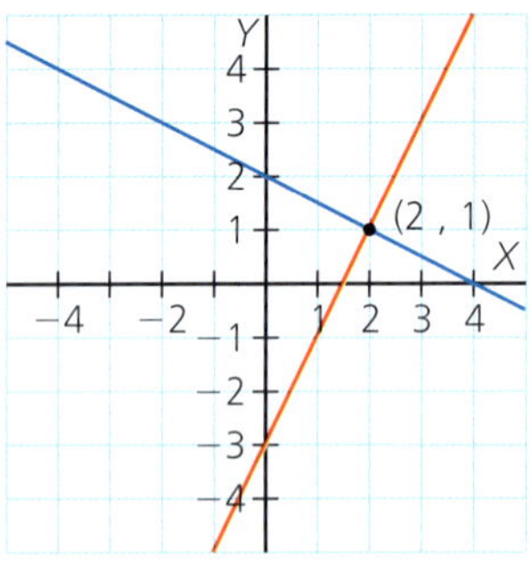

II.

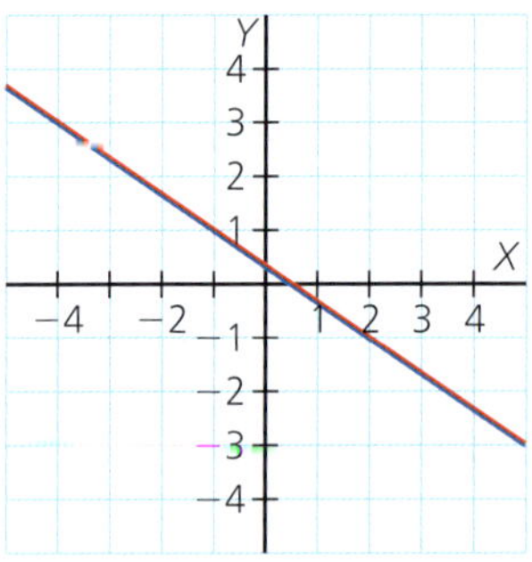

III.

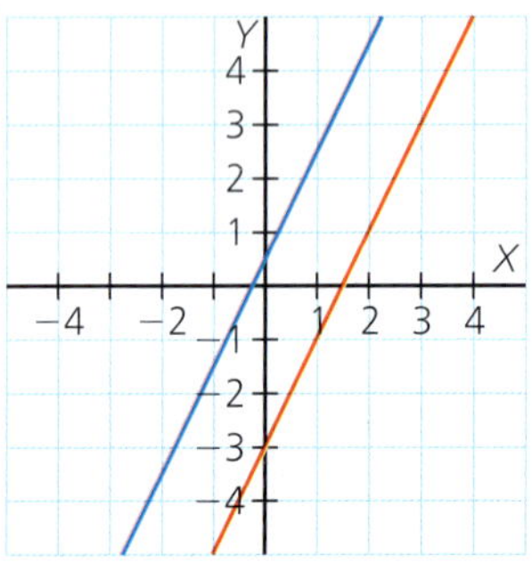

20 Halla por el método de sustitución la solución de estos sistemas de ecuaciones lineales:

a. $\begin{cases} x + 2y = 1 \\ 2x + y = 2 \end{cases}$

b. $\begin{cases} 2x + y = 4 \\ x + y = 3 \end{cases}$

c. $\begin{cases} 2x - y = 1 \\ 3x - y = 3 \end{cases}$

d. $\begin{cases} x + 4y = 6 \\ -2x + 3y = 2 \end{cases}$

e. $\begin{cases} 2x - 5y = 7 \\ 3x + 2y = 1 \end{cases}$

f. $\begin{cases} x - 3y = 5 \\ 3x - 2y = 1 \end{cases}$

g. $\begin{cases} 5x - 2y = 3 \\ 3x + 2y = 1 \end{cases}$

h. $\begin{cases} 2x - 4y = 1 \\ 6x - y = -8 \end{cases}$

21 Usando el método de igualación, resuelve los siguientes sistemas:

a. $\begin{cases} x + 3y = 7 \\ x - y = -1 \end{cases}$

b. $\begin{cases} 3x + y = 1 \\ 5x - y = -9 \end{cases}$

c. $\begin{cases} 4x + 2y = -8 \\ x - y = 1 \end{cases}$

d. $\begin{cases} 5x + y = 3 \\ 8x + 2y = -6 \end{cases}$

e. $\begin{cases} x - 4y = 6 \\ 5x + y = -6 \end{cases}$

f. $\begin{cases} -2x + 5y = 4 \\ x - 2y = -2 \end{cases}$

g. $\begin{cases} 3x - y = -2 \\ x + 2y = 1 \end{cases}$

h. $\begin{cases} 11x - 10y = 11 \\ 10x - 11y = -11 \end{cases}$

22 Resuelve por reducción los siguientes sistemas de ecuaciones lineales:

a. $\begin{cases} x + 2y = 4 \\ x - y = -5 \end{cases}$

b. $\begin{cases} 3x + 4y = -1 \\ x + y = 2 \end{cases}$

c. $\begin{cases} 2x + 3y = 1 \\ 3x - 2y = 0 \end{cases}$

d. $\begin{cases} 5x - 15y = -3 \\ 15x + 5y = 6 \end{cases}$

e. $\begin{cases} x + 2y = 3 \\ 3x - 4y = 4 \end{cases}$

f. $\begin{cases} 2x + 6y = 1 \\ 3x - 2y = -4 \end{cases}$

g. $\begin{cases} 3x + 4y = 3 \\ 4x + 2y = -1 \end{cases}$

h. $\begin{cases} 7x - 9y = 1 \\ 9x - 7y = 1 \end{cases}$

23 Resuelve los sistemas de ecuaciones propuestos utilizando para ello en cada caso un método distinto, procurando que sea el más apropiado.

a. $\begin{cases} 2x - 3y = -4 \\ x + 3y = 7 \end{cases}$

b. $\begin{cases} y = 3x - 1 \\ y = 7 - x \end{cases}$

c. $\begin{cases} 3 - 2x = y \\ 3x + 4y = 2 \end{cases}$

d. $\begin{cases} x = 5y - 7 \\ x + 2y = 0 \end{cases}$

e. $\begin{cases} 4x + 5y = 9 \\ -4x + 10y = 6 \end{cases}$

f. $\begin{cases} 5y + x = 3 \\ -5y + x = -5 \end{cases}$

24 Clasifica los sistemas propuestos según su número de soluciones. Resuelve los que sean compatibles determinados.

a. $\begin{cases} 2x - 3y = 1 \\ 3x - 2y = 1 \end{cases}$

b. $\begin{cases} 6x - 4y = 2 \\ 9x - 6y = 4 \end{cases}$

c. $\begin{cases} 10x - 5y = 15 \\ 4x - 2y = 6 \end{cases}$

d. $\begin{cases} 4x - 2y = 1 \\ 6x + 3y = 3 \end{cases}$

e. $\begin{cases} 7x - 2y = 2 \\ 14x - 4y = 4 \end{cases}$

f. $\begin{cases} 5x - y = 2 \\ 10x + 2y = 7 \end{cases}$

g. $\begin{cases} 5x + 10y = 4 \\ 6x + 12y = 6 \end{cases}$

h. $\begin{cases} -x + 7y = -1 \\ 7x - y = 7 \end{cases}$

i. $\begin{cases} 3x + 6y = 1 \\ 18x + 36y = 6 \end{cases}$

j. $\begin{cases} 9x + 18y = 4 \\ 6x + 12y = 6 \end{cases}$

k. $\begin{cases} 9x - 9y = 3 \\ 2x + 2y = 1 \end{cases}$

l. $\begin{cases} x - 2y = 1 \\ -5x + 10y = -5 \end{cases}$

25 Encuentra, por el método que consideres más oportuno, las soluciones de estos sistemas de ecuaciones lineales:

a. $\begin{cases} (x - 2) - (y - 6) = 1 \\ 4x - 3 \cdot (2 - y) = -7 \end{cases}$

b. $\begin{cases} 5x - 3 \cdot (y + 1) = 6 \\ 4 \cdot (x - y) - (5 + y) = 10 \end{cases}$

c. $\begin{cases} y - (x - 2y) = -1 \\ (2x - 3y) - 3 \cdot (x - y) = 2 \end{cases}$

d. $\begin{cases} 3 \cdot (y - 2) - (x + 2) = 5 \\ x - 2y = 0 \end{cases}$

e. $\begin{cases} 3 \cdot (x + y) = 1 + 3 \cdot (2x - y) \\ 2 \cdot (x + 9) = y - (3x + 4y) - 1 \end{cases}$

26 ⊞ Resuelve, por el método que consideres más sencillo, estos sistemas de ecuaciones lineales:

a. $\begin{cases} \dfrac{x}{3} - \dfrac{y}{4} = 5 \\ x + y = 1 \end{cases}$

b. $\begin{cases} \dfrac{x + 1}{2} - y = 1 \\ 2 \cdot (x - y) + 3y = 6 \end{cases}$

c. $\begin{cases} 2x - y = 3 \\ \dfrac{x - 3}{6} - \dfrac{y - 1}{2} = 4 \end{cases}$

d. $\begin{cases} \dfrac{y}{6} + \dfrac{x}{3} = \dfrac{2}{12} \\ -\dfrac{y + 7}{15} + \dfrac{x}{3} = -1 \end{cases}$

e. $\begin{cases} x - \dfrac{y}{2} = -3 \\ y - \dfrac{x + y}{5} = 2 \end{cases}$

f. $\begin{cases} \dfrac{x - 5}{2} - \dfrac{y - 7}{5} = 0 \\ \dfrac{2 \cdot (x - 3)}{5} - y = 1 \end{cases}$

g. $\begin{cases} \dfrac{x}{5} + \dfrac{y}{2} = 1 \\ \dfrac{x + 2y}{2} - \dfrac{y - 2x}{5} = -10 \end{cases}$

h. $\begin{cases} \dfrac{x}{6} - \dfrac{y}{8} = \dfrac{1}{12} \\ -18x - 24y = 36 \end{cases}$

5 Resolución de problemas

27 Halla un número cuya tercera parte es 15 unidades menor que su doble.

28 Si a un número se resta 9, se obtiene su cuarta parte; ¿qué número es?

29 Halla el número que, aumentado en un 12 %, se convierte en 56.

30 Calcula el número que, disminuido en un 20 %, se convierte en 144.

31 De un depósito lleno de aceite se saca la mitad del contenido y después un tercio del resto, con lo que quedan en él 1 000 L. Calcula la capacidad del depósito.

32 Un jardinero planta la tercera parte de un parterre de rosas, la cuarta parte de tulipanes y los 15 m² restantes de césped. Calcula la superficie del parterre.

33 Ana, Fe y Pedro han ganado en una rifa de su pueblo 2 000 € que se van a repartir de la siguiente manera: Ana recibirá 200 € menos que Fe, y Pedro, 300 € menos que Ana. Calcula el dinero que le corresponderá a cada uno.

34 ⊞ De un saco de harina se saca primero un tercio de su contenido y después la mitad de lo que queda, con lo que ahora contiene 50 kg. Determina cuántos kilogramos de harina había en el saco inicialmente.

35 ⊞ Carlos realiza las $\dfrac{3}{5}$ partes de un viaje en automóvil, los $\dfrac{7}{8}$ del resto en bicicleta y los últimos 10 km a pie. ¿Cuántos kilómetros recorrió Carlos en total?

36 La suma de las edades de tres amigos es de 49 años. Halla la edad de cada uno si el mayor tiene 4 años más que el mediano, y este, 3 años más que el pequeño.

37 Adela tiene 40 años, y sus tres hijas, 10 años, 7 años y 3 años, respectivamente. ¿Dentro de cuántos años será la edad de Adela igual a la suma de las edades de sus tres hijas?

38 Tres hermanos juntan su dinero y comprueban que su «fortuna» asciende a 70 €. Calcula cuánto tiene cada uno sabiendo que el primero aporta 10 € más que el segundo, y este, el doble que el tercero.

39 La biblioteca del colegio se compone de 850 libros clasificados entre novelas, enciclopedias y cómics. Calcula cuántos ejemplares hay de cada clase si el número de cómics supera en 150 al de enciclopedias y el de novelas dobla al de cómics.

40 El producto de dos números pares consecutivos es 224. Indica qué números son.

41 Halla dos números naturales consecutivos tales que la suma de sus cuadrados sea 13.

42 Halla tres números pares consecutivos que sumen 36.

43 La diferencia de los cuadrados de dos números consecutivos es 23. ¿De qué números se trata?

44 Al aumentar 2 unidades los 4 lados de un cuadrado, se obtiene otro cuadrado cuya área es 16 unidades mayor. Halla el lado del cuadrado inicial.

45 Si uno de los lados de un cuadrado aumenta 4 cm y el otro 6 cm, entonces el perímetro del rectángulo resultante es el doble que el del cuadrado inicial. ¿Cuál es la longitud del lado del cuadrado inicial?

46 Calcula las dimensiones de un rectángulo cuya área mide 28 cm^2, sabiendo que la base es 3 cm más larga que la altura.

47 Calcula las dimensiones de un rectángulo teniendo en cuenta que el perímetro mide 78 cm y que la base es el doble que la altura.

48 Calcula las dimensiones de un rectángulo de 135 cm^2 de área, cuyo ancho es $\frac{3}{5}$ del largo.

49 ⊞ Halla las dimensiones de un triángulo rectángulo que tiene una hipotenusa de 10 cm y uno de cuyos catetos mide 2 cm más que el otro.

50 ⊞ Halla el área de una parcela rectangular cuyo lado mayor mide 7 m más que el menor y que tiene una diagonal que mide 13 m.

51 ⊞ Al aumentar el lado de un cuadrado en 3 cm, la superficie se incrementa en 39 cm^2. Halla cuánto medía el lado del cuadrado inicial.

52 En una competición de voleibol cada equipo recibe 2 puntos si gana y 1 si pierde. El equipo de Samuel ha disputado 23 partidos y ha obtenido 38 puntos. ¿Cuántos partidos ha ganado su equipo? ¿Y cuántos ha perdido?

53 En una librería se venden novelas a 16 € y guías de viaje a 10 €. Si hoy se han vendido 37 libros en total con una recaudación de 508 €, calcula el número de ejemplares vendidos de cada tipo.

54 ⊞ En un teatro pueden adquirirse dos tipos de entradas: las de sala, a 5 €, y las de palco, a 7 €. Si el fin de semana pasado acudieron un total de 250 espectadores y hubo una recaudación de 1 450 €, ¿cuántas entradas se vendieron de cada tipo?

55 En el aparcamiento de una estación hay 61 vehículos entre coches y motos. Determina el número de vehículos de cada tipo si en total se contabilizan 196 ruedas.

56 Eloy ha echado un vistazo a su cartera y ha comprobado que tiene, en billetes de 5 € y de 10 €, hasta un total de 100 €. Ha visto, además, que el número total de billetes que tiene es 13. ¿Cuántos billetes de cada clase lleva Eloy en la cartera?

57 En una papelería venden dos tipos de cajas de rotuladores. La caja pequeña contiene la mitad de los rotuladores de la caja grande. Lidia ha comprado tres cajas pequeñas y una grande para tener 60 rotuladores. ¿Cuántos rotuladores contiene la caja pequeña? ¿Y la grande?

58 En un examen de tipo test por cada respuesta acertada se suman 0,05 puntos y por cada fallo se restan 0,02 puntos. Si el examen tiene 200 preguntas y Unai, que ha contestado a todas, ha obtenido una nota de 7,76, ¿cuántas preguntas ha acertado? ¿Y cuántas ha fallado?

59 La edad de Andrés es el doble que la de su sobrino Luis más 12 años. Halla la edad que tiene cada uno si entre los dos suman 42 años.

60 Halla las edades de dos amigos, teniendo en cuenta que hace 10 años la edad del primero era 4 veces la del segundo y que dentro de 20 años será solo el doble.

61 ⊞ Hace 3 años, la edad de Celia era el triple que la de Diana, pero dentro de 7 años será solo el doble. Calcula la edad actual de Celia y Diana.

62 ⊞ Hace 10 años, la edad de un padre era 4 veces la de su hijo, pero dentro de 10 años será solo el doble. Calcula la edad actual del padre y del hijo.

63 ⊞ La suma de las edades de una madre y su hija es 58. Por otro lado, si se divide la edad de la madre entre la de la hija, se obtiene 2 de cociente y 7 de resto. ¿Qué edad tienen ambas?

64 ⊞ Hace 12 años, la edad de Sara era el doble que la de su hermana pequeña. Ahora, la edad de su hermana pequeña es $\frac{5}{6}$ de la de Sara. Calcula las edades actuales de ambas.

65 ⊞ Sandra y Luis cuentan sus discos de música. Si Sandra le diera 3 discos a Luis, entonces los dos tendrían el mismo número. Sin embargo, si Luis le diera 5 discos a Sandra, esta tendría el doble que su amigo. Halla los discos que posee cada uno.

66 En un barrio se han formado dos equipos de fútbol, A y B. Si el equipo A cediese 3 jugadores al equipo B, entonces los dos tendrían el mismo número de jugadores. Sin embargo, si fuera el equipo B el que cediera 5 jugadores al equipo A, este tendría el doble de jugadores que el equipo B. ¿Con cuántos jugadores cuenta cada equipo?

67 ⊞ Carmen tiene sus cromos guardados en dos cajas, una verde y otra roja. Si pasa 4 cromos de la verde a la roja, entonces tiene en las dos cajas el mismo número de cromos. Ahora bien, si pasa 5 cromos de la caja roja a la verde, en esta habrá el triple de cromos que en aquella. ¿Cuántos cromos tiene guardados en cada caja?

68 Para pintar una pared del instituto de Emma, se ha mezclado pintura roja (a un precio de 4,40 €/L) con pintura blanca (a 1,40 €/L), a fin de obtener 20 L de pintura rosa. ¿Cuántos litros de pintura hay que mezclar de cada tipo para que la pintura rosa salga a un precio de 2,30 €/L?

69 Martín ha comprado una bolsa de 3 kg que incluye dos tipos distintos de pipas. Las de calabaza cuestan 6 €/kg, y las pipas de girasol, 3,40 €/kg. Si por la bolsa de la mezcla de pipas ha pagado 4,96 €, ¿cuántos kilogramos ha comprado de cada variedad?

70 La suma de dos números es 65, y su diferencia es 13. ¿De qué dos números se trata?

71 Descompón el número 607 en dos sumandos, de manera que, al dividir el mayor entre el menor, el cociente sea 3 y el resto 7.

72 Halla dos números que se diferencien en 17 unidades y con los que, al dividir el mayor entre el menor, se obtenga 2 de cociente y 3 de resto.

73 ⊞⊞ Encuentra un número de dos cifras cuyos dígitos sumen 10 y que, al invertir su orden, den como resultado otro número 36 unidades mayor.

74 ⊞⊞ Si en una determinada fracción se le suma 3 al numerador y al denominador, se obtiene $\frac{5}{6}$, y si se le resta 5 al numerador y al denominador se obtiene $\frac{1}{2}$. Halla dicha fracción.

75 ⊞⊞ La suma de las tres cifras de un número capicúa (que se lee igual al revés que al derecho) es igual a 9. La cifra de las decenas es igual a la mitad de la cifra de las unidades menos 1. Halla dicho número.

05 CARACTERÍSTICAS DE LAS FUNCIONES

APRENDÍ QUE NO SE PUEDE
DAR MARCHA ATRÁS,
QUE LA ESENCIA DE LA
VIDA
ES IR HACIA DELANTE

AGATHA CHRISTIE

PRE SEN TAR

HACIÉNDONOS EXPERTOS

Se va a celebrar en vuestra localidad una conferencia de expertos sobre las distintas características de las funciones y el comité organizador os ha pedido formar parte de ella. En grupos, cada integrante habrá de elegir una o varias características en las que especializarse. Después, el profesor repartirá entre todos los equipos varios ejemplos de funciones y cada experto se encargará de explicar al resto de miembros del equipo la parte que le corresponde. ¡Documentaos bien antes de la conferencia!

CREAR

ARTÍCULO GRÁFICO

Un importante periódico local os ha pedido que redactéis un artículo de opinión en el que demostréis la importancia de la representación gráfica de las funciones en la vida cotidiana. Para ello, debéis buscar en otros periódicos, revistas, libros o en Internet, artículos y espacios en los que destaquen las gráficas como soporte principal de la información. ¡No os olvidéis de incluir en vuestro artículo las gráficas en cuestión!

CO NO CER

LA «VUELTA» DE LAS FUNCIONES

Vuestra profesora de Educación Física os ha pedido que realicéis una comparación entre los perfiles de las etapas ciclistas y las funciones matemáticas. Buscad el ejemplo de alguna etapa de la Vuelta Ciclista a España para mostrar a vuestros compañeros de qué modo se refleja una característica determinada de las funciones en el perfil de dicha etapa.

IN VESTI GAR

FUNCIONES EN LOS VIDEOJUEGOS

Una empresa de desarrollo de videojuegos de fútbol necesita utilizar funciones matemáticas que describan el movimiento del balón. Con esta finalidad, os ha pedido que, en grupos, busquéis aplicaciones, páginas web o programas que no solo representen funciones, sino que, además, las analicen y arrojen luz sobre algunas de sus principales características.

1 FUNCIONES

En la vida cotidiana existen innumerables situaciones en las que dos magnitudes se relacionan entre sí: por ejemplo, la cantidad de fruta y su precio, la velocidad a la que circula un vehículo y el tiempo que tarda en hacer un recorrido, el valor del lado de un cuadrado y su área, etc.

Cada una de estas relaciones determina una función.

> Se denomina **función**, *f*, a la relación entre dos variables, *x* e *y*, de manera que a cada valor de la variable *x*, llamada **variable independiente**, se le asocia un único valor de la variable *y*, llamada **variable dependiente.**
>
> Esta relación se expresa de esta forma:
>
> $$y = f(x)$$

Una función se puede representar de cuatro maneras diferentes:

Actividad resuelta

Indica si estas gráficas son funciones:

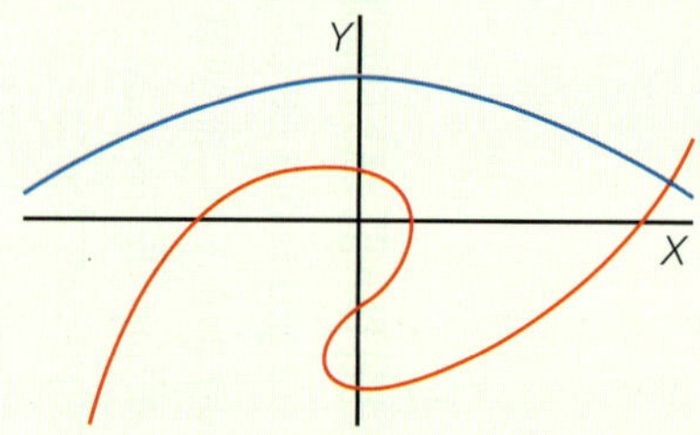

La gráfica de color azul sí es una función, dado que a cada valor de *x* le corresponde un único valor de *y*, mientras que la gráfica de color rojo no es una función, porque hay valores de *x* a los que les corresponden dos valores de *y*.

Con un enunciado

Se describe coloquialmente cómo se calcula la variable *y* a partir de la variable *x*:

«Una llamada de teléfono cuesta dos céntimos y va aumentando tres céntimos por minuto».

Con una expresión algebraica

Se indica a través de una expresión algebraica, asociando cada valor de *x* a un único valor de *y*. Se representa mediante $y = f(x)$, que se lee «*y* es función de *x*»:

$$f(x) = 3x + 2$$

Con una tabla de valores

Es un conjunto de pares de puntos, (*x* , *y*), que satisfacen la expresión algebraica:

x	0	1	2	3	4	5
y	2	5	8	11	14	17

Con una gráfica

Se trata de la gráfica que incluye los pares de puntos que satisfacen la expresión algebraica representados sobre unos ejes de coordenadas:

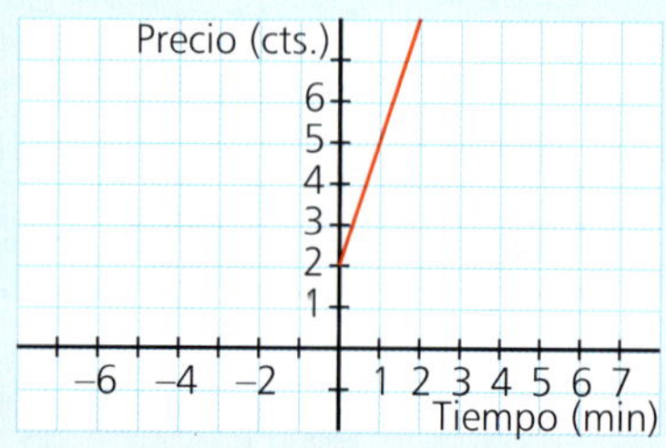

Actividad resuelta

Representa algebraicamente, mediante una tabla de valores y con una gráfica, la siguiente oración: «A cada número real se le asigna su triple más una unidad».

Cada número viene dado por la variable *x*, que habrá que multiplicar por 3 para conocer su triple, y a la que habrá que sumar una unidad. En consecuencia, algebraicamente la oración quedaría expresada así: $f(x) = 3x + 1$

A continuación, se toman valores de *x* y se sustituyen en la expresión algebraica.

Se marcan los pares de valores obtenidos en la tabla y se unen para expresar la función gráficamente.

x	−2	−1	0	1	2
y	−5	−2	1	4	7

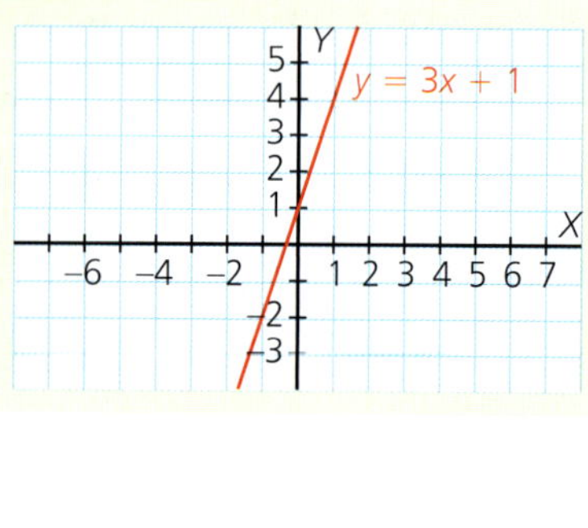

1.1 DOMINIO Y RECORRIDO DE UNA FUNCIÓN

Para analizar una función dada, f (x), es necesario conocer qué valores toman las variables x e y.

Recuerda

El punto • pertenece a la función.

El punto ○ no pertenece a la función.

DOMINIO DE UNA FUNCIÓN

El **dominio** de una función, f (x), que se designa como **D (f)**, es el conjunto de valores que puede tomar la variable independiente, x. Gráficamente es el intervalo en el eje X donde la función está representada.

Para obtener el dominio de una función, se trazan mentalmente segmentos verticales que unan cada uno de los puntos de la gráfica de la función con el eje X.

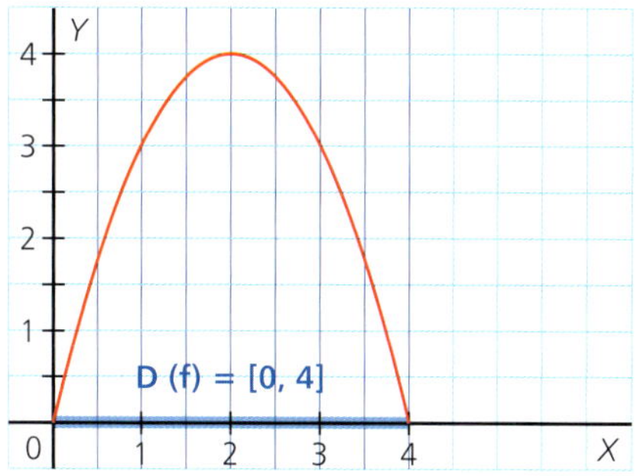

RECORRIDO DE UNA FUNCIÓN

El **recorrido** de una función, **R (f)**, o **imagen** de una función, **I (f)**, es el conjunto de valores que toma la variable y, obtenidos a partir de los valores del dominio de la función. Gráficamente es el intervalo en el eje Y donde la función está representada.

Para obtener la imagen de una función, se trazan mentalmente segmentos horizontales que unan cada uno de los puntos de la gráfica de la función con el eje Y.

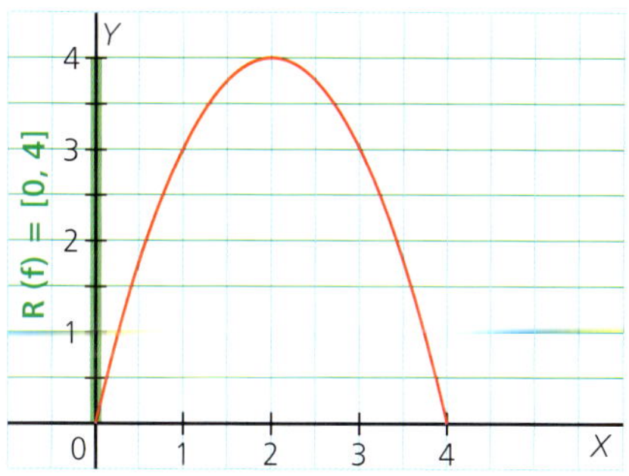

Actividad resuelta

Determina el dominio y el recorrido de la función correspondiente a las gráficas del margen.

a. Observando el eje X, la función está representada entre los puntos $x = -4$ y $x = 6$, ambos inclusive, por lo que el dominio de la función es:

$$D(f) = [-4, 6]$$

Si ahora se observa el eje Y, los valores que están incluidos en la representación van desde $y = 1$ hasta $y = 8$, con lo que el recorrido de la función es:

$$R(f) = [1, 8]$$

b. Trazando mentalmente los segmentos verticales que unen cada punto de la función con el eje X, se obtiene el intervalo comprendido entre $x = -5$ y $x = 1$. En este caso, $x = -5$ pertenece al dominio de la función; sin embargo, $x = 1$ no pertenece al dominio. Por consiguiente:

$$D(f) = [-5, 1)$$

Si se trazan mentalmente los segmentos horizontales que unen cada punto de la función con el eje Y, se obtiene el intervalo que va de $y = -2$ a $y = 2$. Como f (−2) = −2 y f (−5) = 2, ambos puntos están en el recorrido de la función. Por tanto:

$$R(f) = [-2, 2]$$

a.

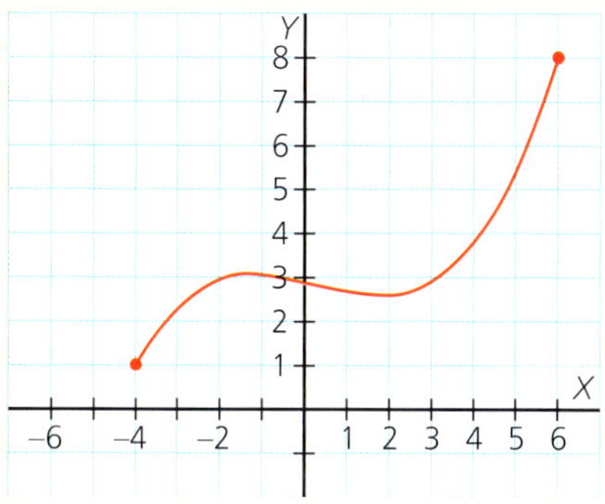

b.

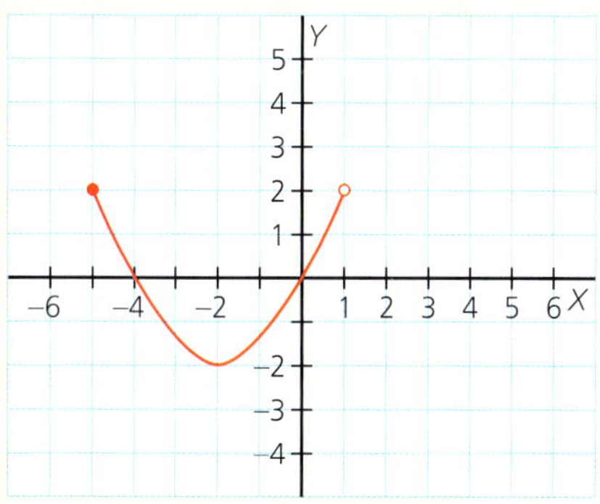

1.2 PUNTOS DE CORTE CON LOS EJES Y SIGNO DE UNA FUNCIÓN

PUNTOS DE CORTE CON LOS EJES DE COORDENADAS

Los puntos de corte de una función son los puntos de intersección de su gráfica con los ejes de coordenadas X e Y.

- Los puntos de corte de una función con el eje de abscisas, X, son los pares (x, y) cuya ordenada es $y = 0$, es decir, los pares del tipo $(x, 0)$. La coordenada x se obtiene resolviendo la ecuación $f(x) = 0$.
- El punto de corte de una función con el eje de ordenadas, Y, es el par (x, y) cuya abscisa es $x = 0$, esto es, un par del tipo $(0, y)$. La coordenada y se determina hallando $f(0)$.

SIGNO DE UNA FUNCIÓN

A la hora de estudiar el signo de una función, se debe analizar para qué valores de la variable independiente, x, la variable dependiente, y, toma valores positivos, negativos o el valor cero.

- Una función es positiva en los valores de x donde $f(x) > 0$.
- Una función es negativa en los valores de x donde $f(x) < 0$.
- Una función es nula en los valores de x donde $f(x) = 0$.

En los intervalos del dominio donde la función es positiva, su gráfica queda por encima del eje X, mientras que en aquellos donde la función es negativa, queda por debajo. Los puntos donde la función es nula coinciden con los puntos de corte con el eje X.

Actividad resuelta

Observa el gráfico de las funciones de la actividad del margen y analiza su signo.

a.

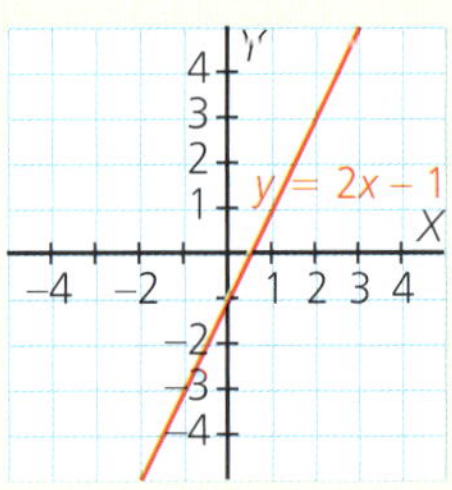

b.

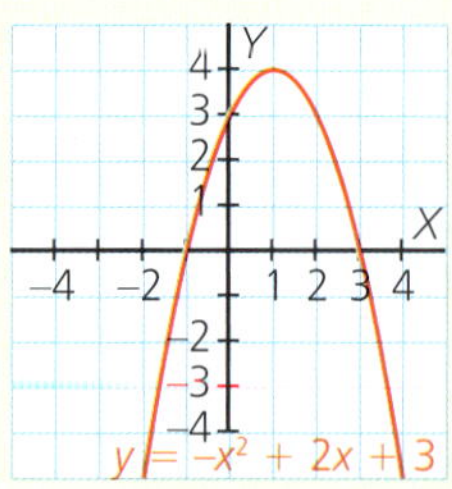

a. Se puede comprobar que la función $f(x) = 2x - 1$ corta con el eje X cuando $x = \frac{1}{2}$. Se observa que $f(x) = 2x - 1$ es negativa a la izquierda de $x = \frac{1}{2}$ y positiva a la derecha.

Es decir, es negativa en $\left(-\infty, \frac{1}{2}\right)$ y positiva en $\left(\frac{1}{2}, +\infty\right)$.

b. Análogamente, se observa que la función $f(x) = -x^2 + 2x + 3$ se corta con el eje X cuando $x = -1$ y $x = 3$. Toma valores negativos a la izquierda de $x = -1$ y a la derecha de $x = 3$ y valores positivos entre $x = -1$ y $x = 3$.

Es decir, es negativa en $(-\infty, -1) \cup (3, +\infty)$ y positiva en el intervalo $(-1, 3)$.

Ten en cuenta

Si existe punto de corte con el eje Y, este es único.

Actividad resuelta

Calcula los puntos de corte con los ejes de las siguientes funciones:

a. $f(x) = 2x - 1$

b. $f(x) = -x^2 + 2x + 3$

a. Para calcular el punto de corte con el eje X, se iguala el valor de y a 0 y se resuelve la ecuación a fin de hallar el valor de x:

$$y = 0 \Rightarrow 0 = 2x - 1 \Rightarrow$$
$$\Rightarrow x = \frac{1}{2} \Rightarrow \left(\frac{1}{2}, 0\right)$$

El punto de corte con el eje Y se determina igualando el valor de x a 0 y resolviendo la ecuación para hallar el valor de y:

$$x = 0 \Rightarrow y = 2 \cdot 0 - 1 \Rightarrow$$
$$\Rightarrow y = -1 \Rightarrow (0, -1)$$

b. Para calcular el punto de corte con el eje X, se iguala el valor de y a 0 y se resuelve la ecuación con objeto de hallar el valor de x:

$$y = 0 \Rightarrow 0 = -x^2 + 2x + 3 \Rightarrow$$
$$\Rightarrow x = \frac{-2 \pm \sqrt{4 + 12}}{-2} = \begin{cases} -1 \\ 3 \end{cases} \Rightarrow$$
$$\Rightarrow x = \begin{cases} (-1, 0) \\ (3, 0) \end{cases}$$

El punto de corte con el eje Y se localiza igualando el valor de x a 0 y resolviendo la ecuación para hallar el valor de y:

$$x = 0 \Rightarrow y = -0^2 + 2 \cdot 0 + 3 \Rightarrow$$
$$\Rightarrow y = 3 \Rightarrow (0, 3)$$

1.3 SIMETRÍA DE UNA FUNCIÓN

Una función puede tener simetría con respecto al eje de ordenadas o con respecto al origen de coordenadas o no tener simetría.

> Una función, *f*, es **simétrica respecto del eje de ordenadas,** *Y*, si para cualquier punto del dominio se verifica que:
>
> $$f(-x) = f(x)$$

Las funciones simétricas con respecto al eje de ordenadas se denominan **funciones pares.**

> Una función, *f*, es **simétrica respecto del origen de coordenadas,** (0 , 0), si para cualquier punto del dominio se verifica que:
>
> $$f(-x) = -f(x)$$

Las funciones simétricas con respecto al origen de coordenadas se conocen como **funciones impares.**

Las funciones que no son pares ni impares reciben el nombre de **funciones asimétricas.**

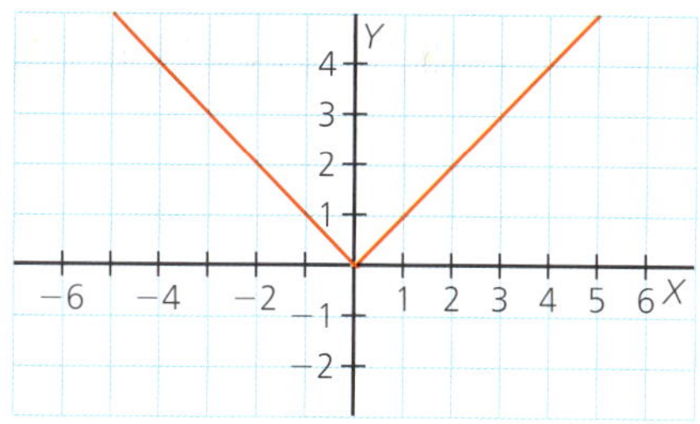

Función par o simétrica respecto del eje de ordenadas.

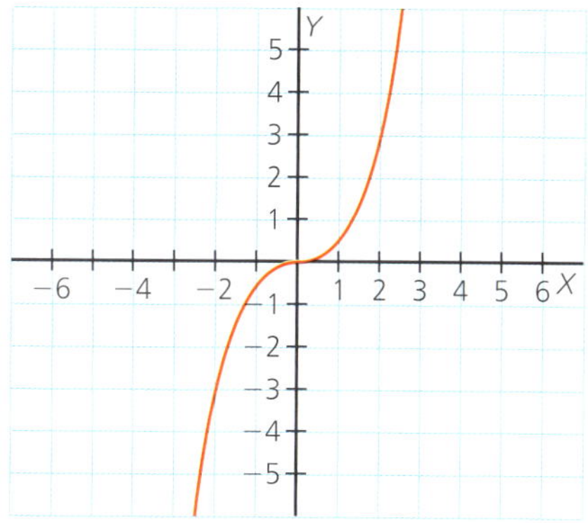

Función impar o simétrica respecto del origen de coordenadas.

Actividad resuelta

Indica, sin realizar la representación gráfica, si las siguientes funciones son pares, impares o asimétricas:

a. $f(x) = x^2 - 3$ **b.** $g(x) = 4x + 1$ **c.** $h(x) = x^3 + x$

a. Para comprobar la relación que existe entre $f(-x)$ y $f(x)$, se calcula $f(-x)$:

$f(-x) = (-x)^2 - 3 = x^2 - 3 = f(x) \Rightarrow$ Como $f(-x) = f(x)$, es una función par.

b. Para constatar la relación que existe entre $g(-x)$ y $g(x)$, se halla $g(-x)$:

$g(-x) = 4 \cdot (-x) + 1 = -4x + 1 \Rightarrow$ Como $g(-x) \neq g(x)$ y $g(-x) \neq -g(x)$, es una función asimétrica.

c. Para determinar la relación que existe entre $h(-x)$ y $h(x)$, se resuelve $h(-x)$:

$h(-x) = (-x)^3 + (-x) = -x^3 - x = -h(x) \Rightarrow h(-x) = -h(x) \Rightarrow$ Como $h(-x) = -h(x)$, es una función impar.

1.4 PERIODICIDAD DE UNA FUNCIÓN

> Una función, *f*, es **periódica** con período T si su gráfica se repite cada cierto intervalo de amplitud T de la variable *x*, es decir, si para todos los puntos del dominio se verifica que:
>
> $$f(x) = f(x + T)$$

Actividad resuelta

Observa la función representada gráficamente y contesta.

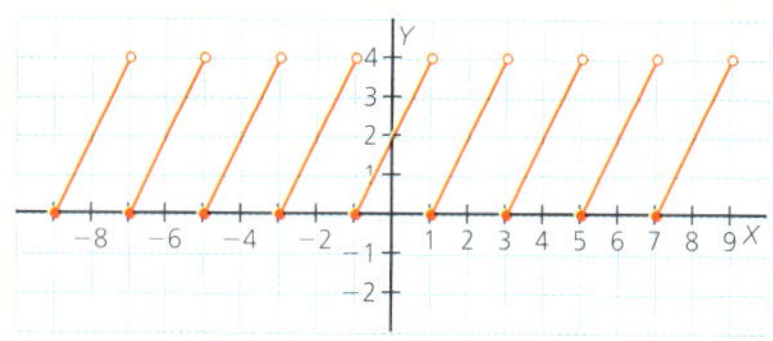

a. ¿Es una función periódica? Si es así, indica cuánto vale su periodo.

b. ¿Qué valor tomará f (11)?

a. Es, en efecto, una función periódica, ya que se construye repitiendo un tramo de la gráfica. Su período vale T = 2, porque $f(x) = f(x + 2)$.

b. $f(11) = f(1 + 5 \cdot 2) = f(1) = 0$

2 CONTINUIDAD DE UNA FUNCIÓN

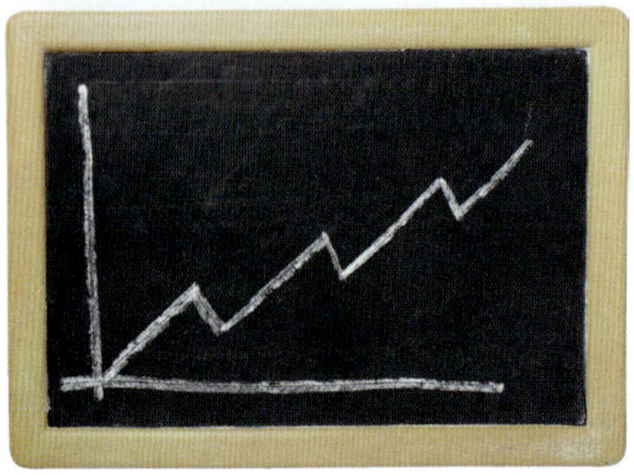

De forma intuitiva se puede decir que una función es **continua** en un intervalo si su gráfica puede trazarse sin levantar el lápiz del papel en dicho intervalo. Las funciones solo pueden ser continuas en puntos del dominio de la función.

Una función es **discontinua** si la gráfica presenta alguna interrupción o salto. Los puntos donde la gráfica se interrumpe se llaman **puntos de discontinuidad.**

Actividad resuelta

En la prueba de salto de longitud de un centro de enseñanza, a los alumnos de 4.º A los califican con una nota de 2,5 puntos por cada metro que consigan saltar, mientras que a los alumnos de 4.º B los puntúan con un 0 si no llegan a 1 m, un 2,5 si no llegan a 2 m, un 5 si no llegan a 3 m, un 7,5 si no llegan a 4 m y un 10 si alcanzan los 4 m o más. Observa las gráficas del margen que corresponden a cada curso e indica si se trata de funciones continuas o discontinuas.

En la clase de 4.º A, la función que calcula la nota de acuerdo con la longitud (en metros) es $y = 2{,}5x$. La nota varía de forma continua y, como se puede observar, la gráfica está realizada con un solo trazo continuo en su dominio.

En la clase de 4.º B, por su parte, la función va aumentando 2,5 puntos la nota por cada metro. En este caso no se puede trazar la gráfica de forma continua, porque cada metro se produce un salto en la calificación.

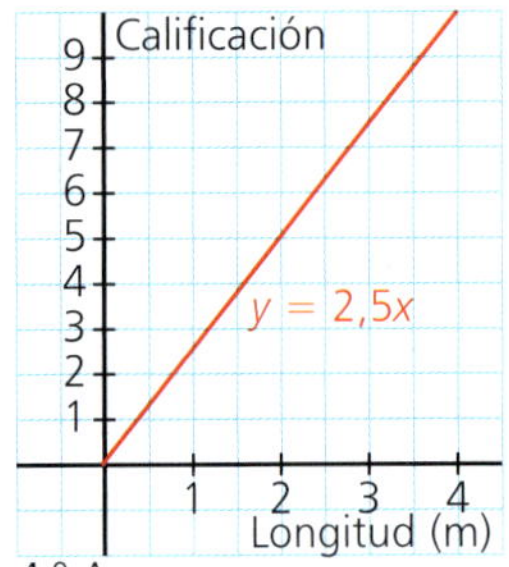

4.º A

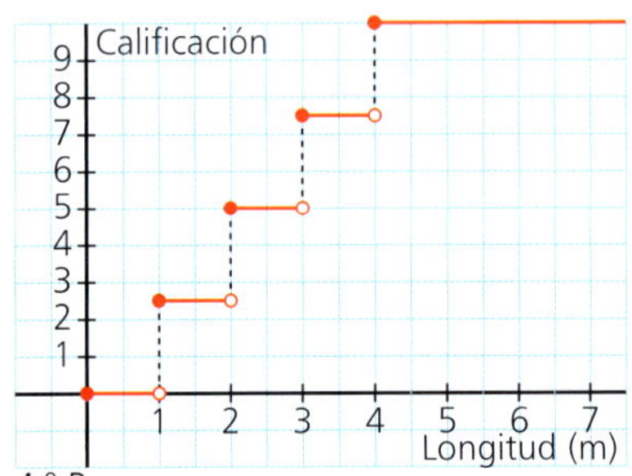

4.º B

TIPOS DE DISCONTINUIDAD

Discontinuidad evitable

No existe función en ese punto

La función no está definida en el punto de discontinuidad $x = a$.

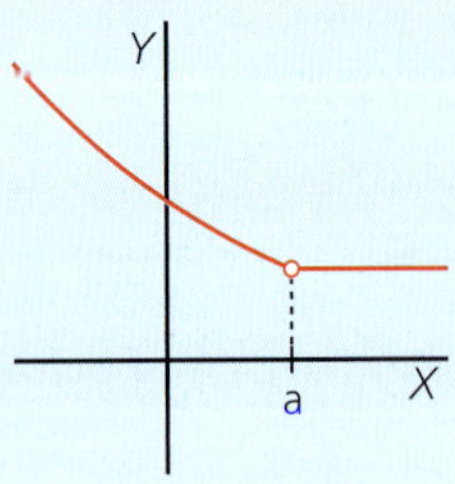

Punto desplazado

La función tiene un salto en el punto de discontinuidad $x = a$.

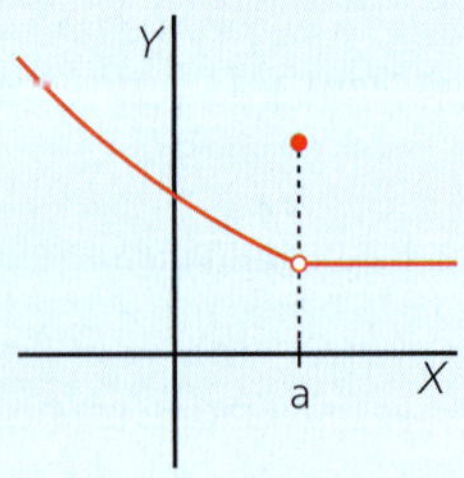

Discontinuidad inevitable

Salto finito

La función tiene una discontinuidad de salto finito en el punto $x = a$ si la diferencia entre los valores que toma la función a la derecha y a la izquierda del punto es finita.

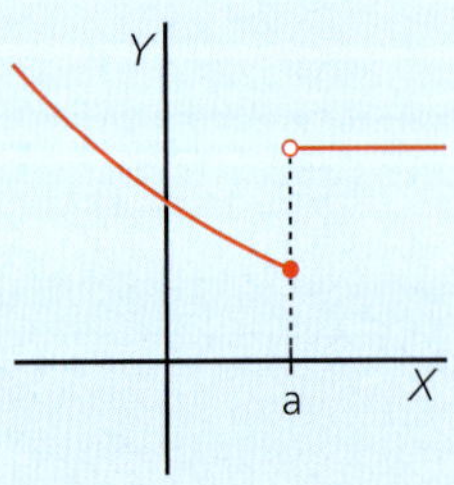

Salto infinito

La función tiene una discontinuidad de salto infinito en el punto $x = a$ si la diferencia entre los valores que toma la función a la derecha y a la izquierda del punto es infinita.

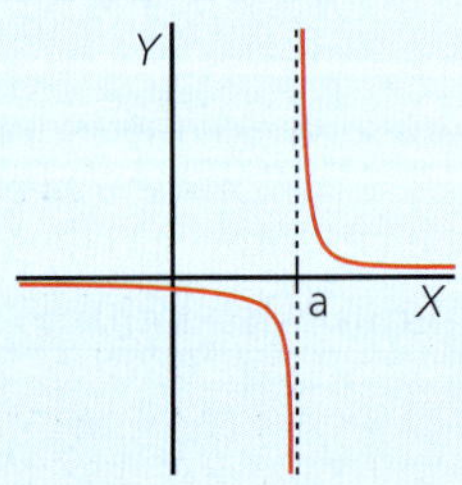

Actividades resueltas

1 A partir de la gráfica de la función del margen, determina:

a. El dominio de la función.

b. Los puntos de discontinuidad y su tipo.

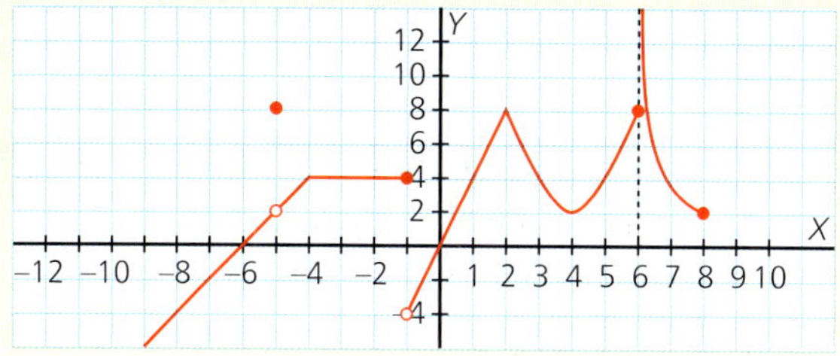

a. Dominio: $(-\infty\ ,\ 8]$

b. Hay tres puntos de discontinuidad:

- En $x = -5$ hay un punto de discontinuidad evitable. La función está definida en el punto de discontinuidad, pero es un punto desplazado.
- En $x = -1$ se observa un punto de discontinuidad inevitable de salto finito.
- En $x = 6$ existe un punto de discontinuidad inevitable de salto infinito.

2 A partir de la gráfica de la función del margen, indica la característica principal de los puntos cuando:

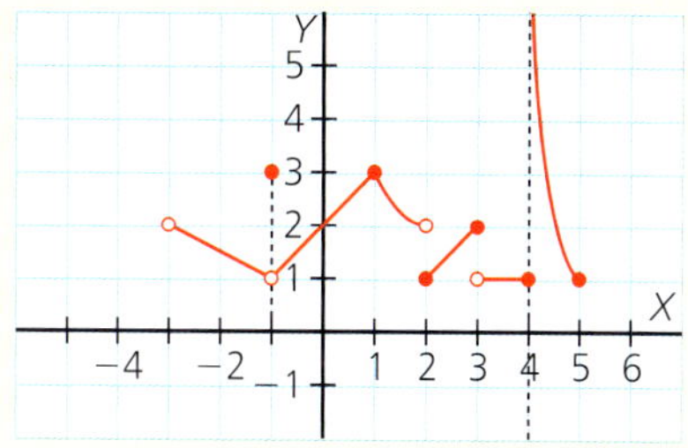

a. $x = -1$ **c.** $x = 2$ **e.** $x = 3$ **g.** $x = -3$

b. $x = 0$ **d.** $x = 1$ **f.** $x = 4$ **h.** $x = 5$

a. $x = -1$. La función presenta un punto de discontinuidad evitable: es un punto desplazado.

b. $x = 0$. Es el punto donde la función se corta con el eje Y.

c. $x = 2$. Hay un punto de discontinuidad de salto finito de 1 unidad.

d. $x = 1$. La función es continua en ese punto.

e. $x = 3$. Se trata de un punto de discontinuidad de salto finito de 1 unidad.

f. $x = 4$. Es un punto de discontinuidad de salto infinito.

g. $x = -3$. Se trata del extremo del intervalo que define su dominio, aunque la función no existe en este punto.

h. $x = 5$. Es el extremo del intervalo que define su dominio. La función existe en este punto.

3 Una báscula de cocina realiza la medición redondeando el peso a las unidades y únicamente funciona con alimentos que tengan una masa de entre 0 kg y 5 kg. Considera la función que relaciona el peso real y el que indica la báscula y contesta:

a. ¿Qué indicará la báscula si se pesa un alimento de 3,4 kg de masa?

b. ¿Qué indicará la báscula si se pesa un alimento de 4,85 kg de masa?

c. Si la báscula señala 2 kg, ¿entre qué valores se puede encontrar el alimento pesado?

d. Representa gráficamente la relación entre la masa de un alimento y la masa que indica la báscula y describe si presenta discontinuidades.

a. Se redondea la cantidad, por lo que la báscula indicará 3 kg de masa.

b. Se redondea y se obtiene un resultado de 5 kg.

c. El peso estará en el intervalo siguiente: $[1{,}5\ ,\ 2{,}5)$

d. La gráfica es discontinua en los puntos $x = 0{,}5$; $x = 1{,}5$; $x = 2{,}5$; $x = 3{,}5$ y $x = 4{,}5$, que es donde el redondeo cambia hacia un valor entero u otro, generando discontinuidades de salto finito.

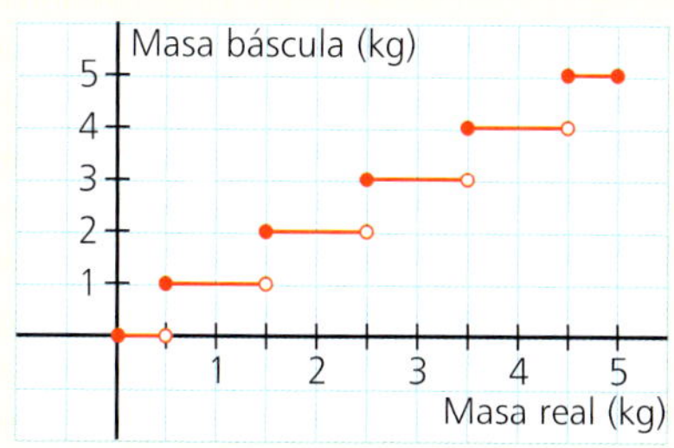

3 CRECIMIENTO Y DECRECIMIENTO DE UNA FUNCIÓN. EXTREMOS

3.1 CRECIMIENTO Y DECRECIMIENTO DE UNA FUNCIÓN

Para determinar el crecimiento o decrecimiento de una función, se analiza el valor de f (x) cuando aumenta o disminuye el valor de la variable x.

Creciente

Una función es creciente en el intervalo (a , b) si, al aumentar el valor de x, se incrementa el valor de la función. Es decir, si x_1 y x_2 son dos puntos del intervalo con $x_1 < x_2$, entonces $f(x_1) < f(x_2)$.

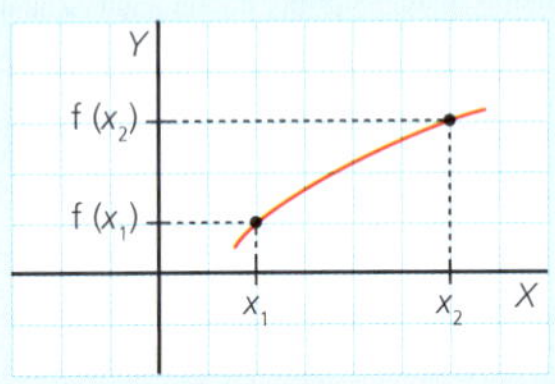

Decreciente

Una función es decreciente en el intervalo (a , b) si, al aumentar el valor de x, se reduce el valor de la función. Es decir, si x_1 y x_2 son dos puntos del intervalo con $x_1 < x_2$, entonces $f(x_1) > f(x_2)$.

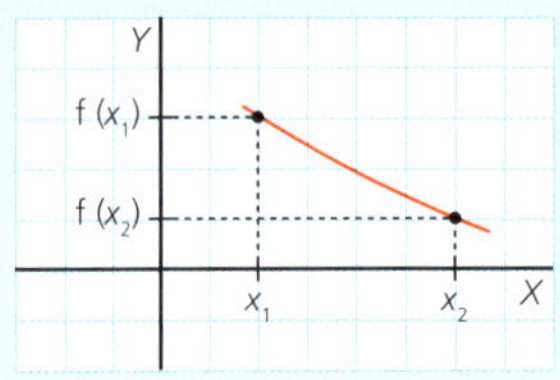

Constante

Una función es constante en el intervalo (a , b) si, al aumentar el valor de x, la función no crece ni decrece. Es decir, si x_1 y x_2 son dos puntos del intervalo con $x_1 < x_2$, para cualquier valor x del intervalo se cumple que $f(x_1) = f(x) = f(x_2)$.

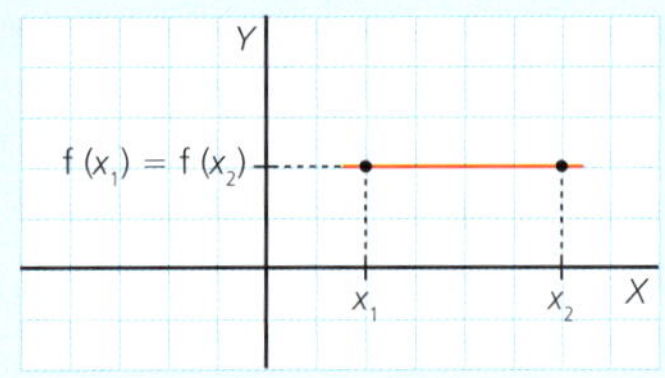

Actividad resuelta

Indica los intervalos donde crece, decrece y permanece constante la función del margen.

La función es creciente en los intervalos $(0 , 3) \cup (5 , 8)$, decreciente en los intervalos $(3 , 5) \cup (10 , 15)$ y constante en el intervalo $(8 , 10)$.

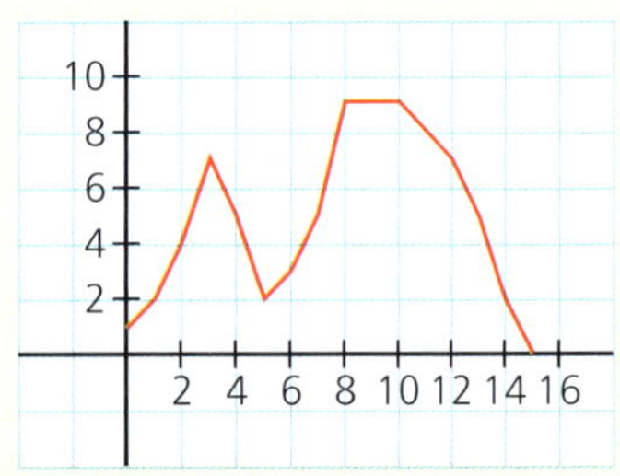

3.2 EXTREMOS DE UNA FUNCIÓN

Los extremos de una función son los máximos y mínimos de la misma.

- Se dice que una función tiene un **máximo relativo** en $x = a$ cuando toma en ese punto un valor mayor que en los puntos de su entorno. En ese punto, la función pasa de ser creciente a decreciente.
- Del mismo modo, una función tiene un **mínimo relativo** en $x = a$ cuando toma en ese punto un valor menor que en los puntos de su entorno. En ese punto, la función pasa de ser decreciente a creciente.
- Un punto $x = a$ es un **máximo absoluto** si f (a) es el mayor valor que toma la función en su dominio.
- Análogamente, un punto $x = a$ es un **mínimo absoluto** si f (a) es el menor valor que toma la función en su dominio.

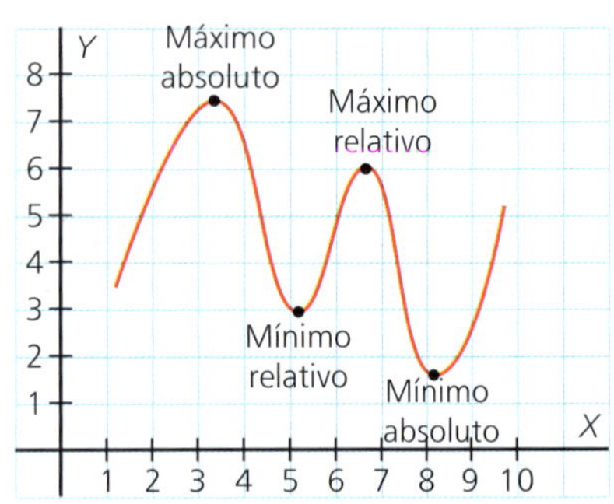

Actividades resueltas

1 Determina si los puntos indicados en las siguientes gráficas son máximos o mínimos, y especifica si son relativos o absolutos:

a.

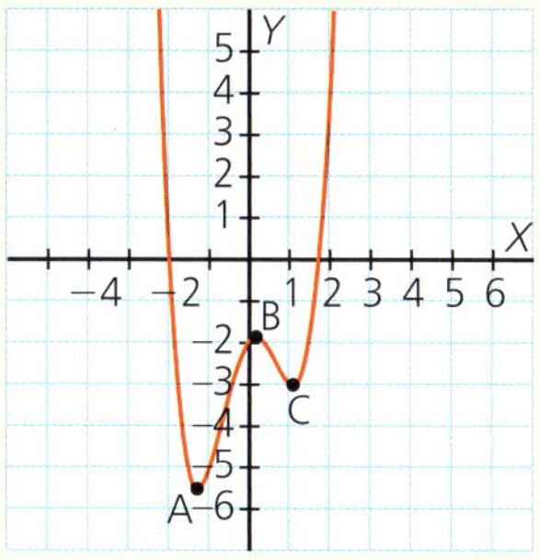

b.

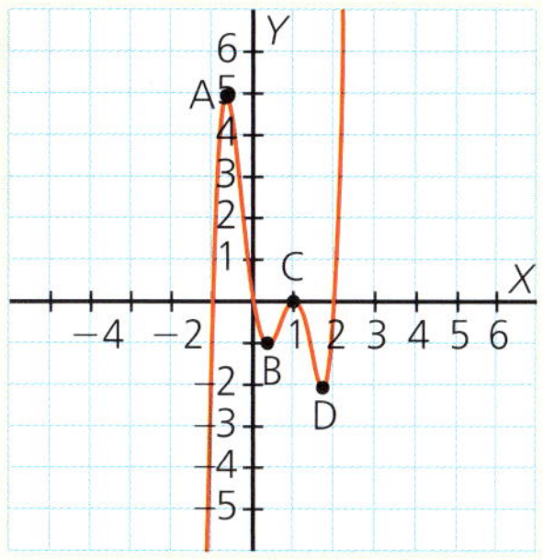

c.

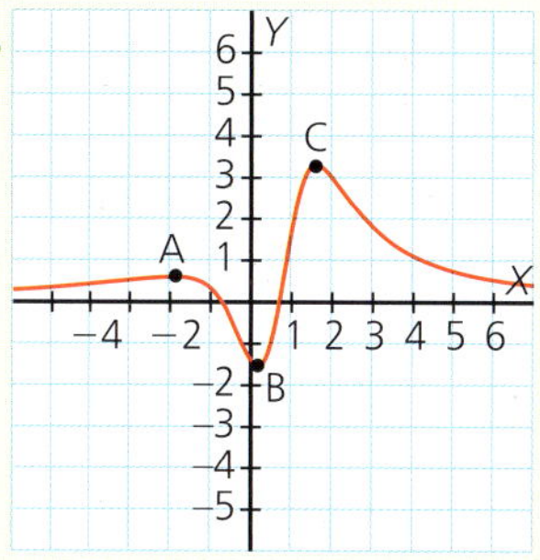

a. En el punto A, la función presenta un mínimo absoluto, ya que ahí se registra el valor más pequeño. El punto B es un máximo relativo, puesto que en él la función pasa de ser creciente a ser decreciente, mientras que el punto C constituye un mínimo relativo, al cambiar en él la función de decreciente a creciente.

b. En los puntos A y C hay dos máximos relativos, ya que la función cambia de ser creciente a decreciente en ambos, pero sin llegar a registrarse en ellos el valor más alto de la función. De igual manera, los puntos B y D son mínimos relativos, puesto que la función pasa de ser decreciente a creciente en ambos, aunque no constituyen el menor valor de la función.

c. El punto A es un máximo relativo, porque la función pasa de ser creciente a decreciente, pero el valor máximo de la función es C, que, en consecuencia, es el máximo absoluto. El punto B es el menor valor de la función; por lo tanto, es un mínimo absoluto.

2 Observa la gráfica de la función y contesta a las preguntas.

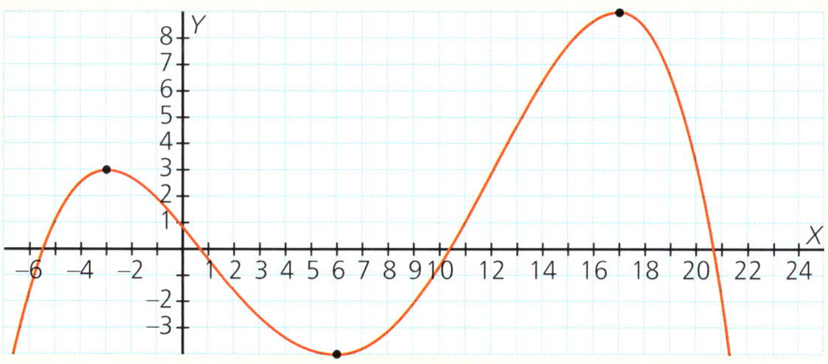

a. ¿En qué intervalos crece y decrece la función?

b. ¿Es constante en algún intervalo del dominio?

c. ¿Tiene algún máximo o mínimo la función? ¿Son relativos o absolutos?

a. La función es creciente en $(-\infty , -3) \cup (6 , 17)$ mientras que es decreciente en $(-3 , 6) \cup (17 , +\infty)$.

b. La función no es constante en ningún intervalo del dominio.

c. La función tiene dos máximos y un mínimo:

- Máximo relativo en $x = -3$, porque la función cambia de ser creciente a ser decreciente.
- Mínimo relativo en $x = 6$, porque la función cambia de ser decreciente a ser creciente.
- Máximo absoluto en $x = 17$, porque es el valor más alto que toma la función.

4 TASA DE VARIACIÓN MEDIA

Para calcular la velocidad de crecimiento de una población, a qué ritmo evoluciona la economía de un país, la velocidad media de un vehículo en un determinado recorrido o, en general, conocer cómo crece una variable respecto a otra en una función, se utiliza la tasa de variación media.

Se denomina **tasa de variación media (TVM)** de una función, *f*, en un intervalo, [a , b], al cociente entre la variación que experimenta la función en dicho intervalo y la longitud del intervalo:

$$TVM_f\,[a\,,\,b] = \frac{f\,(b) - f\,(a)}{b - a}$$

La tasa de variación media se aplica en general a cualquier pareja de variables que estén relacionadas por una función.

Observa

La TVM es la pendiente de la recta que une los puntos [a , f (a)] y [b , f (b)]:

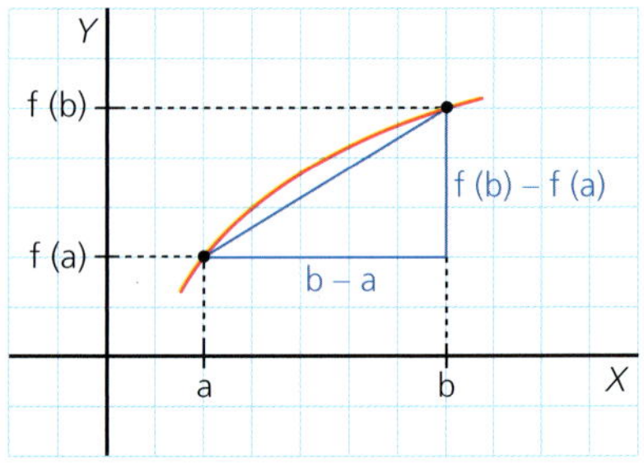

Actividades resueltas

1 Observa la gráfica de la función, que representa el espacio recorrido por un coche durante 3 horas, y contesta las siguientes preguntas:

a. ¿Cuál ha sido la velocidad media del coche a lo largo de todo el recorrido?

b. ¿Cuál ha sido la velocidad media del coche las 2 primeras horas?

c. ¿Y la última hora del recorrido?

a. Para conocer la velocidad media a la que ha hecho el recorrido completo, se realiza el cociente entre el espacio recorrido, 150 km, y el tiempo empleado, 3 h. La velocidad media se corresponde con la tasa de variación media en ese intervalo:

$$TVM_f\,[0\,,\,3] = \frac{150 \text{ km recorridos}}{3 \text{ h}} = 50 \text{ km/h}$$

b. Para calcular la velocidad media durante las 2 primeras horas:

$$TVM_f\,[0\,,\,2] = \frac{90 \text{ km recorridos}}{2 \text{ h}} = 45 \text{ km/h}$$

c. Finalmente, para establecer la velocidad media de la última hora del recorrido:

$$TVM_f\,[2\,,\,3] = \frac{(150 - 90) \text{ km recorridos}}{1 \text{ h}} = 60 \text{ km/h}$$

2 Halla la tasa de variación media de la función f $(x) = x^2 - 2x + 3$ en el intervalo [1 , 3] e indica sobre la gráfica de la función el significado de dicha TVM.

Se aplica la fórmula de la TVM en el intervalo [1 , 3]:

$$TVM_f\,[1\,,\,3] = \frac{f\,(3) - f\,(1)}{3 - 1} = \frac{6 - 2}{3 - 1} = 2$$

La TVM nos muestra la velocidad a la que crece la variable *y* con respecto a la variable *x*, es decir, la velocidad a la que crece la gráfica de la función f en el intervalo [1 , 3].

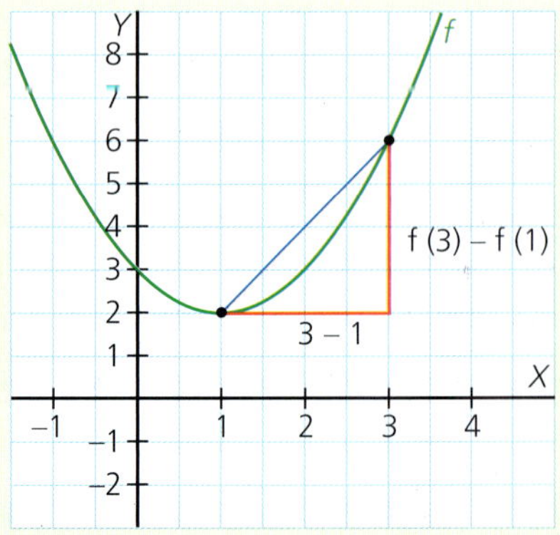

5 CURVATURA Y PUNTOS DE INFLEXIÓN

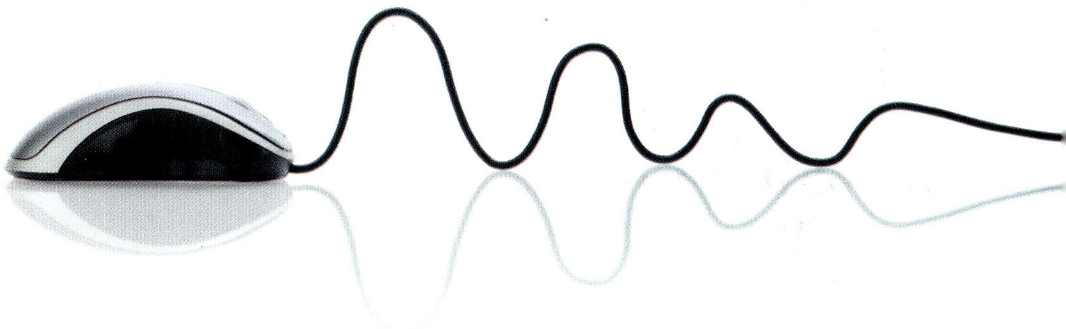

La **curvatura** de una función indica la forma que tiene la gráfica de la función, es decir, si la curva es **cóncava** o **convexa:**

Cóncava

Una función es cóncava en un intervalo, (a , b), si, dados dos puntos cualesquiera del intervalo, el segmento que los une está situado por debajo de la gráfica de la función.

Convexa

Una función es convexa en un intervalo, (a , b), si, dados dos puntos cualesquiera del intervalo, el segmento que los une está situado por encima de la gráfica de la función.

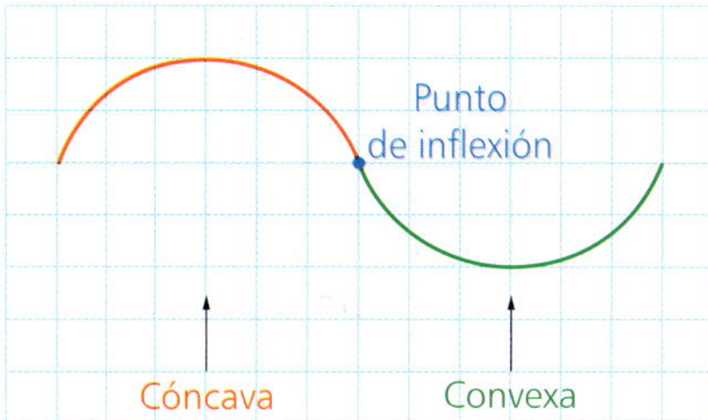

Los puntos donde la función cambia su curvatura son los **puntos de inflexión.** En la función del margen, se aprecia cómo cambia de cóncava a convexa.

Actividad resuelta

Indica los intervalos donde la siguiente función es cóncava y convexa, así como los puntos de inflexión.

La función presenta dos puntos de inflexión cuando la curvatura de la misma cambia: en (–1 , –1) y (6 , –5).

La función es convexa desde el inicio de la función hasta el primer punto de inflexión y también desde el segundo punto de inflexión hasta el final de la función. Por lo tanto, es convexa en (–6 , –1) ∪ (6 , 12).

Por otro lado, es cóncava en el intervalo comprendido entre los dos puntos de inflexión, es decir, en el intervalo (–1 , 6).

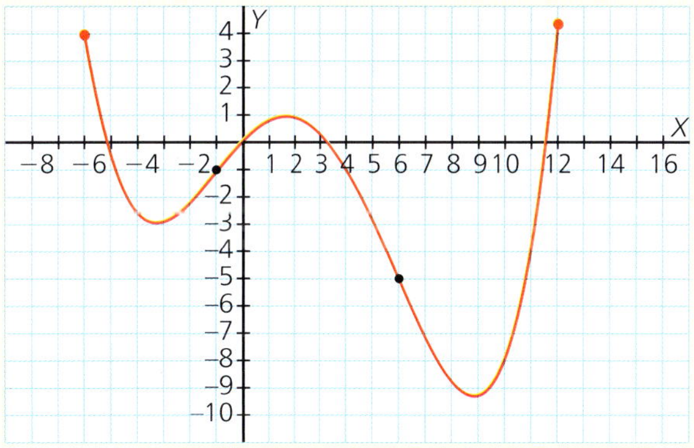

¡Cuidado con las gráficas!

En ocasiones aparecen gráficas en los medios de comunicación para completar todo tipo de noticias. Dependiendo del tratamiento que se quiera dar a estas informaciones, se pueden hacer gráficas totalmente distintas, aunque en el fondo presenten la misma realidad.

Por ejemplo, estas dos gráficas muestran el aumento del número de robos que ha sufrido una ciudad durante un año. Visualmente se podría pensar que en una de ellas ha habido un incremento mucho mayor del número de robos, cuando en realidad las dos gráficas presentan la misma información.

Representa tú ahora una misma función en dos gráficas diferentes de manera que parezcan funciones distintas y explica cómo lo has hecho.

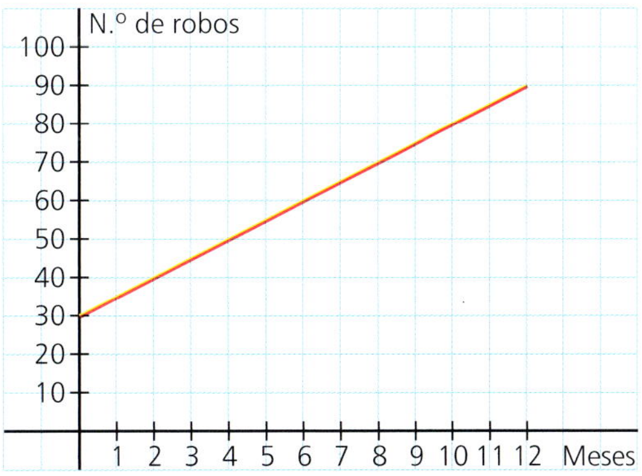

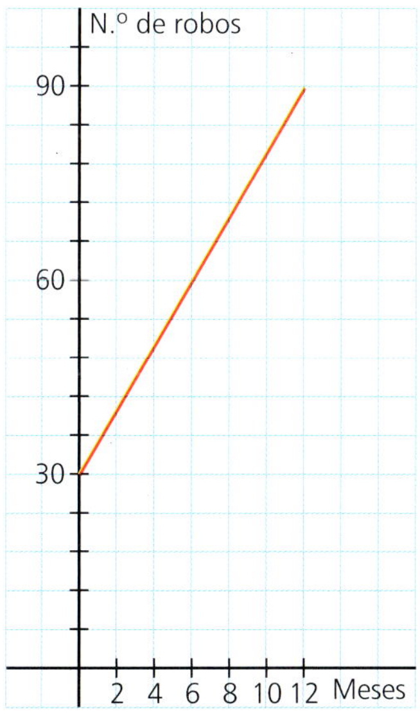

6 ANÁLISIS, INTERPRETACIÓN Y DIBUJO DE GRÁFICAS

La forma más habitual de presentar una función es mediante su gráfica. Esta ofrece de un modo más rápido y visual el comportamiento de la función y permite identificar sus elementos más relevantes. Es la manera en la que se presentan las funciones en los medios de comunicación.

6.1 ANÁLISIS DE LA GRÁFICA DE UNA FUNCIÓN

Dada la gráfica de una función, se pueden analizar sus características generales:

1. Dominio y recorrido.
2. Puntos de corte con los ejes X e Y.
3. Signo de la función.
4. Intervalos de crecimiento y decrecimiento.
5. Máximos y mínimos relativos.
6. Máximos y mínimos absolutos.
7. Simetría.
8. Periodicidad.
9. Continuidad y puntos y tipos de discontinuidad.
10. Curvatura y puntos de inflexión.

Actividad resuelta

Analiza la gráfica de la función del margen.

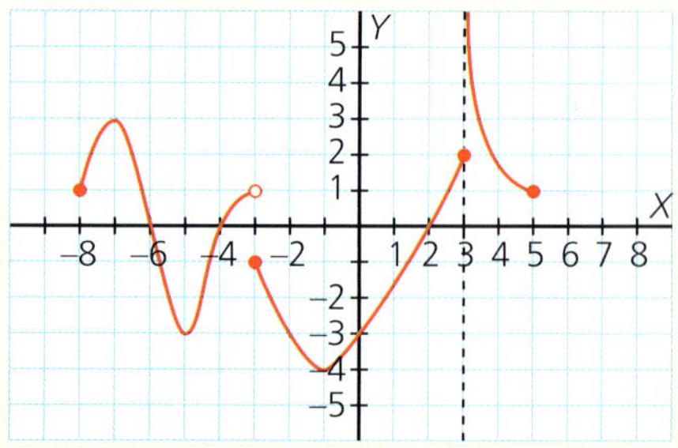

1. La función está definida en el intervalo $[-8\ ,\ 5]$, es decir, D (f) = $[-8\ ,\ 5]$, y el recorrido de la función es R (f) = $[-4\ ,\ +\infty)$.
2. El punto de corte con el eje Y es $(0\ ,\ -3)$ y los puntos de corte con el eje X son $(-6\ ,\ 0)$, $(-4\ ,\ 0)$ y $(2\ ,\ 0)$.
3. La función es positiva en $[-8\ ,\ -6) \cup (-4\ ,\ -3) \cup (2\ ,\ 5]$ y negativa en $(-6\ ,\ -4) \cup [-3\ ,\ 2)$.
4. La función es creciente en $(-8\ ,\ -7) \cup (-5\ ,\ -3) \cup (-1\ ,\ 3)$ y decreciente en $(-7\ ,\ -5) \cup (-3\ ,\ -1) \cup (3\ ,\ 5)$.
5. Hay un máximo relativo, $(-7\ ,\ 3)$, y un mínimo relativo, $(-5\ ,\ -3)$.
6. Hay un mínimo absoluto, $(-1\ ,\ -4)$.
7. La función no presenta simetría respecto al eje de ordenadas ni respecto al origen de coordenadas.
8. La función no es periódica.
9. La función presenta dos puntos de discontinuidad:
   - $x = -3 \Rightarrow$ discontinuidad inevitable de salto finito.
   - $x = 3 \Rightarrow$ discontinuidad inevitable de salto infinito.
10. La función es cóncava en los intervalos $(-8\ ,\ -6)$ y $(-4\ ,\ -3)$ y convexa en los intervalos $(-6\ ,\ -4)$, $(-3\ ,\ 3)$ y $(3\ ,\ 5)$. Sus puntos de inflexión son $(-6\ ,\ 0)$ y $(-4\ ,\ 0)$.

6.2 INTERPRETACIÓN DE LA GRÁFICA DE UNA FUNCIÓN EN SITUACIONES REALES

El estudio gráfico de una función puede mostrar, además de sus características principales, el análisis de la situación real que represente dicha función.

Actividad resuelta

La siguiente gráfica muestra los beneficios de un comercio a lo largo de los 12 meses de un determinado año. Contesta las siguientes preguntas:

a. ¿Cuál ha sido la evolución a lo largo de los 12 meses? ¿Cuál ha sido el peor mes en cuanto a beneficios?

b. ¿En algún mes ha tenido el comercio los mismos beneficios que tenía inicialmente?

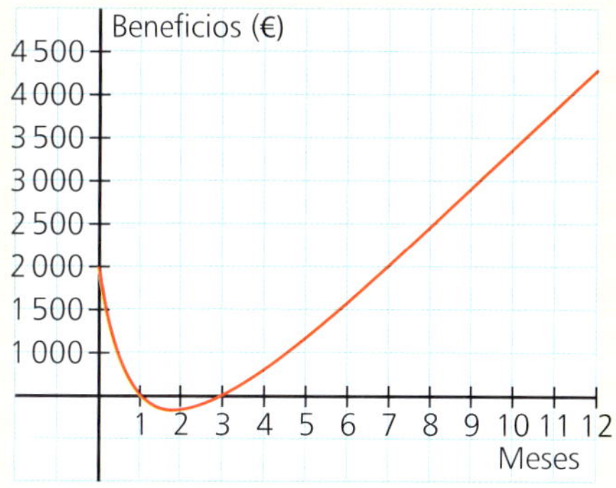

a. Desde el principio hasta el segundo mes, la gráfica es decreciente, lo que indica un descenso de los beneficios. A partir del segundo mes, la gráfica es creciente, con lo que va aumentando la cantidad de beneficios. El segundo mes fue el peor, ya que en él la función presenta un mínimo absoluto.

b. La función en el séptimo mes coincide con el valor de la función en el momento inicial: $f(0) = f(7) = 2\,000$ €

Puede llevarse a cabo un estudio sobre dos o más gráficas conjuntas. De ese modo, es posible realizar valoraciones comparativas entre las situaciones descritas.

Actividad resuelta

La siguiente gráfica muestra cómo han llegado tres hermanos desde su casa al colegio, que se encuentra a 600 m, siguiendo el mismo camino: Inés (línea roja), Nuria (línea azul) y Andrés (línea verde).

La variable *x* representa el tiempo transcurrido en minutos, y la variable *y*, la distancia a la que se encuentran de casa. Contesta las siguientes preguntas:

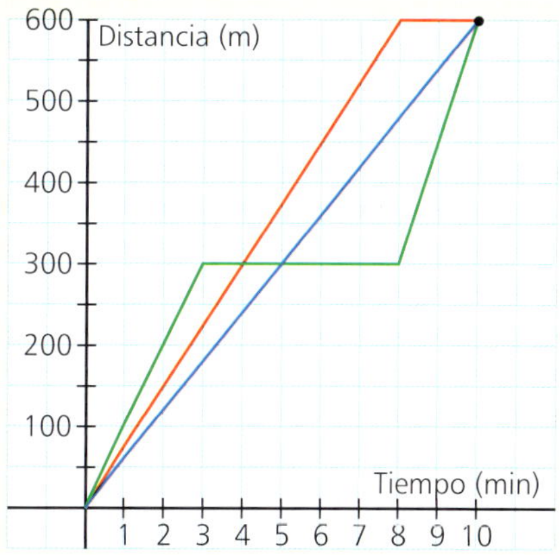

a. ¿Quién ha caminado a la misma velocidad durante todo el trayecto?

b. ¿En qué orden han llegado al colegio?

c. ¿Alguno de ellos ha parado a descansar? ¿Con qué tipo de característica de las gráficas relacionas este hecho?

d. ¿Cuál ha mantenido en algún tramo un ritmo más rápido?

a. Inés y Nuria han caminado a la misma velocidad durante todo el camino, aunque Inés iba más deprisa que Nuria. La gráfica de Inés es constante en el tramo final porque ya ha llegado al colegio.

b. Inés ha sido la primera en llegar, a los 8 min, mientras que Nuria y Andrés han llegado a la vez 10 min más tarde de salir.

c. Andrés ha parado durante 5 min. La función es constante en el intervalo (3 , 8).

d. El tramo más rápido ha sido el realizado por Andrés durante los dos últimos minutos. La inclinación de este tramo indica que la tasa de variación media en este intervalo ha sido la más alta: $\text{TVM} = \dfrac{600 - 300}{10 - 8} = \dfrac{300}{2} = 150$ m/min

6.3 CONSTRUCCIÓN DE LA GRÁFICA DE UNA FUNCIÓN

Se puede dibujar la gráfica de una función conociendo las características de la misma. A continuación, se muestra el procedimiento que hay que seguir.

Construcción de una gráfica a partir de sus características

Representa una gráfica a partir de la siguiente información:

1 D (f) = (–6 , 5) y R (f) = [–3 , 2)

Con estos datos, la gráfica de la función debe dibujarse en el rectángulo [–6 , 5] × [–3 , 2].

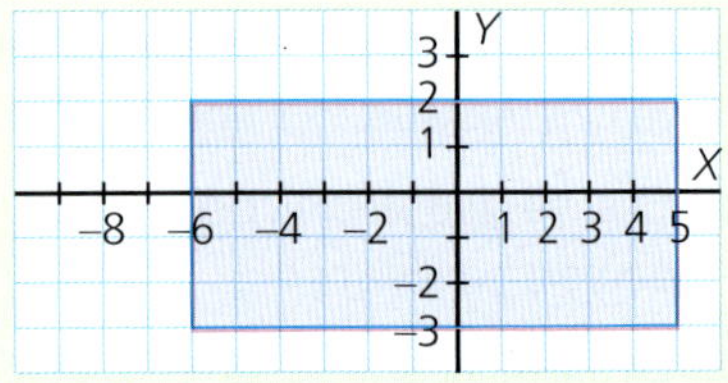

2 Puntos de cortes con los ejes: (0 , 0), (–6 , 0), (–4 , 0) y (–1 , 0)

Se dibujan los cortes con los ejes de la gráfica.

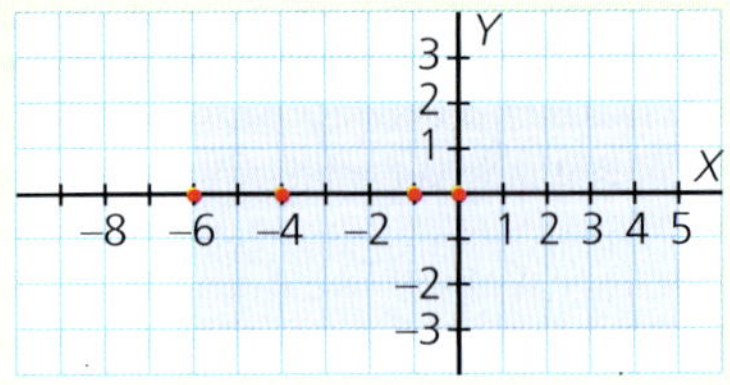

3 Tiene un máximo relativo en (–3 , 1), un mínimo relativo en (–5 , –1) y un mínimo absoluto en (3 , –3).

Se marcan los puntos correspondientes a los máximos y mínimos de la función.

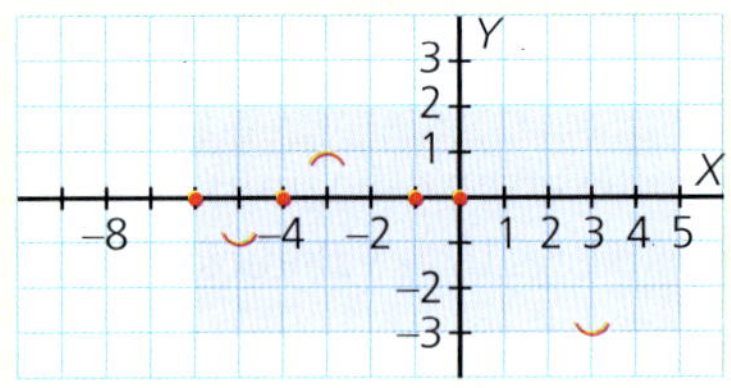

4 Presenta dos puntos de discontinuidad en $x = -1$ y en $x = 2$. Ambas discontinuidades son inevitables de salto finito. La función cumple que f (–1) = 0 y f (2) = –2.

Se traza una línea discontinua para $x = -1$ y $x = 2$.

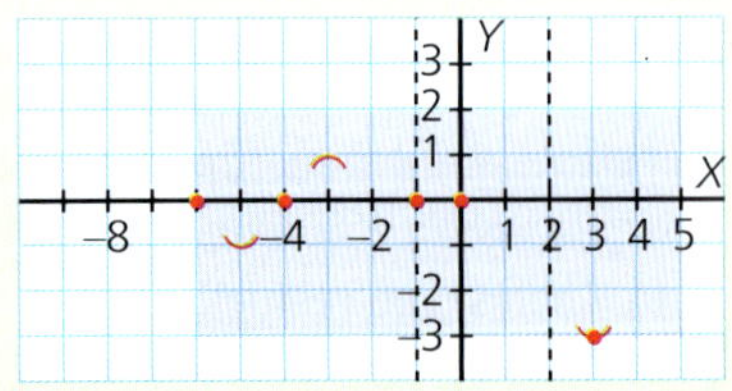

5 La función es creciente en (–5 , –3) ∪ (–1 , 2) ∪ (3 , 5) y decreciente en (–6 , –5) ∪ (–3 , –1) ∪ (2 , 3). Por otro lado, es convexa en (–6 , –4) y en (2 , 5) y cóncava en (–4 , –1). Además, el punto de inflexión es (–4 , 0).

Con estos datos se puede completar la gráfica de la función y se obtiene una aproximación de la misma.

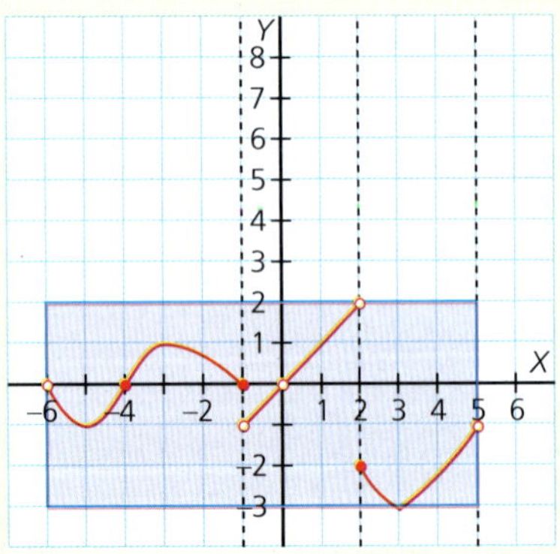

La representación gráfica de una función a partir de sus características elementales es siempre una representación más o menos aproximada de la gráfica de la función.

Para representar la gráfica con más exactitud, sería necesario disponer de más datos, así como estudiar más características de las que se han visto hasta el momento.

Actividad resuelta

Dibuja la gráfica de una función que tenga las siguientes características:

- D (f) = [−6 , 6]; R (f) = [−2 , 3]
- Corta al eje *Y* en el punto (0 , 3) y al eje *X* en los puntos (−6 , 0), (−3 , 0), (−1 , 0), (1 , 0), (3 , 0) y (6 , 0).
- Tiene dos mínimos relativos en (−2 , −2) y (2 , −2), dos máximos relativos en (−4 , 1) y (4 , 1) y un máximo absoluto en (0 , 3).
- Presenta dos puntos de discontinuidad inevitable en $x = -1$ y en $x = 1$, ambas discontinuidades de salto finito de 2 unidades. La función cumple que f (−1) = 0 y f (1) = 0.
- Es creciente en los intervalos (−6 , −4) ∪ (−2 , −1) ∪ (−1 , 0) ∪ (2 , 4) y decreciente en (−4 , −2) ∪ (0 , 1) ∪ (1 , 2) ∪ (4 , 6).
- Es cóncava en (−6 , −3) ∪ (−1 , 1) ∪ (3 , 6) y convexa en (−3 , −1) ∪ (1 , 3). Además, presenta dos puntos de inflexión: uno en (−3 , 0) y otro en (3 , 0).

1 Teniendo en cuenta el dominio y el recorrido de la función, esta se debe dibujar en el rectángulo [−6 , 6] × [−2 , 3].

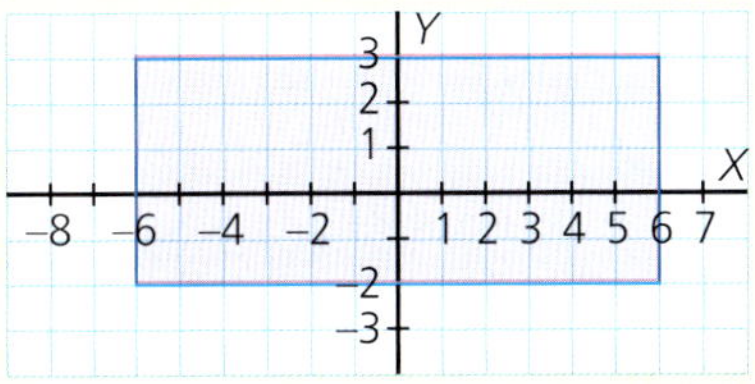

2 Se señalan en la gráfica todos los puntos de corte con los ejes *X* e *Y*.

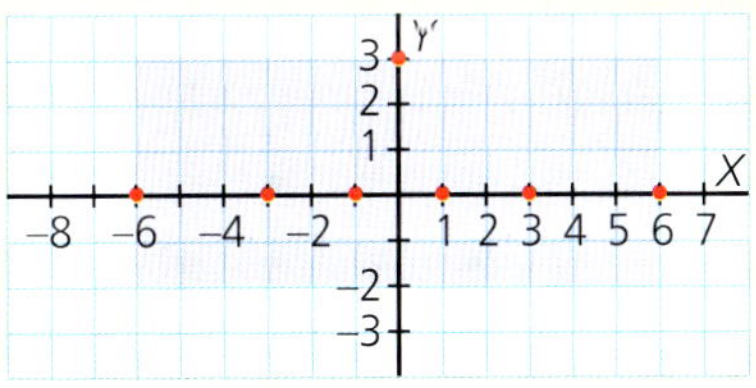

3 Se marcan los puntos máximos y mínimos de la función.

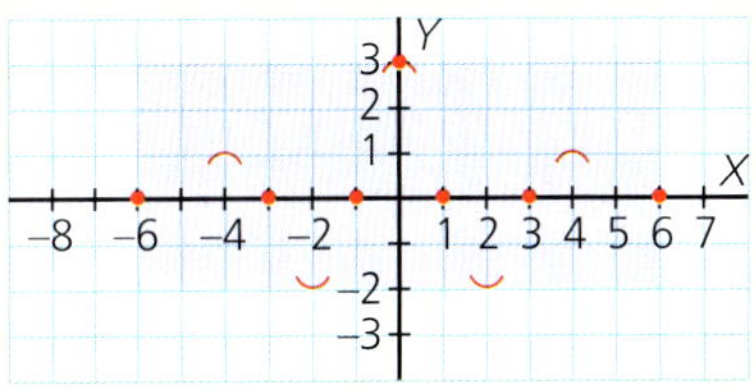

4 Se traza una línea discontinua en los puntos que presentan alguna discontinuidad, es decir, en $x = -1$ y en $x = 1$.

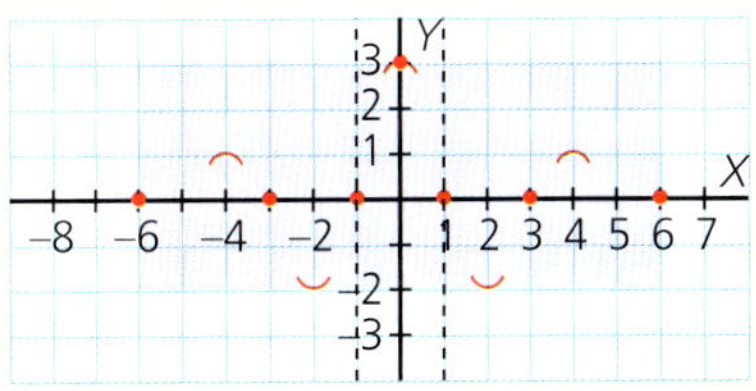

5 Observando los intervalos donde la función es creciente, decreciente, cóncava y convexa, además de los puntos de inflexión, se puede completar su gráfica.

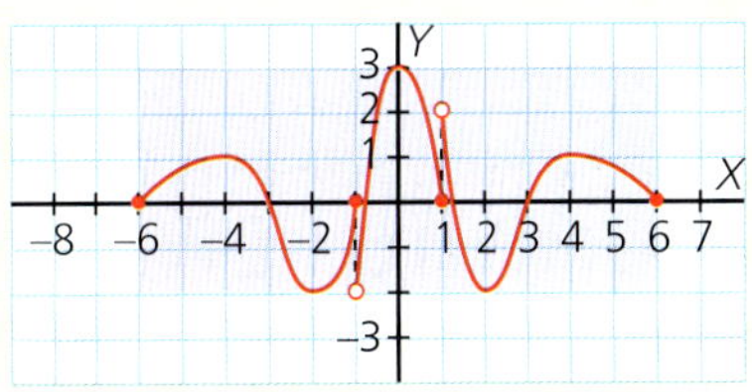

ACTIVIDADES

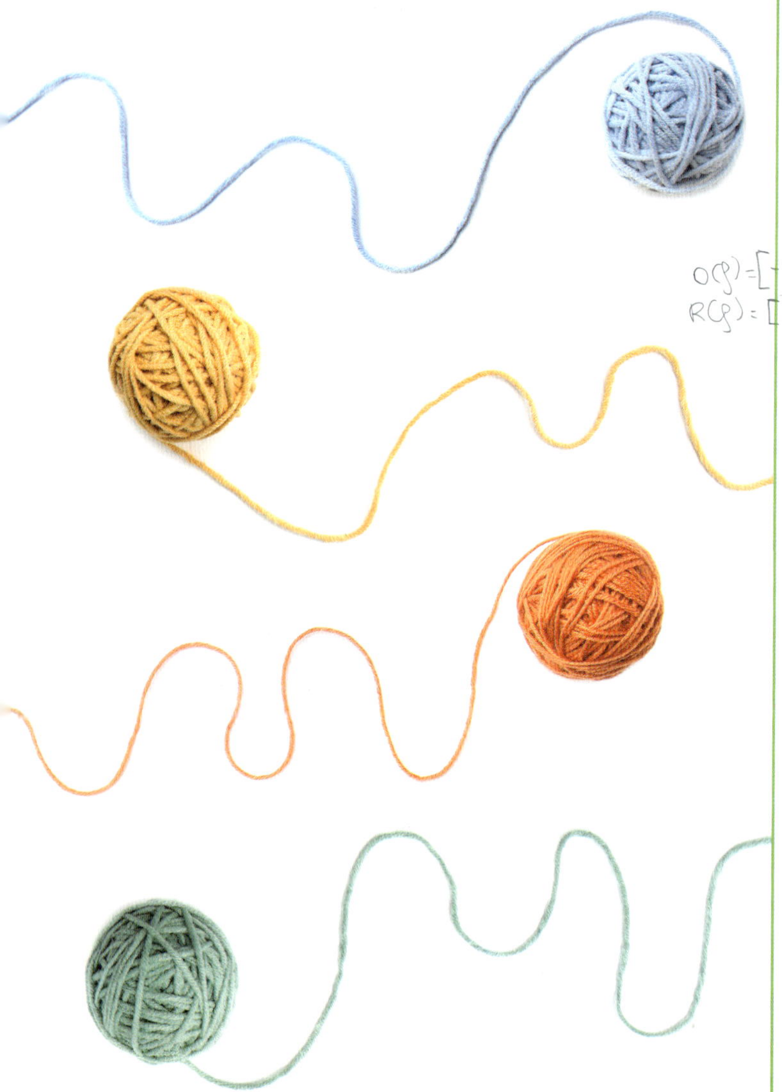

05 CARACTERÍSTICAS DE LAS FUNCIONES

1 Funciones

1 En la cafetería en la que desayuna Paula preparan medio litro de zumo con 1 kg de naranjas.

a. Representa esta relación mediante una tabla de valores.

b. Expresa ahora algebraicamente la relación, teniendo en cuenta que la variable independiente son los kilogramos de fruta y la variable dependiente los litros de zumo, y elabora su gráfica.

2 El precio del alquiler de una furgoneta es de 30 € fijos más 0,10 € por kilómetro recorrido. Representa algebraicamente, mediante una tabla de valores y de forma gráfica el precio del alquiler en función de los kilómetros recorridos.

3 Indica el dominio de las funciones descritas en las actividades 1 y 2 y halla el recorrido de ambas.

4 Determina el dominio y el recorrido de las siguientes funciones:

a.

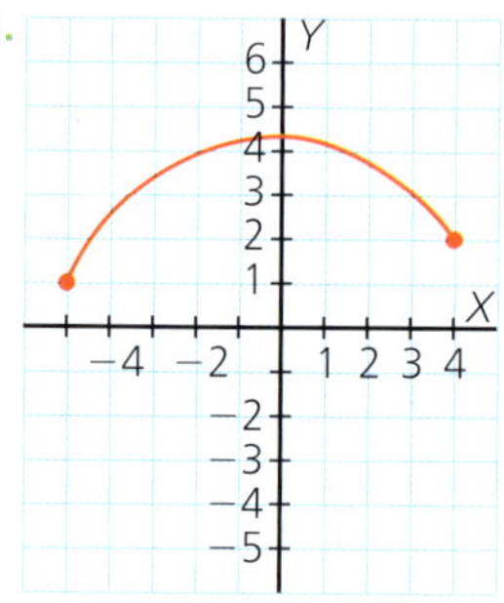

b.

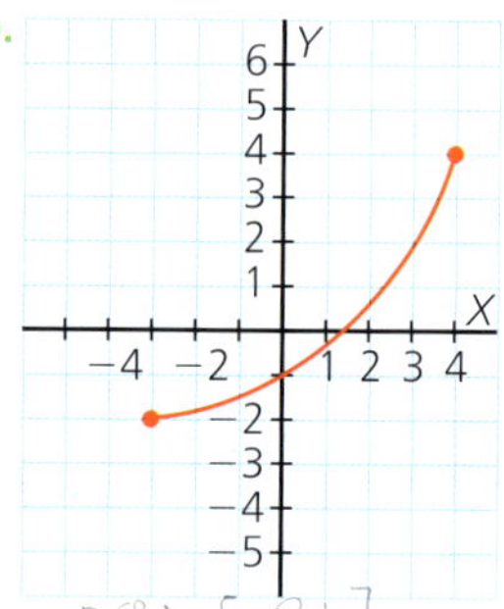

5 Indica los puntos de corte con los ejes y el signo de las siguientes funciones:

a.

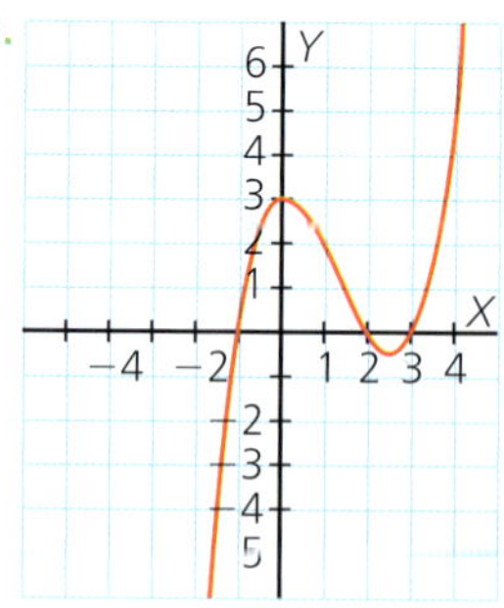

b.

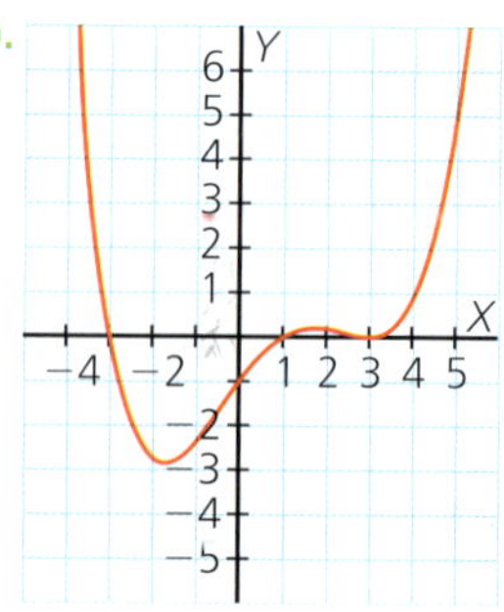

6 A partir de la gráfica de las siguientes funciones determina, para cada una de ellas, su dominio, su recorrido, los puntos de corte con los ejes y el signo de la función:

a.

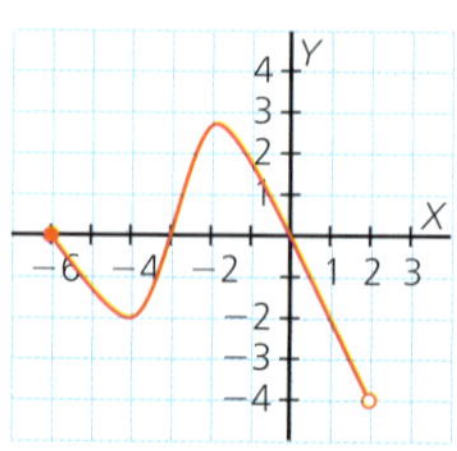

b.

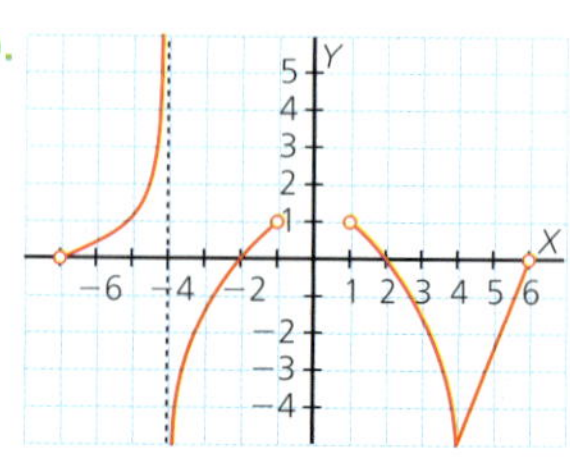

7 Calcula los puntos de corte con los ejes de estas funciones:

a. $f(x) = x^2 - 7x + 12$

b. $f(x) = \dfrac{x+5}{2} - 7x$

c. $f(x) = x^2 + 2x - 15$

d. $f(x) = \dfrac{x+5}{2}$

e. $f(x) = x^3 - x^2 - 30x$

f. $f(x) = -x^3 + x^2 + x$

8 Comprueba si alguna de estas funciones es periódica y, en ese caso, halla su periodo:

a.

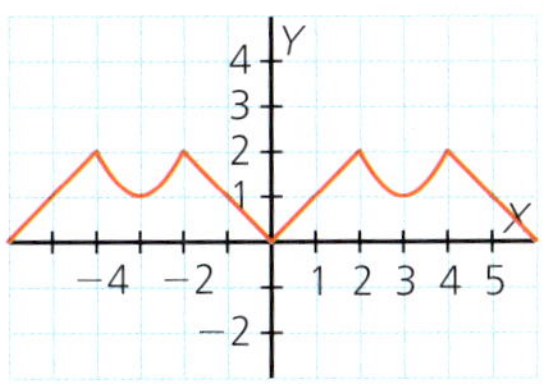

b.

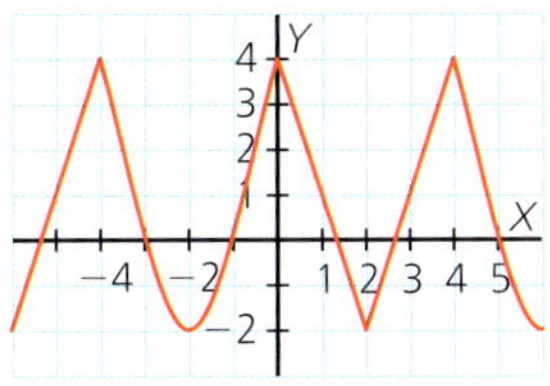

9 Determina si alguna de las siguientes funciones tiene simetría, indicando, en ese caso, de qué tipo es:

a.

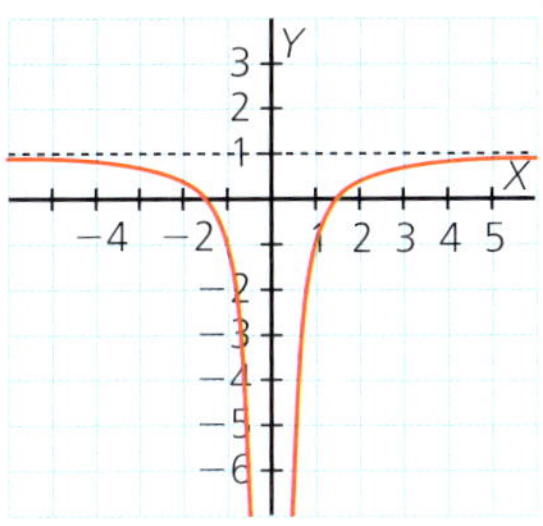

b.

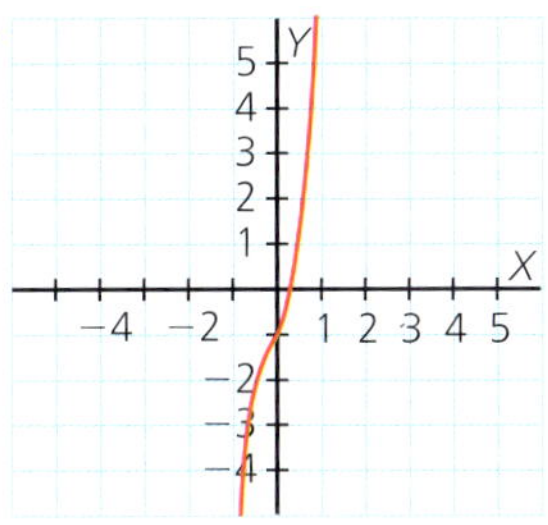

10 Establece si las siguientes funciones son pares, impares o no tienen ningún tipo de simetría:

a. $f(x) = x^3 - 3x + 1$

b. $f(x) = \dfrac{x^4 - 3x^2 + 2}{x^2 - 3}$

c. $f(x) = 3x^3 + 3x^2 + 4$

d. $f(x) = \dfrac{2x^3 + 2x}{x^3}$

11 Dada la función $y = 3x - 5$:

a. Determina sus puntos de corte con los ejes.

b. Represéntala gráficamente.

c. Halla el intervalo en el que la función es positiva.

12 Dibuja la gráfica de una función periódica de periodo 2 cuyos puntos de corte con el eje X sean (−5 , 0), (−3 , 0), (−1 , 0), (1 , 0), (3 , 0) y (5 , 0).

13 Dibuja una función simétrica respecto del eje de ordenadas que sea periódica de periodo 4, tal que f (0) = 1 y R (f) = [0 , 1].

14 ⊞ Dibuja la gráfica de una función periódica que sea par de periodo 6 y cuyo recorrido sea [−1 , 2].

15 ⊞⊞ Dibuja la gráfica de una función con las siguientes características: D (f) = [0 , +∞), R (f) = (−2 , 1]; sus puntos de corte con el eje X son (0 , 0), (2 , 0) y (3 , 0); es positiva en (0 , 2) ∪ (3 , +∞) y negativa en (2 , 3); además, f (4) = 1.

2 Continuidad de una función

16 Indica los puntos de discontinuidad que presentan estas funciones y señala de qué tipo son:

a.

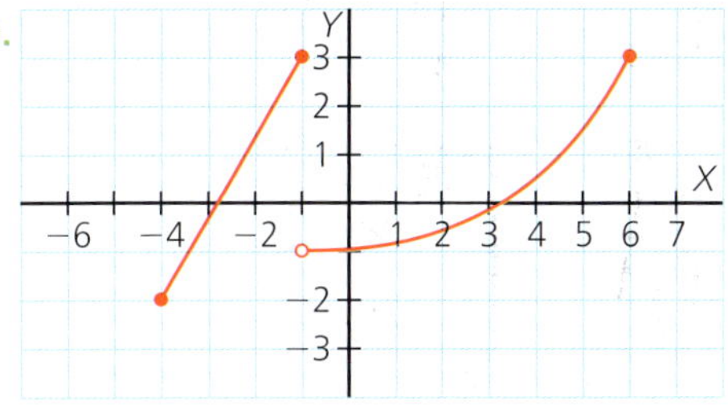

b.

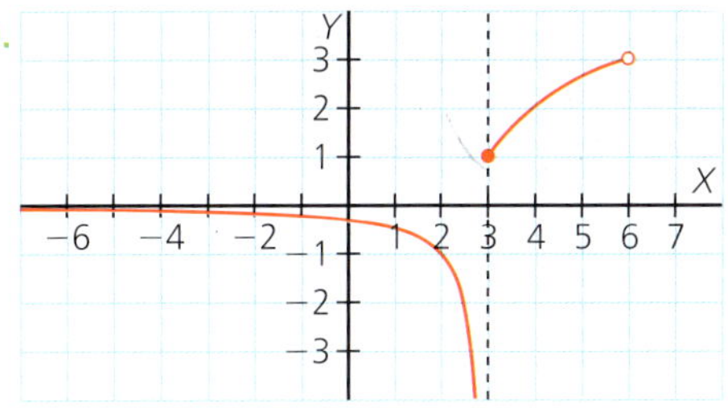

c.

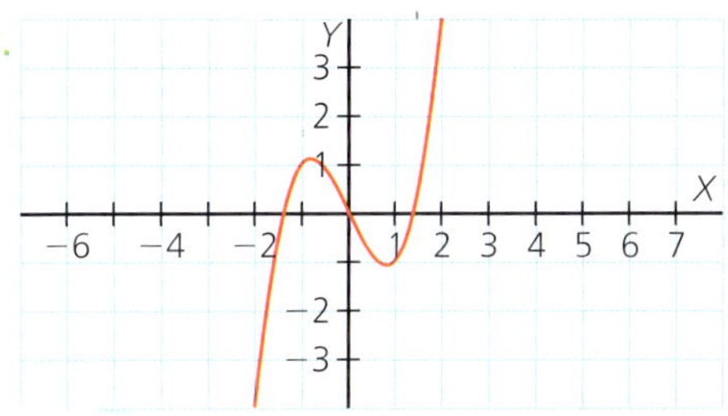

d.

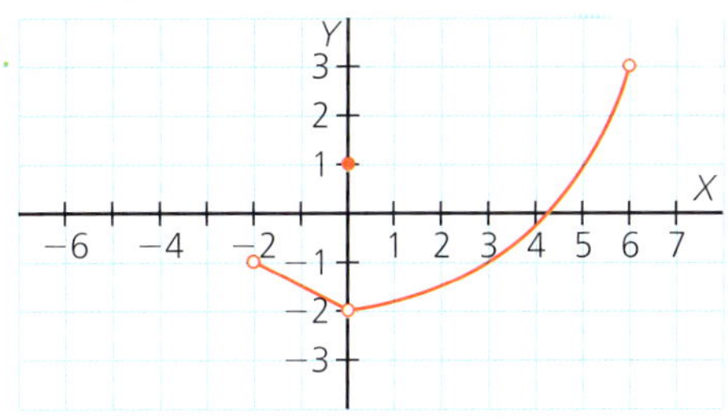

17 Analiza el dominio, los intervalos de continuidad y los puntos de discontinuidad, si los hubiera, de las siguientes funciones:

a.

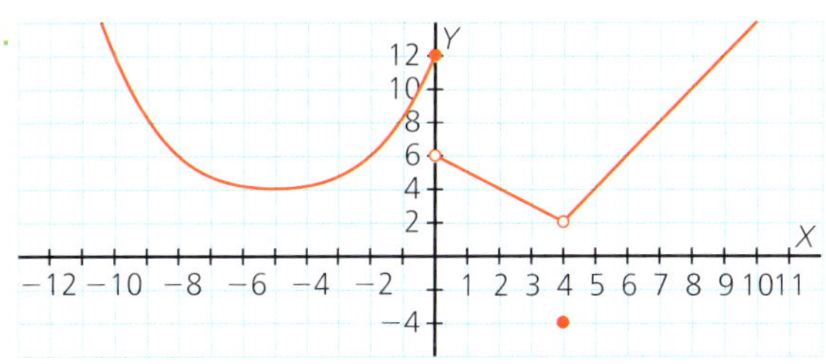

b.

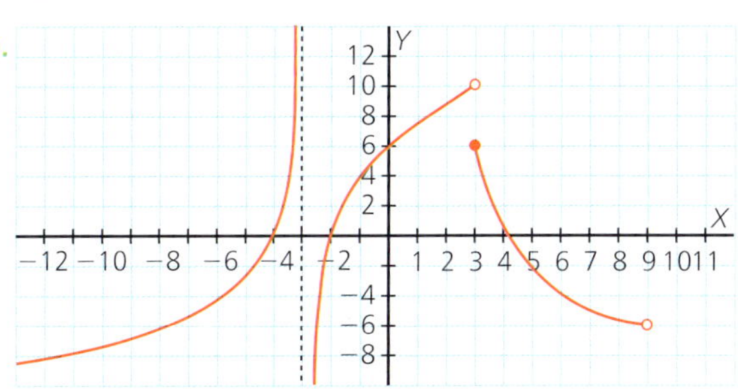

18 Determina cuál de estas gráficas cumple las siguientes condiciones:

- Es continua en (–5 , 0), (0 , 3) y (3 , 5).
- Tiene un punto de discontinuidad evitable en $x = 0$.
- Tiene un punto de discontinuidad de salto finito en $x = 3$.

a.

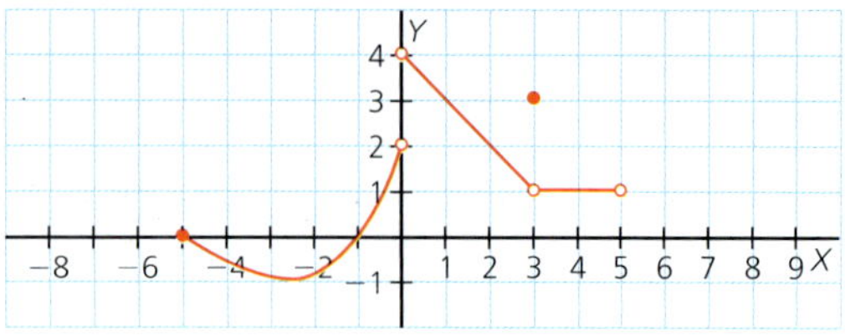

b.

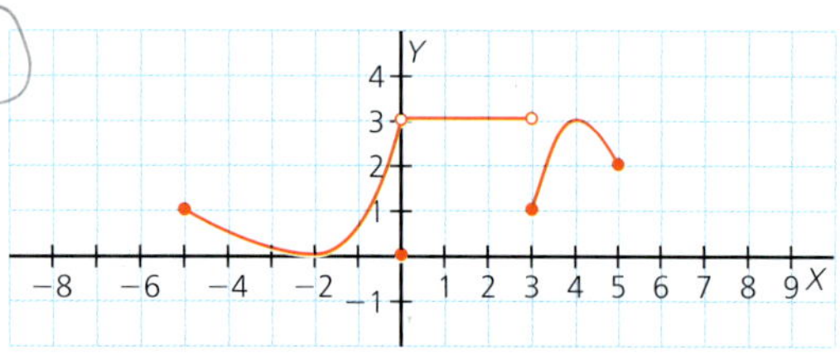

19 Dibuja una función que esté definida en el intervalo [–4 , 5] y tenga tres puntos de discontinuidad:

- En $x = -3$, una discontinuidad evitable, con f (–3) = 2.
- En $x = -1$, una discontinuidad inevitable de salto finito, con f (–1) = 2 y salto 5.
- En $x = 3$, una discontinuidad de salto infinito, con f (3) = 6.

3 Crecimiento y decrecimiento de una función. Máximos y mínimos

20 Determina los intervalos de crecimiento y decrecimiento y los máximos y mínimos relativos de las funciones representadas en las siguientes gráficas:

a.

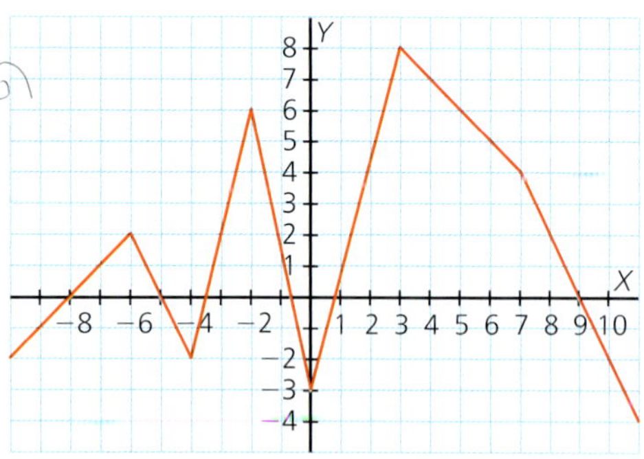

b.

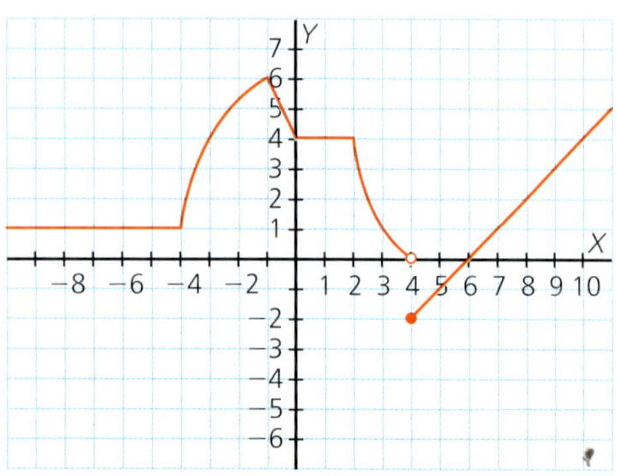

21 Determina los intervalos de crecimiento y decrecimiento, así como los máximos y mínimos relativos de las funciones que corresponden a las siguientes gráficas:

a.

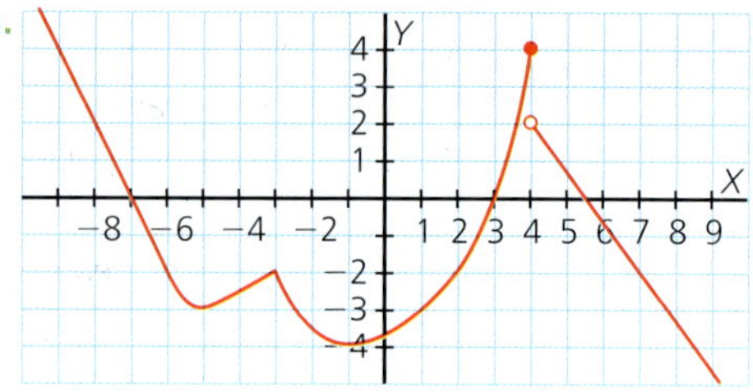

b.

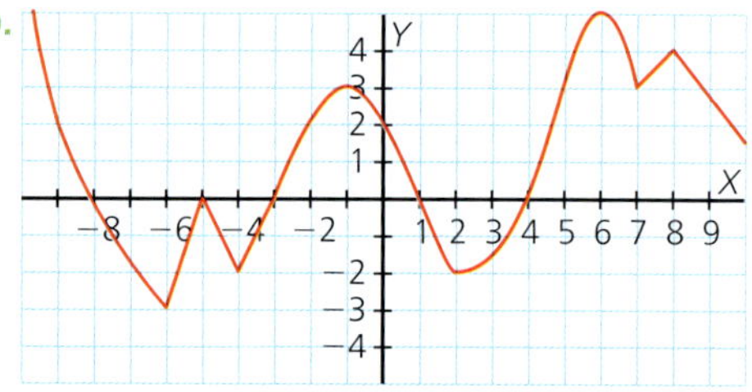

22 Indica las coordenadas de los máximos y mínimos relativos de estas funciones y señala si existen máximos y mínimos absolutos:

a.

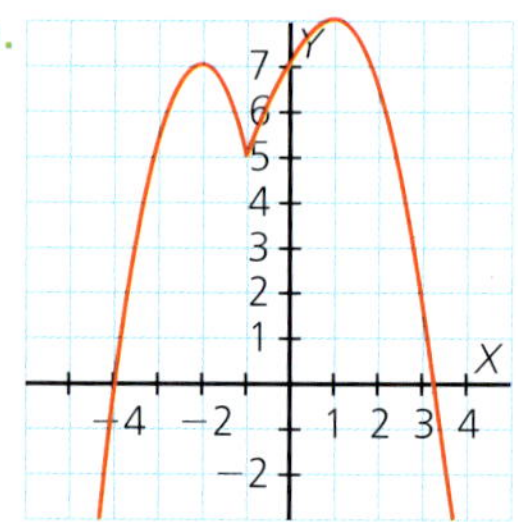

b.

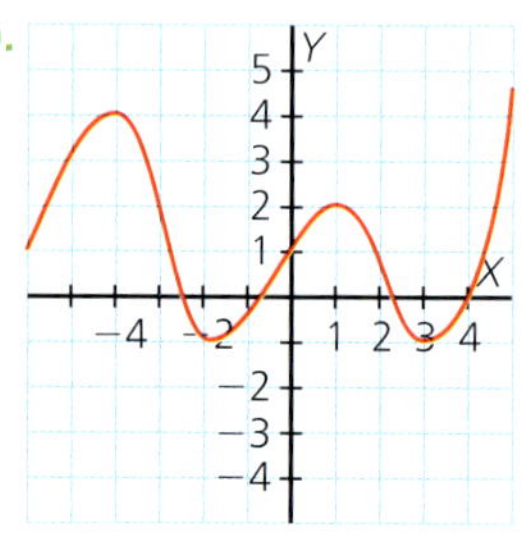

23 La gráfica de una función es la siguiente:

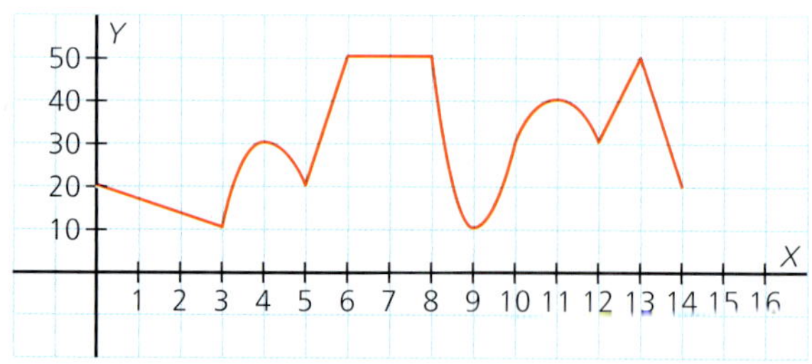

Determina los máximos y mínimos relativos y, si existen, los máximos y mínimos absolutos.

24 Dibuja una gráfica que tenga máximos y mínimos, pero de modo que ninguno de ellos sea absoluto.

25 Representa gráficamente una función que tenga únicamente un máximo y un mínimo, ambos absolutos.

26 Dibuja la gráfica de una función que esté definida en todos los números reales, sea creciente en el intervalo (–∞ , –4) ∪ (0 , 4) y decreciente en (–4 , 0) ∪ (4 , +∞) y tenga un mínimo relativo, dos máximos relativos y un máximo absoluto.

27 Dibuja una función impar definida en todos los números reales que tenga dos máximos y dos mínimos.

28 Dibuja una gráfica simétrica con respecto al eje *Y*, que sea periódica y que tenga infinitos puntos máximos y mínimos.

29 Dibuja una función definida en el intervalo [–7 , 7], que sea simétrica respecto del eje *Y*, que tenga tres máximos relativos en los puntos (–2 , 6), (0 , 5) y (2 , 6), dos mínimos relativos en los puntos (–1 , 4) y (1 , 4) y dos máximos absolutos en (–2 , 6) y (2 , 6).

30 Construye la gráfica de una función que sea creciente en $(-\infty , -2) \cup (0 , 1) \cup (3 , +\infty)$, decreciente en $(-2 , 0) \cup (2 , 3)$, constante en (1 , 2) y que tenga un máximo relativo en (–2 , 2) y dos mínimos relativos en los puntos (0 , –2) y (3 , –3).

4 Tasa de variación media

31 Calcula la TVM de las siguientes funciones en los intervalos que se indican:

a. $f(x) = x^2 + 3x - 12$ en [0 , 2] y [0 , 5].

b. $f(x) = 4x - 7$ en [4 , 5] y [6 , 8].

c. $f(x) = x^3 - 2x$ en [1 , 3] y [3 , 7].

32 Halla la tasa de variación media de la función *f*, representada a la derecha, en los intervalos [1 , 2], [1 , 3], [2 , 4] y [3 , 6].

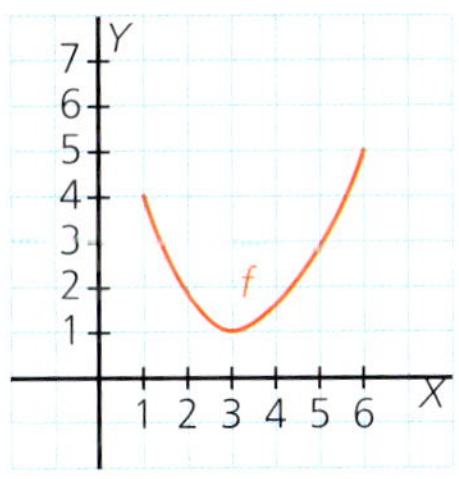

33 Halla la TVM de la función $f(x) = \dfrac{x^2 - 3x + 5}{x^2 + 1}$ en los intervalos [–5 , –3], [–5 , –1], [0 , 2] y [0 , 4].

34 Calcula la TVM de la función *f*, cuya gráfica es la siguiente:

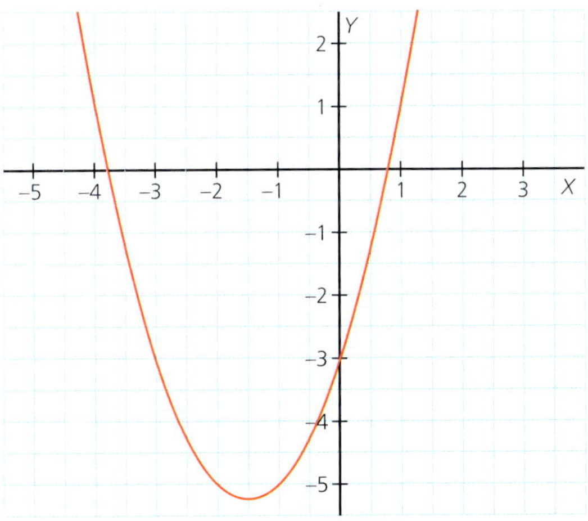

a. En los intervalos [–4 , –3] y [–3 , –2]. Interpreta los valores obtenidos.

b. En los intervalos [–1 , 0] y [0 , 1]. Interpreta el resultado obtenido.

35 Halla la tasa de variación media de la función $f(x) = x^2 - 2x + 4$ en los intervalos [0 , 1], [0 , 2] y [0 , 3]. Indica sobre su gráfica las diferencias entre los distintos valores obtenidos.

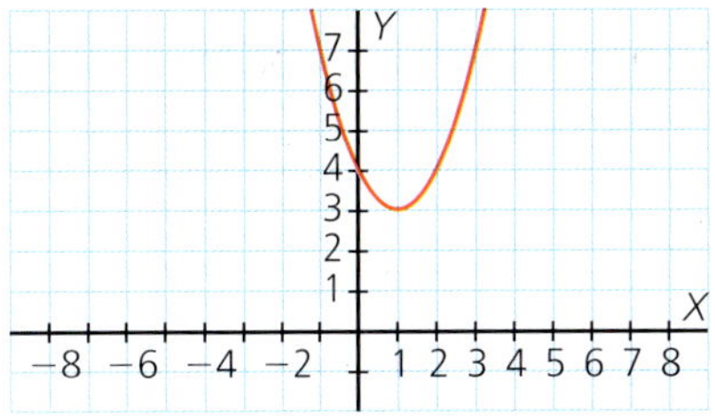

36 Halla la TVM de la función $f(x) = x^2 - 5x + 7$ en los intervalos [3 , 5] y [5 , 7]. ¿En cuál de los dos crece o decrece con mayor rapidez?

37 Estas dos gráficas muestran el espacio recorrido por sendos vehículos en un recorrido de 1 km:

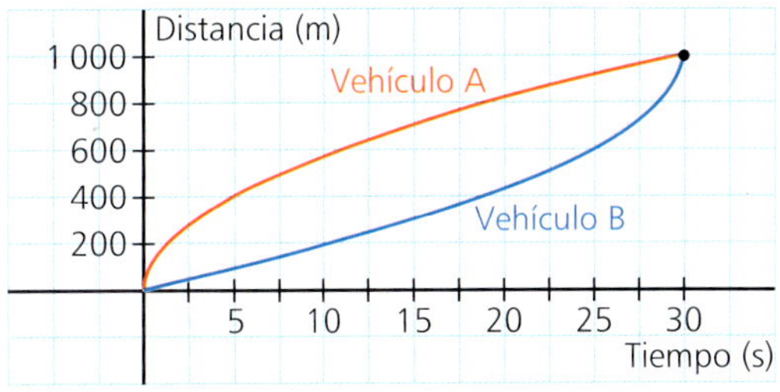

a. ¿Cuál de los dos vehículos ha sido más rápido?

b. Describe cómo ha sido el trayecto de cada uno.

38 El crecimiento de dos poblaciones de bacterias viene dado por la siguiente gráfica:

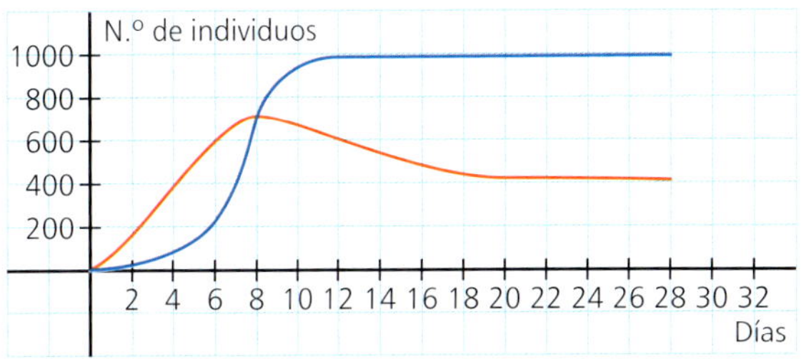

a. Calcula la TVM de ambas especies entre los días 0 y 4, por un lado, y 4 y 8, por otro. Explica los resultados apoyándote en la gráfica.

b. Halla la TVM de ambas especies entre los días 0 y 12. Explica los resultados apoyándote en la gráfica.

5 Curvatura y puntos de inflexión

39 Indica si las siguientes funciones son cóncavas o convexas y en qué intervalos:

a. 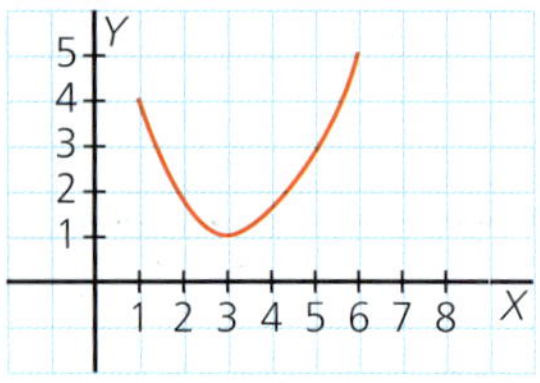

b. 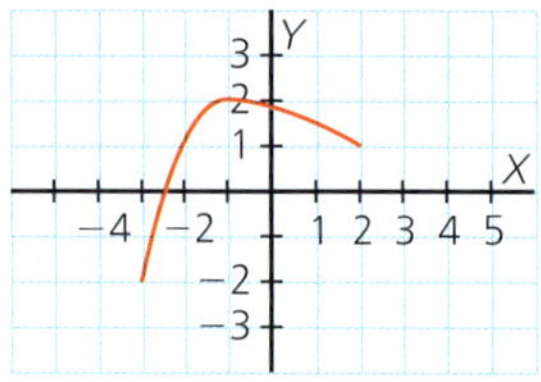

40 Estudia la curvatura de las siguientes funciones e indica sus puntos de inflexión:

a. 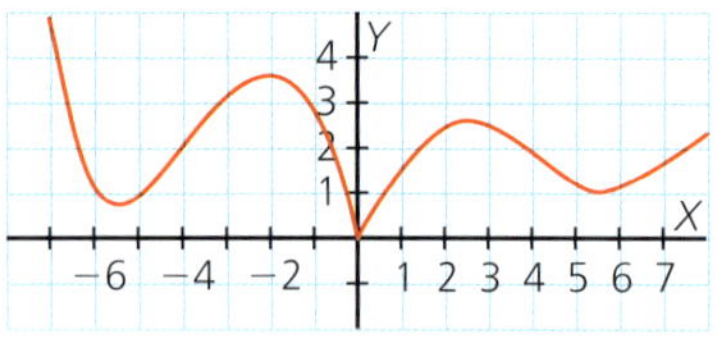

b. 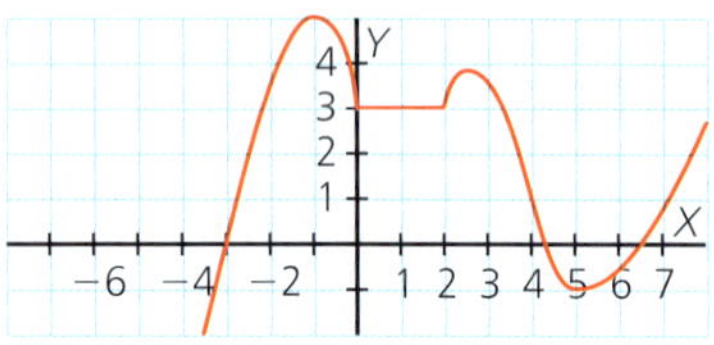

41 Determina los intervalos de concavidad y convexidad y los puntos de inflexión de la función dada por la siguiente gráfica:

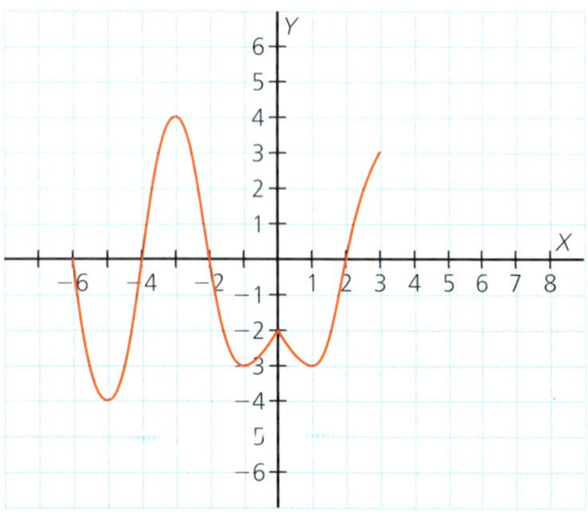

42 Dibuja la gráfica de una función que sea convexa a la izquierda del punto (0 , 0) y cóncava a la derecha.

43 Dibuja la gráfica de una función que sea cóncava en el intervalo (0 , 4) y convexa en el intervalo (4 , 8) pero que no tenga puntos de inflexión.

44 Dibuja la gráfica de estas funciones:

a. Es cóncava en los intervalos $(-\infty , -2)$ y $(3 , +\infty)$. Es convexa en el intervalo $(-2 , 3)$. Tiene dos puntos de inflexión, uno en $(-2 , 0)$ y otro en $(3 , 2)$.

b. Es cóncava en $(-\infty , -3)$, $(-3 , 4)$ y $(4 , +\infty)$ y no tiene puntos de inflexión.

6 Análisis, interpretación y dibujo de gráficas

45 Considera la función *f*, cuya gráfica es la siguiente:

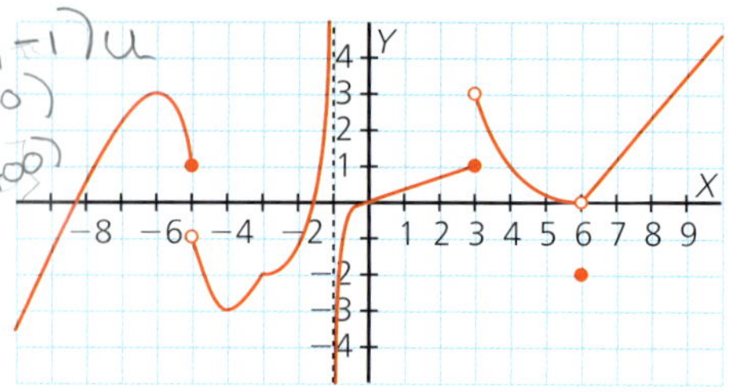

a. ¿Cuál es el dominio de la función? ¿Y el recorrido?

b. ¿Es una función continua en su dominio?

c. Indica si la función tiene algún punto de discontinuidad y clasifícalo.

d. Calcula f (–5), f (–4), f (3) y f (6).

e. Establece cuáles son sus máximos y sus mínimos.

f. Señala cuáles son sus máximos y mínimos absolutos.

g. Determina sus intervalos de crecimiento y decrecimiento.

46 Analiza esta gráfica e indica las siguientes características de la función:

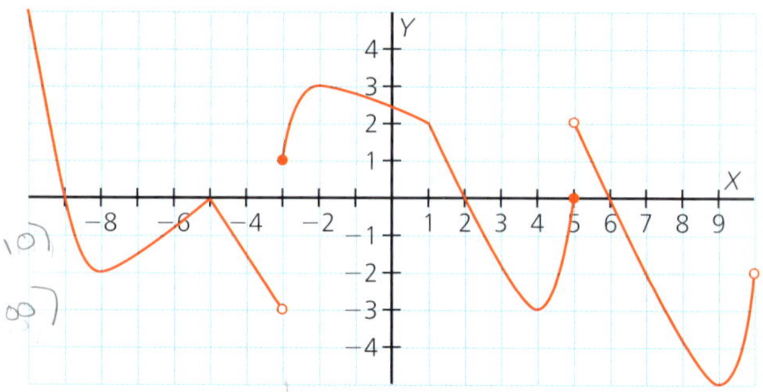

a. El dominio y el recorrido.

b. Los intervalos de crecimiento.

c. Los máximos y mínimos relativos y los máximos y mínimos absolutos.

d. Los intervalos de concavidad y convexidad.

e. Los puntos de inflexión.

f. Las simetrías y la periodicidad.

47 Analiza la función cuya gráfica viene dada por la siguiente curva:

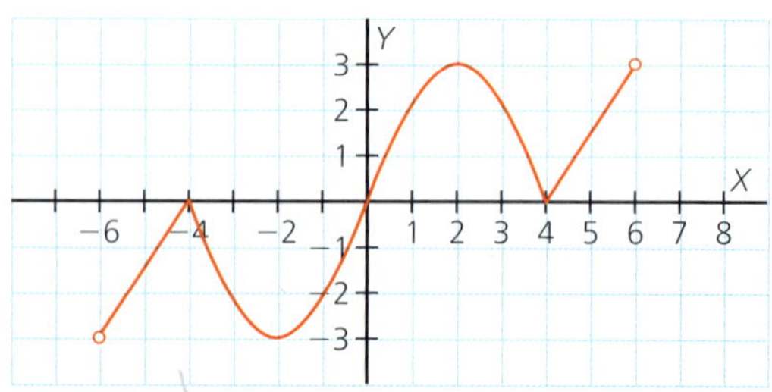

48 Los gastos e ingresos mensuales de una empresa que vende ordenadores están representados en esta gráfica:

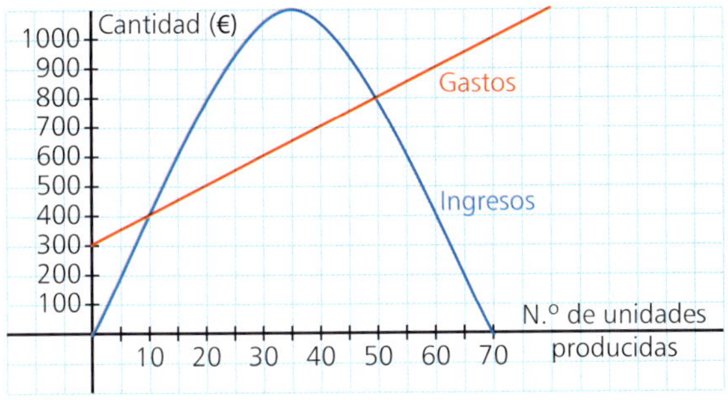

a. ¿Cuáles son los ingresos y los gastos por la venta de 0 ordenadores? ¿Cuánto dinero necesita la empresa para empezar a funcionar?

b. Si los beneficios de la empresa se obtienen restando a los ingresos los gastos, ¿qué beneficios supone la venta de 10 ordenadores?

c. ¿Cuántos ordenadores debe fabricar la empresa para alcanzar unos ingresos máximos? ¿Y para conseguir unos beneficios máximos?

d. ¿Le resulta rentable a la empresa una venta de 70 ordenadores? ¿Y de 5 ordenadores? ¿Por qué?

e. ¿Cuántos ordenadores debe vender la empresa como mínimo para no tener pérdidas?

49 El consumo de dos vehículos en función de la velocidad viene reflejado en la siguiente gráfica:

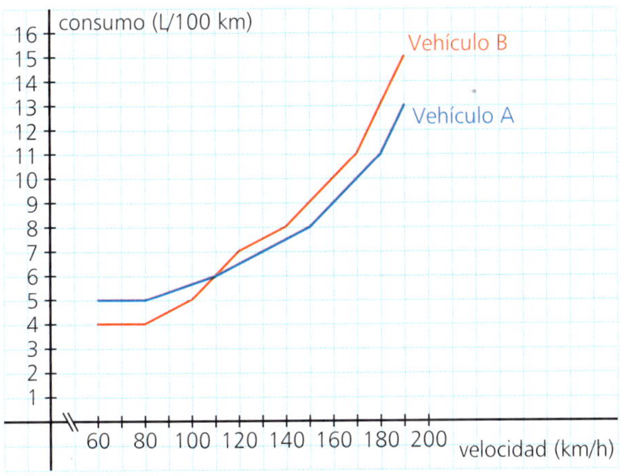

a. Si los vehículos circulan a una velocidad de entre 60 km/h y 80 km/h, ¿cuál es el más económico?

b. ¿Qué vehículo resultaría más rentable para la ciudad?

c. ¿A qué velocidad tienen los dos vehículos el mismo consumo?

d. ¿Cuál es la TVM de ambos vehículos entre 100 km/h y 120 km/h? Interpreta el resultado.

e. Se quiere seleccionar un vehículo para realizar grandes distancias por toda Europa, fundamentalmente en Alemania, donde existen autopistas sin límite de velocidad. ¿Cuál de los dos vehículos resultaría más rentable?

f. Para el vehículo B, ¿entre qué dos velocidades es el consumo muy elevado?

50 La siguiente gráfica representa la temperatura de un enfermo durante sus 12 primeras horas de convalecencia:

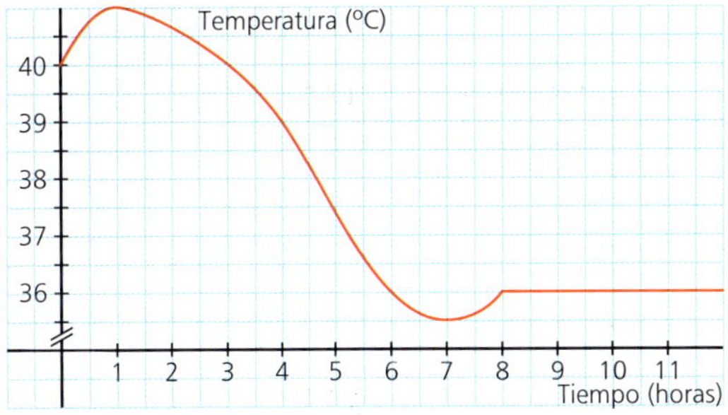

a. ¿Cuál es el dominio de esta función? Interpreta su significado.

b. ¿Cuál es su recorrido? Interpreta su significado.

c. ¿En qué momento alcanza su temperatura máxima? ¿Y su temperatura mínima?

d. ¿En qué intervalos horarios crece la temperatura y en cuáles decrece?

e. ¿A qué hora su temperatura es regular y normal?

f. Realiza un pequeño informe que dé una interpretación general de los resultados.

51 Dibuja la gráfica de una función que verifique las siguientes condiciones:

- $D(f) = [-3, 4)$ y $R(f) = (-\infty, 2]$
- Corta al eje X en los puntos $(-2, 0)$ y $(1, 0)$ y al eje Y en el punto $(0, 1)$.
- Tiene un punto de discontinuidad de salto finito en $x = 2$, y la amplitud del salto es -1.
- Tiene un punto de discontinuidad evitable en $x = -1$.
- Tiene un punto de discontinuidad de salto infinito en $x = 0$.
- Es creciente en $(-2, -1) \cup (-1, 0) \cup (0, 4)$ y decreciente en el intervalo $(-3, -2)$.
- $f(-3) = 2$ y $f(-1) = 1$

52 Dibuja la gráfica de una función con estas características:

- $D(f) = [-5, +\infty)$; $R(f) = (-\infty, 3]$
- Corta al eje Y en el punto $(0, 2)$ y al eje X en los puntos $(-3, 0)$ y $(4, 0)$.
- Es positiva en $(-5, -3) \cup (-3, 2) \cup (2, 4)$ y negativa en $(4, +\infty)$.
- Es decreciente en $(-5, -3) \cup (0, 2) \cup (3, +\infty)$ y creciente en $(-3, 0) \cup (2, 3)$.
- Tiene un mínimo relativo en $(-3, 0)$ y dos máximos relativos en $(0, 2)$ y $(3, 3)$.
- Es continua en su dominio, salvo en $x = 2$, donde tiene una discontinuidad de salto finito de 2 unidades.
- Es cóncava en $(-1, 2) \cup (2, +\infty)$ y convexa en $(-5, -1)$.
- $f(-5) = 3$ y $f(2) = 2$

¿Tiene la función algún máximo o mínimo absoluto?

06 TIPOS DE FUNCIONES

NO SE TRATA DE DÓNDE
VIENES
SINO DE A DÓNDE
VAS

ELLA FITZGERALD

PRESENTAR

DISFRÁZATE DE FUNCIÓN

Vuestro colegio ha organizado una gran fiesta de disfraces bajo el lema «La función lineal y afín». Diseñad vuestros atuendos y recopilad todas las características de la función que representáis. Llegado el momento de la fiesta, tendréis que buscar, entre todos los invitados, a aquellos que hayan elegido vuestro mismo tipo de función. Cuando os hayáis reunido todos, explicaréis al resto de invitados a la fiesta qué es lo que representáis y cuáles son vuestras características. Será un buen momento para «conoceros» mejor.

CONOCER

PINTORES DE FUNCIONES

En un museo cercano a vuestro centro se va a celebrar una exposición de obras relacionadas con las funciones cuadráticas y el comisario de la exposición os ha pedido ayuda para completarla. Organizad la clase en grupos, de modo que unos se encarguen de escribir las características de funciones cuadráticas determinadas y los otros de dibujarlas siguiendo las indicaciones. Después, los grupos intercambiarán los roles. Los dibujos resultantes se entregarán luego al comisario de la exposición para exhibirlos en el museo.

CREAR

¡CUIDADO, QUE HAY CURVAS!

Una empresa de juegos educativos os ha contratado para elaborar un juego orientado a aprender matemáticas de una forma entretenida. Con este fin, habéis pensado en preparar tarjetas de dos colores: uno de ellos para las funciones de proporcionalidad inversa y el otro color dedicado a las funciones exponenciales. En cada una de las tarjetas de cada color tendréis que plantear una cuestión sobre el tipo de función correspondiente e incluir la solución en el reverso. Partiendo de este material, inventaos un juego y diseñad sus reglas.

INVESTIGAR

EL NOTICIERO

Os han pedido que elaboréis un artículo sobre las aplicaciones de las funciones para incluirlo en la próxima edición de la revista que vuestro centro de enseñanza publica con carácter anual. Así que tenéis que convertiros por unos días en reporteros atentos a vuestro entorno, Internet, la televisión, etc., a fin de recopilar noticias interesantes sobre todo tipo de situaciones y eventos susceptibles de ser representados o complementados mediante funciones. Preparad un *collage* con todas estas noticias y sus funciones y proponedlas como un «gran noticiero» para incluir en la revista.

1 FUNCIONES LINEALES Y AFINES

Las funciones cuya gráfica viene determinada por una recta pueden ser lineales o afines.

> **Una función lineal** o de **proporcionalidad directa** es aquella cuya expresión algebraica es de la forma $y = mx$, donde m recibe el nombre de constante de proporcionalidad o pendiente de la recta que la representa.

> **Una función afín** es aquella cuya expresión algebraica es de la forma $y = mx + n$, donde m recibe el nombre de constante de proporcionalidad o pendiente de la recta que representa, y n es la ordenada en el origen.

CARACTERÍSTICAS PRINCIPALES DE LAS FUNCIONES LINEALES Y AFINES

Funciones lineales: $y = mx$

- Su dominio y su recorrido es $\mathbb{R}$.
- Su gráfica es una recta de pendiente m que pasa por (0 , 0):
  - Si $m > 0$, la función es creciente.
  - Si $m < 0$, la función es decreciente.
  - Si $m = 0$, la función es constante. La función sería $y = 0$, que coincide con el eje X.
- Si se conoce un punto cualquiera de la recta, (x_1 , y_1), distinto del origen, se puede hallar la pendiente mediante la siguiente expresión:

$$m = \frac{y_1}{x_1}$$

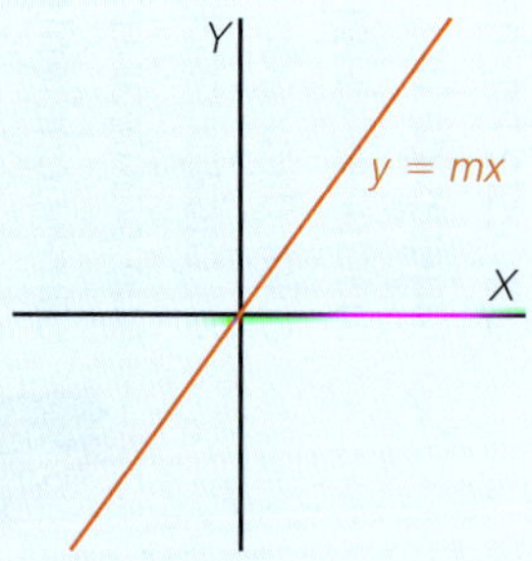

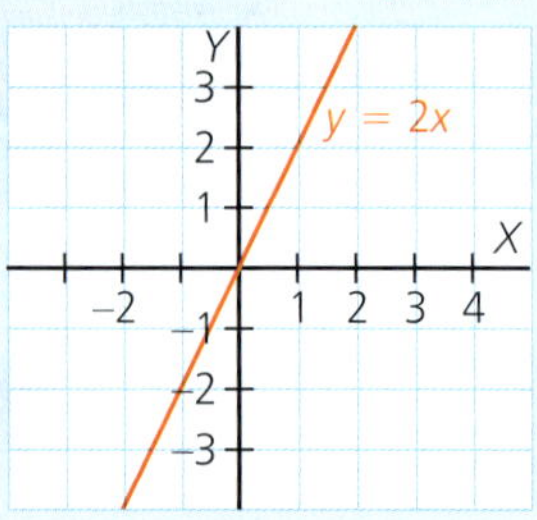

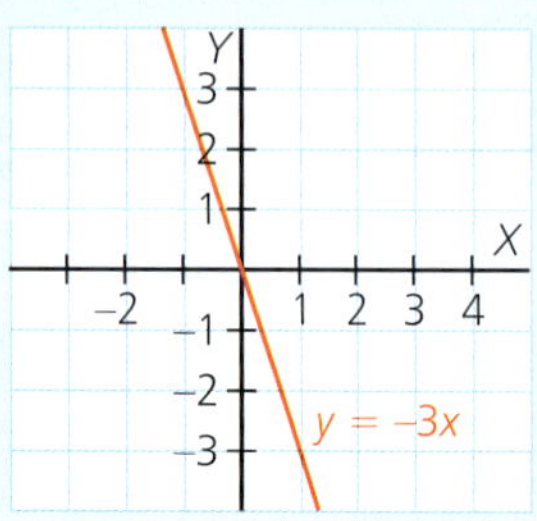

Funciones afines: $y = mx + n$

- Su dominio y su recorrido es $\mathbb{R}$.
- Su gráfica es una recta de pendiente m que pasa por (0 , n):
  - Si $m > 0$, la función es creciente.
  - Si $m < 0$, la función es decreciente.
  - Si $m = 0$, la función es constante. La función sería $y = n$, una recta horizontal que pasa por (0 , n).
- Si se conocen dos puntos cualesquiera de la recta, (x_1 , y_1) y (x_2 , y_2), se puede hallar la pendiente aplicando la siguiente expresión:

$$m = \frac{y_2 - y_1}{x_2 - x_1}$$

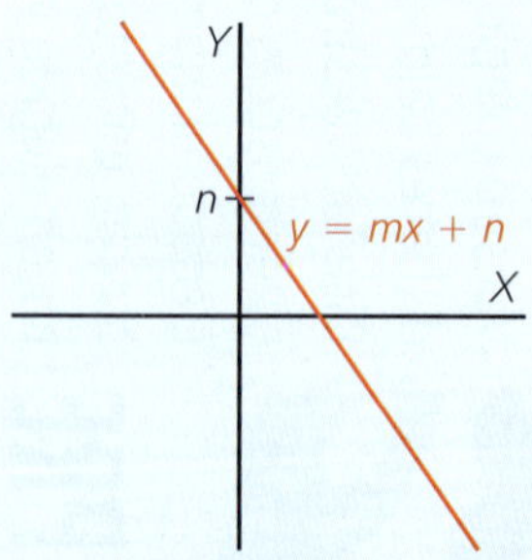

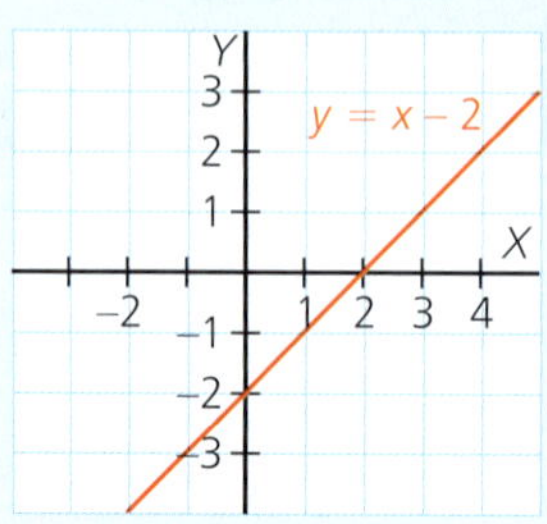

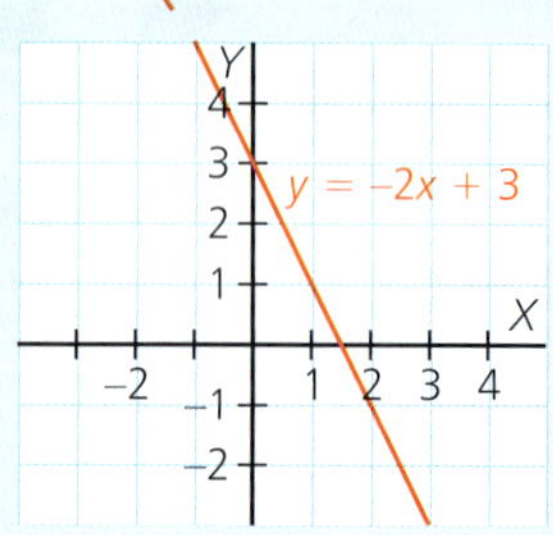

Actividades resueltas

1 **Indica si las siguientes funciones son lineales o afines y crecientes, decrecientes o constantes y dibuja su gráfica:**

a. $y = -2x$ **b.** $y = 3x - 2$ **c.** $y = 3$

a. $y = -2x$ es de la forma $y = mx$; en consecuencia, es una función lineal.

Como $m = -2 < 0$, la función es decreciente.

Al tratarse de una función lineal, pasará por el punto (0 , 0). Por tanto, para obtener otro punto a fin de poder representarla, se toma un valor de x distinto de cero y se sustituye en la función. Por ejemplo:

$$x = 1 \Rightarrow y = -2 \cdot (1) = -2$$

Se representan sobre unos ejes cartesianos los puntos (0 , 0) y (1 , –2) y se unen.

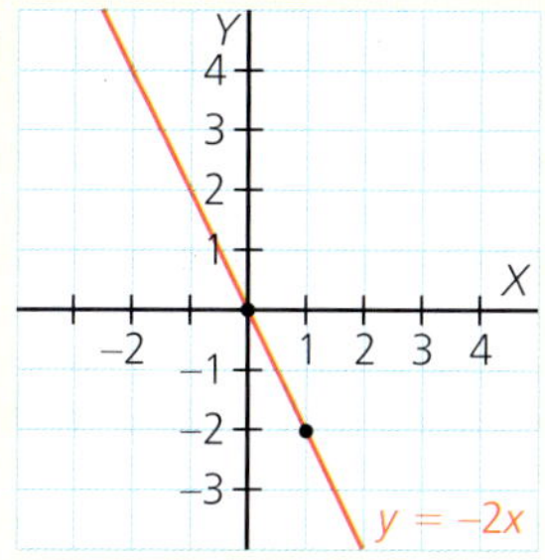

b. $y = 3x - 2$ se ajusta a la forma $y = mx + n$; así pues, es una función afín.

Como $m = 3 > 0$, la función es creciente.

En primer lugar, se toma el punto de la ordenada en el origen, (0 , –2). Después, se selecciona otro valor de x y se sustituye en la función. Por ejemplo:

$$x = 1 \Rightarrow y = 3 \cdot 1 - 2 = 1$$

Se representan sobre unos ejes cartesianos los puntos (0 , –2) y (1 , 1) y se unen.

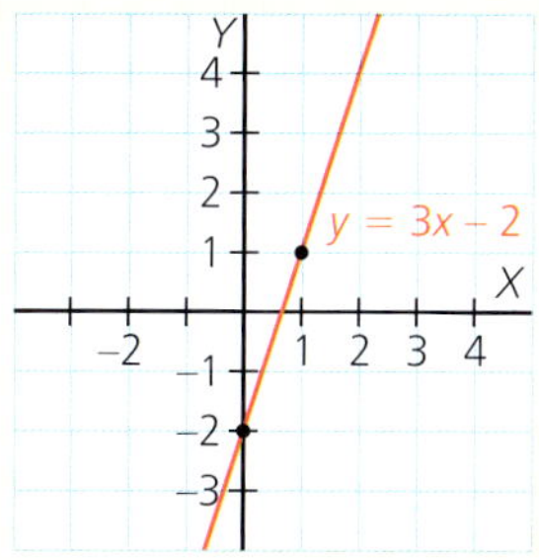

c. $y = 3$ tiene la forma $y = mx + n$; es, consecuentemente, una función afín.

Como $m = 0$, la función es constante.

Su representación es una línea horizontal a la altura del punto de la ordenada en el origen, (0 , 3).

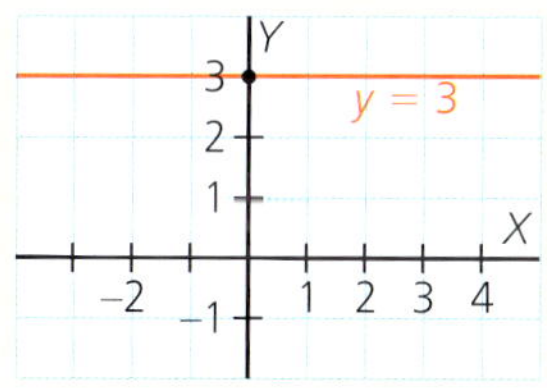

2 **Determina la expresión algebraica de las siguientes funciones, teniendo en cuenta las condiciones dadas:**

a. **Función lineal que pasa por el punto (3 , –6).**

b. **Función afín que pasa por los puntos (1 , 2) y (5 , 4).**

a. Como es una función lineal, su expresión algebraica será de la forma $y = mx$. Al conocer un punto de la recta, es posible calcular la pendiente, *m:*

$$m = \frac{-6}{3} = -2$$

Por tanto, la expresión algebraica de la función es $y = -2x$.

b. Dado que es una función afín, su expresión algebraica será de la forma $y = mx + n$. Puesto que se conocen dos puntos de la recta, se puede determinar la pendiente, *m:*

$$m = \frac{4-2}{5-1} = \frac{2}{4} = \frac{1}{2}$$

Para hallar la ordenada en el origen, se elige uno de los dos puntos conocidos, (1 , 2), y se sustituye en la ecuación, teniendo en cuenta que $m = \frac{1}{2}$:

$$2 = \frac{1}{2} \cdot 1 + n \Rightarrow 2 - \frac{1}{2} = n \Rightarrow n = \frac{3}{2}$$

Por lo tanto, la expresión algebraica de la función es así: $y = \frac{1}{2}x + \frac{3}{2}$

2 FUNCIONES CUADRÁTICAS

Una función cuadrática tiene por expresión algebraica un polinomio de segundo grado de la forma $y = ax^2 + bx + c$, donde a, b y c $\in \mathbb{R}$ y a $\neq 0$.

CARACTERÍSTICAS PRINCIPALES DE LAS FUNCIONES CUADRÁTICAS

La representación gráfica es una parábola cuyos elementos son:

Abertura

El valor de *a* determina la abertura de la parábola. Cuanto mayor sea su valor absoluto, más cerrada será la abertura. Además:

- Si $a > 0$, las ramas de la parábola van hacia arriba.
- Si $a < 0$, las ramas de la parábola van hacia abajo.

Puntos de corte con los ejes

- **Con el eje *X*:**

$$y = 0 \Rightarrow ax^2 + bx + c = 0$$

Los puntos de corte se obtienen resolviendo esa ecuación de segundo grado, por lo que podrá haber dos, uno o ninguno, dependiendo del número de soluciones. Serán de la forma $(x, 0)$.

- **Con el eje *Y*:**

$$x = 0 \Rightarrow y = a \cdot 0^2 + b \cdot 0 + c = c$$

El punto de corte es $(0, c)$.

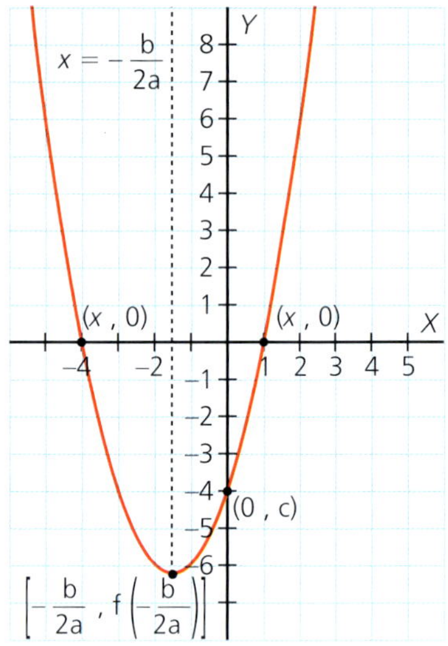

Vértice

Es el máximo absoluto de la función, si $a < 0$, o el mínimo absoluto, si $a > 0$.

Sus coordenadas son $V = (x_v, y_v)$, donde $x_v = \frac{-b}{2a}$, $y_v = f\left(\frac{-b}{2a}\right)$.

Eje de simetría

Es la recta paralela al eje *Y* que pasa por el vértice de la función.

Su ecuación es la siguiente:

$$x = \frac{-b}{2a}$$

Ten en cuenta

- La función es convexa si las ramas de la parábola van hacia arriba, es decir, si $a > 0$.
- La función es cóncava si las ramas de la parábola van hacia abajo, esto es, si $a < 0$.

Actividad resuelta

Indica si las siguientes funciones son cuadráticas y, en caso afirmativo, señala hacia dónde está orientada su curva sin representarla gráficamente:

a. $f(x) = -3x^2 + 4x - 1$ **b.** $f(x) = 2x - 1$ **c.** $f(x) = -2x + 5x^2$ **d.** $f(x) = 3x^2 - x - 3x^2$

a. La función es cuadrática, puesto que se ajusta a la forma $f(x) = ax^2 + bx + c$. Como $a = -3 < 0$, las ramas de la parábola están orientadas hacia abajo. Es una función cóncava y, además, presenta un máximo absoluto en su vértice.

b. En este caso no es una función cuadrática, porque no tiene término de segundo grado. Al ser de la forma $y = mx + n$, se trata de una función afín.

c. Se trata de una función cuadrática, ya que es de la forma $f(x) = ax^2 + bx + c$. Como $a = 5 > 0$, las ramas de la parábola están orientadas hacia arriba. Es una función convexa y, además, presenta un mínimo absoluto en su vértice.

d. Se simplifican los términos que tengan la misma parte literal y la función queda así: $f(x) = -x$. Por lo tanto, no se trata de una función cuadrática, ya que no tiene término de segundo grado.

Actividades resueltas

1 Calcula los vértices y los puntos de corte para representar las siguientes funciones cuadráticas:

a. $f(x) = x^2 - 2x - 3$ **b.** $f(x) = x^2 - 9$

a. Como a = 1 > 0, las ramas de la parábola apuntan hacia arriba, por lo que tiene un mínimo absoluto.

Se calcula el vértice de la parábola:

$$x = \frac{-b}{2a} = \frac{2}{2 \cdot 1} = 1 \Rightarrow y = 1^2 - 2 \cdot 1 - 3 = -4 \Rightarrow V = (1\,,\,-4)$$

El eje de simetría de la parábola viene dado por la recta $x = 1$.

Se procede al cálculo de los puntos de corte:

- Con el eje *Y*. Se sustituye $x = 0 \Rightarrow y = 0^2 - 2 \cdot 0 - 3 = -3 \Rightarrow (0\,,\,-3)$.
- Con el eje *X*. Se resuelve la ecuación de segundo grado $x^2 - 2x - 3 = 0$:

$$x = \frac{2 \pm \sqrt{4 - 4 \cdot 1 \cdot (-3)}}{2 \cdot 1} = \frac{2 \pm 4}{2} = \begin{cases} 3 \\ -1 \end{cases}$$

Por lo tanto, los puntos de corte con el eje *X* son (3 , 0) y (–1 , 0). Se señalan los cuatro puntos sobre los ejes de coordenadas y se unen de izquierda a derecha.

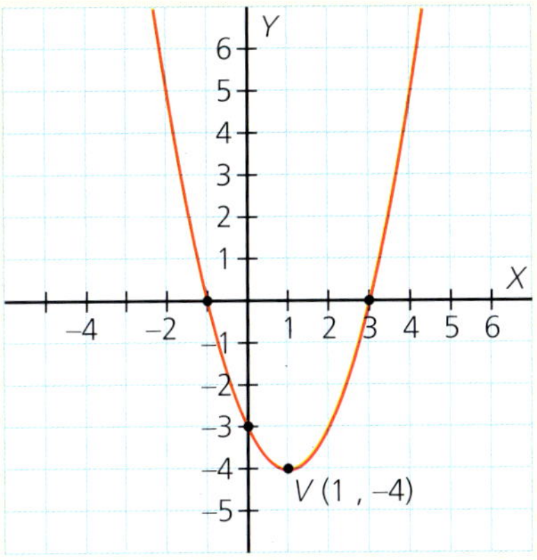

b. Como a = 1 > 0, las ramas de la parábola apuntan hacia arriba, de modo que la función tiene un mínimo absoluto.

Se calcula el vértice de la parábola:

$$x = \frac{-b}{2a} = \frac{0}{2 \cdot 1} = 0 \Rightarrow y = 0 - 9 = -9 \Rightarrow V = (0\,,\,-9)$$

El eje de simetría de la parábola es la recta $x = 0$.

Se calculan los puntos de corte:

- Con el eje *Y*. Se sustituye $x = 0 \Rightarrow y = 0^2 - 9 = -9 \Rightarrow (0\,,\,-9)$.
- Con el eje *X*. Se resuelve la ecuación de segundo grado $x^2 - 9 = 0 \Rightarrow$

$$\Rightarrow x = \pm\sqrt{9} = \begin{cases} -3 \\ 3 \end{cases}.$$

Así pues, los puntos de corte con el eje *X* son (–3 , 0) y (3 , 0). Se señalan los cuatro puntos sobre los ejes de coordenadas y se unen de izquierda a derecha.

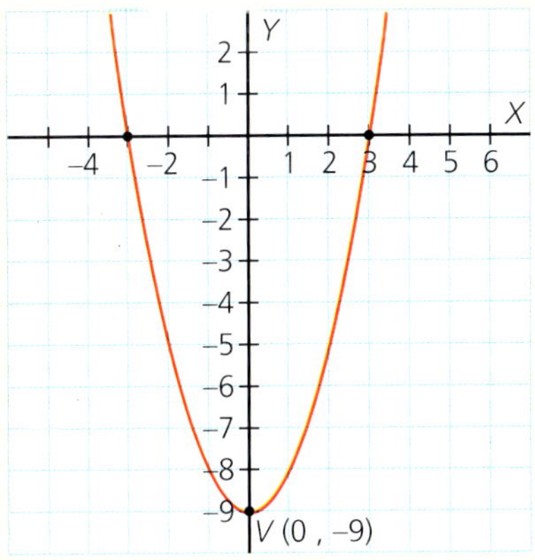

2 Determina la expresión algebraica de la función cuadrática que pasa por los puntos (0 , 6), (2 , 0) y (1 , 2).

La expresión algebraica de la función es $y = ax^2 + bx + c$.

Con la condición de que pase por esos tres puntos, se deben cumplir las siguientes igualdades, sustituyendo los valores de *x* e *y* de cada uno de los puntos en la expresión general:

$$\begin{cases} a \cdot 0^2 + b \cdot 0 + c = 6 \\ a \cdot 2^2 + b \cdot 2 + c = 0 \\ a \cdot 1^2 + b \cdot 1 + c = 2 \end{cases} \Rightarrow \begin{cases} c = 6 \\ 4a + 2b + c = 0 \\ a + b + c = 2 \end{cases} \Rightarrow \begin{cases} c = 6 \\ 4a + 2b + 6 = 0 \\ a + b + 6 = 2 \end{cases}$$

Al resolver el sistema formado por la segunda y la tercera ecuación, se obtienen los valores a = 1 y b = –5. Por lo tanto, la función es $f(x) = x^2 - 5x + 6$.

3 FUNCIONES DE PROPORCIONALIDAD INVERSA

La función de proporcionalidad inversa tiene como expresión algebraica $y = \frac{k}{x}$, donde $k \neq 0$ y se denomina constante de proporcionalidad inversa de la variable x respecto de la variable y.

CARACTERÍSTICAS DE LAS FUNCIONES DE PROPORCIONALIDAD INVERSA

La representación gráfica es una hipérbola.

Posición en el plano

El valor de k determina en qué cuadrantes se encuentran sus ramas:

- Si $k > 0$, las ramas de la hipérbola están en el primer y en el tercer cuadrante.
- Si $k < 0$, las ramas de la hipérbola están en el segundo y en el cuarto cuadrante.

Asíntotas

- A medida que la variable x toma valores más grandes, en valor absoluto, las ramas se aproximan a la recta $y = 0$ (eje X), llamada **asíntota horizontal.**
- Conforme la variable y toma valores más grandes, en valor absoluto, las ramas se aproximan a la recta $x = 0$ (eje Y), llamada **asíntota vertical.**

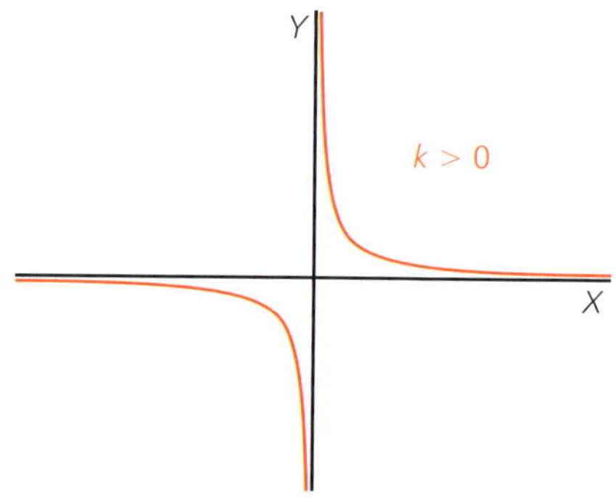

Discontinuidad

La función presenta una discontinuidad de salto infinito en $x = 0$. En ese valor, la función no está definida, ya que $y = \frac{k}{0}$.
Por lo tanto, su dominio es $D(f) = \mathbb{R} - \{0\}$.
Además, como $k \neq 0$, la variable y no puede tomar el valor 0, por lo que el recorrido de la función es $R(f) = \mathbb{R} - \{0\}$.

Simetría

La hipérbola es simétrica con respecto al origen de coordenadas, es decir, tiene simetría impar.

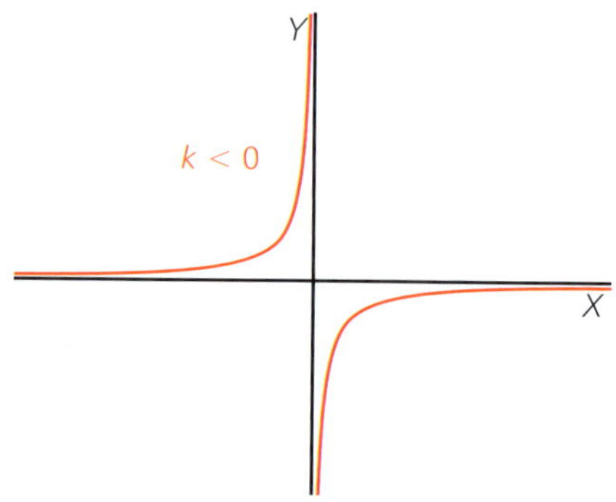

Actividad resuelta

A partir de la función representada en la gráfica:

a. Estudia sus características.

b. Determina su expresión algebraica.

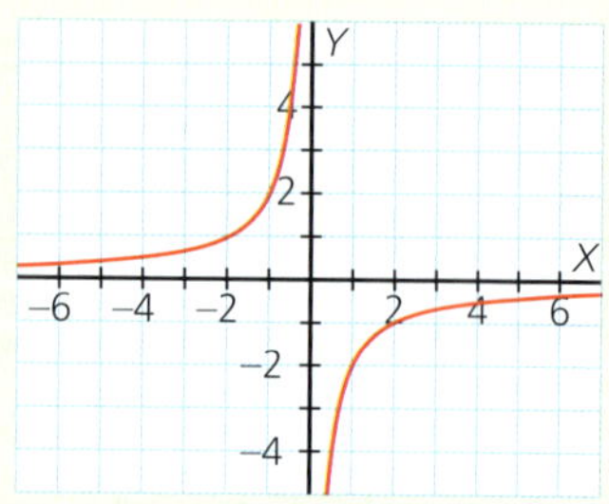

a. Se trata de una hipérbola. $D(f) = \mathbb{R} - \{0\}$ y $R(f) = \mathbb{R} - \{0\}$

No corta a los ejes en ningún punto. Es una función creciente en todo su dominio y no tiene máximos ni mínimos locales. Tiene una asíntota vertical en $x = 0$ y una asíntota horizontal en $y = 0$.

b. Al tratarse de una función de proporcionalidad inversa, su expresión algebraica es $y = \frac{k}{x}$.
Como pasa por el punto $(2, -1)$, se sustituyen los valores en la expresión:

$$-1 = \frac{k}{2} \Rightarrow k = -2. \text{ Por tanto, la función vendría dada por } f(x) = -\frac{2}{x}.$$

Actividades resueltas

1 **Elabora una tabla de valores para representar las funciones de proporcionalidad inversa:**

a. $y = \frac{6}{x}$ **b.** $y = -\frac{4}{x}$

a. Se construye la tabla de valores para representar la función y se sustituyen los valores de x en la expresión algebraica a fin de obtener los valores de y:

x	−3	−2	−1	1	2	3
y	−2	−3	−6	6	3	2

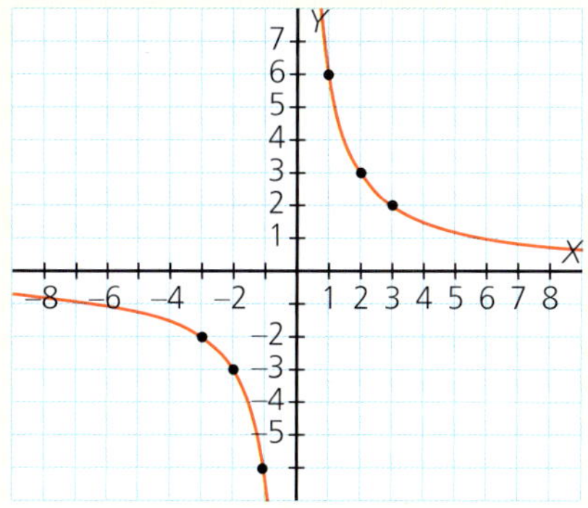

Con estos valores se tiene una referencia de por dónde se debe trazar la gráfica. Al tratarse de una ecuación de la forma $y = \frac{k}{x}$, la gráfica debe tener una asíntota vertical en $x = 0$ y una asíntota horizontal en $y = 0$, lo que se ha de tener presente al realizar la representación gráfica.

b. Tabla de valores:

x	−4	−2	−1	1	2	4
y	1	2	4	−4	−2	−1

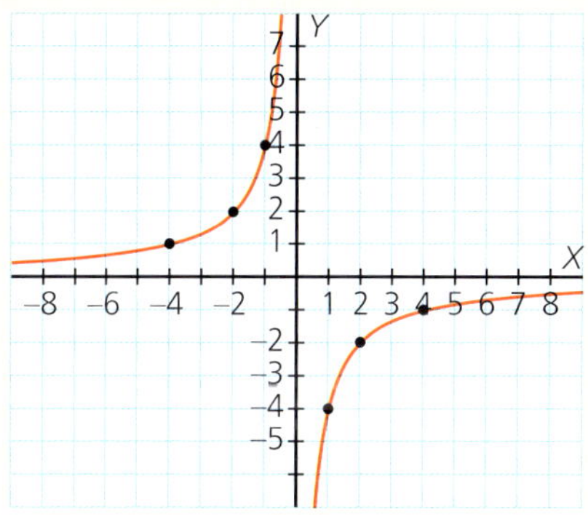

Estos valores indican por dónde se debe trazar la gráfica. Igual que en el apartado anterior, la función es de proporcionalidad inversa, por lo que tendrá una asíntota vertical en $x = 0$ y una asíntota horizontal en $y = 0$.

2 **Determina la función de proporcionalidad inversa que pasa por el punto (5 , 12).**

Como se trata de una función de proporcionalidad inversa, se sabe que es de la forma $y = \frac{k}{x}$. De este modo, tomando el punto (5 , 12), tenemos que:

$$12 = \frac{k}{5} \Rightarrow 5 \cdot 12 = k \Rightarrow k = 60$$

Por lo tanto, la función de proporcionalidad inversa que pasa por (5 , 12) es $f(x) = \frac{60}{x}$.

3 **Determina la expresión algebraica que establece la relación que existe entre la base y la altura de todos los rectángulos que tengan un área de 12 cm² y represéntala gráficamente.**

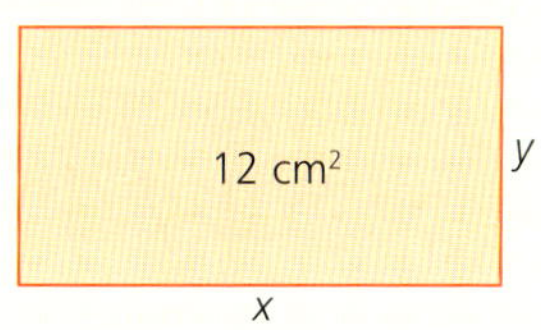

Sean x e y las medidas de la base y la altura del rectángulo, respectivamente.

Estos rectángulos cumplen que $x \cdot y = 12$ y se relacionan según la función de proporcionalidad inversa:

$$y = \frac{12}{x}$$

Para representarla, se construye una tabla de valores:

x	1	2	3	6	12
y	12	6	4	2	1

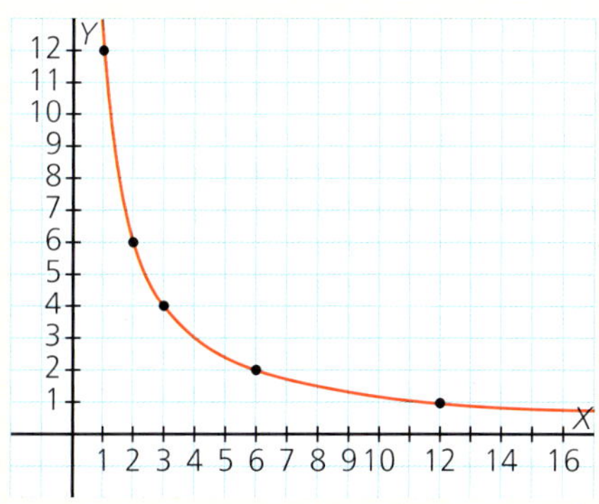

Después, se representan los puntos en un eje de coordenadas y se traza la hipérbola.

4 FUNCIONES EXPONENCIALES

La función exponencial es una función cuya expresión algebraica se ajusta a la forma $y = a^x$, donde a es un número real positivo distinto de 1.

CARACTERÍSTICAS PRINCIPALES DE LAS FUNCIONES EXPONENCIALES

- Su dominio es todo $\mathbb{R}$ y su recorrido es el intervalo $(0\ ,+\infty)$.
- Es continua en todo su dominio.
- Corta al eje Y en $(0\ ,1)$ y siempre pasa por el punto $(1\ ,a)$.
- Si $a > 1$, la función es creciente en todo su domino; por el contrario, si $0 < a < 1$, es decreciente en todo su dominio.
- No tiene ni máximos ni mínimos locales.

$a > 1$

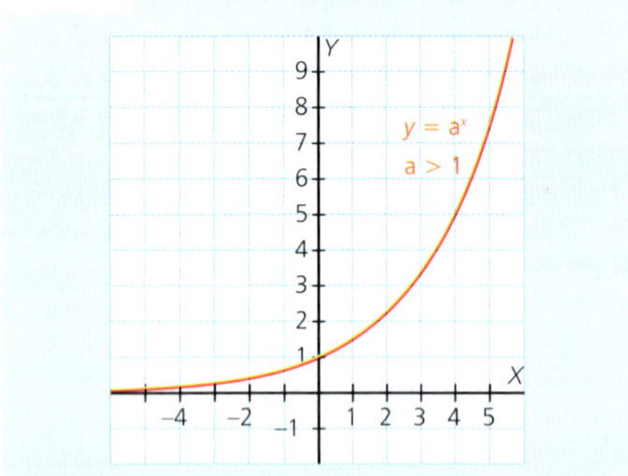

$0 < a < 1$

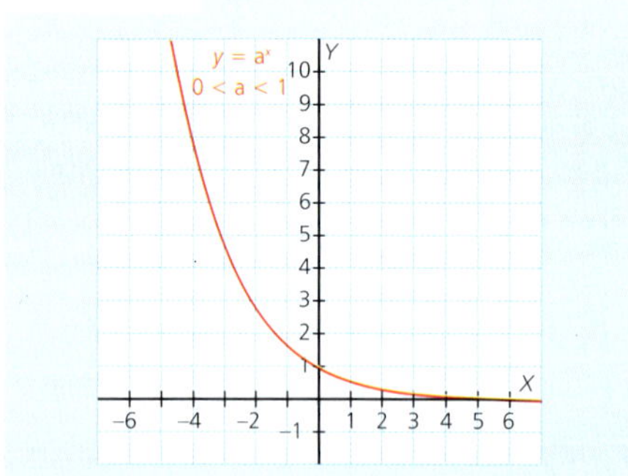

Actividad resuelta

Analiza las características de la gráfica de la función y determina su expresión algebraica.

a.

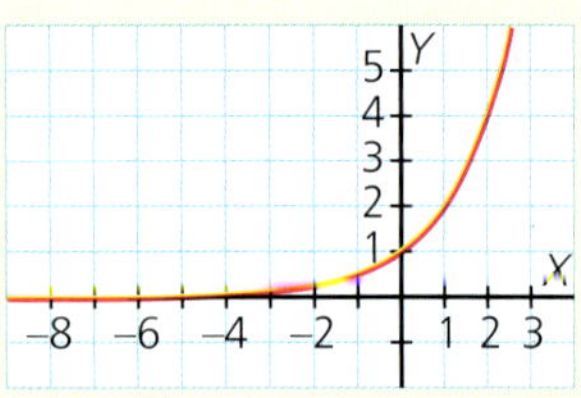

b.

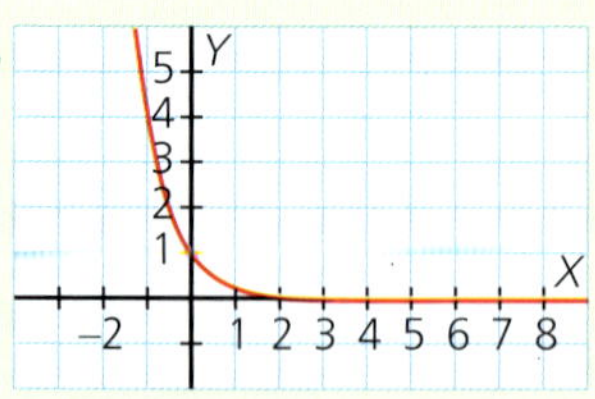

a. Es una función exponencial con $a > 0$, ya que es creciente.

El dominio de la función es todo $\mathbb{R}$ y su recorrido es $(0\ ,+\infty)$.

Es continua en todo su dominio y carece de máximos y mínimos locales. Corta al eje Y en el punto $(0\ ,1)$ y, como pasa por el punto $(1\ ,2)$, entonces $a = 2$.

Por lo tanto, la expresión algebraica de la función es $f(x) = 2^x$.

b. Es una función exponencial con $a < 0$, ya que es decreciente.

El dominio de la función es todo $\mathbb{R}$ y su recorrido es $(0\ ,+\infty)$. Es continua en todo su dominio y no tienen máximos ni mínimos locales. Corta al eje Y en el punto $(0\ ,1)$ y, dado que pasa por el punto $\left(1\ ,\frac{1}{4}\right)$, entonces $a = \frac{1}{4}$.

Así pues, la expresión algebraica de la función es $f(x) = \left(\frac{1}{4}\right)^x$.

Actividad resuelta

Elabora una tabla de valores para representar las siguientes funciones exponenciales:

a. $y = 5^x$

b. $y = \left(\frac{1}{3}\right)^x$

a. Se construye la tabla de valores:

x	−3	−2	−1	0	1	2	3
y	0,008	0,04	0,2	1	5	25	125

En primer lugar, se dibujan los puntos en los ejes de coordenadas. Después, se observa que $a = 5 > 1$, por lo que es una función continua, creciente y con asíntota horizontal. Finalmente, se unen los puntos para trazar la gráfica.

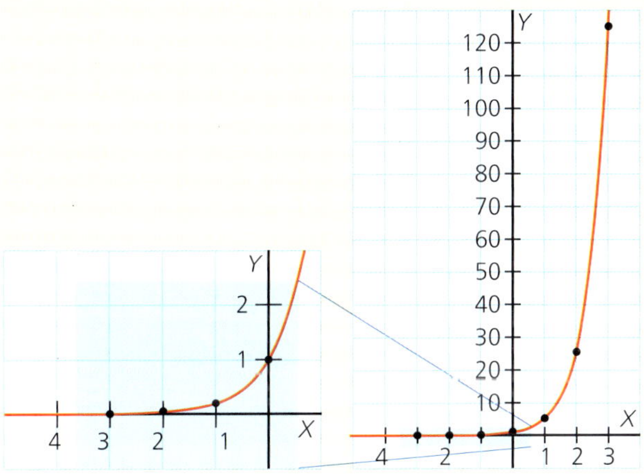

b. Se elabora la tabla de valores:

x	−3	−2	−1	0	1	2	3
y	27	9	3	1	$\frac{1}{3}$	$\frac{1}{9}$	$\frac{1}{27}$

Se dibujan primero los puntos en los ejes de coordenadas. A continuación, se observa que $a = \frac{1}{3} < 1$, con lo que se trata de una función continua, decreciente y con asíntota horizontal. Se unen, por último, los puntos para dibujar la gráfica.

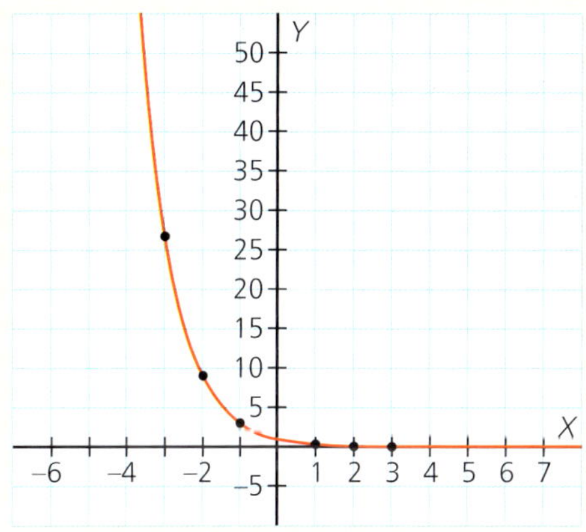

Recuento de posibilidades con la función exponencial

Un byte es una unidad de información informática que contiene una cadena de 8 ceros y unos, como, por ejemplo: 00101010, 10111011, etc. ¿Cuántas cadenas como esta se pueden generar?

Recurrimos a un diagrama de árbol para hacer el recuento del número de cadenas que pueden formarse, como se indica en el dibujo del margen.

1 El primer dígito puede ser un 0 o un 1, igual que el segundo dígito, y así sucesivamente hasta completar los ocho dígitos.

2 Cada rama que se añade duplica el número de ramas ya realizadas:

- Con el primer dígito hay dos posibilidades: 0 o 1.
- Con el segundo dígito hay cuatro posibilidades: 00, 01, 10 o 11.
- Con el tercer dígito hay ocho posibilidades: 000, 001, 010, 011, 100, 101, 110 o 111.

3 Como se va duplicando el número de posibilidades, tenemos que para el primer dígito hay 2, pero para el segundo son 2^2, para el tercero 2^3…, hasta llegar al octavo dígito, que tendrá 2^8 posibilidades.

Por lo tanto, se podrán generar $2^8 = 256$ cadenas distintas.

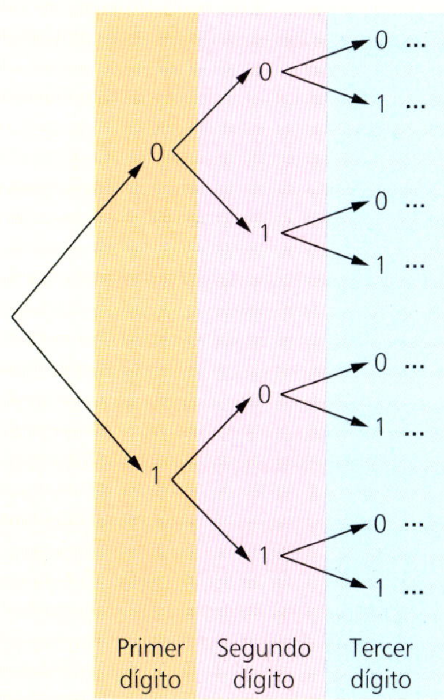

5 APLICACIONES DE LAS FUNCIONES

FUNCIONES LINEALES

Actividad resuelta

Dos grifos están llenando una piscina a una velocidad de 12 L por minuto cada uno.

a. Establece la expresión algebraica de la función que relaciona el tiempo transcurrido, en horas, desde que se empieza a llenar la piscina y los litros de agua que contiene.

b. ¿Cuántos litros de agua habrá en la piscina a las 5 h de empezar el llenado?

c. Realiza una representación gráfica de la función, teniendo en cuenta que la capacidad de la piscina es de 43 200 L y que tarda en llenarse 30 h.

a. Se toman x e y como las variables que representan el tiempo (en horas) y la cantidad de agua (en litros), respectivamente. Como se llenarán 1 440 L por cada hora, entonces $y = 1\,440x$, por lo que la función es $f(x) = 1\,440x$.

b. Cuando $x = 5$, $f(5) = 1\,440 \cdot 5 = 7\,200$. Por tanto, en 5 h se habrán llenado 7 200 L.

c. Es posible definir el dominio de la función, $D(f) = [0, 30]$, y el recorrido, $R(f) = [0, 43\,200]$. Al tratarse de una función lineal, valdría con obtener un punto distinto del (0 , 0) para representarla, por ejemplo el (5 , 7 200), que se ha obtenido en el apartado **b**.

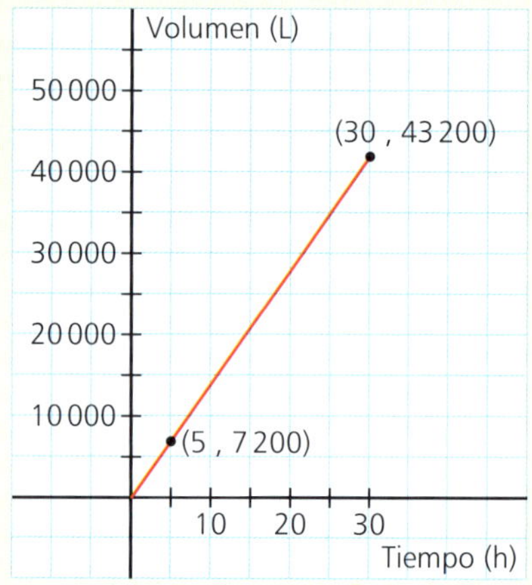

FUNCIONES AFINES

Actividad resuelta

Miguel ha comprado una planta de 1,2 m de altura. En la tienda le han dicho que la planta tiene un ritmo de crecimiento de 3 cm cada mes y puede estar creciendo hasta los 3 años.

a. Halla la expresión algebraica de la función correspondiente a la altura de la planta con relación a los meses transcurridos.

b. ¿Cuánto medirá la planta al cabo de 1 año? ¿Y hasta que deje de crecer?

c. Realiza una representación gráfica de la función.

a. Se consideran x e y las variables correspondientes al tiempo (en meses) y la altura (en metros), respectivamente. La función es de tipo lineal, $y = mx + n$. Inicialmente, la planta tiene una altura de 1,2 m, y cada mes que transcurre, representado por la variable x, crecerá 0,03 m; por lo tanto, la función será $y = f(x) = 0{,}03x + 1{,}2$.

b. Transcurrido un año, cuando $x = 12 \Rightarrow f(12) = 0{,}03 \cdot 12 + 1{,}2 = 1{,}56$ m.

La planta puede estar creciendo hasta los 36 meses. De este modo:

$$f(36) = 0{,}03 \cdot 36 + 1{,}2 = 2{,}28$$

La planta medirá 2,28 m cuando deje de crecer.

c. Siguiendo el enunciado, es posible definir el dominio de la función, $D(f) = [0, 36]$, y el recorrido, $R(f) = [1{,}2, 2{,}28]$. Como es una función afin, valdría con obtener un punto distinto del origen para representarla gráficamente, por ejemplo el (12 , 1,56) obtenido en el apartado **b**.

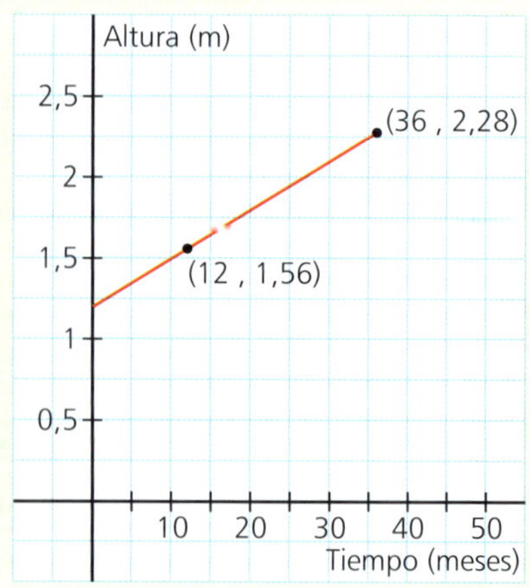

FUNCIONES CUADRÁTICAS

Actividad resuelta

Durante el proceso de fabricación, la temperatura de una pieza viene dada por la función $f(x) = -5x^2 + 30x + 35$, donde x representa el tiempo transcurrido, en horas, desde el inicio del proceso, que dura 8 h. Según esto:

a. ¿A qué temperatura se encuentra la pieza en el momento de iniciarse el proceso?

b. ¿En qué momento se alcanza la temperatura máxima? ¿Cuál es esta?

c. ¿Cuándo se encuentra la pieza a 60 °C?

d. ¿En qué momento desciende la temperatura a 0 °C?

e. ¿A qué temperatura se halla la pieza al finalizar el proceso de fabricación?

f. Representa la gráfica de la función.

a. En el instante de iniciar el proceso de fabricación han transcurrido 0 h, es decir, $x = 0$. Por lo tanto, tenemos que:

$$f(x) = -5 \cdot 0^2 + 30 \cdot 0 + 35 = 35$$

La pieza se encuentra, pues, a 35 °C.

b. Se observa que la función dada es cuadrática. Como a = –5, entonces las ramas de la parábola están dirigidas hacia abajo, por lo que la función presenta un máximo en su vértice.

Como la temperatura máxima se registrará en el vértice, se calcula este:

$$x_v = \frac{-b}{2a} = \frac{-30}{2 \cdot (-5)} = 3 \Rightarrow y_v = -5 \cdot 3^2 + 30 \cdot 3 + 35 = 80$$

Es decir, a las 3 h se alcanza la máxima temperatura, que es de 80 °C.

c. La pieza se encuentra a 60 °C cuando $f(x) = 60$. Por tanto:

$$60 = -5x^2 + 30x + 35 \Rightarrow -5x^2 + 30x - 25 = 0$$

Se resuelve la ecuación de segundo grado:

$$x = \frac{-30 \pm \sqrt{30^2 - 4 \cdot (-5) \cdot (-25)}}{2 \cdot (-5)} = \frac{-30 \pm 20}{-10} = \begin{cases} 1 \\ 5 \end{cases}$$

Es decir, transcurridas 1 h y 5 h, la pieza se encontrará a 60 °C.

d. La pieza está a 0 °C cuando $f(x) = 0$. En consecuencia:

$$0 = -5x^2 + 30x + 35$$

Se resuelve la ecuación de segundo grado:

$$x = \frac{-30 \pm \sqrt{30^2 - 4 \cdot (-5) \cdot 35}}{2 \cdot (-5)} = \frac{-30 + 40}{-10} = \begin{cases} -1 \\ 7 \end{cases}$$

Se descarta la solución $x = -1$, ya que se ha definido el valor de la variable x entre 0 y 8. Así pues, la pieza se encuentra a 0 °C tras 7 h.

e. Se calcula a qué temperatura está la pieza al cabo de 8 h, que es cuando termina el proceso de fabricación:

$$f(8) = -5 \cdot 8^2 + 30 \cdot 8 + 35 = -45$$

La pieza se encuentra, pues, a –45 °C.

f. El dominio de la función lo da el enunciado del problema: [0 , 8]

En los apartados anteriores se ha calculado:

- El vértice de la función: (3 , 80)
- Los puntos de corte con los ejes de coordenadas: (0 , 35), (–1 , 0) y (7 , 0). El punto de corte (–1 , 0) está fuera del dominio definido en el enunciado, pero ayuda a representar la función.
- Los puntos (1 , 60) y (5 , 60).

De este modo, la representación gráfica es:

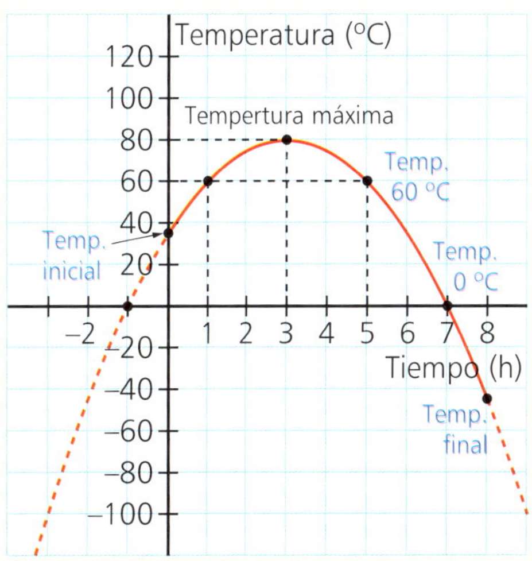

FUNCIONES DE PROPORCIONALIDAD INVERSA

Actividad resuelta

Los 200 empleados de una factoría pueden completar la producción total de cada pedido en 15 días.

a. ¿Cuántos empleados, realizando la misma cantidad de trabajo, se necesitarían para completar la producción en 10 días?

b. Determina la función que permite calcular el número de empleados necesarios para cubrir la producción en función del número de días.

c. Utiliza esta función para determinar el número de empleados necesarios para completar la producción en 8 días.

d. Realiza una representación gráfica de la función.

a. La relación entre el número de empleados y el tiempo necesario para completar la producción es inversamente proporcional, ya que, cuanto mayor es el número de empleados, menos días se necesitan para completar la producción. Así pues:

$$200 \cdot 15 = x \cdot 10 \Rightarrow x = \frac{3000}{100} = 300$$

Para completar la producción en 10 días, se necesitarían 300 empleados.

b. Considerando x el número de días de trabajo e y el número de empleados, tenemos que:

$$200 \cdot 15 = y \cdot x \Rightarrow y = \frac{3000}{x}$$

La función de proporcionalidad inversa que calcula el número de empleados necesarios según el número de días es $f(x) = \frac{3000}{x}$.

c. Se sustituye $x = 8$ en la función y se obtiene $f(8) = \frac{3000}{8} = 375$.

Por lo tanto, se necesitan 375 empleados para completar la producción en 8 días.

d. Se confecciona una tabla de valores añadiendo alguno más a los ya conocidos:

x	5	8	10	15	30	60
y	600	375	300	200	100	50

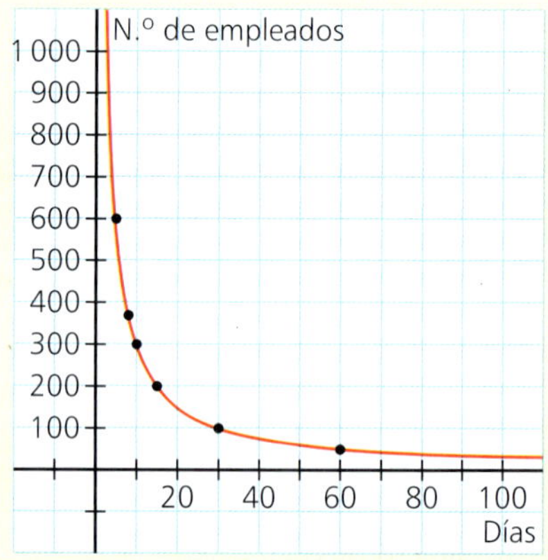

FUNCIONES EXPONENCIALES

Actividad resuelta

Para un ensayo entomológico se han liberado 6 insectos en un ecosistema en el que no tienen ningún depredador. Si la población de estos insectos se duplica cada día:

a. Calcula el número de insectos que habrá en una semana.

b. Establece la expresión algebraica de una función que permita calcular el número de insectos que habrá después de x días.

a. En un día tendremos $6 \cdot 2 = 12$ insectos. En dos días, se alcanzarán los $6 \cdot 2 \cdot 2 = 6 \cdot 2^2 = 24$ insectos. El tercer día serán $6 \cdot 2^3$, el cuarto día $6 \cdot 2^4$, y así sucesivamente hasta el séptimo día:

$$6 \cdot 2^7 = 768 \Rightarrow \text{En una semana habrá 768 insectos.}$$

b. Sean x e y las variables que representan el número de días transcurridos y el número de insectos. Este último valor, tal como se ha visto en el apartado anterior, se obtiene de multiplicar 6 por 2 elevado al número de días transcurridos; así pues, la expresión algebraica de la función es: $y = f(x) = 6 \cdot 2^x$

Utilizar elementos tecnológicos para dibujar funciones gráficamente

Con la ayuda de una calculadora gráfica, una aplicación informática o el buscador de Google, es posible obtener la gráfica de una función de forma inmediata.

Un modo de entender un problema es visualizarlo en una gráfica, por lo que realizarla antes de abordar su solución puede ser de gran utilidad.

Ten en cuenta

El símbolo que se utiliza para expresar un exponente es el acento circunflejo, «^».

x^2 = x^2

Obtener la representación gráfica de una función con Google

Escribe en el buscador la expresión algebraica de la función y pulsa *enter*.

Automáticamente, el buscador te ofrecerá como primer resultado su representación gráfica:

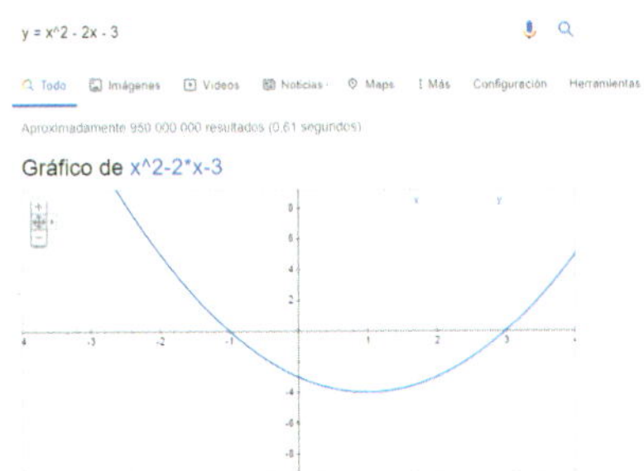

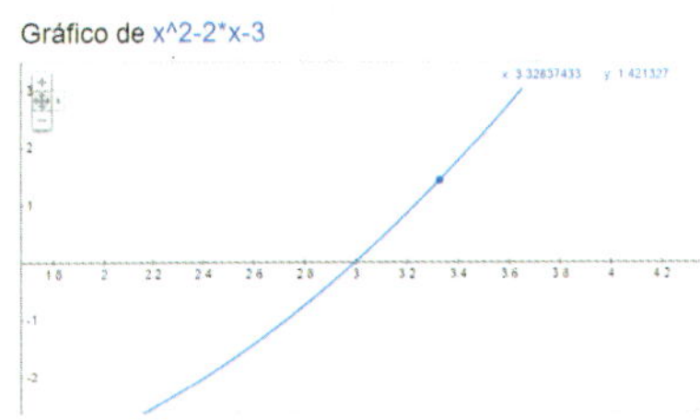

Además, es posible establecer un *zoom* adecuado y moverse por la gráfica para analizar determinados puntos de la función.

Obtener la representación gráfica de una función con GeoGebra

Para un análisis más detallado de la gráfica de una función, la aplicación GeoGebra da la posibilidad de conocer cualquier elemento de la misma. Veamos un ejemplo.

La función de los ingresos de una empresa, en miles de euros, viene determinada por I $(x) = -x^2 + 10x + 24$, y la de los gastos, por G $(x) = 4x + 29$, donde x representa el número de unidades de producción.

El nuevo gerente de la empresa quiere conocer cuántas unidades se han de producir para obtener beneficios, es decir, los valores de x para los que los ingresos son mayores que los gastos. Para ello, decide servirse de la aplicación GeoGebra:

1. En la línea de entrada de GeoGebra inserta las dos funciones dadas.
2. Ajusta el *zoom* para visualizar mejor la zona que le interesa.
3. Observa que la función de ingresos está por encima de la función de gastos entre los puntos A y B, donde se cortan ambas funciones.
4. Sabe que puede seleccionar la opción de punto para obtener puntos clave. Con ello, obtiene los puntos A = (1 , 33) y B = (5 , 49).

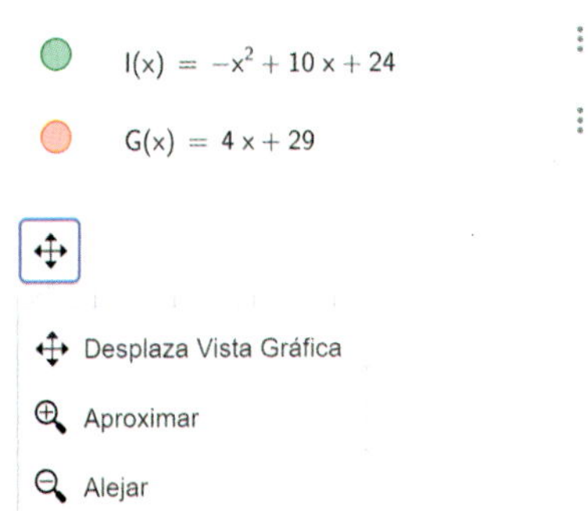

De este modo, el nuevo gerente constata que la empresa obtiene beneficios si tiene un nivel de producción de entre 1 y 5 unidades.

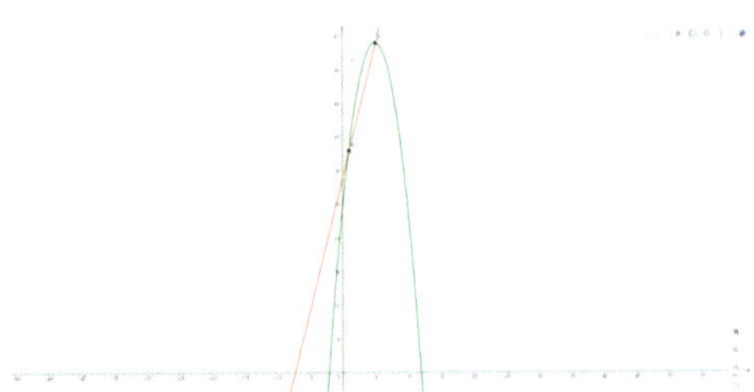

ACTIVIDADES

06 TIPOS DE FUNCIONES

1 Funciones lineales y afines

1 Representa gráficamente, en cada caso, la función lineal o afín y determina la pendiente de la recta correspondiente, indicando si es creciente o decreciente.

a. $y = -5x$
b. $y = 3x + 5$
c. $y = 4x + 3$
d. $y = -4x$
e. $y = \frac{1}{2}x$
f. $y = x - \frac{3}{4}$

2 Determina, en cada caso, la expresión algebraica de las funciones lineales que pasan por los siguientes puntos e indica, además, si son crecientes o decrecientes:

a. (3 , 8)
b. (–3 , 4)
c. (1 , 9)
d. (–5 , –5)

3 Halla, en cada caso, la expresión algebraica de las funciones afines que pasan por los siguientes pares de puntos y señala, además, si son crecientes o decrecientes:

a. (1 , 4) y (3 , 5)
b. (7 , 1) y (0 , 3)
c. (–2 , 0) y (4 , 7)
d. (3 , 7) y (–3 , 7)

4 Determina la expresión algebraica de las funciones que pasan por los siguientes puntos e indica si son lineales o afines:

a. (2 , 2) y (4 , 3)
b. (6 , –2) y (–3 , 1)
c. (6 , 3) y (–2 , –1)
d. (3 , 4) y (–2 , 4)

5 ⊞ Halla la expresión algebraica de las funciones cuyas gráficas son las rectas indicadas a continuación:

a.

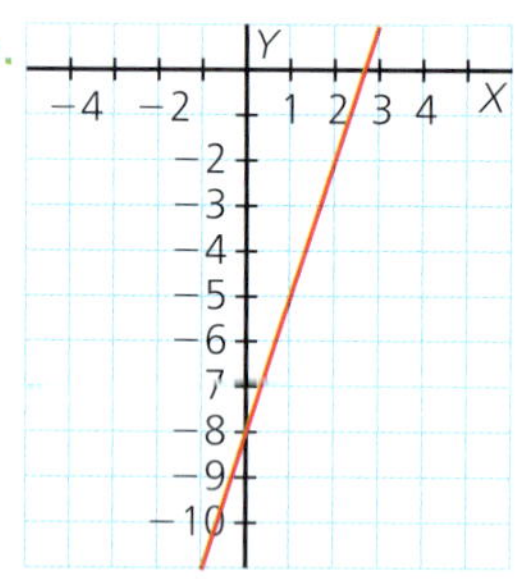

b.

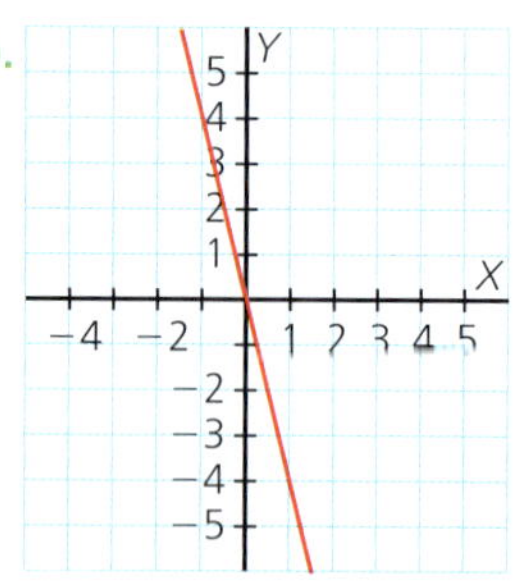

6 Indica si existe una función lineal o afín que contenga los siguientes puntos:

a. (–1 , –1), (0 , 2) y (1 , 5)
b. (–2 , –1), (2 , –2) y (4 , –3)

7 ⊞ Establece la expresión algebraica de la función cuya gráfica es una recta:

a. De pendiente m = 3 que pasa por (1 , 3).
b. Paralela a la recta $y = 4x - 7$ que pasa por (0 , 3).
c. Paralela a la recta que pasa por los puntos (1 , 1) y (2 , 5) y cuya ordenada en el origen es –3.
d. Que pasa por el origen y es paralela a la recta $y = -3x - 4$.

8 ⊞ Considera las siguientes funciones afines:

$$y = -4x + 3 \qquad\qquad y = -2x + 4$$

a. Represéntalas sobre los mismos ejes de coordenadas.

b. Determina si tienen algún punto en común.

9 Relaciona cada expresión algebraica con su gráfica.

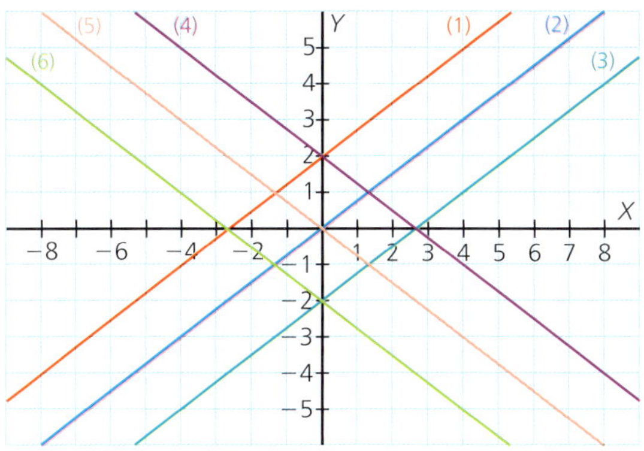

a. $y = \frac{3}{4}x$ c. $y = \frac{3}{4}x - 2$ e. $y = -\frac{3}{4}x + 2$

b. $y = \frac{3}{4}x + 2$ d. $y = -\frac{3}{4}x$ f. $y = -\frac{3}{4}x - 2$

2 Funciones cuadráticas

10 Calcula el vértice y el eje de simetría de las siguientes funciones cuadráticas:

a. $y = x^2 - 3x + 2$ c. $y = 9x^2 + 2x$

b. $y = -3x^2 + 7x - 5$ d. $y = -4x^2 + 3x - 2$

11 Halla el recorrido, los intervalos de crecimiento y decrecimiento y los puntos de corte con los ejes de estas funciones cuadráticas:

a. $y = x^2 + 5x + 6$ c. $y = 2x^2 - 20x + 1$

b. $y = 3x^2 + x$ d. $y = -x^2 + 7x + 8$

12 Determina el dominio, el recorrido, los puntos de corte con los ejes, los intervalos de crecimiento y decrecimiento y los máximos y mínimos de las siguientes funciones cuadráticas:

a. $y = x^2 - 5x - 14$ c. $y = -x^2 + 6x - 9$

b. $y = 2x^2 - 15x + 7$ d. $y = x^2 + \frac{1}{4}x - \frac{1}{8}$

13 Determina el vértice de las funciones cuadráticas propuestas e indica qué tipo de curvatura presenta su gráfica.

a. $y = 3x^2 + 6x - 2$ c. $y = -\frac{3}{2}x^2 - 5x + 1$

b. $y = -2x^2 + \frac{4}{3}x - 2$ d. $y = 3x^2 - 1$

14 Dibuja la gráfica de una función cuadrática que cumpla las siguientes condiciones:

a. Tiene el vértice en el punto (2 , 4) y corta al eje *X* en los puntos (0 , 0) y (4 , 0).

b. Tiene el vértice en el punto (1 , 9), corta al eje *Y* en el punto (0 , 8) y al eje *X* en los puntos (–2 , 0) y (4 , 0) y pasa por el punto (5 , –7).

15 Representa gráficamente las siguientes funciones cuadráticas:

a. $y = -x^2 + 2x + 8$ c. $y = -3x^2 - 8x + 3$

b. $y = 4x^2 - 4x + 11$ d. $y = x^2 + 11x + 24$

16 Representa las siguientes funciones cuadráticas mediante una gráfica:

a. $y = x^2 - 4$ c. $y = x^2 - 9$

b. $y = x^2 - 1$ d. $y = x^2 - 5$

¿Qué tienen en común?

17 Dibuja la gráfica de la función $y = x^2 - 7x + 10$ y utilízala para representar la de la función $y = -x^2 + 7x - 10$.

18 Representa las siguientes funciones cuadráticas sobre los mismos ejes de coordenadas:

a. $y = x^2 + \frac{5}{2}x - \frac{3}{2}$ c. $y = 2x^2 + 5x - 3$

b. $y = 4x^2 + 10x - 6$ d. $y = 6x^2 + 15x - 9$

Sin hacer operaciones, representa ahora, de forma aproximada, la función $y = 8x^2 + 20x - 12$.

19 Halla el valor de *j* para que el punto (1 , –5) pertenezca a la parábola $y = 3x^2 - 5x + j$.

20 Representa los siguientes puntos sobre unos ejes de coordenadas y halla la expresión algebraica de la parábola que pasa por ellos: (0 , 0), (–4 , 0) y (–1 , –6).

21 ⊞⊞ Determina las expresiones algebraicas de una función cuadrática que pase por los puntos:

a. (1 , –1), (0 , 2) y (2 , 24) b. (–4 , 1), (0 , –3) y (1 , 1)

22 ⊞ Determina la expresión algebraica de la función cuadrática cuya gráfica es:

a.

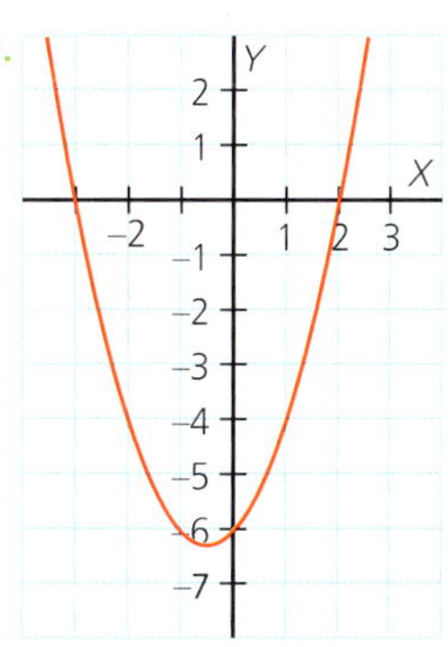

b.

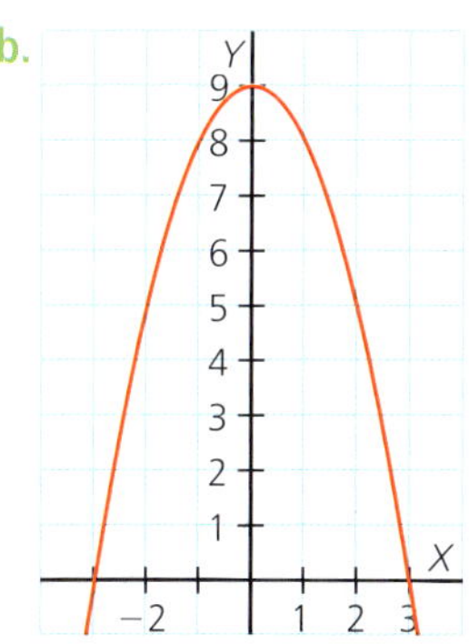

23 Relaciona cada parábola con su correspondiente expresión algebraica.

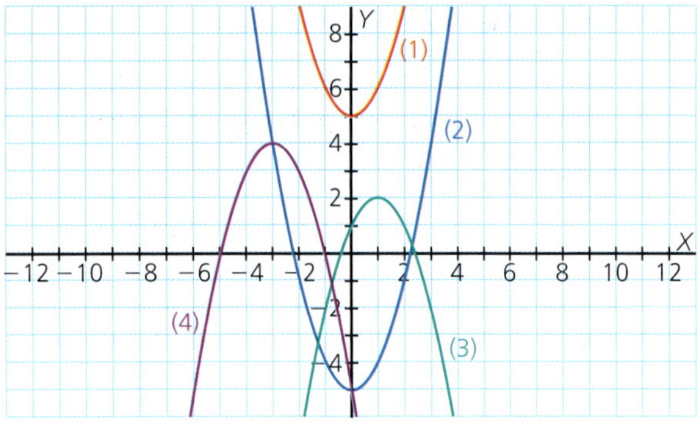

a. $y = x^2 + 5$

b. $y = x^2 - 5$

c. $y = -x^2 - 6x - 5$

d. $y = -x^2 + 2x + 1$

3 Funciones de proporcionalidad inversa

24 Determina cuáles de las siguientes funciones son de proporcionalidad inversa:

a. $y = \dfrac{3}{x}$ b. $y = \dfrac{x}{5}$ c. $y = \dfrac{3}{2x}$ d. $y = \dfrac{3x}{2}$

25 Representa la función $y = \dfrac{36}{x}$, construyendo previamente una tabla para los siguientes valores: ±1, ±2, ±3, ±4, ±6, ±9, ±12, ±18 y ±36.

26 Representa gráficamente estas funciones:

a. $y = \dfrac{12}{x}$ b. $y = \dfrac{-10}{x}$

27 Dibuja en los mismos ejes las funciones $y = \dfrac{4}{x}$ e $y = -\dfrac{4}{x}$. ¿Existe alguna relación entre sus gráficas? ¿Qué tipo de simetría tienen las dos funciones?

28 Relaciona las gráficas de las siguientes funciones con sus expresiones algebraicas:

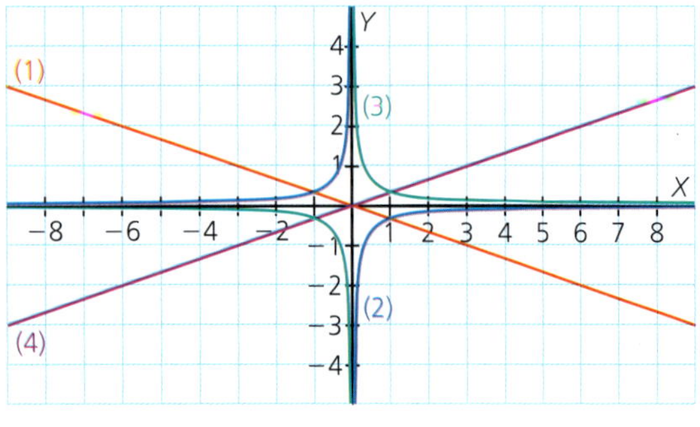

a. $y = \dfrac{1}{3}x$ c. $y = -\dfrac{1}{3}x$

b. $y = \dfrac{1}{3x}$ d. $y = -\dfrac{1}{3x}$

29 Analiza las características (dominio, recorrido, puntos de corte con los ejes, signo de la función, simetría, intervalos de crecimiento y decrecimiento, y máximos y mínimos) y determina la expresión algebraica de las siguientes gráficas:

a.

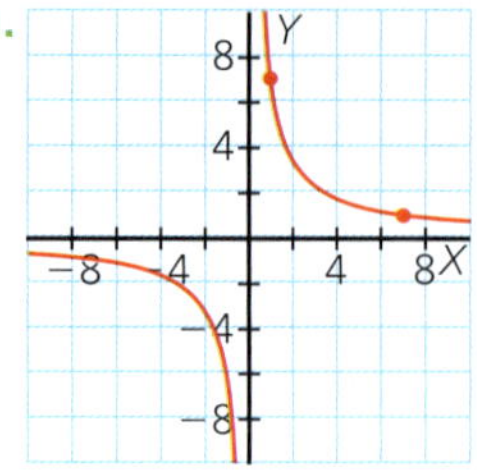

b.

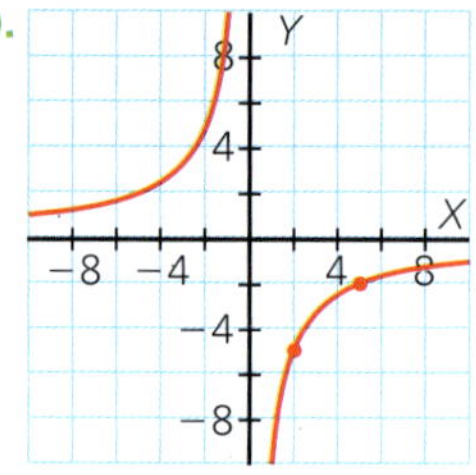

30 Relaciona estas gráficas con su expresión algebraica:

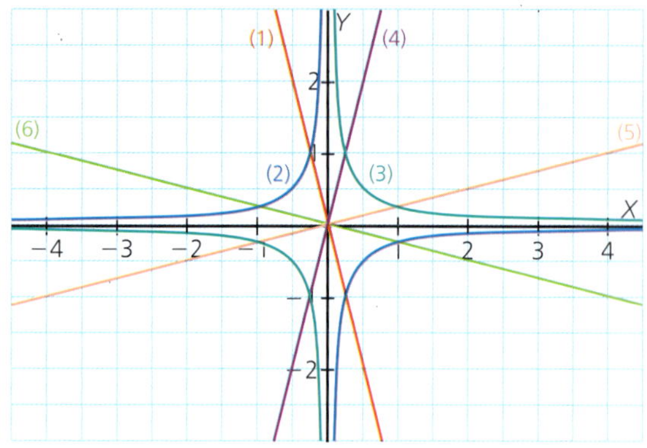

a. $y = 4x$ d. $y = -4x$

b. $y = \dfrac{1}{4}x$ e. $y = -\dfrac{1}{4}x$

c. $y = \dfrac{1}{4x}$ f. $y = -\dfrac{1}{4x}$

4 Funciones exponenciales

31 Analiza las características de las siguientes funciones exponenciales:

a. $y = 13^x$ b. $y = \left(\dfrac{1}{10}\right)^x$ c. $y = 11^x$ d. $y = 11^{-x}$

32 Representa la función $y = 5^x$, construyendo una tabla para los valores enteros comprendidos entre −3 y 3.

33 Representa la función $y = 7^x$, construyendo antes una tabla para los valores enteros comprendidos entre −4 y 4.

34 Calcula los valores de la función $y = 0{,}4^x$ para los valores enteros comprendidos entre −5 y 5. Realiza una tabla con los resultados obtenidos y representa la función.

35 Calcula los valores de la función $y = \left(\dfrac{1}{6}\right)^x$ para los valores enteros comprendidos entre −4 y 4. Realiza una tabla con los resultados obtenidos y representa la función.

36 Realiza una tabla de valores para representar las siguientes funciones:

a. $y = 8^x$

b. $y = \left(\frac{1}{8}\right)^x$

c. $y = 0{,}2^x$

d. $y = \left(\frac{3}{2}\right)^x$

37 Relaciona cada gráfica con su expresión algebraica.

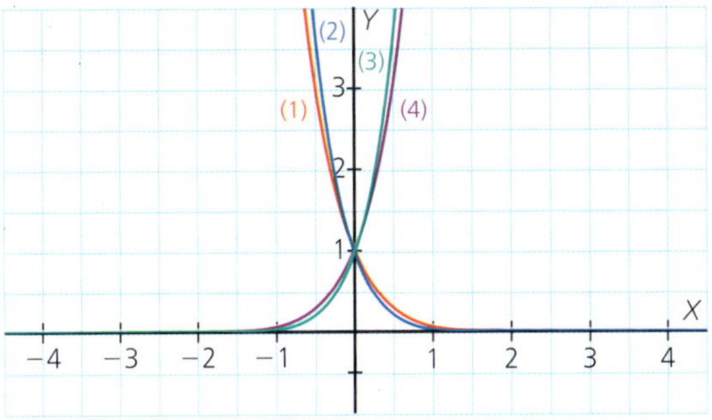

a. $y = 10^x$

b. $y = \left(\frac{1}{10}\right)^x$

c. $y = 12^x$

d. $y = \left(\frac{1}{12}\right)^x$

38 Representa gráficamente la función $y = 2^x$, construyendo previamente una tabla para los siguientes valores: ±10, ±11 y ±12

5 Aplicaciones de las funciones

39 En la escalada a una montaña, Mónica y Gabriel han observado que por cada 10 m de altitud que alcanzan, la temperatura desciende 1 °C. Si se encuentran a 240 m de la cima y están a 12 °C, ¿a qué temperatura estarán cuando alcancen la cima?

40 En una floristería se pueden comprar flores a 1,20 € cada una, pero, si están preparadas en un ramo, el importe aumenta 3 €. Halla la expresión algebraica que calcula el precio en función del número de flores según estén preparadas en un ramo o no. Clasifica las expresiones y represéntalas gráficamente en el mismo eje de coordenadas.

41 En una ciudad operan dos compañías de taxis diferentes. La compañía m-taxi cobra 3 € por la bajada de bandera y 1,50 € por cada minuto. La compañía s-taxi no cobra bajada de bandera, pero cuesta 2,50 € por minuto.

a. Escribe las expresiones algebraicas de las funciones que determinan el coste por el uso del taxi de ambas compañías en función del tiempo.

b. Representa dichas funciones sobre los mismos ejes de coordenadas.

c. Para un recorrido que dura menos de 5 min, ¿cuál de las dos compañías es más rentable para el cliente?

d. A partir de cuánto tiempo resulta más rentable económicamente una compañía que otra.

42 Todos los artículos que se venden en unos grandes almacenes tienen un incremento del precio de un 21 % de IVA. ¿Cuál será el precio final de un producto cuyo precio inicial es de 300 €? ¿Y si es de 500 €? Establece la función que relaciona el precio de los artículos con su precio de venta una vez incrementado el 21 %. Representa la función.

43 El número de coches aparcados en un *parking* varía cada día según la función determinada por la siguiente gráfica:

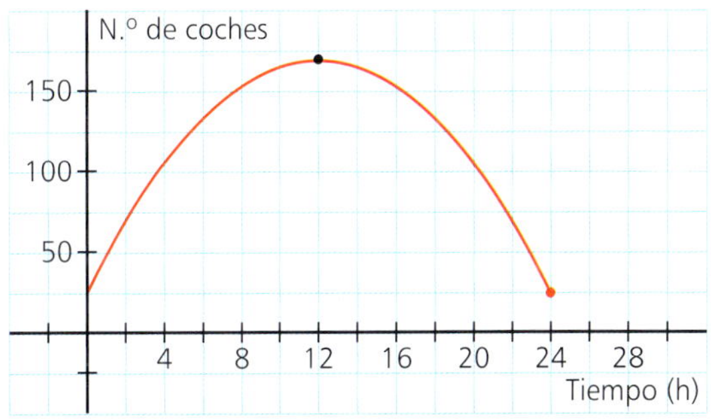

Observando la función, contesta las siguientes preguntas:

a. ¿Cuántos coches hay cada día a las 4 h?

b. ¿Entre qué horas aumenta el número de coches? ¿Y entre qué horas disminuye?

c. ¿En qué momento hay más coches? ¿Cuántos son?

44 El valor, en miles de euros, que ha tenido el equipo de fútbol del pueblo de Mario durante los diez años que lleva desde su fundación puede calcularse mediante la siguiente expresión: $f(x) = x^2 - 10x + 24$, donde x son los años transcurridos.

a. Representa la gráfica de la función.

b. ¿Cuál era el valor del equipo en el momento de su fundación?

c. ¿Cuál es el valor del equipo a los diez años?

d. ¿En qué año tuvo su peor valoración?

45 El coste de la factura mensual de gas natural consta de dos partes: una cantidad fija por un importe de 12 €, a la que se añade otra variable, ya que cada metro cúbico de gas consumido cuesta 0,50 €. Confecciona una tabla en la que se relacione el importe mensual, en euros, y el consumo, en metros cúbicos. Escribe la expresión algebraica de la función y represéntala.

46 El precio, en euros, de un producto que ha estado 12 meses en el mercado ha variado según la función $y = \frac{1}{6}x^2 - x + \frac{21}{6}$, donde x son los meses transcurridos desde su puesta a la venta. Indica en qué mes estaba más barato el producto.

47 El área de un cuadrado se puede expresar en función de la longitud de su lado.

a. Escribe en una tabla el área de distintos cuadrados cuyos lados midan 1 cm, 2 cm, 3 cm, 4 cm, 5 cm, 6 cm y 7 cm.

b. Representa gráficamente esta tabla.

c. Calcula el dominio de la función en el contexto de la actividad.

d. Escribe la expresión algebraica de la función.

e. Determina el recorrido de la función teniendo en cuenta el contexto de la actividad.

f. ¿Es una función creciente o decreciente?

48 Los gastos anuales, en euros, de cierta empresa por la fabricación de x televisores vienen determinados por la función $G(x) = 10\,000 + 150x$. Por otro lado, los ingresos, también en euros, que obtiene dicha empresa por la venta de x televisores son $I(x) = 500x - 0{,}5x^2$. ¿Cuántos televisores deben fabricarse para que el beneficio (ingresos menos gastos) sea máximo? ¿Cuál será ese beneficio máximo?

49 Una comunidad de vecinos paga 6 000 € a una empresa de mantenimiento para que realice una reparación en la escalera del edificio. Este importe se repartirá a partes iguales entre los trabajadores de la empresa que lleven a cabo el trabajo.

a. Copia en tu cuaderno y completa la siguiente tabla, que relaciona el número de trabajadores con el dinero que recibe cada uno:

N.º de trabajadores	1	2	3	4	5	6
Euros que recibe cada uno						

b. Construye la expresión analítica de la función que relaciona dichas magnitudes.

50 Se parte por la mitad una hoja de papel. Los trozos obtenidos se vuelven a partir, y así sucesivamente.

a. Calcula el número de trozos que se obtienen después de cada partición.

b. Indica la expresión algebraica de la función que permita calcular el número de trozos que habrá después de cada corte.

c. Si para el primer corte se empieza con tres hojas juntas, ¿cómo sería la función?

51 Se quieren construir todos los rectángulos que tengan 40 cm² de área.

a. Determina la expresión algebraica que establece la relación entre la base y la altura de todos esos rectángulos.

b. Representa gráficamente dicha relación en el primer cuadrante.

52 A nivel del mar, el punto de ebullición del agua es de 100 °C. Cuando se asciende, el punto de ebullición disminuye en función de la altura con arreglo a la siguiente fórmula: $t = 100 - 0{,}001x$, donde t es la temperatura del punto de ebullición, en grados centígrados, y x la altura alcanzada, en metros.

a. ¿Cuál es el punto de ebullición a 1 000 m de altitud?

b. ¿Cuál es el punto de ebullición en la cima del Everest (8 848 m)? ¿Y en la del Teide (3 718 m)?

c. ¿A qué altura será la temperatura de ebullición de 97 °C?

d. Representa la gráfica de la función que establece la relación entre la altura y el punto de ebullición.

53 Todos los vehículos se devalúan a medida que pasan los años. Cierto vehículó cuyo valor inicial era de 8 000 € pierde un 10 % de su valor cada año. Confecciona una tabla que exprese el valor venal del vehículo durante los 10 primeros años y represéntala gráficamente.

54 ⊞ Una población de seres unicelulares se reproduce por tripartición. El número de células se triplica aproximadamente cada hora y en un primer momento hay una sola célula.

a. ¿Cuántas células habrá dentro de 2 h? ¿Y dentro de 5 h?

b. Escribe la expresión algebraica que relaciona el número de células que habrá al cabo de cierto número de horas.

c. ¿Dentro de cuántas horas habrá más de 1 000 000 de células? ¿Y cuántas horas tendrán que pasar para que haya más de 10 000 000 de células?

d. Si al principio hubiera habido 10 células, ¿cuántas células habría al cabo de 2 h? ¿Y transcurridas 4 h?

e. En las condiciones del apartado anterior, escribe la expresión algebraica que relaciona el número de células que habrá al cabo de cierto número de horas.

55 Un banco de alimentos dispone de comida para 50 personas durante 10 días. Suponiendo que la cantidad de comida no varía:

a. ¿Cuántas personas podrán ser alimentadas durante 20 días?

b. ¿Y durante 25 días?

c. Establece la función que relaciona el número de personas con el número de días.

56 Un grifo con un caudal de 35 L por hora llena un depósito en 10 h. ¿Cuál debe ser el caudal para llenar el depósito en 5 h? ¿Y para llenarlo en 20 h? Establece la función que relaciona el caudal necesario para llenar el depósito en cierto número de horas. Representa dicha función.

57 En un almacén han aparecido 3 roedores. Se sabe que este tipo de roedores crece de manera exponencial, de modo que su población se duplica cada mes.

a. Determina el número de roedores que habrá después de 2, 3 y 4 meses.

b. Establece la función que permite obtener el número de roedores después de x meses.

c. ¿Cuántos meses tienen que transcurrir para que haya más de 1 000 roedores?

d. Si cada roedor ingiere 30 g de pienso, ¿cuántos gramos necesitarán después de medio año?

e. Representa gráficamente la función que relaciona el número de roedores con los meses que han transcurrido.

58 Representa gráficamente, utilizando alguna aplicación informática, las siguientes funciones sobre los mismos ejes de coordenadas:

a. $y = x^2$

b. $y = \frac{1}{2}x^2$

c. $y = 2x^2$

d. $y = \frac{1}{4}x^2$

e. $y = 4x^2$

f. $y = \frac{1}{8}x^2$

Después, indica los rasgos comunes.

59 Con ayuda de algún *software* informático, representa gráficamente, en cada caso, las dos funciones sobre los mismos ejes de coordenadas e indica en qué puntos se cortan:

a. $y = x^2 - 2x + 1$; $y = -3x + 3$

b. $y = x + 3$; $y = x^2 + 4x - 1$

c. $y = 2x + 3$; $y = 4x^2 - 9$

d. $y = 3x^2 + x + 6$; $y = x + 9$

60 Represента gráficamente las siguientes funciones, ayudándote de un programa informático:

a. $y = \frac{4}{x}$

b. $y = 2^x$

c. $y = 8^x$

d. $y = -\frac{2}{x}$

e. $y = 4^{-x}$

f. $y = -\frac{8}{x}$

¿Qué valores toman las funciones cuando $x = 8$? ¿Y cuando $x = -4$?

07 PERÍMETROS, ÁREAS Y VOLÚMENES

COMPRENDER
LAS COSAS QUE NOS
RODEAN
ES LA MEJOR PREPARACIÓN
PARA COMPRENDER LAS COSAS
QUE HAY MÁS ALLÁ

HIPATIA DE ALEJANDRÍA

PRESENTAR

GEOMETRÍA FOTOGÉNICA

En el centro cultural de vuestro barrio se va a celebrar un concurso de fotografía. Los únicos requisitos para participar son que las tomas estén realizadas en las cercanías y que contengan elementos geométricos. Organizados en grupos, debéis presentar a concurso las cinco mejores fotografías que hayáis sacado. Incluid un título para cada una y dad una breve explicación sobre la relación que guardan vuestras instantáneas con la geometría.

CREAR

RETO ARQUITECTÓNICO

El Ayuntamiento de vuestra localidad está planteándose la construcción de un edificio en un terreno que tiene desocupado; sin embargo, aún no tienen claro ni el tipo de construcción ni la actividad a la que va a dedicarlo. Por este motivo os han propuesto crear, en grupos, la maqueta de una edificación compuesta por cuerpos geométricos, utilizando para ello el material que consideréis más adecuado. Tendréis que exponer el modelo ante el resto de la clase, indicando la superficie y el volumen que ocupará vuestra maqueta, además de explicar para qué se va a utilizar el edificio real. ¡Preparad todo lo mejor posible antes de presentar vuestra propuesta al Ayuntamiento!

CONOCER

UN PATIO DE COLORES

La Asociación de Madres y Padres de Alumnos quiere pintar el patio del colegio, para lo que necesita conocer la superficie del mismo a fin de determinar cuánta pintura será necesaria. Vuestro curso ha sido seleccionado para llevar a cabo los cálculos que permitan obtener la información requerida. Así que, por grupos, trazad las estrategias necesarias para realizar satisfactoriamente el encargo que os han asignado.

INVESTIGAR

POLIEDROS CON ORIGAMI

Vuestro centro está organizando una exposición en el pasillo en la que cada curso va a exhibir piezas relacionadas con la unidad que está trabajando. En este contexto, el profesor os ha animado a que ideéis algo original y atractivo sobre los poliedros, que es el tema que estáis estudiando en estos momentos. Os ha sugerido que elaboréis figuras de origami. Muchos os preguntáis a qué se estará refiriendo. En grupos, tratad de averiguarlo e intentad sorprender a todos con vuestra obra.

1 PERÍMETRO Y ÁREA DE LAS FIGURAS PLANAS

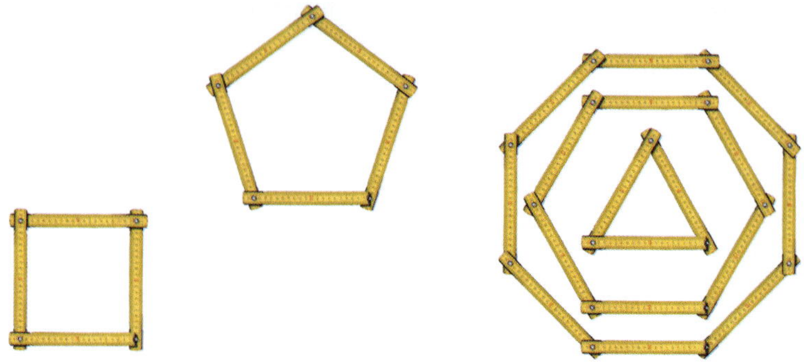

> Un **polígono** es una figura plana delimitada por una línea poligonal cerrada. Cada uno de los segmentos que lo delimitan son los lados del polígono.
>
> El **perímetro,** *P,* es la suma de las longitudes de todos sus lados.
>
> El **área,** *A,* de un polígono es la medida de la superficie que ocupa.

Recuerda

Los polígonos se pueden clasificar:

- Según el número de lados: triángulos si tienen 3, cuadriláteros si tienen 4, pentágonos si tienen 5, hexágonos si tienen 6, etc.
- Según la forma: regulares e irregulares.

La unidad de longitud en el sistema métrico decimal es el metro, m. La unidad de superficie en el sistema métrico decimal es el metro cuadrado, m^2, que es un cuadrado de 1 m de lado.

El área de los polígonos más frecuentes es:

Área del triángulo

El **área del triángulo** es la mitad del producto de la base, *b*, por la altura, *h:*

$$A_{\text{triángulo}} = \frac{b \cdot h}{2}$$

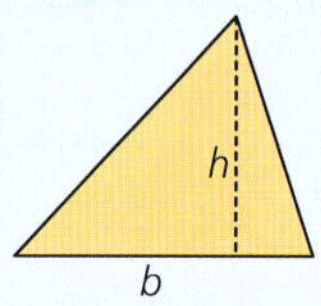

Área del cuadrado

El **área del cuadrado** es igual al cuadrado de la longitud de su lado, *l:*

$$A_{\text{cuadrado}} = l \cdot l = l^2$$

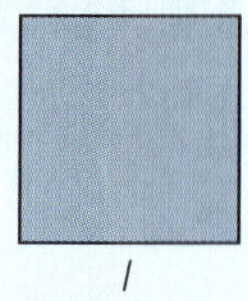

Área del rectángulo

El **área del rectángulo** es igual al producto de la longitud de su base, *b,* por la longitud de su altura, *h:*

$$A_{\text{rectángulo}} = b \cdot h$$

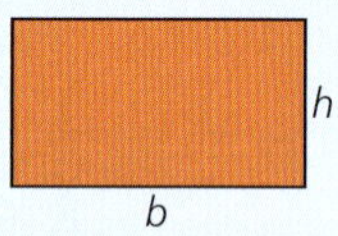

Área del rombo

El **área del rombo** es igual a la mitad del producto de las longitudes de sus diagonales, *D* y *d:*

$$A_{\text{rombo}} = \frac{D \cdot d}{2}$$

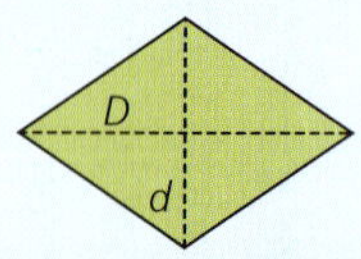

Área del romboide

El **área del romboide** es igual al producto de la longitud de su base, *b,* por la longitud de su altura, *h:*

$$A_{\text{romboide}} = b \cdot h$$

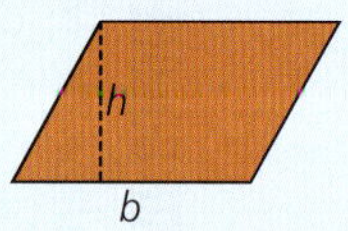

Área del trapecio

El **área del trapecio** es la mitad del producto de la suma de las longitudes de sus bases, *B* y *b,* por su altura, *h:*

$$A_{\text{trapecio}} = \frac{(B + b) \cdot h}{2}$$

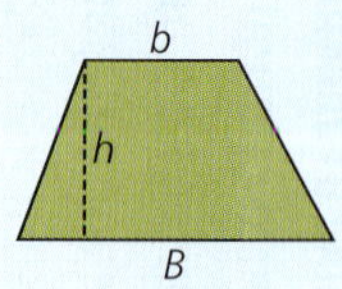

> Un **polígono** es **regular** si tiene todos sus lados y todos sus ángulos interiores iguales.

Área de un polígono regular

El **área del polígono regular** de *n* lados es la suma de las áreas de los *n* triángulos isósceles de que consta. Como son iguales entre sí, se calcula el área de uno de ellos y se multiplica por el número de triángulos:

$$A_{\text{polígono regular}} = \frac{n \cdot l \cdot ap}{2} = \frac{P \cdot ap}{2}$$

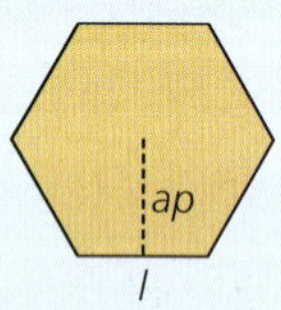

La apotema, *ap,* es el segmento perpendicular a cada lado que une el centro del polígono con el punto medio de dichos lados.

Actividades resueltas

1 Calcula el perímetro y el área de los siguientes triángulos:

a.

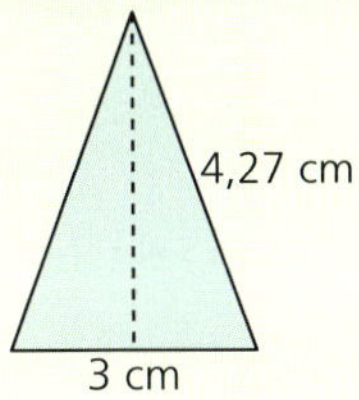

b.

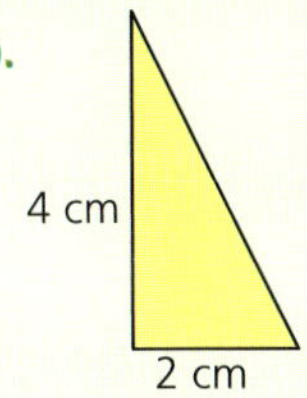

c.

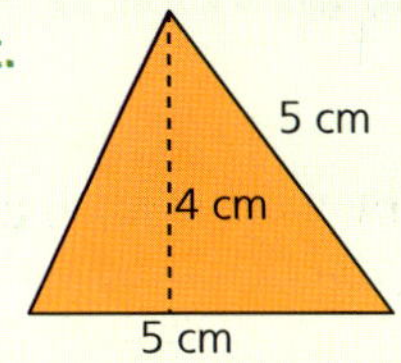

a. Como es un triángulo isósceles: $P = 3 + 4{,}27 + 4{,}27 = 11{,}54$ cm

Para calcular el área, es necesario conocer la altura, *h*, del triángulo. Aplicando el teorema de Pitágoras, tenemos que:

$$h^2 + 1{,}5^2 = 4{,}27^2 \Rightarrow h = 4 \text{ cm}$$

Por tanto, el área es $A = \dfrac{b \cdot h}{2} = \dfrac{3 \cdot 4}{2} \Rightarrow A = 6 \text{ cm}^2$.

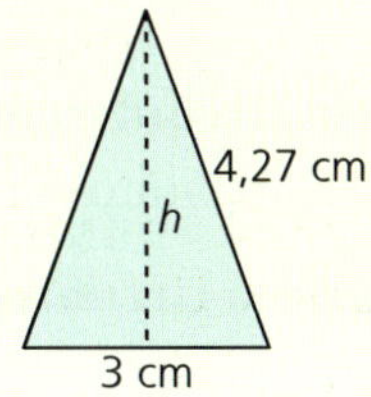

b. Para calcular el perímetro, primero se debe hallar la hipotenusa con el teorema de Pitágoras:

$$2^2 + 4^2 = hip^2 \Rightarrow hip = 4{,}47 \text{ cm} \Rightarrow P = 2 + 4 + 4{,}47 = 10{,}47 \text{ cm}$$

El área es, así, $A = \dfrac{b \cdot h}{2} = \dfrac{2 \cdot 4}{2} \Rightarrow A = 4 \text{ cm}^2$.

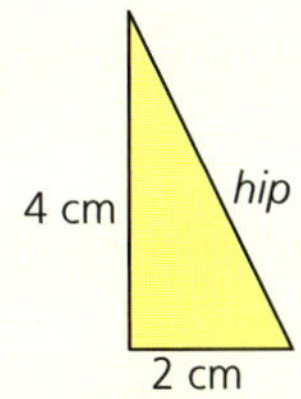

c. Se calcula el valor de *x* con el teorema de Pitágoras: $x^2 + 4^2 = 5^2 \Rightarrow x = 3 \text{ cm} \Rightarrow$
$\Rightarrow y = 5 - 3 = 2$ cm

Aplicando de nuevo el teorema de Pitágoras, se consigue el lado desconocido, *a*:
$2^2 + 4^2 = a^2 \Rightarrow a = 4{,}47$ cm

Así pues, el perímetro es: $P = 5 + 5 + 4{,}47 = 14{,}47$ cm

El área se halla a partir de la fórmula general: $A = \dfrac{b \cdot h}{2} = \dfrac{5 \cdot 4}{2} \Rightarrow A = 10 \text{ cm}^2$

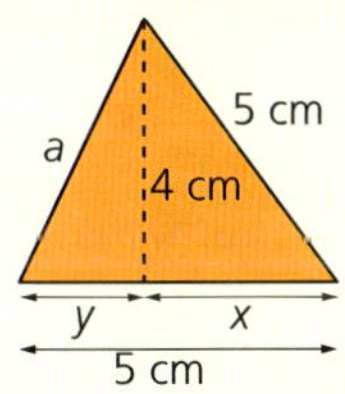

2 Calcula el área de estos polígonos:

a.

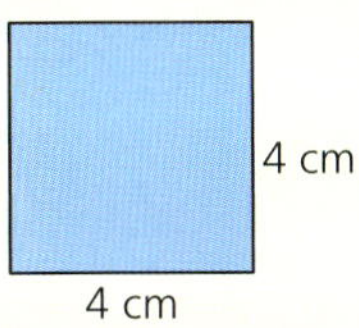

b.

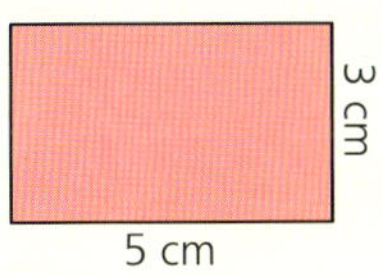

c.

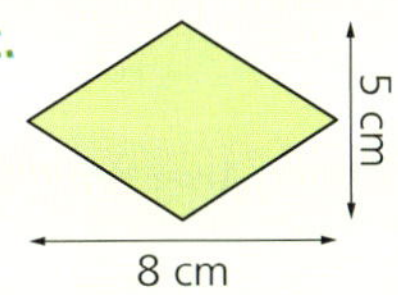

d.

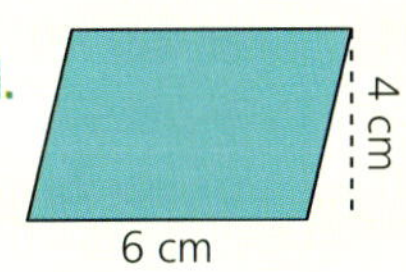

e.

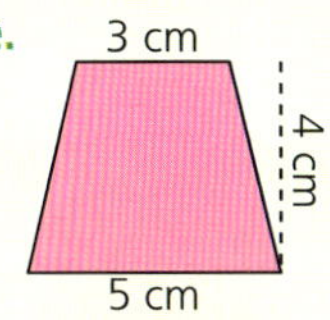

f.

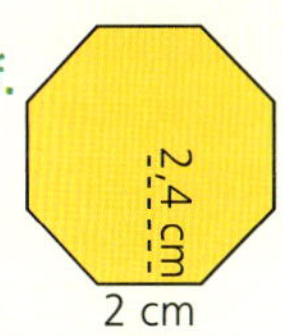

a. Se trata de un cuadrado cuyos lados tienen una longitud de 4 cm. En consecuencia, aplicando la fórmula:

$$A_{\text{cuadrado}} = l^2 = 4^2 \Rightarrow A_{\text{cuadrado}} = 16 \text{ cm}^2$$

b. Se trata de un rectángulo cuya base mide 5 cm y que tiene una altura de 3 cm. A partir de la fórmula:

$$A_{\text{rectángulo}} = b \cdot h = 5 \cdot 3 \Rightarrow A_{\text{rectángulo}} = 15 \text{ cm}^2$$

c. Como es un rombo, es preciso fijarse en sus diagonales, que miden 8 cm y 5 cm, respectivamente. Por tanto:

$$A_{\text{rombo}} = \frac{D \cdot d}{2} = \frac{8 \cdot 5}{2} \Rightarrow A_{\text{rombo}} = 20 \text{ cm}^2$$

d. La base de este romboide mide 6 cm, y su altura, 4 cm. De este modo, su área será:

$$A_{\text{romboide}} = b \cdot h = 6 \cdot 4 \Rightarrow A_{\text{romboide}} = 24 \text{ cm}^2$$

e. Se trata de un trapecio cuyas bases tienen 5 cm y 3 cm y cuya altura mide 4 cm. Aplicando la fórmula:

$$A_{\text{trapecio}} = \frac{(B + b) \cdot h}{2} = \frac{(5 + 3) \cdot 4}{2} \Rightarrow A_{\text{trapecio}} = 16 \text{ cm}^2$$

f. Es un polígono regular de 8 lados, es decir, un octógono. Así pues:

$$A_{\text{polígono regular}} = \frac{P \cdot ap}{2} = \frac{8 \cdot 2 \cdot 2{,}4}{2} \Rightarrow A_{\text{polígono regular}} = 19{,}2 \text{ cm}^2$$

2 ÁREA DE FIGURAS CIRCULARES

> Una **circunferencia** es el lugar geométrico de los puntos del plano que equidistan de un punto fijo llamado centro, O.
>
> Un **círculo** es la región del plano contenida dentro de una circunferencia.

El **radio de la circunferencia, *r*,** es cualquiera de los segmentos que unen el centro, O, con un punto cualquiera de la circunferencia.

La **longitud de la circunferencia, *L*,** o perímetro es $L = 2 \cdot \pi \cdot r$.

Un **arco de circunferencia** es la porción de circunferencia limitada por dos puntos de la misma.

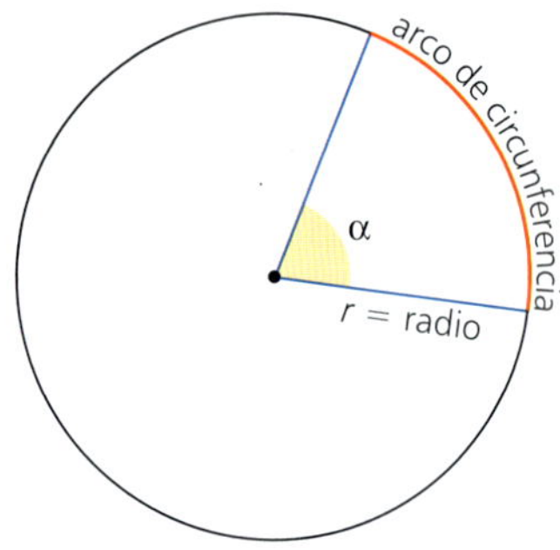

La **longitud de un arco de circunferencia** en función de su ángulo central, α, es:

$$L_{\text{arco}} = \frac{2 \cdot \pi \cdot r \cdot \alpha}{360°}$$

El área del círculo y las de las figuras circulares más importantes son:

Área del círculo

El **área de un círculo** de radio *r* es el producto de π por el radio al cuadrado:

$$A_{\text{círculo}} = \pi \cdot r^2$$

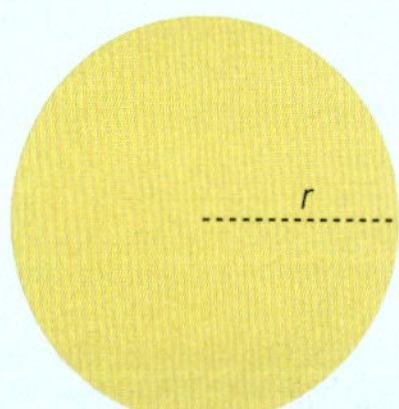

Área de la corona circular

El **área de una corona circular** limitada por dos circunferencias concéntricas cuyos radios son *R* y *r*, respectivamente, en donde $R > r$, es la diferencia entre las áreas de los dos círculos que la determinan:

$$A_{\text{corona circular}} = \pi \cdot R^2 - \pi \cdot r^2$$

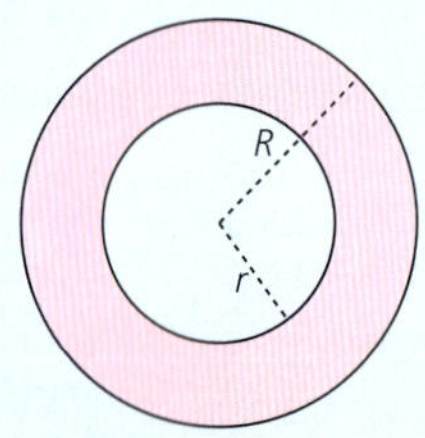

Área del sector circular

El **área de un sector circular** de radio *r*, y cuyo ángulo central es α, se obtiene mediante una proporción entre el área y el ángulo central del círculo y del sector circular:

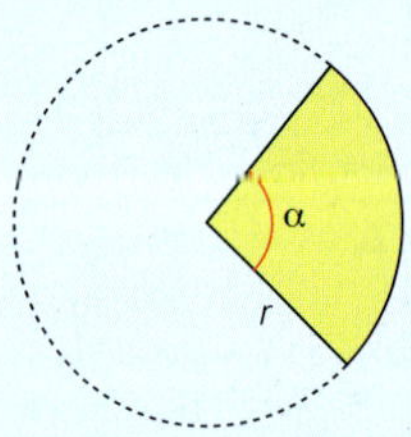

$$\frac{360°}{\alpha} = \frac{\pi \cdot r^2}{A_{\text{sector circular}}} \Rightarrow A_{\text{sector circular}} = \frac{\pi \cdot r^2 \cdot \alpha}{360°}$$

Área del trapecio circular

El **área de un trapecio circular** se obtiene mediante una proporción entre el área y el ángulo central de la corona circular y el trapecio circular:

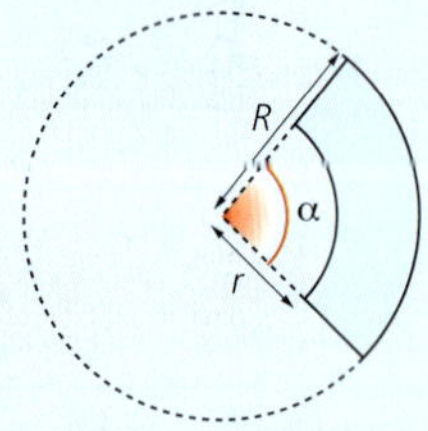

$$\frac{360°}{\alpha} = \frac{\pi \cdot (R^2 - r^2)}{A_{\text{trapecio circular}}} \Rightarrow A_{\text{trapecio circular}} = \frac{\pi \cdot (R^2 - r^2) \cdot \alpha}{360°}$$

Área del segmento circular

Se diferencian dos casos en relación con el **área del segmento circular** en función del valor del ángulo central, α:

- Si el ángulo α es menor de 180°, el área es:

$$A_{\text{segmento circular}} = A_{\text{sector circular}} - A_{\text{triángulo}}$$

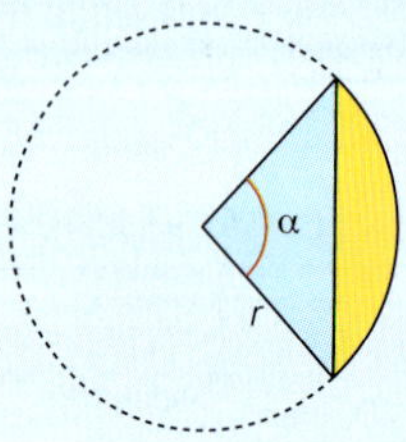

- Si el ángulo α es mayor de 180°, el área es:

$$A_{\text{segmento circular}} = A_{\text{sector circular}} + A_{\text{triángulo}}$$

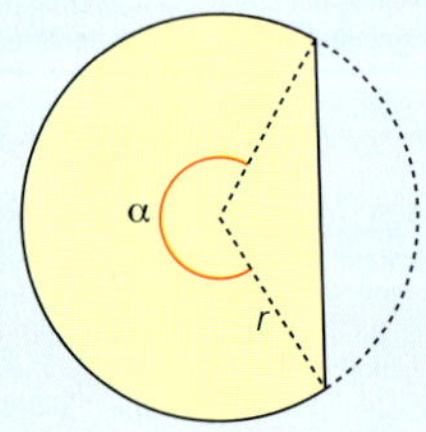

Actividades resueltas

1 **Calcula la longitud de una circunferencia de 3 cm de radio. ¿Cuál sería la longitud de un arco de esta circunferencia de 30° de amplitud?**

Para hallar la longitud de la circunferencia, se aplica la siguiente fórmula:

$$L = 2 \cdot \pi \cdot 3 = 6 \cdot \pi \Rightarrow L \approx 18{,}85 \text{ cm}$$

La longitud del arco de circunferencia de 30° de amplitud sería:

$$L_{\text{arco}} = \frac{30°}{360°} \cdot 18{,}85 \Rightarrow L \approx 1{,}57 \text{ cm}$$

2 **Calcula el radio de una circunferencia que tiene un perímetro de 8 cm.**

Sabiendo la medida de la longitud de la circunferencia, se puede obtener la distancia del radio partir de la expresión $L = 2 \cdot \pi \cdot r$:

$$8 = 2 \cdot \pi \cdot r \Rightarrow r = \frac{8}{2 \cdot \pi} \Rightarrow r \approx 1{,}27 \text{ cm}$$

3 **Calcula el área de la zona coloreada de estas figuras:**

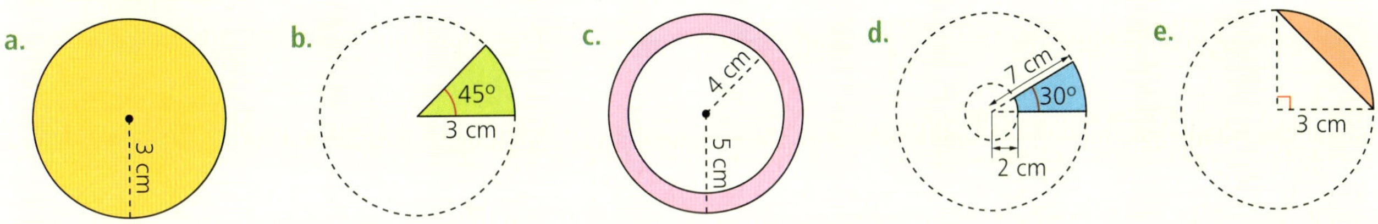

a. Se trata de un círculo cuyo radio mide 3 cm. Por tanto, para calcular el área:

$$A_{\text{círculo}} = \pi \cdot r^2 = \pi \cdot 3^2 \Rightarrow A_{\text{círculo}} \approx 28{,}27 \text{ cm}^2$$

b. Es un sector circular de 3 cm de radio y cuyo ángulo central mide 45°. Entonces, aplicando la fórmula:

$$A_{\text{sector circular}} = \frac{\pi \cdot r^2 \cdot \alpha}{360°} = \frac{\pi \cdot 3^2 \cdot 45°}{360°} \Rightarrow A_{\text{sector circular}} \approx 3{,}53 \text{ cm}^2$$

c. La zona coloreada pertenece a una corona circular limitada por dos circunferencias cuyos radios miden, respectivamente, 5 cm y 4 cm. Para calcular su área:

$$A_{\text{corona circular}} = \pi \cdot R^2 - \pi \cdot r^2 = \pi \cdot (5^2 - 4^2) = \pi \cdot 9 \Rightarrow A_{\text{corona circular}} \approx 28{,}27 \text{ cm}^2$$

d. La figura corresponde a un trapecio circular con una amplitud de 30°, un radio mayor de 7 cm y un radio menor que mide 2 cm. Así pues:

$$A_{\text{trapecio circular}} = \frac{\pi \cdot (R^2 - r^2) \cdot \alpha}{360°} = \frac{\pi \cdot (7^2 - 2^2) \cdot 30°}{360°} = \frac{\pi \cdot 45 \cdot 30°}{360°} \Rightarrow$$

$$\Rightarrow A_{\text{trapecio circular}} \approx 11{,}78 \text{ cm}^2$$

e. Se trata de un segmento circular de 90° de amplitud en un círculo cuyo radio mide 3 cm. Al ser menor de 180°, se calcula el área de la siguiente manera:

$$A_{\text{segmento circular}} = A_{\text{sector circular}} - A_{\text{triángulo}}$$

Dado que es un triángulo rectángulo, la base y la altura coinciden con el radio de la circunferencia:

$$A_{\text{segmento circular}} = \frac{\pi \cdot r^2 \cdot \alpha}{360°} - \frac{b \cdot h}{2} = \frac{\pi \cdot 3^2 \cdot 90°}{360°} - \frac{3 \cdot 3}{2} = 7{,}07 - 4{,}5 \Rightarrow$$

$$\Rightarrow A_{\text{segmento circular}} \approx 2{,}57 \text{ cm}^2$$

3 ÁREA DE FIGURAS PLANAS IRREGULARES

Hasta aquí hemos visto cómo calcular áreas de polígonos y figuras circulares, pero en nuestro entorno existen multitud de figuras planas cuya forma no puede asociarse a ninguna de las estudiadas. Es por ello que resulta importante desarrollar estrategias que permitan calcular el área de este tipo de figuras.

Descomposición de figuras

Calcula el área de la figura del margen.

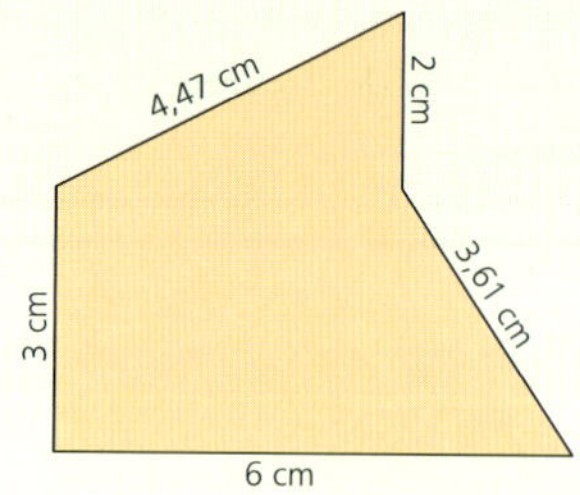

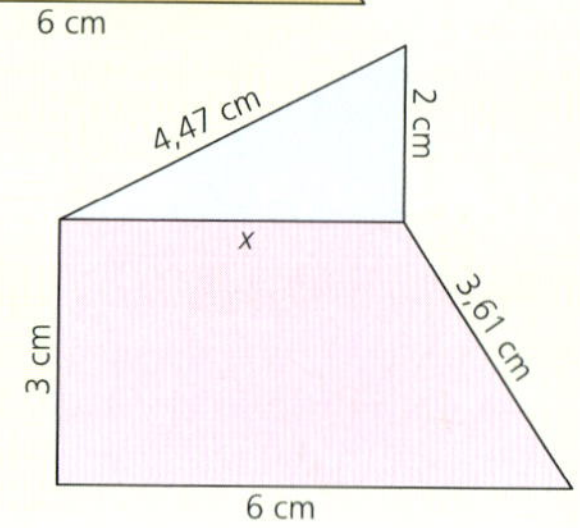

1 Se descompone la figura de manera que se obtengan figuras reconocibles para el cálculo de sus áreas. En este caso, el resultado es un triángulo y un trapecio.

2 Se calcula el área de cada una de las figuras resultantes de la descomposición.

Para hallar el área del triángulo, primero se determina x con el teorema de Pitágoras:

$$x^2 + 2^2 = 4{,}47^2 \Rightarrow x = 4 \text{ cm}$$

$$A_{\text{triángulo}} = \frac{b \cdot h}{2} = \frac{4 \cdot 2}{2} \Rightarrow A_{\text{triángulo}} = 4 \text{ cm}^2$$

Después, se determina el área del trapecio:

$$A_{\text{trapecio}} = \frac{(B + b) \cdot h}{2} = \frac{(6 + 4) \cdot 3}{2} \Rightarrow A_{\text{trapecio}} = 15 \text{ cm}^2$$

3 El área total se obtiene sumando las áreas obtenidas en el apartado anterior.

$$A = A_{\text{trapecio}} + A_{\text{triángulo}} = 15 + 4 \Rightarrow A = 19 \text{ cm}^2$$

Actividad resuelta

Calcula el área de la figura del margen, tomando la cuadrícula como unidad de medida.

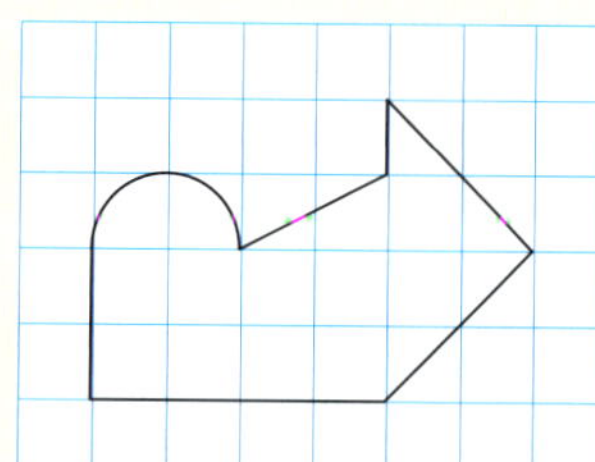

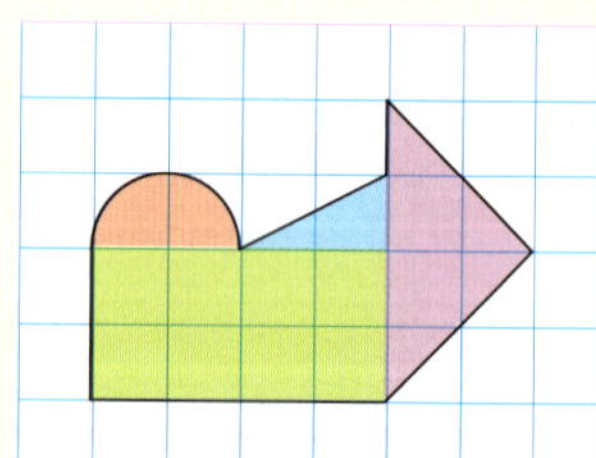

1 Se descompone la figura dada en 4 figuras cuyas áreas pueden hallarse mediante fórmulas conocidas: semicírculo, rectángulo, triángulo 1 y triángulo 2.

2 Se calcula el área de las figuras en las que ha sido descompuesta la figura principal:

- Semicírculo. Es la mitad de un círculo cuyo radio mide 1 u:

$$A_{\text{semicírculo}} = \frac{\pi \cdot r^2}{2} = \frac{\pi \cdot 1^2}{2} \Rightarrow A_{\text{semicírculo}} \approx 1{,}57 \text{ u}^2$$

- Rectángulo. Su base mide 4 u, y su altura, 2 u:

$$A_{\text{rectángulo}} = b \cdot h = 4 \cdot 2 \Rightarrow A_{\text{rectángulo}} \approx 8 \text{ u}^2$$

- Triángulo 1. Tiene una base de 2 u y una altura de 1 u:

$$A_{\text{triángulo 1}} = \frac{b \cdot h}{2} = \frac{2 \cdot 1}{2} \Rightarrow A_{\text{triángulo 1}} \approx 1 \text{ u}^2$$

- Triángulo 2. Su base mide 4 u, y su altura, 2 u:

$$A_{\text{triángulo 2}} = \frac{b \cdot h}{2} = \frac{4 \cdot 2}{2} \Rightarrow A_{\text{triángulo 2}} \approx 4 \text{ u}^2$$

3 Para hallar el área de la figura pedida, se suman todas las áreas obtenidas:

$$A = A_{\text{semicírculo}} + A_{\text{rectángulo}} + A_{\text{triángulo 1}} + A_{\text{triángulo 2}} \approx 1{,}57 + 8 + 1 + 4 \Rightarrow A \approx 14{,}57 \text{ u}^2$$

Actividad resuelta

Calcula el área de las siguientes figuras, tomando la cuadrícula como unidad de medida.

a.

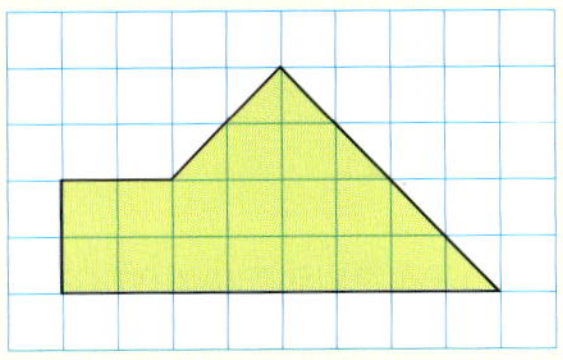

a. La figura se descompone en dos triángulos, T_1 y T_2, y se calcula el área de cada uno de ellos:

$$A_{T_1} = \frac{8 \cdot 4}{2} = 16 \text{ u}^2$$

$$A_{T_2} = \frac{2 \cdot 2}{2} = 2 \text{ u}^2$$

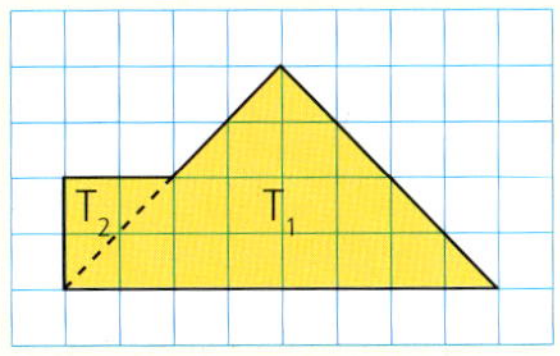

Por último, se suman las áreas de los dos triángulos:

$$A = A_{T_1} + A_{T_2} = 16 + 2 = 18 \text{ u}^2$$

b.

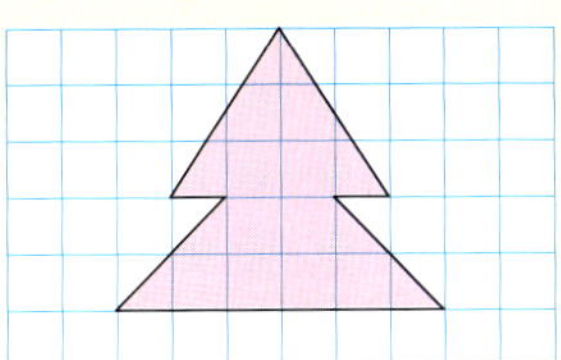

b. La figura se descompone en un triángulo y un trapecio, y se calcula el área de ambas figuras:

$$A_{\text{triángulo}} = \frac{4 \cdot 3}{2} = 6 \text{ u}^2$$

$$A_{\text{trapecio}} = \frac{(6 + 2) \cdot 2}{2} = 8 \text{ u}^2$$

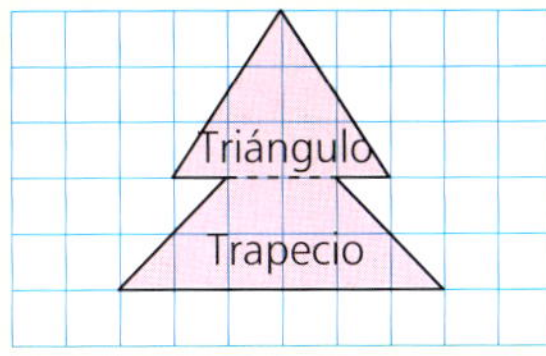

A continuación, se suman las áreas de ambas figuras:

$$A = A_{\text{triángulo}} + A_{\text{trapecio}} = 6 + 8 = 14 \text{ u}^2$$

c.

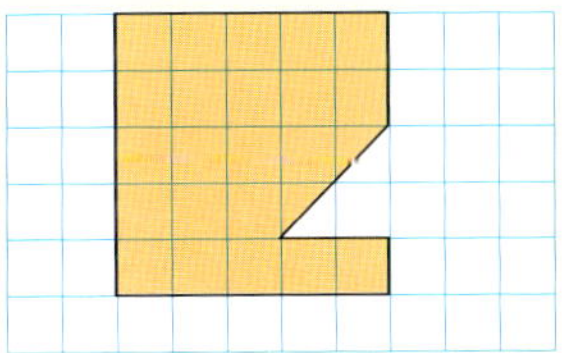

c. El área que hay que calcular se obtiene hallando el área del cuadrado y restándole la del triángulo:

$$A_{\text{cuadrado}} = 5^2 = 25 \text{ u}^2$$

$$A_{\text{triángulo}} = \frac{2 \cdot 2}{2} = 2 \text{ u}^2$$

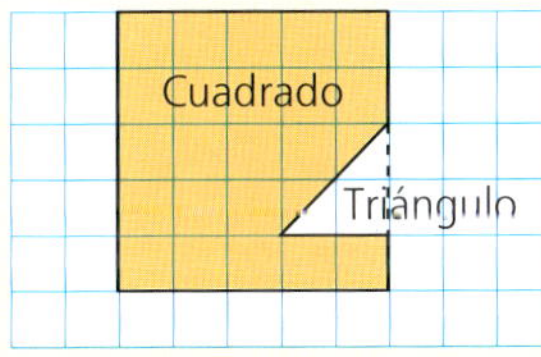

Se resta al área del cuadrado la del triángulo:

$$A = A_{\text{cuadrado}} - A_{\text{triángulo}} = 25 - 2 = 23 \text{ u}^2$$

d.

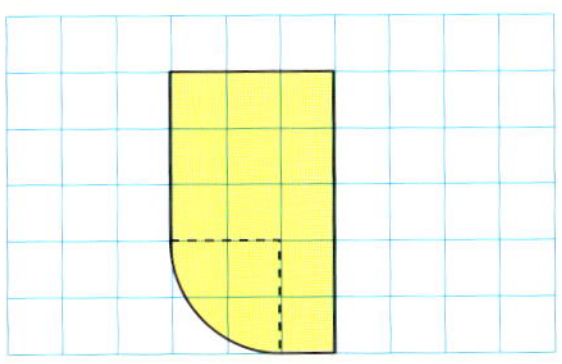

d. La figura se descompone en un cuadrado, un rectángulo y un sector circular de 90° y 2 u de radio, y se halla las áreas de las tres figuras:

$$A_{\text{cuadrado}} = 3^2 = 9 \text{ u}^2$$

$$A_{\text{rectángulo}} = 1 \cdot 2 = 2 \text{ u}^2$$

$$A_{\text{sector circular}} = \frac{\pi \cdot 2^2 \cdot 90°}{360°} = 3{,}14 \text{ u}^2$$

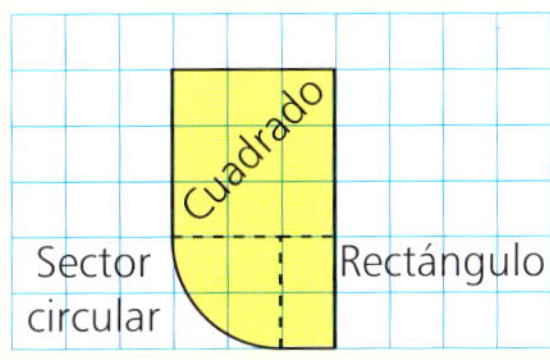

Por último, sumando todas las áreas halladas:

$$A = A_{\text{cuadrado}} + A_{\text{rectángulo}} + A_{\text{sector circular}} = 9 + 2 + 3{,}14 = 14{,}14 \text{ u}^2$$

e.

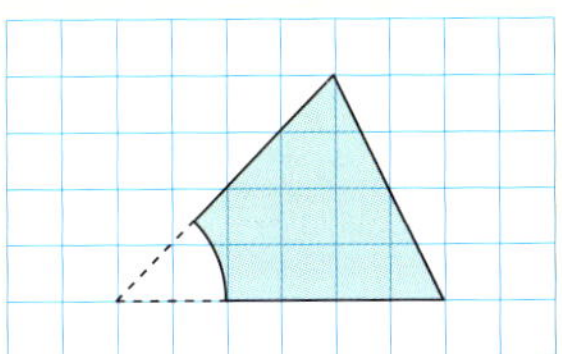

e. El área que hay que calcular se obtiene de la diferencia de un triángulo y un sector circular de 45° y 2 u de radio:

$$A_{\text{triángulo}} = \frac{6 \cdot 4}{2} = 12 \text{ u}^2$$

$$A_{\text{sector circular}} = \frac{\pi \cdot 2^2 \cdot 45°}{360°} = 1{,}57 \text{ u}^2$$

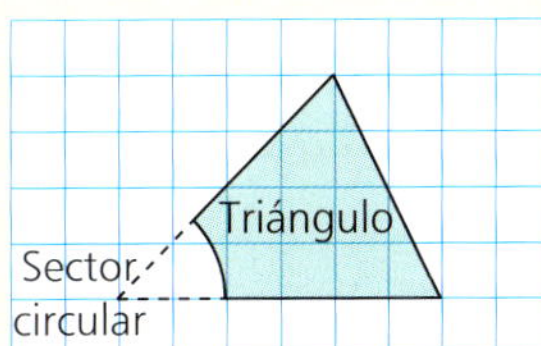

Se calcula la diferencia para hallar el área pedida:

$$A = A_{\text{triángulo}} - A_{\text{sector circular}} = 12 - 1{,}57 = 10{,}43 \text{ u}^2$$

4 ÁREAS Y VOLÚMENES DE POLIEDROS

Un **poliedro** es un cuerpo geométrico cerrado delimitado por polígonos.

Un **poliedro regular** es aquel cuyas caras son polígonos regulares iguales y en cada uno de cuyos vértices concurre el mismo número de caras.

Solo existen cinco poliedros regulares, también llamados **sólidos platónicos:**

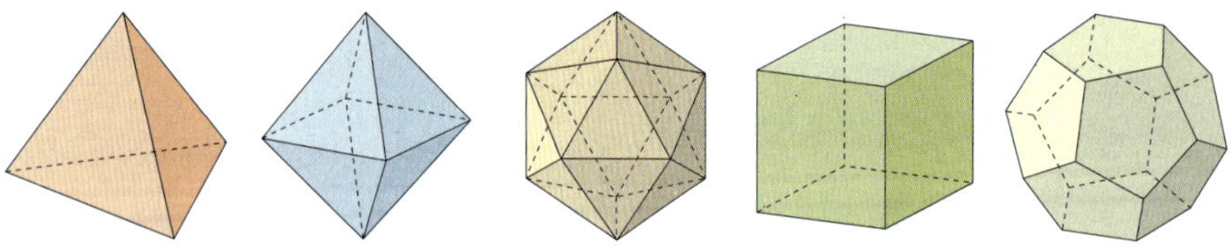

Tetraedro	Octaedro	Icosaedro	Hexaedro	Dodecaedro
4 triángulos equiláteros	8 triángulos equiláteros	20 triángulos equiláteros	6 cuadrados	12 pentágonos

El **área de un poliedro regular** de *n* caras viene dada por la expresión:

$$A_{\text{poliedro regular}} = \text{n} \cdot A_{\text{cara}}$$

Un **poliedro** es **irregular** si los polígonos que delimitan sus caras no son todos iguales; dos de estos poliedros son el prisma y la pirámide.

Actividad resuelta

Calcula el área del siguiente poliedro:

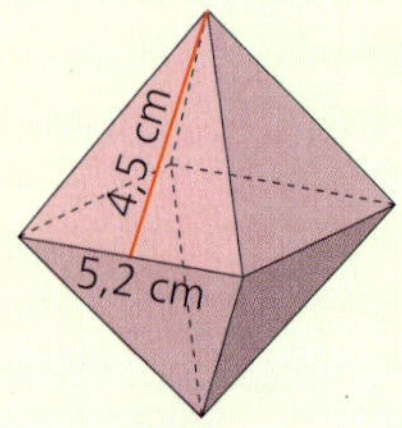

Se trata de un octaedro, compuesto por 8 triángulos equiláteros.

Como todos los triángulos son iguales, se calcula el área de uno de ellos:

$$A_{\text{cara}} = \frac{b \cdot h}{2} = \frac{5{,}2 \cdot 4{,}5}{2} \Rightarrow$$

$$\Rightarrow A_{\text{cara}} = 11{,}7 \text{ cm}^2$$

Por lo tanto, el área del poliedro es:

$$A_{\text{poliedro regular}} = n \cdot A_{\text{cara}} = 8 \cdot 11{,}7 \Rightarrow$$

$$\Rightarrow A_{\text{poliedro regular}} = 93{,}6 \text{ cm}^2$$

PRISMAS

Un **prisma** es un poliedro constituido por dos caras iguales y paralelas entre sí, llamadas bases, y varias caras laterales formadas por paralelogramos.

Área

En el desarrollo plano de un prisma recto y regular se aprecia que el área total es la suma de las áreas de las bases y el área lateral, que coincide con el área de un rectángulo cuya altura es la altura del prisma y cuya base es el perímetro de la base del prisma:

$$A_{\text{total del prisma}} = 2 \cdot A_{\text{base}} + A_{\text{lateral}}$$

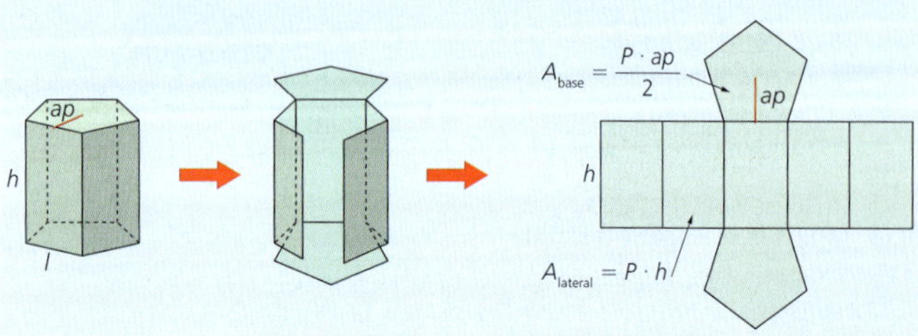

Volumen

El volumen de un prisma es el producto del área de la base por la altura:

$$V_{\text{prisma}} = A_{\text{base}} \cdot h$$

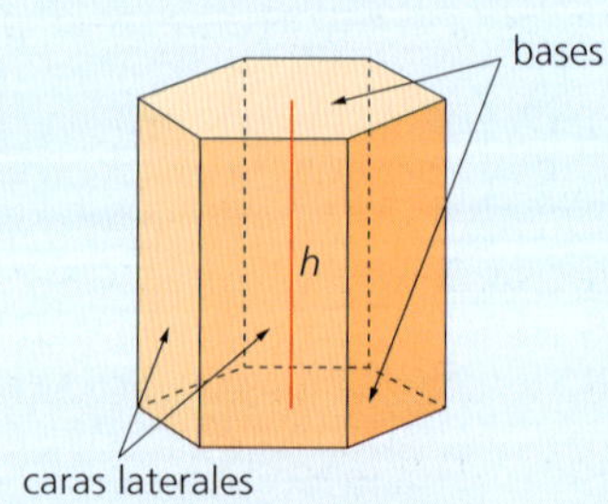

PIRÁMIDES

Una **pirámide** es un poliedro formado por una base poligonal y varias caras laterales constituidas por triángulos que confluyen en el vértice.

Área

En el desarrollo plano de una pirámide recta y regular se aprecia que el área total es la suma del área de la base y el área lateral, que, a su vez, es la suma de las áreas de los triángulos cuya base es el lado del polígono de la base de la pirámide y cuya altura es la apotema de la pirámide:

$$A_{\text{total de la pirámide}} = P \cdot \frac{ap + ap'}{2}$$

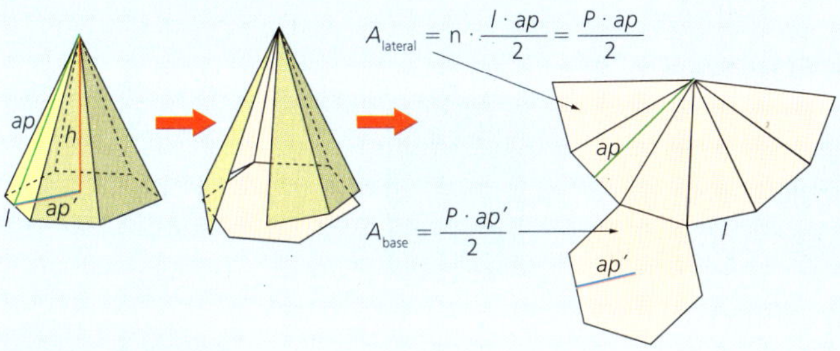

Volumen

El volumen de una pirámide es la tercera parte del volumen de un prisma de igual base y altura:

$$V_{\text{pirámide}} = \frac{1}{3} \cdot A_{\text{base}} \cdot h$$

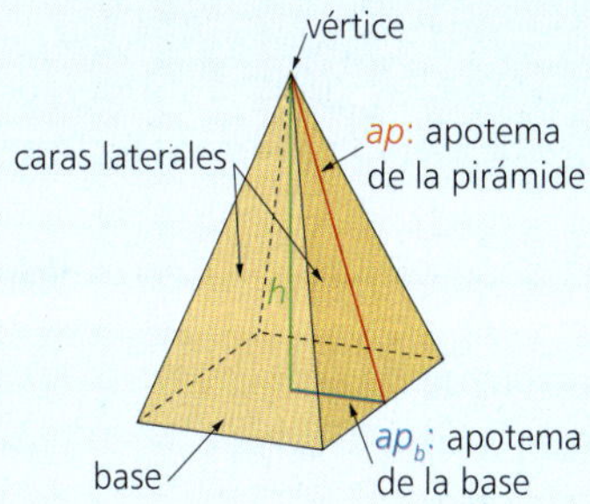

Actividad resuelta

Calcula el área total y el volumen de un prisma hexagonal que tiene una altura de 15 cm y está formado por dos bases que son hexágonos cuya apotema mide 5,2 cm.

Para determinar el área del prisma, primero hay que hallar el área de la base y el área lateral.

La base es un hexágono cuya apotema mide 5,2 cm. Para calcular cuánto mide su lado, hay que utilizar el teorema de Pitágoras:

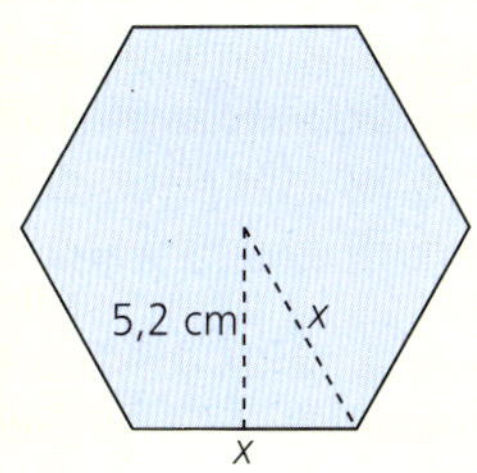

$$x^2 = 5{,}2^2 + \left(\frac{x}{2}\right)^2 \Rightarrow x^2 = 27{,}04 + \frac{x^2}{4} \Rightarrow x^2 - \frac{x^2}{4} = 27{,}04 \Rightarrow$$

$$\Rightarrow \frac{3x^2}{4} = 27{,}04 \Rightarrow x^2 = 36{,}05 \Rightarrow x \approx 6 \text{ cm}$$

Sabiendo la longitud de su apotema, se puede determinar el área de la base:

$$A_{\text{base}} = \frac{P \cdot ap}{2} = \frac{36 \cdot 5{,}2}{2} = 93{,}6 \text{ cm}^2$$

El área lateral es la de un rectángulo con una base de 36 cm y una altura de 15 cm. Por consiguiente:

$$A_{\text{lateral}} = P \cdot h = 36 \cdot 15 = 540 \text{ cm}^2$$

Ahora estamos en disposición de hallar el área total del prisma:

$$A_{\text{total del prisma}} = 2 \cdot A_{\text{base}} + A_{\text{lateral}} = 2 \cdot 93{,}6 + 540 = 727{,}2 \text{ cm}^2$$

Por último, el volumen del prisma es:

$$V_{\text{prisma}} = A_{\text{base}} \cdot h = 93{,}6 \cdot 15 = 1\,404 \text{ cm}^3$$

5 ÁREAS Y VOLÚMENES DE CUERPOS DE REVOLUCIÓN

Los cuerpos de revolución son cuerpos geométricos que se generan por el giro de una figura plana alrededor de un eje, al que se denomina eje de giro.

A continuación, se indican las expresiones que permiten calcular el área y el volumen de algunos de los cuerpos de revolución más frecuentes.

CILINDRO

El cilindro se obtiene al hacer girar un rectángulo alrededor de uno de sus lados.

Área

El lado en torno al que gira el rectángulo es la **altura,** ***h,*** del cilindro, y el lado contiguo a este, su **radio,** ***r.***

$$A_{\text{cilindro}} = 2 \cdot \pi \cdot r^2 + 2 \cdot \pi \cdot r \cdot h$$

Volumen

El volumen se obtiene multiplicando el área del círculo de la base del cilindro por su altura:

$$V_{\text{cilindro}} = \pi \cdot r^2 \cdot h$$

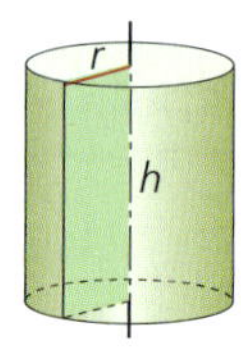

CONO

El cono se obtiene al hacer girar un triángulo rectángulo alrededor de uno de sus catetos.

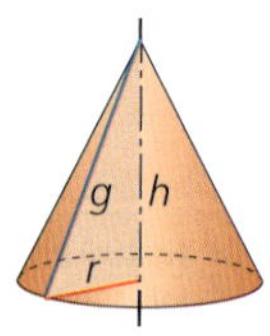

Área

El cateto en torno al que gira el triángulo es la **altura,** ***h,*** del cono; el otro cateto es su **radio,** ***r,*** y la hipotenusa, la **generatriz,** ***g.***

$$A_{\text{cono}} = \pi \cdot r^2 + \pi \cdot r \cdot g$$

Volumen

El volumen de un cono es la tercera parte del volumen de un cilindro de igual base y altura:

$$V_{\text{cono}} = \frac{1}{3} \cdot \pi \cdot r^2 \cdot h$$

Actividad resuelta

Calcula el área total y el volumen de un cono generado al girar un triángulo rectángulo cuyos catetos miden 5 cm y 8 cm, respectivamente, por el cateto de mayor longitud.

Se calcula el valor de la generatriz, que coincide con la hipotenusa del triángulo rectángulo.

$$g^2 = 5^2 + 8^2 \Rightarrow g = 9{,}43 \text{ cm}$$

Como la altura del triángulo coincide con la medida del cateto mayor y el radio con la medida del cateto menor, se concluye que $h = 8$ cm y $r = 5$ cm. Con esto estamos en disposición de hallar el área y el volumen del cono:

$$A_{\text{cono}} = \pi \cdot 5^2 + \pi \cdot 5 \cdot 9{,}43 \approx 226{,}67 \text{ cm}^2 \qquad V_{\text{cono}} = \frac{1}{3} \cdot \pi \cdot 5^2 \cdot 8 \approx 209{,}44 \text{ cm}^3$$

Actividad resuelta

Calcula el volumen de un bidón cilíndrico lleno de aceite cuya base mide 19 cm de diámetro y que tiene una altura de 74,07 cm. ¿Cuántas botellas de 75 cL se pueden llenar con el contenido de este bidón?

En primer lugar, se calcula el volumen del bidón, que tiene forma de cilindro. Por tanto:

$$V_{\text{cilindro}} = \pi \cdot r^2 \cdot h = \pi \cdot 9{,}5^2 \cdot 74{,}07 =$$
$$= 21\,000{,}97 \text{ cm}^3 = 21{,}000\,97 \text{ dm}^3 \approx$$
$$\approx 21 \text{ L}$$

El bidón tiene una capacidad de aproximadamente 21 L.

Como cada botella tiene una capacidad de 75 cL, que es lo mismo que 0,75 L, entonces:

$$\frac{21}{0{,}75} = 28$$

Se pueden llenar, pues, 28 botellas con el contenido del bidón.

ESFERA

Se obtiene al hacer girar una semicircunferencia alrededor de su diámetro.

Área

El radio de la semicircunferencia coincide con el **radio**, *r*, de la esfera.

$$A_{esfera} = 4 \cdot \pi \cdot r^2$$

Volumen

El volumen de una esfera es las dos terceras partes del volumen de un cilindro cuya base coincide con el radio de la esfera y cuya altura equivale al diámetro de la esfera:

$$V_{esfera} = \frac{2}{3} \cdot \pi \cdot r^2 \cdot 2r = \frac{4}{3} \cdot \pi \cdot r^3$$

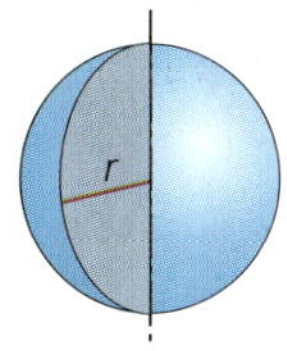

Actividad resuelta

Un frasco de colonia tiene forma de esfera con un radio que mide 4,2 cm. ¿Cuántos centilitros de colonia contendrá el frasco si está lleno en sus $\frac{5}{6}$ partes?

En primer lugar, se calcula el volumen total de la esfera, considerando que tiene un radio de 4,2 cm:

$$V_{esfera} = \frac{4}{3} \cdot \pi \cdot r^3 = \frac{4}{3} \cdot \pi \cdot 4{,}2^3 \approx 310{,}34 \text{ cm}^3 = 310{,}34 \text{ mL} = 31{,}034 \text{ cL}$$

Como está lleno en sus $\frac{5}{6}$ partes: $\frac{5}{6} \cdot 31{,}034 = 25{,}86$ cL

Dibujar y estudiar cuerpos geométricos con GeoGebra

Con la ayuda de GeoGebra se puede obtener la representación gráfica de cuerpos geométricos. Para ello, se debe activar gráficas 3D, desde el menú **Vista**.

A partir de ese momento, cambian las opciones y se ofrecen herramientas específicas para este tipo de diseños.

Consideremos para esta actividad una pirámide regular cuadrangular que mida 3 u de altura y cuya base sea un cuadrado de 2 u de lado. Para dibujarla, calcular su volumen y su área y obtener su desarrollo plano, han de realizarse los siguientes pasos:

1. Desde el menú de polígonos se selecciona un **Polígono regular** de 2 u de lado sobre el plano *XY*.

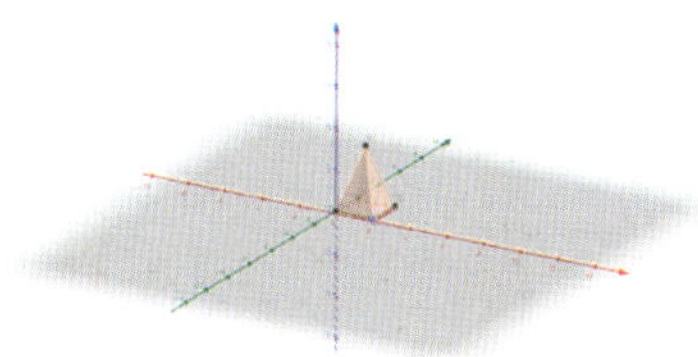

2. En el menú de poliedros se inserta una **Pirámide** desde su base y se indica la altura.
3. A fin de obtener su volumen, se teclea en la línea de entrada Volumen(a), donde *a* es el nombre que GeoGebra le otorga por defecto a la pirámide, y se obtiene como resultado 4 u^3.
4. Finalmente, se accede de nuevo al menú de poliedros y se selecciona **Desarrollo** para después pulsar sobre la pirámide. Se obtiene así el desarrollo plano de la pirámide con un «deslizador» que permite visualizar una animación de dicho desarrollo. El valor del desarrollo coincide con el valor del área total de la pirámide: 16,64 u^2.

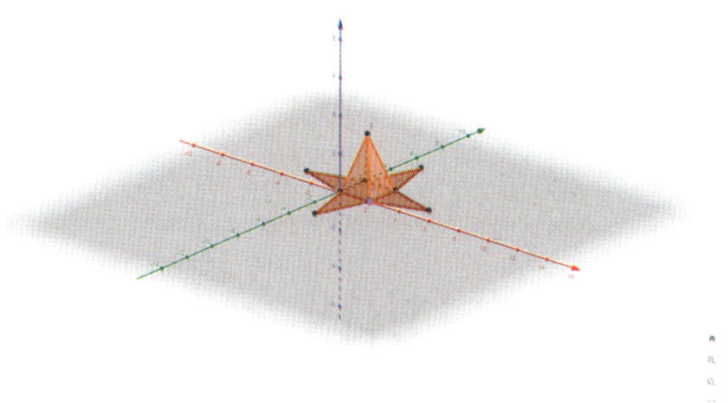

ACTIVIDADES

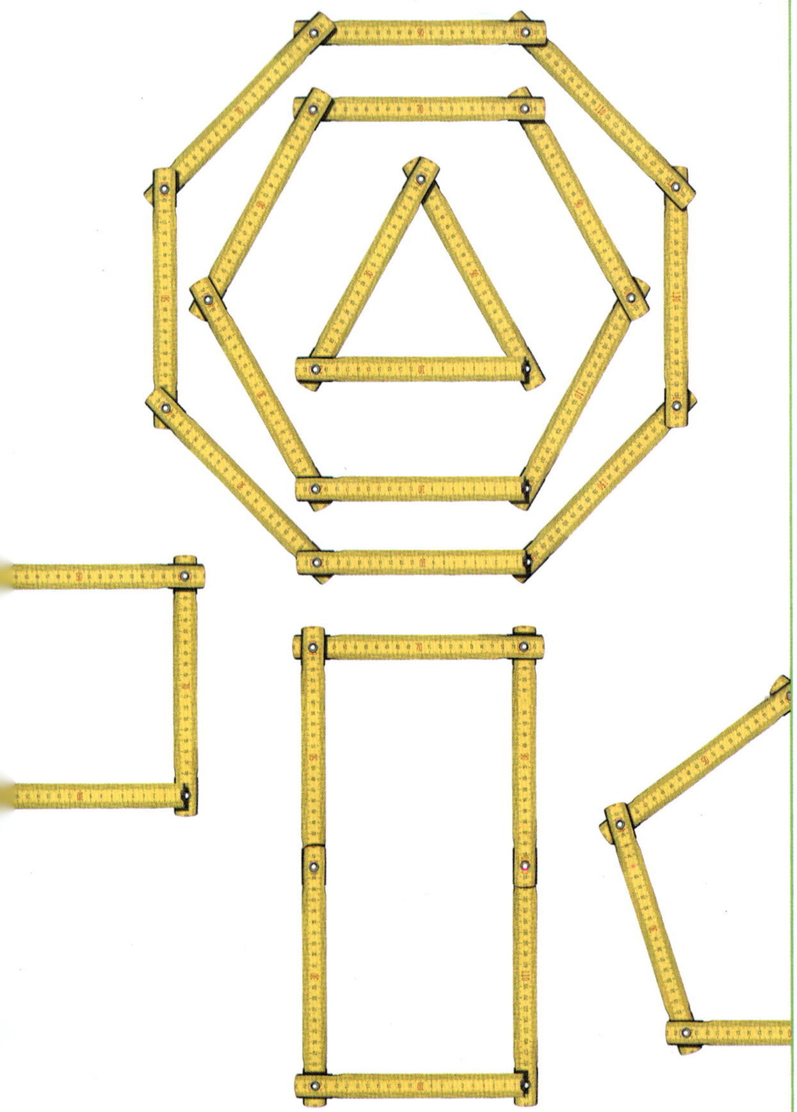

07 PERÍMETROS, ÁREAS Y VOLÚMENES

1 Perímetro y áreas de las figuras planas

1 Calcula el área y el perímetro de los siguientes triángulos:

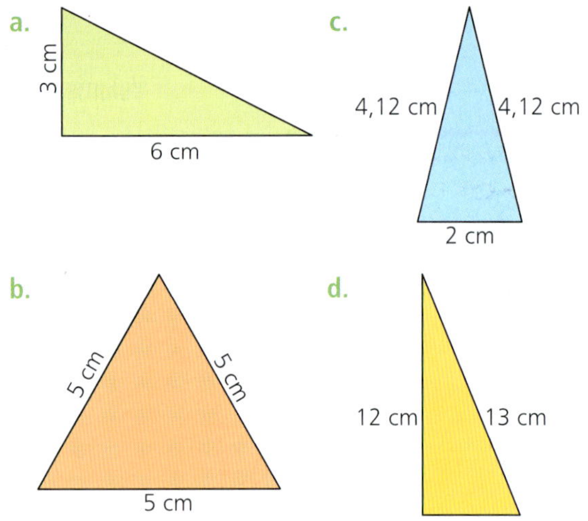

2 Calcula el área de un triángulo equilátero cuyo perímetro mide 45 m.

3 ¿Qué área tiene la zona coloreada? ¿Cuánto mide su perímetro?

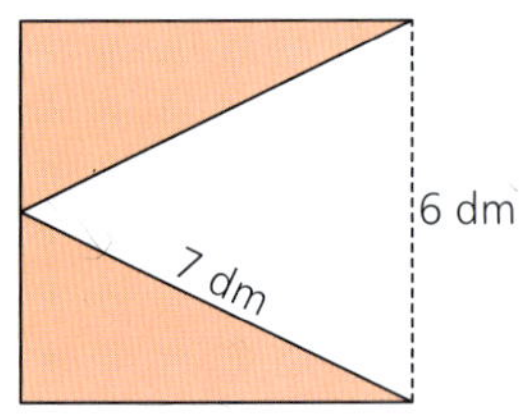

4 Calcula el área y el perímetro del siguiente triángulo escaleno:

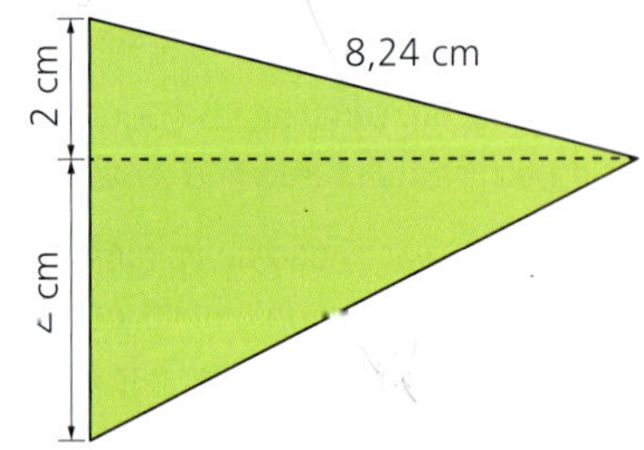

5 Calcula cuántos metros cuadrados de tela se han empleado en la fabricación de una guirnalda de 10 m de largo como la que aparece en el dibujo si cada banderín tiene 20 cm de base y 30 cm de altura.

6 Calcula el perímetro y el área de los siguientes polígonos:

a.
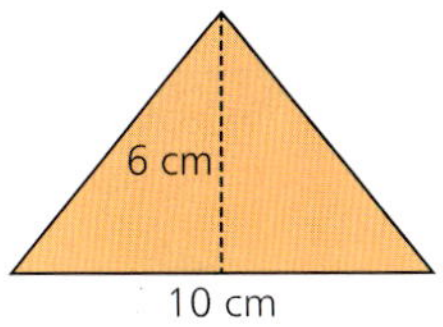

d.
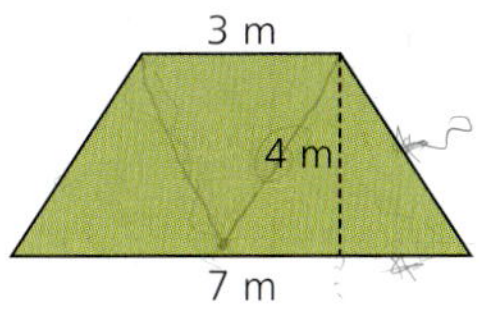

b.
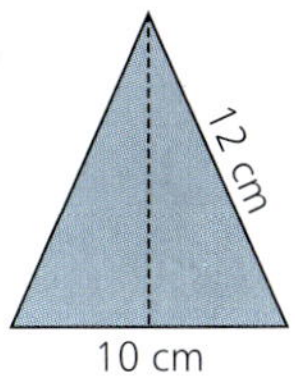

e.
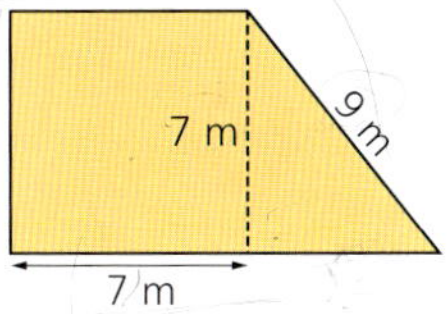

c.
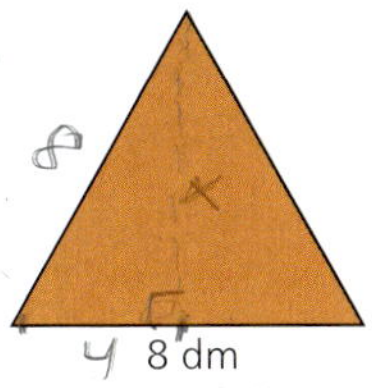

f.
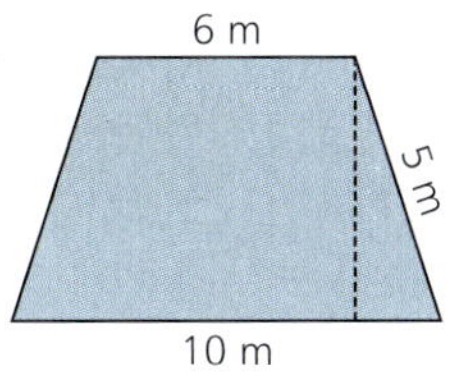

7 Halla el perímetro y el área de estas figuras planas:

a.
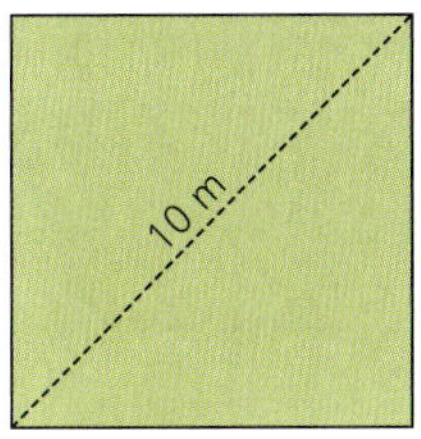

d.
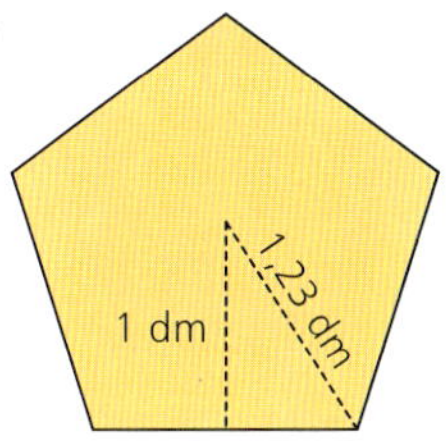

b.
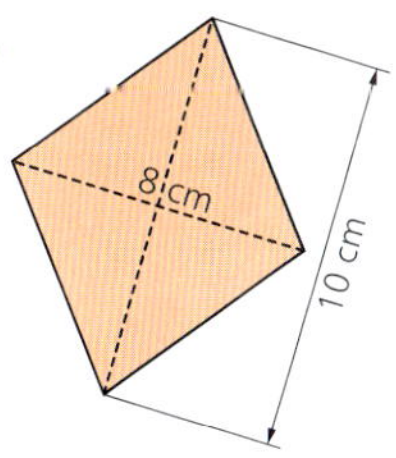

e.
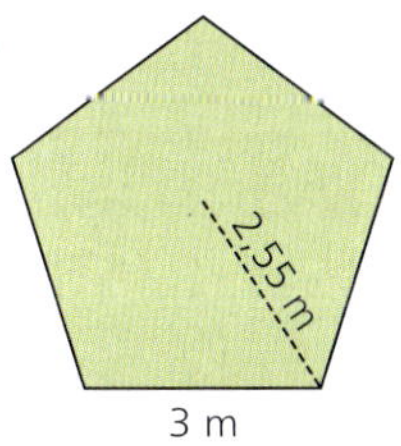

c.
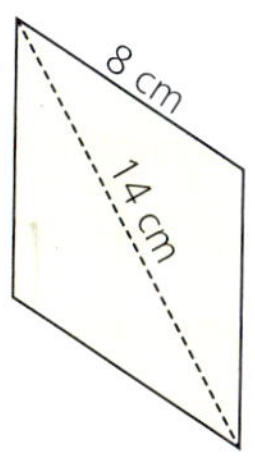

f.
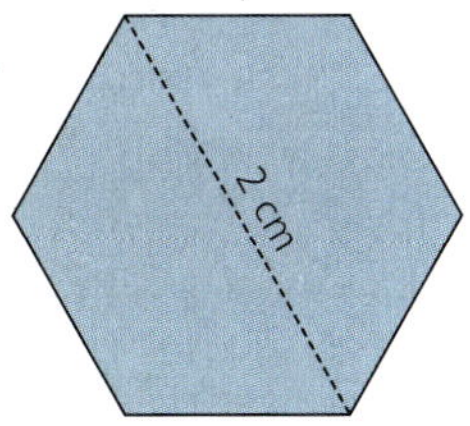

8 Un cuadrado tiene 196 m^2 de área. Averigua cuánto mide su lado y su diagonal.

9 El área de un rombo es 144 dm^2. ¿Cuánto mide su diagonal menor si su diagonal mayor es de 24 dm?

10 Calcula el valor de la diagonal que se indica en estos polígonos:

a.
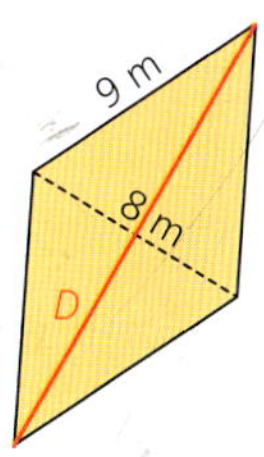

b.
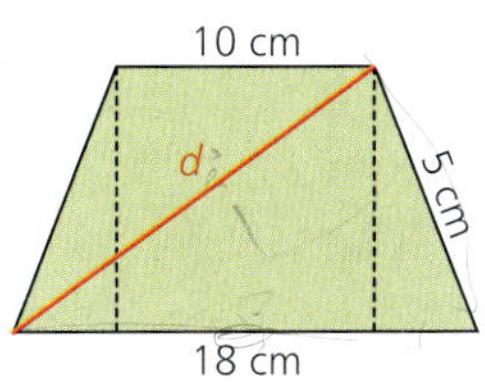

11 Determina el valor de la apotema en un octógono regular de 1 m de lado que tiene 4,83 m^2 de área.

12 Halla el área de los siguientes polígonos regulares:

a. Un pentágono con una circunferencia inscrita de 2 cm de radio y una circunferencia circunscrita de 2,48 cm de radio.

b. Un hexágono de 20 dm de lado.

c. Un heptágono con un lado de 8 m y una circunferencia circunscrita de 9,22 m de radio.

d. Un decágono con un lado de 6 cm y una circunferencia inscrita de 9,23 cm de radio.

13 ⊞ Calcula el área de la siguiente figura:

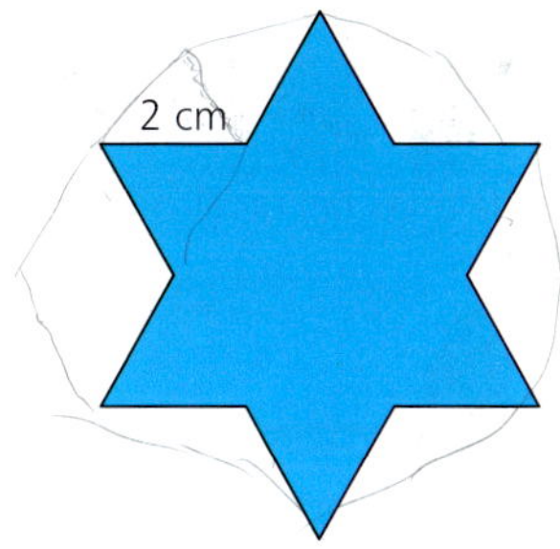

14 Halla el área de la figura tomando la cuadrícula como unidad de medida.

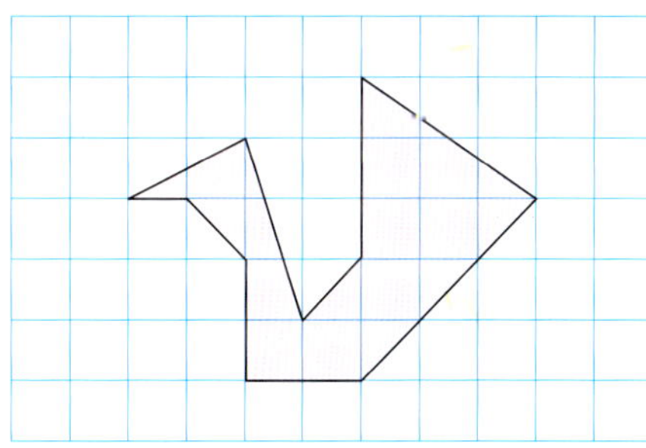

2 Área de figuras circulares

15 Halla la longitud de una circunferencia de 8 cm de radio.

16 Calcula el radio de una circunferencia cuya área mide 10 cm^2.

17 Determina la longitud de un arco de circunferencia de 9 m de radio y 120° de amplitud.

18 Calcula la distancia que separa los puntos *A* y *B*, si en dicho trayecto la rueda grande del tractor da 25 vueltas.

19 Calcula el área de las figuras indicadas.

a. Un sector circular de 160° y 6 cm de radio.

b. Una corona circular que tiene un radio mayor de 7 cm y un radio menor de 2 cm.

c. Un trapecio circular de 50° con un radio mayor que mide 5 cm y un radio menor de 1 cm.

d. Un segmento circular de 90° en un círculo de 5 cm de radio.

20 Determina el área de estas figuras circulares:

a. Un sector de 5 dm de radio y 36° de amplitud.

b. Una corona cuyos radios miden 12 cm y 6 cm.

c. Un trapecio cuyos radios miden 4 m y 9 m y que tiene 24° de amplitud.

d. Un segmento de 10 dm de radio y 90° de amplitud.

21 Calcula el área de estas figuras circulares:

a.

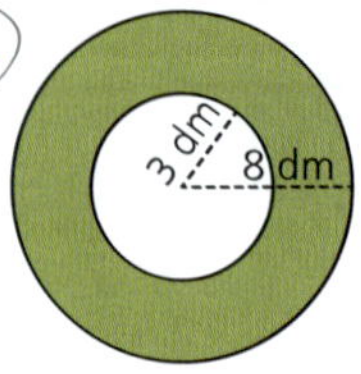

c.

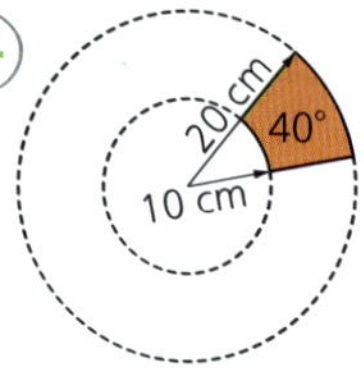

b.

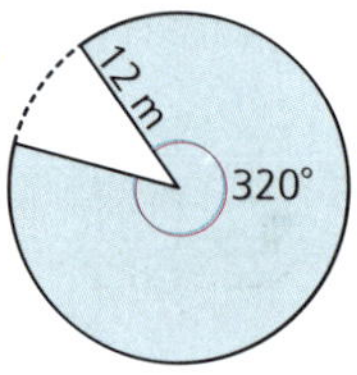

d.

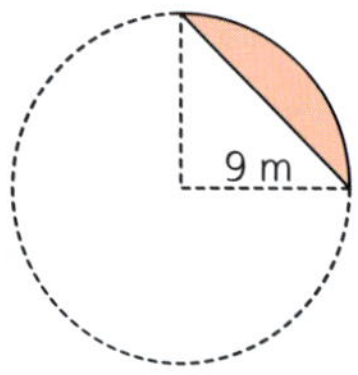

22 Se considera un círculo cuyo radio mide 16 cm.

a. Calcula el área de dicho círculo.

b. ¿Cuánto mide la longitud de su circunferencia?

c. ¿Cuál será el área de un sector circular con una amplitud de 30°?

d. ¿Cuál será el área de un segmento circular con una amplitud de 80°? ¿Y de 300°?

e. Si se traza una circunferencia concéntrica con un radio de 6 cm, ¿cuánto valdrá el área de la corona circular que se ha formado?

23 ¿Qué área tiene el círculo inscrito en un cuadrado de 4 cm de lado? ¿Y el círculo circunscrito?

24 Calcula el área de un hexágono inscrito en una circunferencia de 5 cm de radio.

25 Halla el área de un hexágono regular inscrito en una circunferencia de 4π cm de longitud.

26 Un decágono regular de 1,86 cm de lado está inscrito en una circunferencia cuyo círculo asociado tiene una superficie de 9π cm^2. ¿Cuánto vale su área?

27 Halla el área de la zona coloreada en las siguientes figuras:

a.

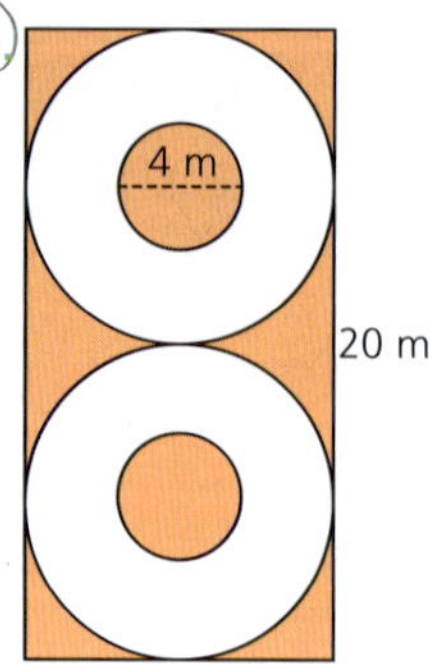

b.

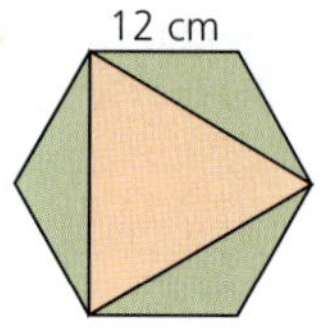

c.

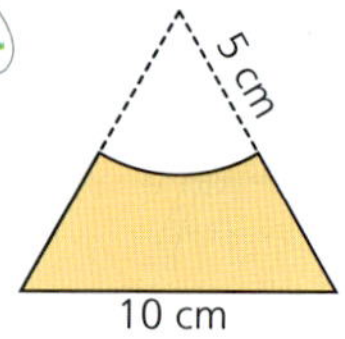

28 Calcula el área de la zona coloreada en estas figuras:

a.

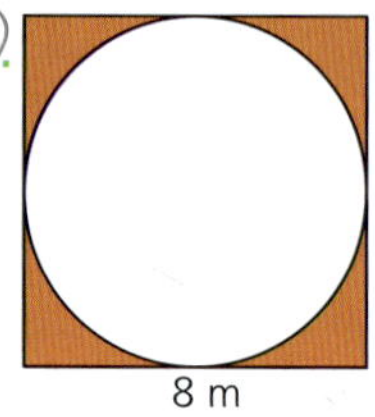

d.

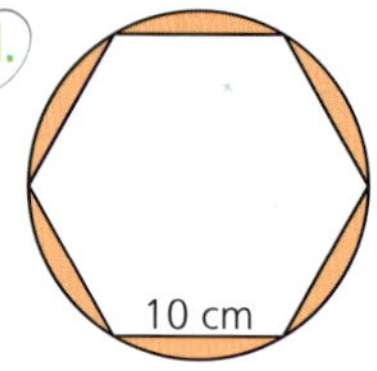

b.

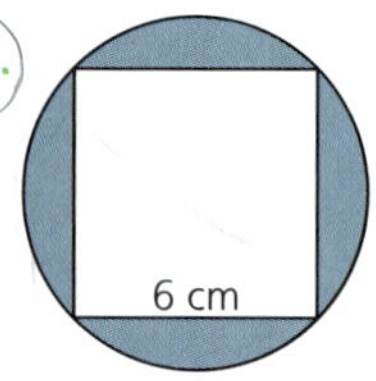

e.

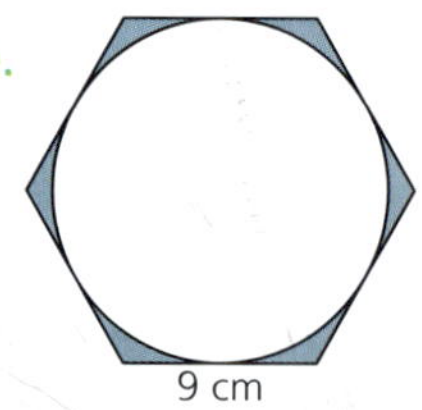

c.

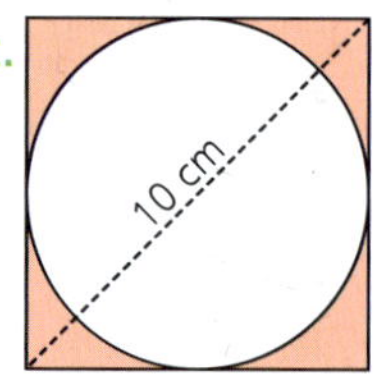

f.

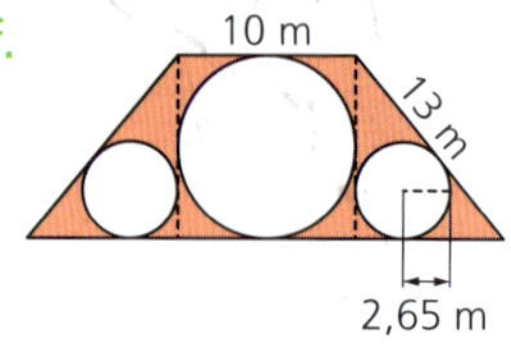

29 Halla el área de la zona coloreada de estas figuras:

a.

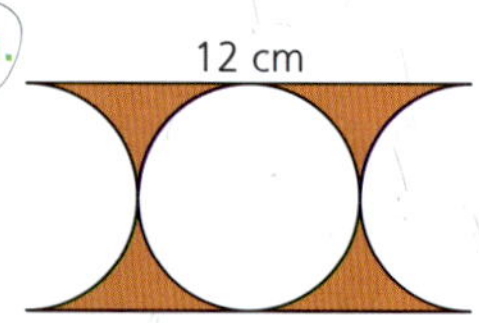

c.

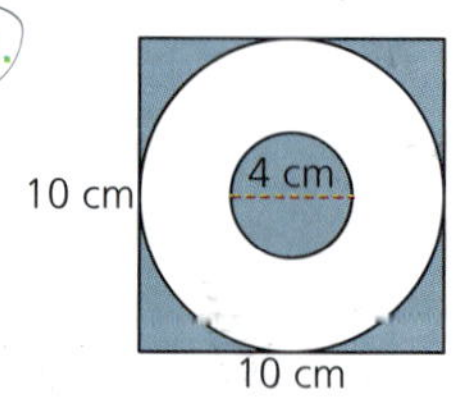

b.

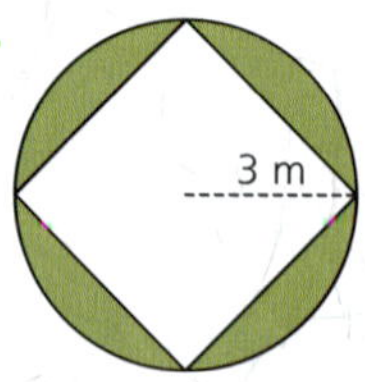

d.

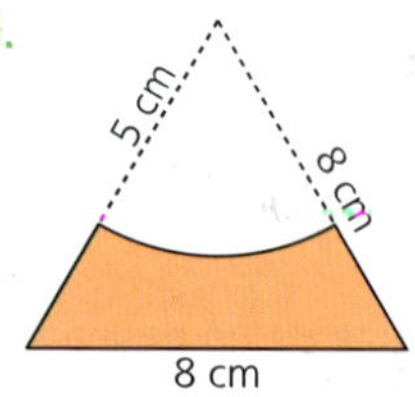

30 Un artesano quiere construir la vidriera de la figura. Calcula los metros cuadrados de cristal que tiene que emplear de cada color.

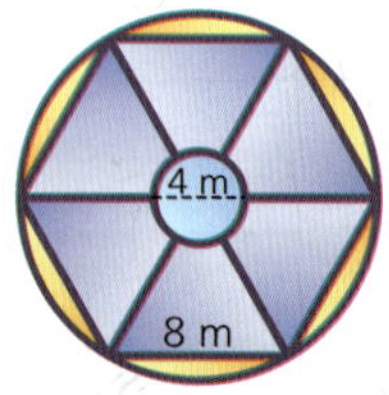

3 Áreas de figuras planas irregulares

31 Calcula el área de las figuras propuestas. Ayúdate de la cuadrícula que aparece, tomándola como unidad de medida.

a.
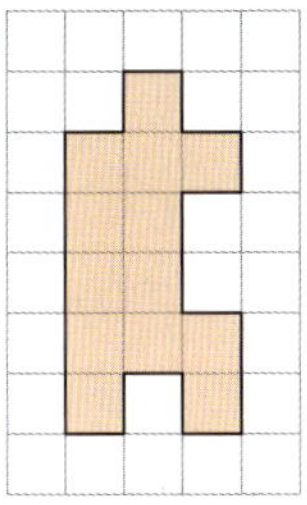
d.
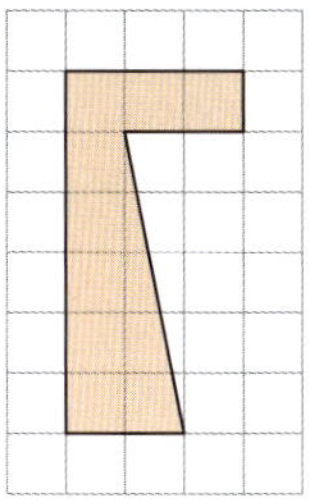
b.
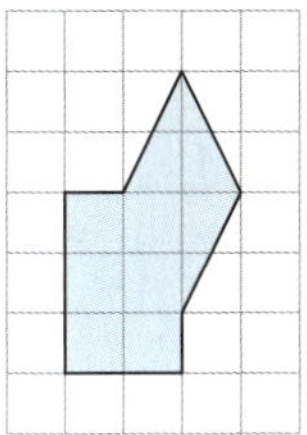
e.
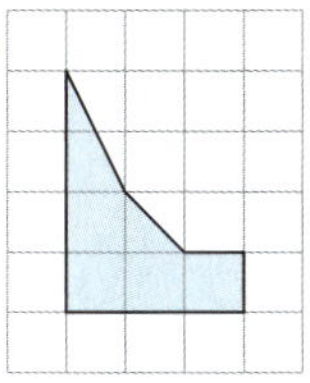
c.
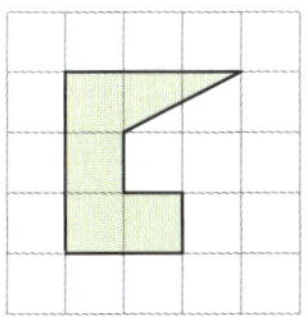
f.
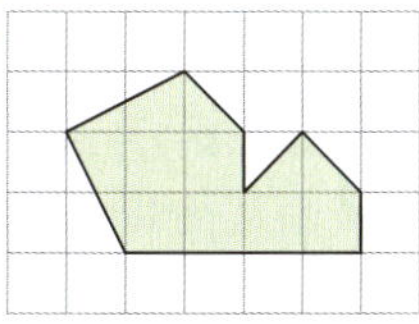

32 Obtén el área de estas figuras como suma de las áreas de las figuras que las componen, con la cuadrícula como unidad de medida:

a.
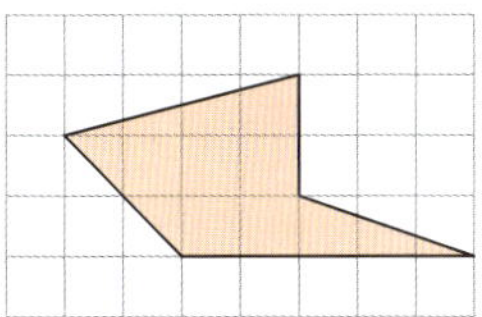
c.
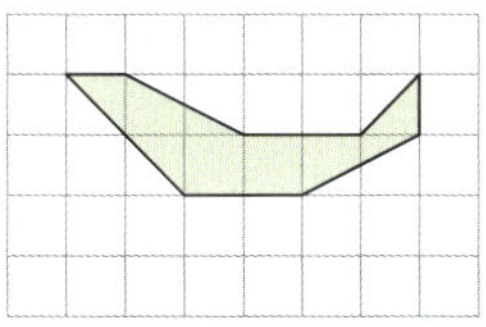
b.
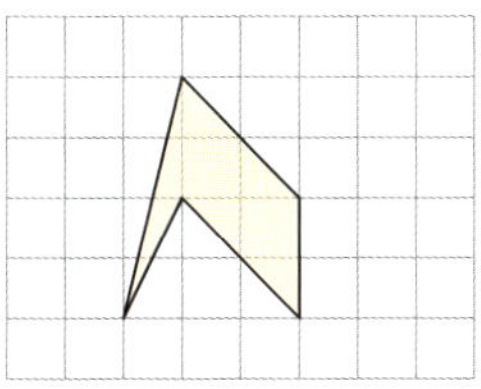
d.
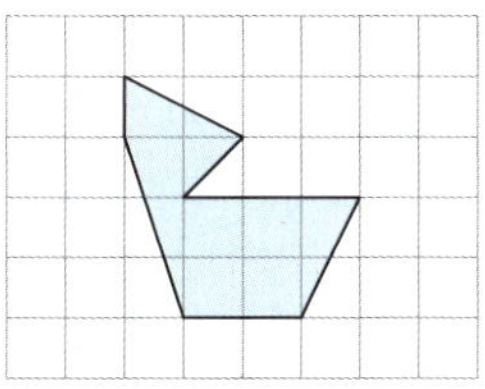

33 Utiliza figuras circulares para obtener el área de las siguientes figuras, tomando la cuadrícula como unidad de medida:

a.
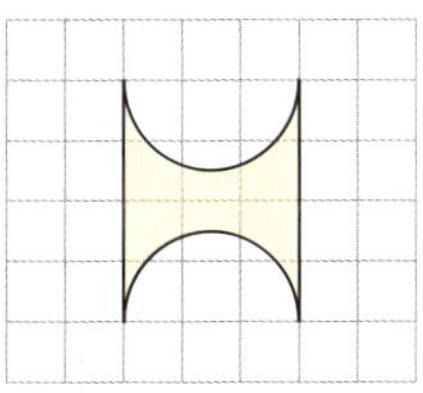
c.
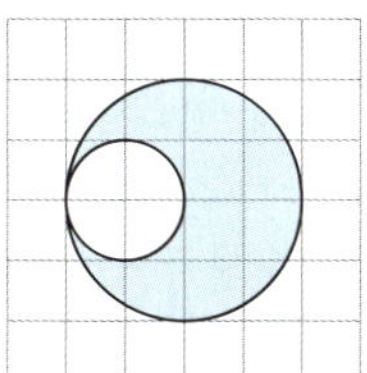
b.
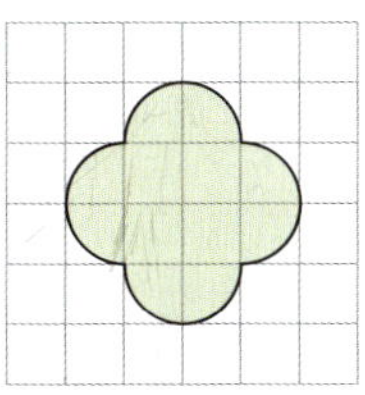
d.
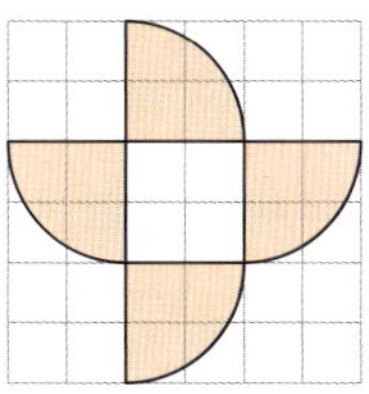

34 Descompón cada una de estas figuras y halla su área, tomando la cuadrícula como unidad de medida:

a.
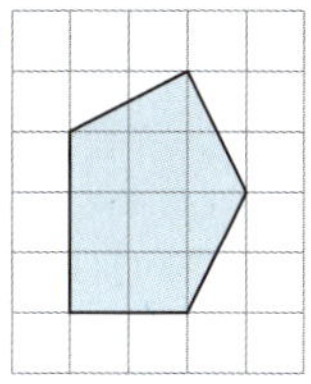
e.
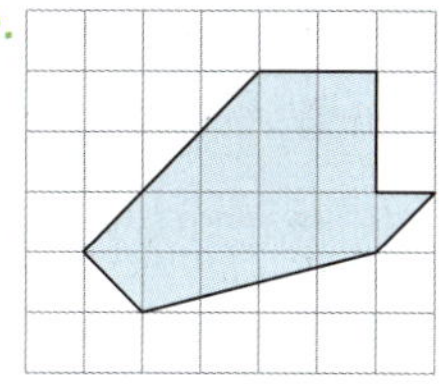
b.
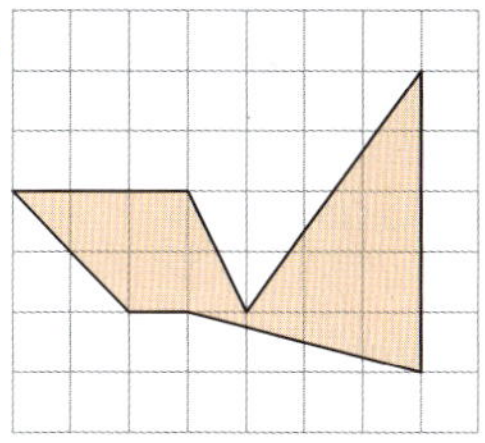
f.
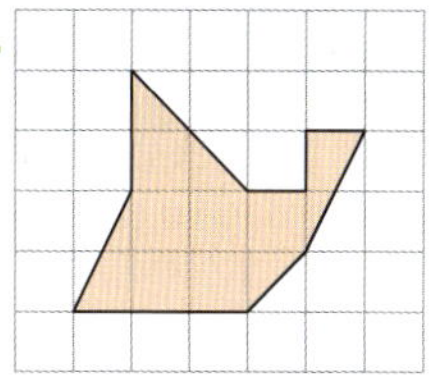
c.
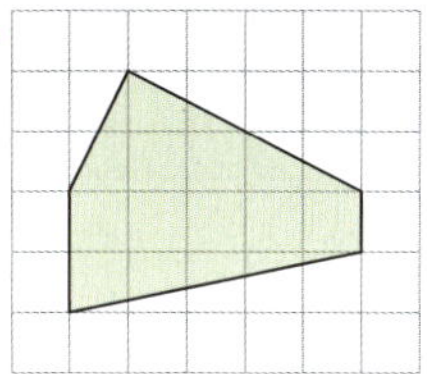
g.
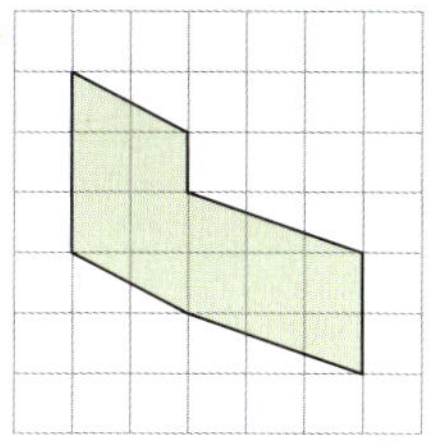
d.
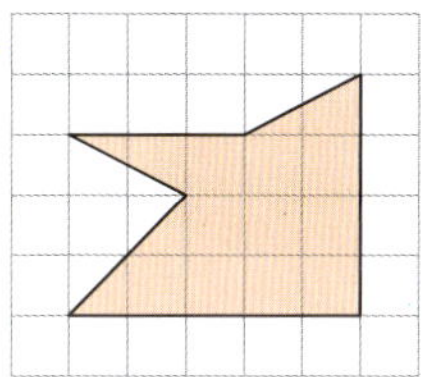
h.
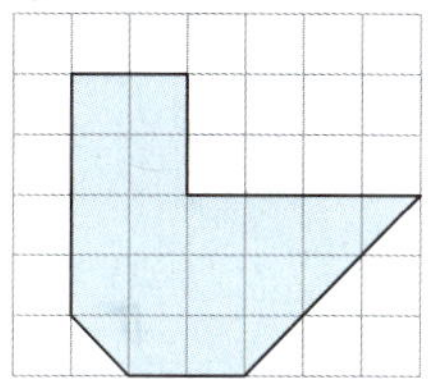

35 Determina el área y el perímetro de la siguiente figura:

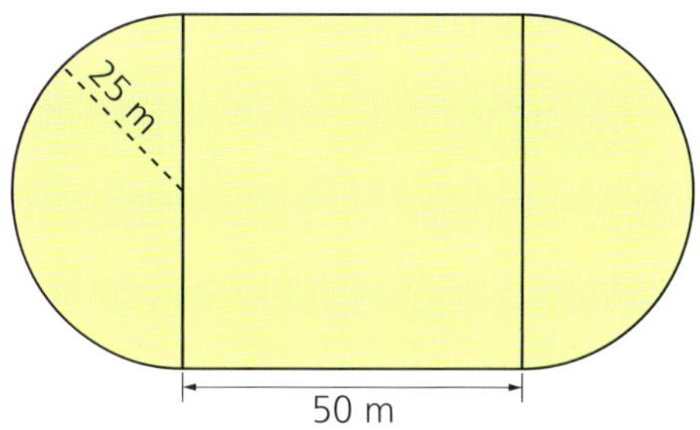

36 Calcula el área de las figuras propuestas, tomando la cuadrícula como unidad de medida.

a.
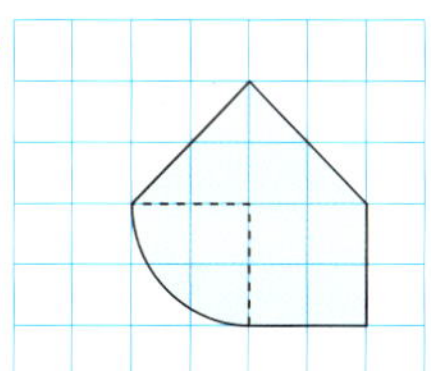
c.
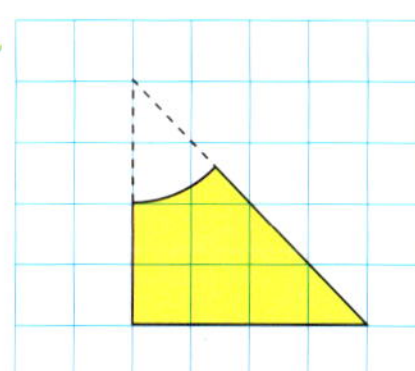
b.
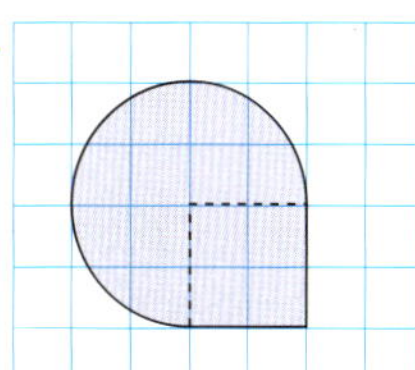
d.
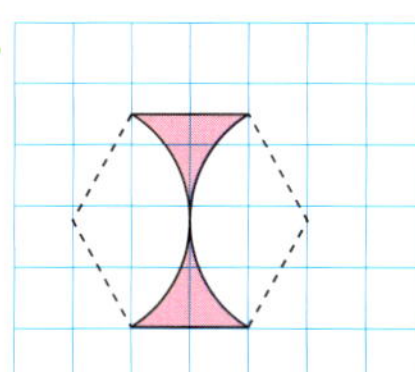

4 Áreas y volúmenes de poliedros

37 Determina el área de las siguientes figuras:

a. Un hexaedro cuya arista mide 5 cm.

b. Un tetraedro cuya arista mide 6 cm.

c. Un octaedro cuya arista mide 4 cm.

d. Un dodecaedro cuya arista mide 8 cm.

e. Un icosaedro cuya arista mide 15 cm.

38 Calcula el área y el volumen de estos prismas:

a.

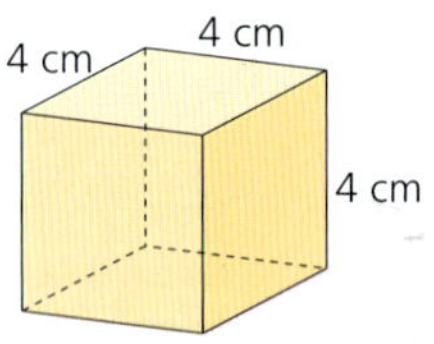

c.

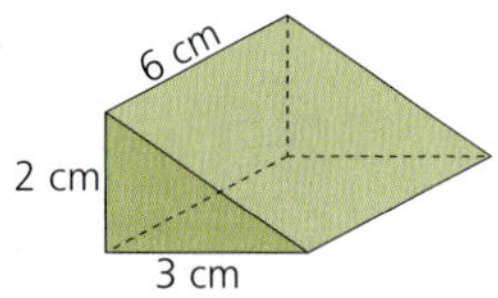

b.

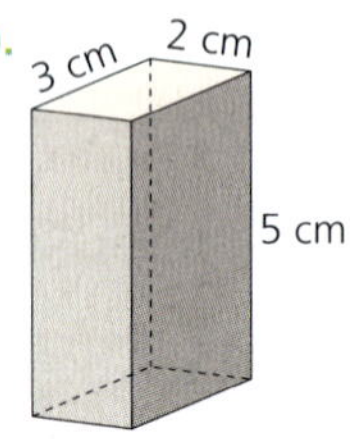

d.

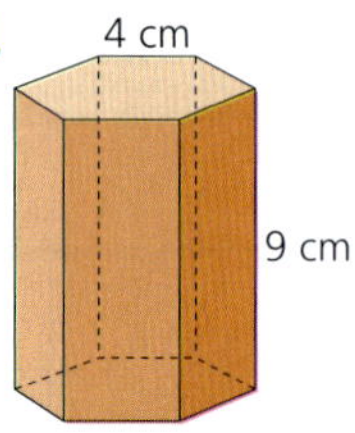

39 Halla el área y el volumen de las siguientes pirámides regulares:

a.

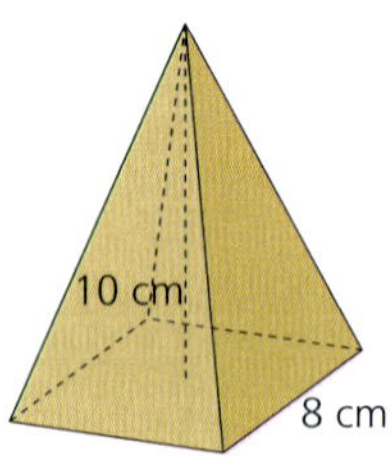

c.

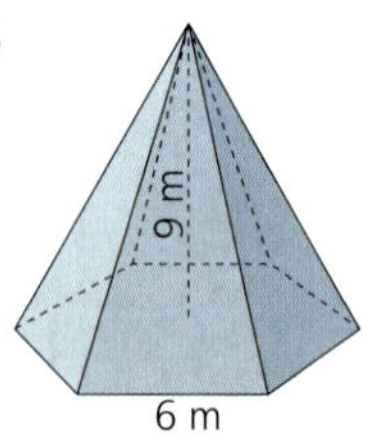

b.

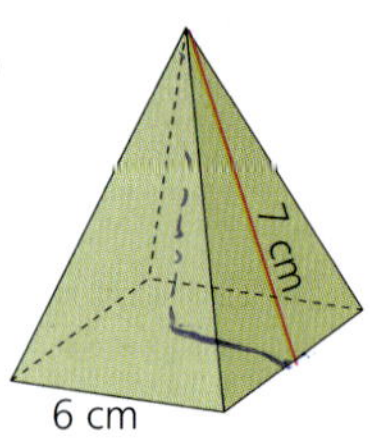

d.

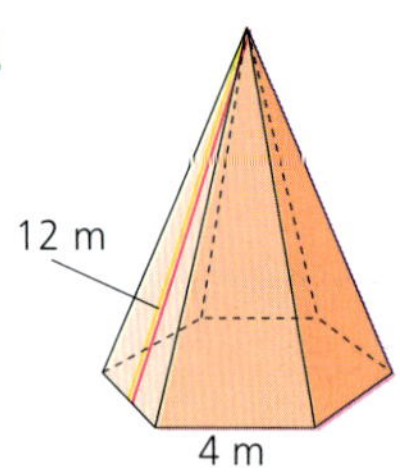

40 Calcula el volumen de estas figuras:

a.

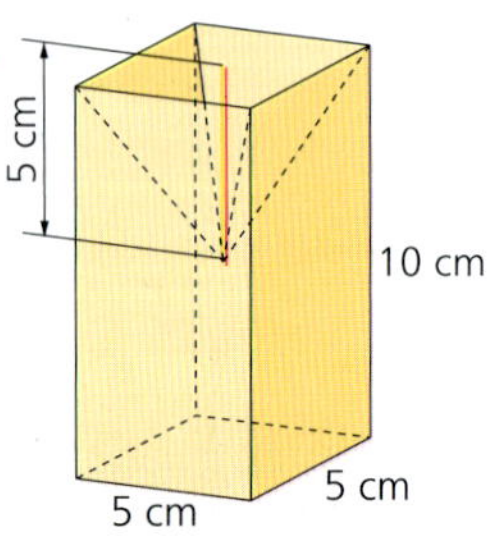

b.

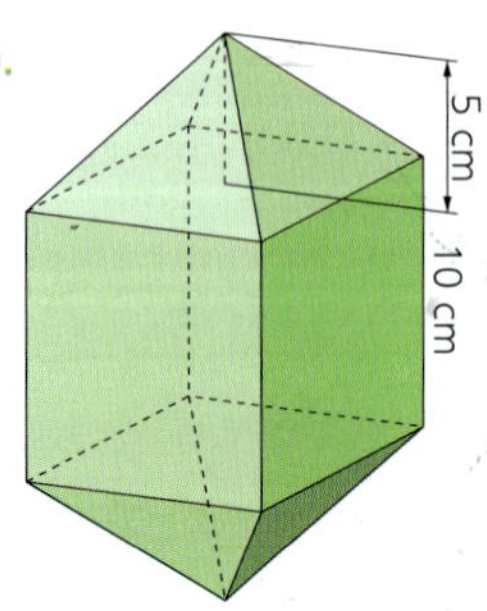

41 Halla el área y el volumen de estos poliedros:

a.

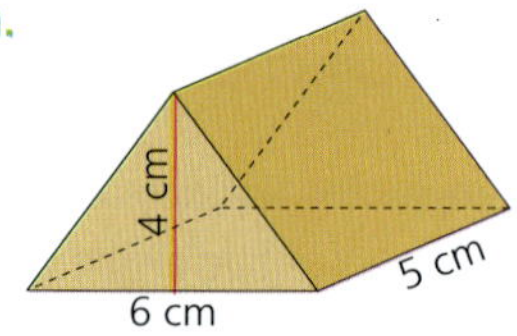

d.

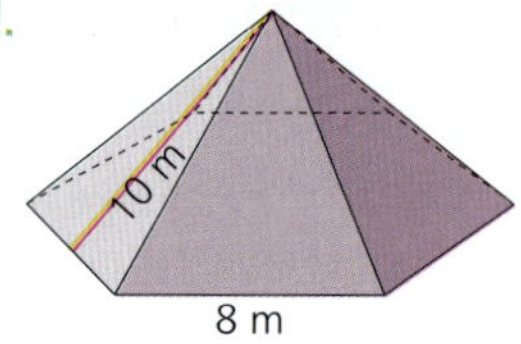

b.

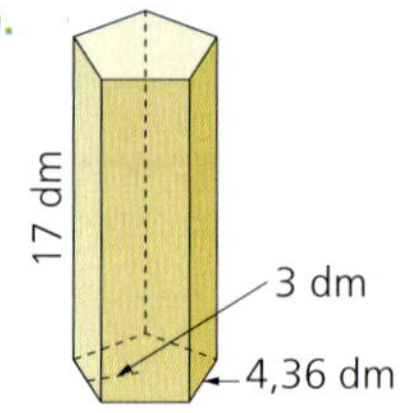

e.

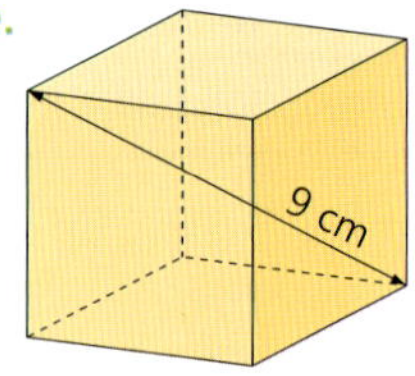

c.

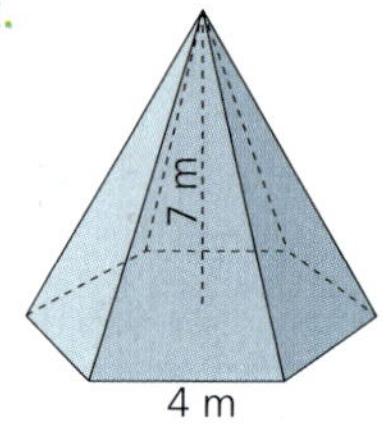

f.

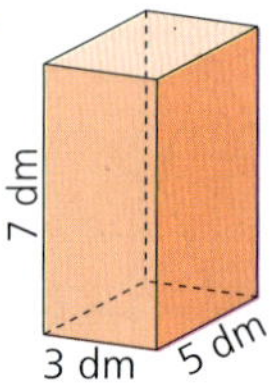

42 La habitación de Clara es un ortoedro cuyas dimensiones son 3 m × 4 m × 2,5 m. Averigua cuánto le costará pintarla si el precio de la pintura es de 4 €/m^2.

43 Un tetrabrik de leche de 1,5 L de capacidad tiene forma de ortoedro de base cuadrada de 10 cm de lado. ¿Qué altura tiene el tetrabrik?

44 La pirámide de Kukulcán, en el complejo de Chichén Itzá (Yucatán, México), es una pirámide cuadrangular regular de 30 m de altura y una base de 55,3 m de lado. Calcula el volumen que encierra.

45 Una caja de bombones tiene forma de prisma hexagonal regular de 8 cm de lado y 7 cm de altura. Calcula la cantidad de papel de regalo que se necesitará para envolverla.

46 En un parque se ha construido un estanque para patos con forma de prisma hexagonal regular de 10 m de lado y 2,5 m de profundidad. Calcula los litros de agua que se necesitan para llenarlo.

47 Se desea impermeabilizar el tejado de una casa recubriendo su cara interior con una capa de material aislante. El tejado tiene forma de pirámide cuadrangular regular. Si la altura es de 3 m y el lado de la base mide 10 m, calcula el coste de la obra si el precio del material aislante es 25 €/m^2.

48 Una carpa de circo tiene forma de pirámide hexagonal regular de 15 m de apotema y una base de 12 m de lado.

a. ¿Qué altura tiene la carpa?

b. ¿Cuántos metros cuadrados de lona plastificada se han usado en su fabricación?

5 Áreas y volúmenes de cuerpos de revolución

49 Calcula el área y el volumen de los siguientes cuerpos de revolución:

a.
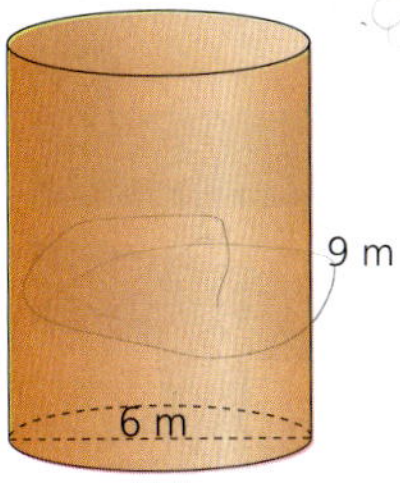

b.
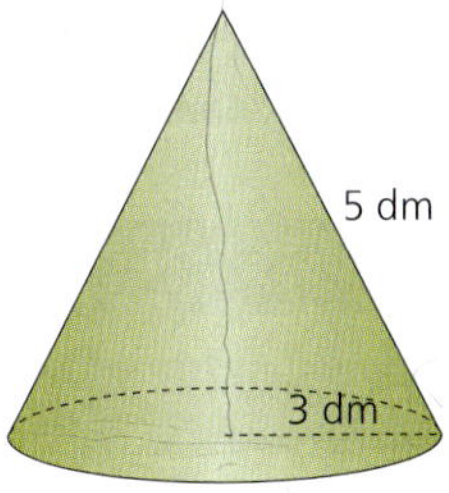

c.
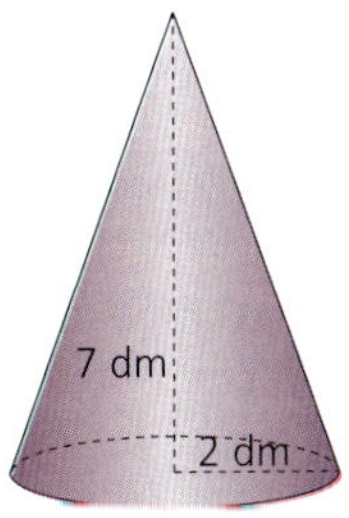

d.
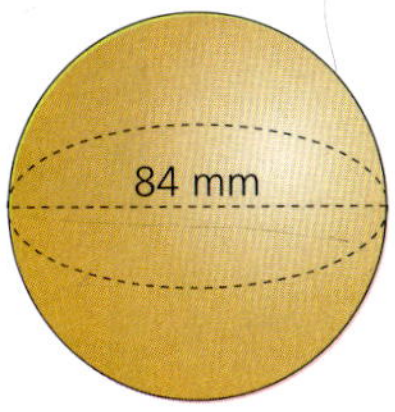

e.
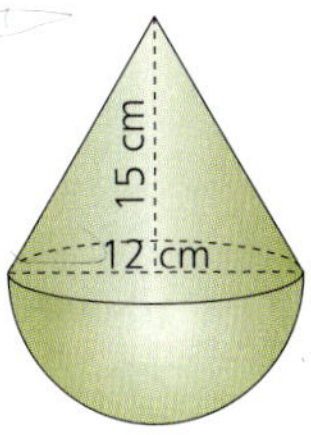

f.
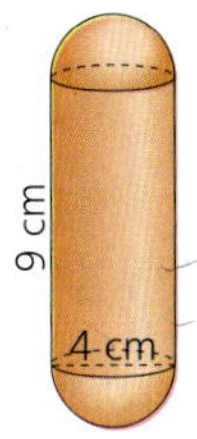

50 Calcula el volumen de los cuerpos de revolución generados por las siguientes figuras, tomando la cuadrícula como unidad de referencia:

a.
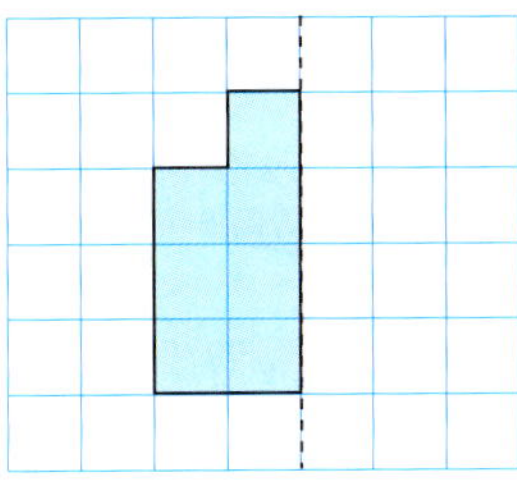

b.
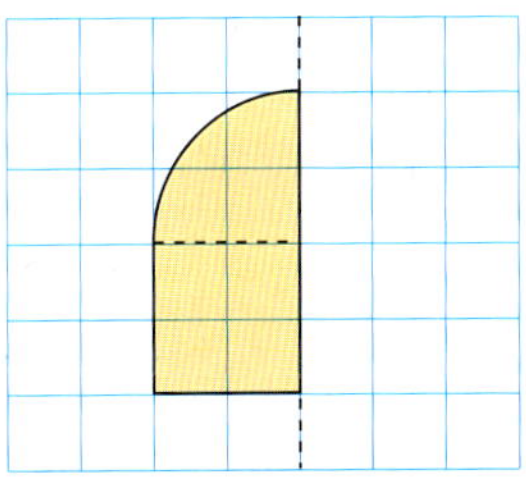

c.
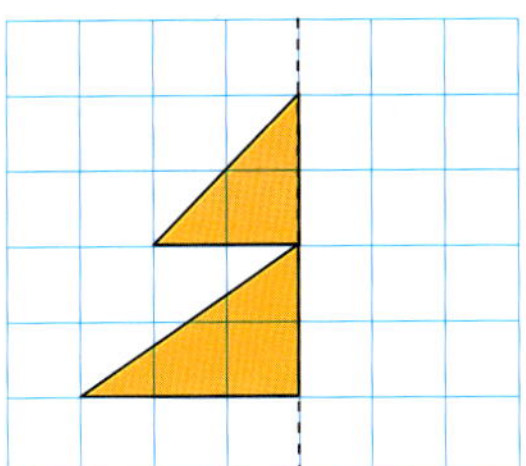

51 Halla el volumen del cuerpo generado al hacer girar por su lado más largo un rectángulo de 4 cm × 3 cm. Repite los cálculos para el cuerpo generado al girar el rectángulo por su lado más corto.

52 La cúpula de una iglesia tiene forma de semiesfera de 11 m de radio. ¿Cuántos metros cuadrados de lámina de bronce se utilizaron para recubrirla?

53 ¿Cuántos tetrabrik de leche con unas dimensiones de 8 cm × 5 cm × 25 cm se pueden llenar con el contenido de un depósito cilíndrico de 10 m de diámetro y 3 m de altura?

54 Calcula el radio de un balón de playa que tiene un volumen de 100 L. ¿Qué cantidad de goma, en metros cuadrados, se ha usado en su fabricación?

55 ¿Qué capacidad tiene un embudo cónico de 16 cm de diámetro y 10 cm de generatriz?

56 Una pecera esférica de 30 cm de diámetro está llena de agua en sus $\frac{4}{5}$ partes. Calcula, en litros, la cantidad de agua que contiene.

57 Una fábrica de envasado prepara paquetes de cartón en forma cónica de 30 cm de alto y 25 cm de diámetro; ¿cuántos centímetros cuadrados de cartón se utilizan por paquete, incluyendo la tapa?

58 Un depósito de aceite tiene la forma y dimensiones que se muestran en el dibujo:

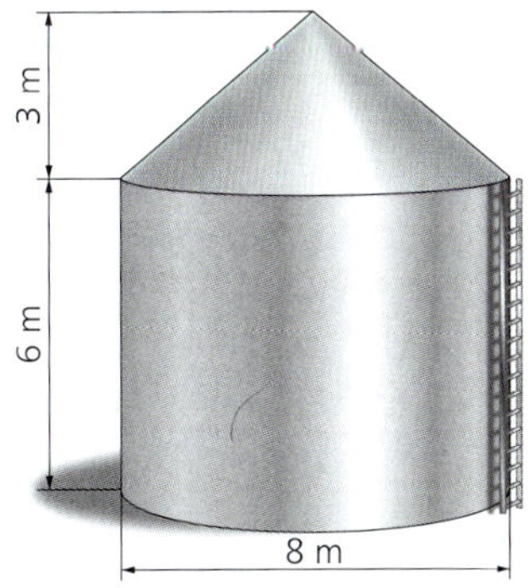

a. ¿Cuántos litros de aceite puede contener?

b. ¿Cuántos metros cuadrados de chapa de acero se han usado en su fabricación?

59 Una fábrica comercializa tomate frito en dos tipos de envases:

- Tetrabrik en forma de ortoedro con unas dimensiones de 10 cm × 5 cm × 5 cm.
- Latas cilíndricas de 5 cm de radio.

a. Calcula la altura que debe tener cada lata para contener la misma cantidad de tomate que el tetrabrik.

b. Suponiendo que el precio del metro cuadrado del material con el que se fabrica cada envase es el mismo, ¿cuál de los dos sale más económico?

08 SEMEJANZA

SOLO EN EL ESPEJO DE
OTRA VIDA
SEMEJANTE A LA MÍA
ADQUIERO LA CERTIDUMBRE DE
MI REALIDAD

MARÍA ZAMBRANO

INVESTIGAR

ANTE LA DUDA... INVESTIGA

Hace unos días, dos compañeros entablaron un debate en la clase de Educación Plástica acerca de en qué casos podía asegurarse que dos triángulos eran semejantes. La cosa no quedó clara, ya que ambos parecían estar en lo cierto a pesar de esgrimir criterios diferentes. Ante esta situación, el profesor de Matemáticas pensó que esta podía ser una buena oportunidad para que, organizados en grupos, profundizaseis en este tema. Elaborad un documento con el resultado de las investigaciones.

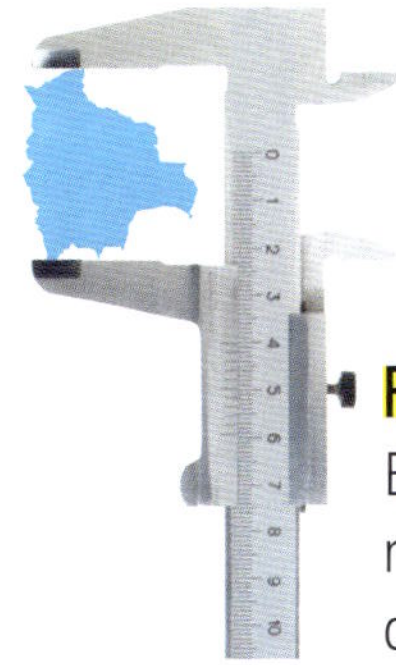

PRESENTAR

PARECIDOS, PERO NO IGUALES

En la clase de Geografía e Historia os han pedido representar en una cartulina un mapa del país que queráis. Para darle un aire más realista, debéis tener en cuenta la escala gráfica. Organizad la clase en grupos, poneos de acuerdo en el país que vais a representar y mostrad al resto de los compañeros vuestro mapa, explicando la escala que habéis utilizado y su relación con las medidas, tanto del dibujo como de la realidad.

CREAR

EL ARTE DE LAS FIGURAS SEMEJANTES

¿Quién dice que el arte y las matemáticas están reñidos? Dividid la clase en grupos y realizad composiciones artísticas basadas en la semejanza. Tomando una figura cualquiera, que se puede considerar como patrón o como original, deberéis realizar otras semejantes con diferentes colores y texturas. Después, asignad un título a cada una de vuestras composiciones y elaborad una breve explicación en la que indiquéis cuál es el patrón seguido.

CONOCER

JUGANDO CON LAS SOMBRAS

La dirección del colegio quiere que organicéis una actividad lúdica con alumnos de otros cursos inferiores. Os han planteado que, aprovechando un día soleado, juguéis con las sombras para tratar de determinar la altura del edificio del colegio o de algún árbol de gran tamaño. Organizad la clase en equipos para plantear cómo podéis llevar a cabo esta actividad y cómo se la vais a explicar a los compañeros de otros cursos.

1 TEOREMA DE TALES

El teorema de Tales establece que:

> Si dos rectas, *r* y *s*, son cortadas por un conjunto de rectas paralelas, los segmentos resultantes en una de las rectas son proporcionales a los segmentos obtenidos en la otra.

Tales de Mileto

Filósofo, matemático, astrónomo y físico griego de los siglos VII y VI a. C.

Sean dos rectas cualesquiera, *r* y *s*. Se toman dos segmentos de *r*, $\overline{AB}$ y $\overline{CD}$, formados por cuatro puntos de la recta. Si se trazan rectas paralelas a partir de dichos puntos, se formarán en *s* otros dos segmentos, $\overline{A'B'}$ y $\overline{C'D'}$, que son proporcionales a los primeros. Se verifica que:

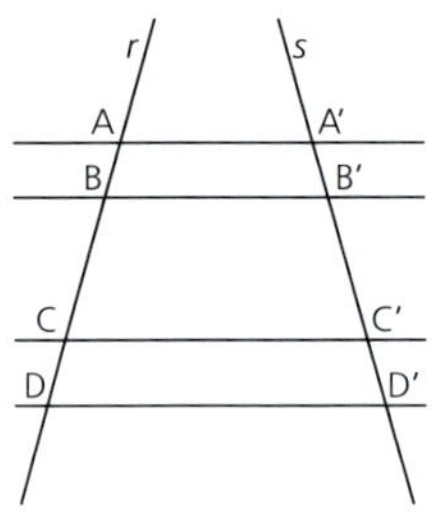

$$\frac{\overline{AB}}{\overline{A'B'}} = \frac{\overline{BC}}{\overline{B'C'}} = \frac{\overline{CD}}{\overline{C'D'}}$$

A partir del teorema de Tales, se puede deducir que un conjunto de rectas con un punto en común, O, cortan a dos rectas paralelas cualesquiera, *r* y *s*, en segmentos proporcionales. Recíprocamente, si varias rectas secantes cortan a dos rectas paralelas, *r* y *s*, y forman en ellas segmentos proporcionales, entonces las rectas secantes concurren en un mismo punto, O.

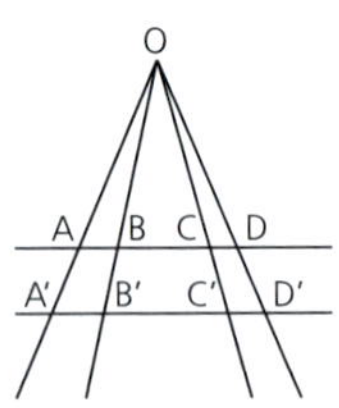

$$\frac{\overline{OA}}{\overline{AA'}} = \frac{\overline{OB}}{\overline{BB'}} = \frac{\overline{OC}}{\overline{CC'}} = \frac{\overline{OD}}{\overline{DD'}}$$

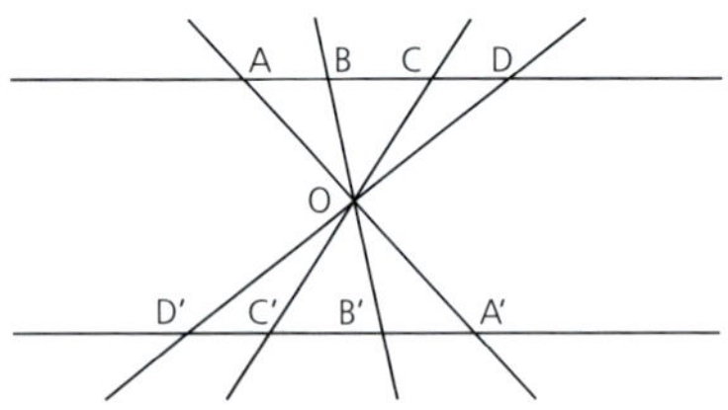

$$\frac{\overline{OA}}{\overline{OA'}} = \frac{\overline{OB}}{\overline{OB'}} = \frac{\overline{OC}}{\overline{OC'}} = \frac{\overline{OD}}{\overline{OD'}}$$

Observa

Del teorema de Tales se deduce que:

$$\frac{\overline{OA}}{\overline{O'A'}} = \frac{\overline{AB}}{\overline{A'B'}} = \frac{\overline{BC}}{\overline{B'C'}} = \frac{\overline{CD}}{\overline{C'D'}}$$

Actividad resuelta

Calcula el valor de las incógnitas de la siguiente figura:

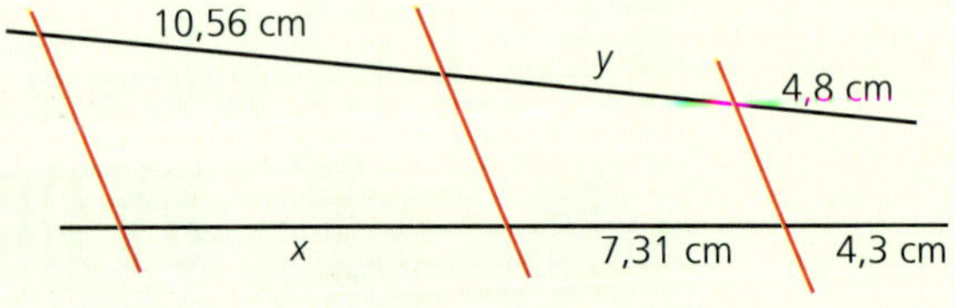

Por el teorema de Tales se obtiene la siguiente relación entre los segmentos formados:

$$\frac{10{,}56}{x} = \frac{y}{7{,}31} = \frac{4{,}8}{4{,}3}$$

Para calcular el valor de *x* e *y*, se igualan dos a dos las relaciones, estableciendo dos proporciones:

$$\frac{10{,}56}{x} = \frac{4{,}8}{4{,}3} \Rightarrow x = 9{,}46 \text{ cm} \qquad \frac{y}{7{,}31} = \frac{4{,}8}{4{,}3} \Rightarrow y = 8{,}16 \text{ cm}$$

2 FIGURAS SEMEJANTES

Dos figuras son semejantes si tienen la misma forma, pero distinto tamaño.

Los elementos de una figura que corresponden a los de otra figura semejante a ella reciben el nombre de **elementos homólogos.** De este modo:

Los ángulos iguales dispuestos de la misma manera en figuras semejantes se denominan **ángulos homólogos.**

Los vértices de los ángulos homólogos en las figuras semejantes se llaman **vértices homólogos (o puntos homólogos).**

Los lados que unen los vértices homólogos reciben la denominación de **lados homólogos (o segmentos homólogos).**

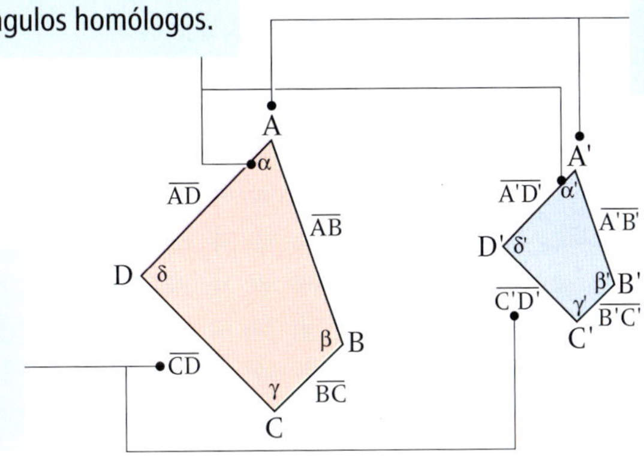

El cociente entre las longitudes de los lados homólogos recibe el nombre de **razón de semejanza, *r*.**

Actividad resuelta

Estudia si las siguientes figuras son semejantes. En caso afirmativo, halla la razón de semejanza que permite obtener la segunda figura en función de la primera.

a.

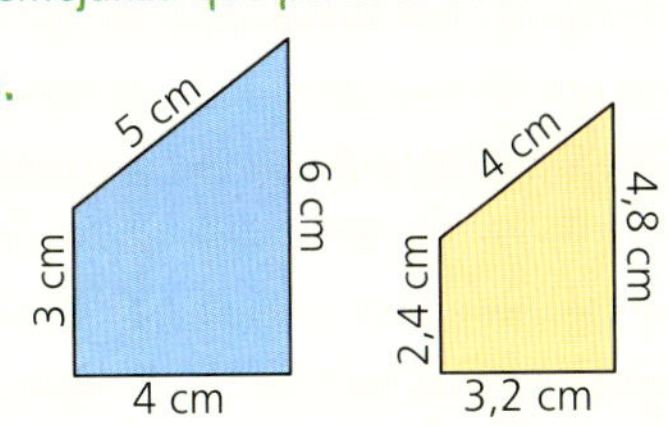

b.

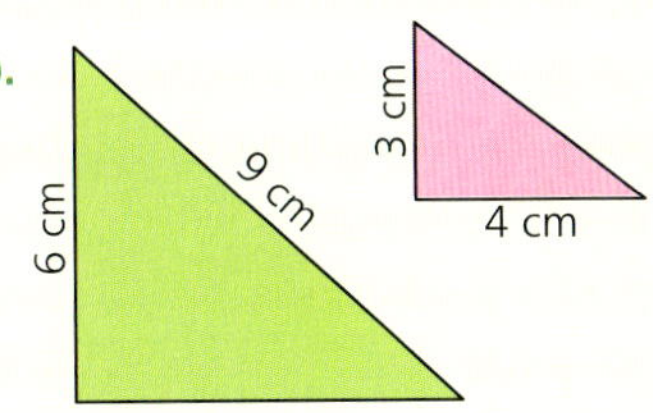

a. Para saber si son semejantes se comprueba que se cumple la siguiente igualdad:

$$\frac{3}{2,4} = \frac{4}{3,2} = \frac{6}{4,8} = \frac{5}{4}$$

Puede concluirse, pues, que son dos figuras semejantes. Además, la razón de semejanza, *r*, es:

$$r = \frac{3}{2,4} = \frac{4}{3,2} = \frac{6}{4,8} = \frac{5}{4} = 1,25$$

b. Se deben tener dos lados homólogos para poder saber si se trata de una figura semejante. A tal fin, se halla la hipotenusa del segundo triángulo:

$$h^2 = 3^2 + 4^2 \Rightarrow h = 5 \text{ cm}$$

Se constata que no son semejantes, porque $\frac{3}{6} \neq \frac{5}{9}$.

Actividad resuelta

Un rectángulo cuyos lados miden 3 cm y 5 cm es semejante a otro cuyo lado menor mide 12 cm. Calcula la razón de semejanza entre ambos y la medida del lado mayor del segundo rectángulo.

La razón de semejanza se obtiene al hallar el cociente entre las longitudes de los lados homólogos. En este caso, como solo se conoce un lado de uno de los rectángulos:

$$r = \frac{12}{3} = 4$$

Por tanto, la razón de semejanza es 4. Ahora estamos en disposición de calcular la medida del otro lado:

$$5 \cdot r = 5 \cdot 4 = 20 \text{ cm}$$

Construcción de un polígono semejante a otro dado

1 Se toma un punto, O, exterior al polígono y se trazan las semirrectas que pasan por él y por cada uno de sus vértices:

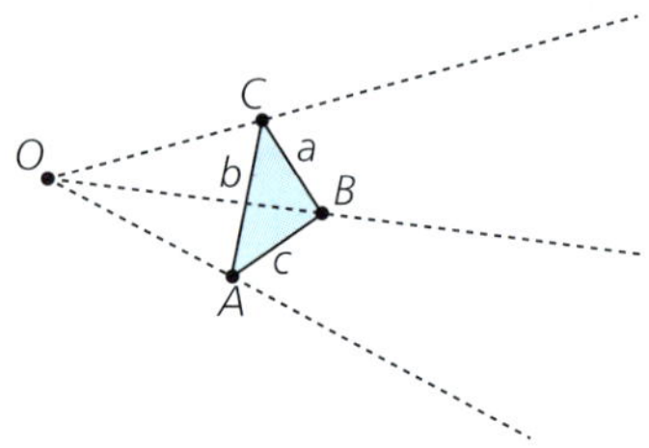

2 Se dibuja el punto A′ mediante la relación $r = \frac{\overline{OA'}}{\overline{OA}}$, dado que se conocen r y $\overline{OA}$:

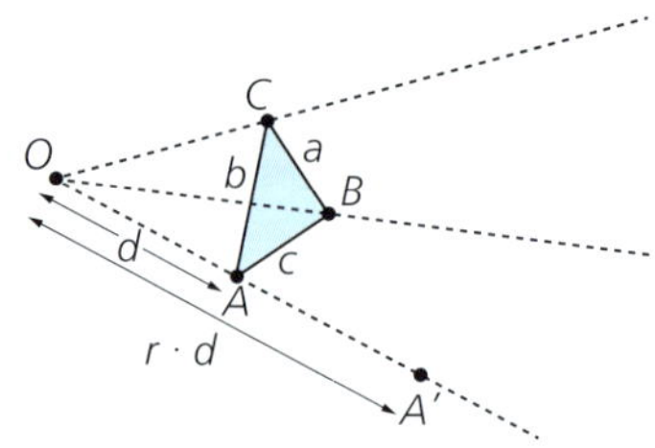

3 A partir del punto A′, se traza un segmento paralelo al segmento c que pase por A′, con lo que se obtienen c' y B. Se repite el proceso, trazando paralelas a cada uno de los segmentos hasta completar el polígono semejante:

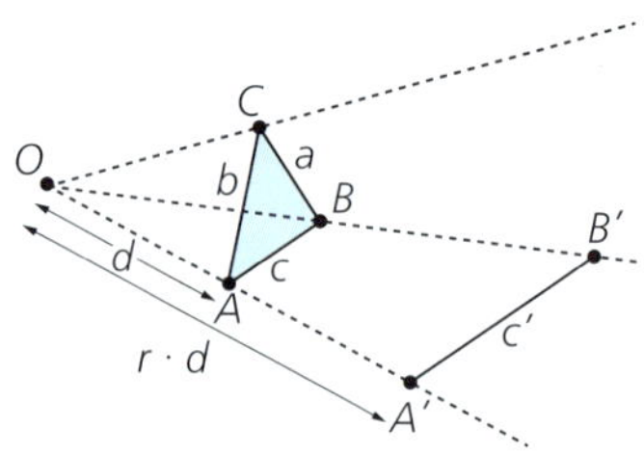

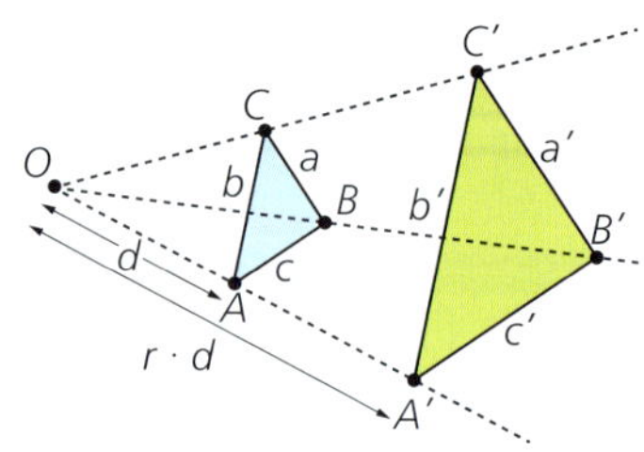

Actividad resuelta

Dibuja un cuadrilátero semejante al del margen con razón de semejanza 2.

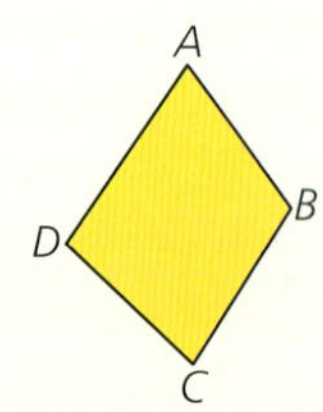

1 En primer lugar se toma un punto exterior al cuadrilátero, que se encuentre, por ejemplo, a 4 cm de A, y se trazan las semirrectas que pasan por ese punto y por cada uno de los vértices.

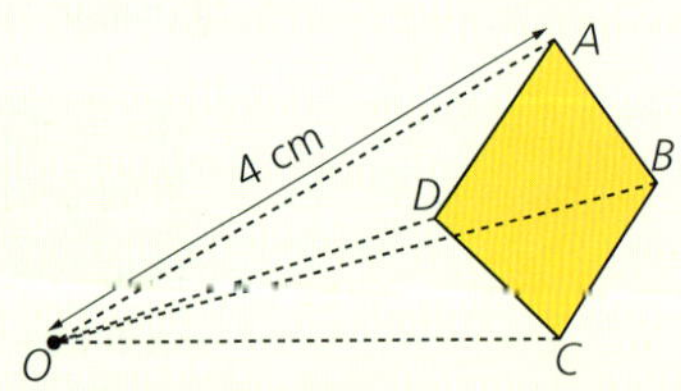

2 Se puede obtener la distancia del segmento $\overline{OA'}$, teniendo en cuenta que r = 2 y $\overline{OA}$ = 4:

$$r = \frac{\overline{OA'}}{\overline{OA}} \Rightarrow 2 = \frac{\overline{OA'}}{4} \Rightarrow \overline{OA'} = 8$$

3 Por último, se traza una línea paralela a $\overline{AB}$ desde el punto A′. El punto de corte con la recta $\overline{OB}$ determina el punto B′. Se procede así sucesivamente hasta completar el cuadrilátero:

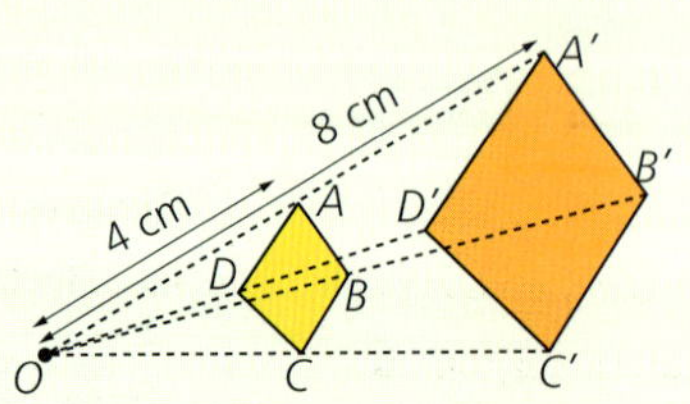

2.1 ESCALAS

Para representar objetos muy grandes o muy pequeños, se suelen reducir o aumentar sus dimensiones de forma proporcional. De este modo se obtiene un objeto a escala, **semejante al objeto real.** Los planos, los mapas y las maquetas son ejemplos de objetos a escala.

ESCALA NUMÉRICA

Se llama **escala numérica** a la razón de semejanza que hay entre el valor de la medida de la figura representada y el de la figura real, ambos en la misma unidad:

$$\text{Escala} = \frac{\text{longitud en la representación}}{\text{longitud real}}$$

La **razón de semejanza** en una escala se designa como **1:n.** Esta expresión significa que a cada unidad del dibujo le corresponden *n* unidades de la realidad. Por tanto, la escala es adimensional.

Actividad resuelta

Sabiendo que la maqueta de un coche se encuentra a escala 1:8, contesta a las siguientes preguntas:

a. Si en la realidad el coche mide 4,8 m de largo, ¿cuál es la longitud en la maqueta?

b. Si la maqueta del coche tiene una altura de 17,5 cm, ¿cuál es la altura del vehículo en la realidad?

a. Que una maqueta esté a escala 1:8 significa que la razón de semejanza que se ha aplicado para su fabricación es $r = \frac{1}{8}$, es decir que, si el coche real mide 4,8 m de largo, en la maqueta medirá:

$$4{,}8 \cdot \frac{1}{8} = 0{,}6 \text{ m} = 60 \text{ cm}$$

La maqueta del coche tendrá, pues, 60 cm de largo.

b. De igual forma, la escala 1:8 indica también que una unidad en el dibujo equivale a ocho unidades en la realidad, por lo que cada medición realizada en la maqueta debe multiplicarse por 8 para obtener la medida en la realidad. De este modo, si la maqueta del vehículo tiene una altura de 17,5 cm, entonces:

$$17{,}5 \cdot 8 = 140 \text{ cm} = 1{,}4 \text{ m}$$

El coche medirá 1,4 m de alto.

Actividad resuelta

Calcula la distancia que hay en la realidad entre Oviedo y Cracovia y entre Belgrado y Turín, teniendo en cuenta el siguiente mapa:

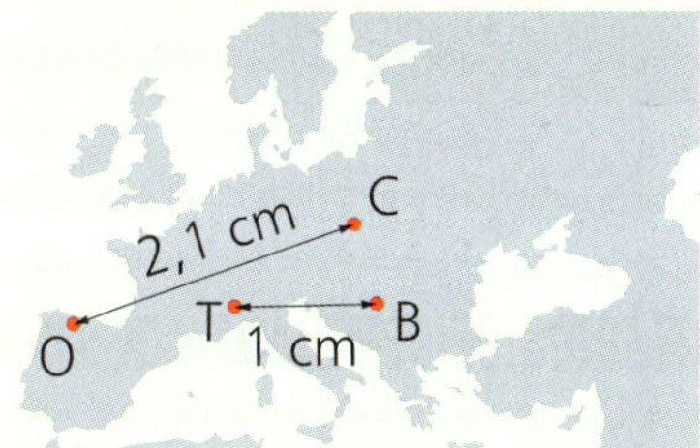

De la escala gráfica del mapa cabe deducir que 1 cm en el mapa equivale a 1 002 km reales. Por tanto, su razón de semejanza es 1:100 200 000.

Como la distancia entre Oviedo y Cracovia en el mapa mide 2,1 cm, la distancia real entre ambas ciudades es:

$$2{,}1 \cdot 1\,002 \text{ km} = 2\,104{,}2 \text{ km}$$

La distancia entre Oviedo y Cracovia es, de este modo, de 2 104,2 km.

De igual forma, teniendo en cuenta que la distancia entre Belgrado y Turín en el mapa es de 1 cm, puede concluirse que la distancia real entre ambas ciudades es:

$$1 \cdot 1\,002 \text{ km} = 1\,002 \text{ km}$$

La distancia entre Belgrado y Turín es, así, de 1 002 km.

ESCALA GRÁFICA

En los mapas, además de utilizar escalas numéricas, se emplean medios gráficos, como el **segmento graduado** de la figura. Cualquier segmento que se considere en el mapa que tenga una longitud igual a la que aparece en el segmento graduado mide en la realidad la cantidad que se indica en la escala.

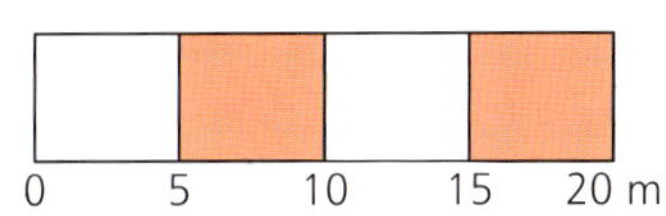

3 SEMEJANZA DE TRIÁNGULOS

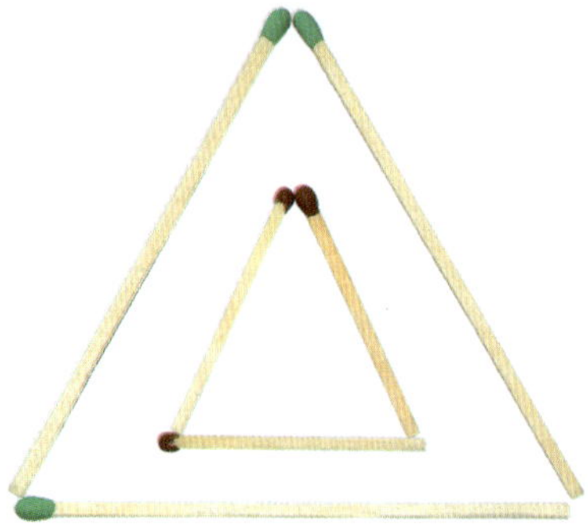

Dos triángulos son semejantes si tienen sus ángulos homólogos iguales y sus lados homólogos proporcionales.

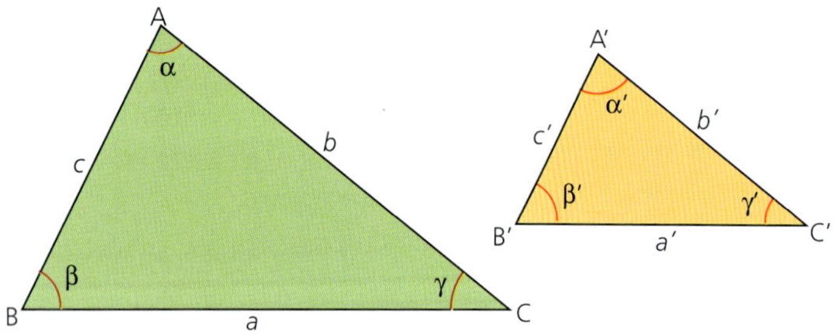

$\alpha = \alpha'$
$\beta = \beta'$
$\gamma = \gamma'$

$$\frac{a}{a'} = \frac{b}{b'} = \frac{c}{c'}$$

CRITERIOS DE SEMEJANZA DE TRIÁNGULOS

Los criterios de semejanza de triángulos son un conjunto de condiciones que, de cumplirse al menos una de ellas, garantizan que dichos triángulos son semejantes. Existen tres criterios de semejanza de triángulos:

Ten en cuenta

En el caso de que los triángulos sean rectángulos, basta con que tengan dos lados proporcionales o un ángulo agudo igual para concluir que son triángulos semejantes.

Criterio 1

Dos triángulos son semejantes si sus lados homólogos son proporcionales:

$$\frac{\overline{AB}}{\overline{A'B'}} = \frac{\overline{BC}}{\overline{B'C'}} = \frac{\overline{CA}}{\overline{C'A'}}$$

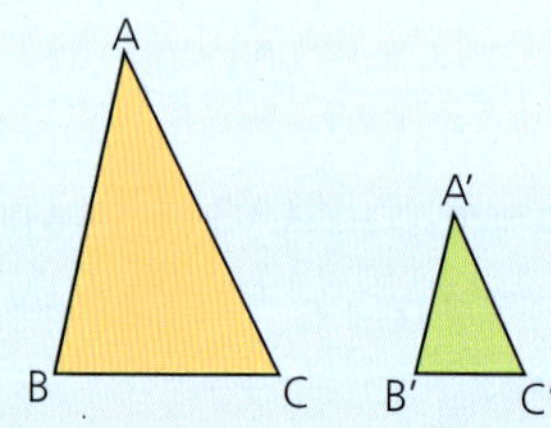

Criterio 2

Dos triángulos son semejantes si dos de sus ángulos homólogos son iguales:

$$\alpha = \alpha' \text{ y } \beta = \beta'$$

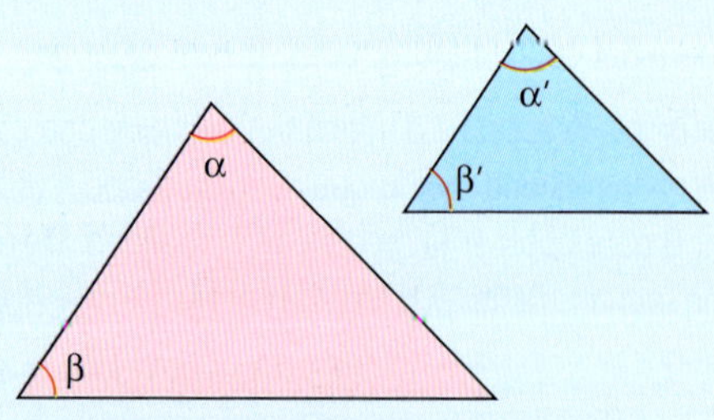

Criterio 3

Dos triángulos son semejantes si dos de sus lados homólogos son proporcionales y el ángulo que comprenden es igual:

$$\frac{\overline{AB}}{\overline{A'B'}} = \frac{\overline{CA}}{\overline{C'A'}} \text{ y } \alpha = \alpha'$$

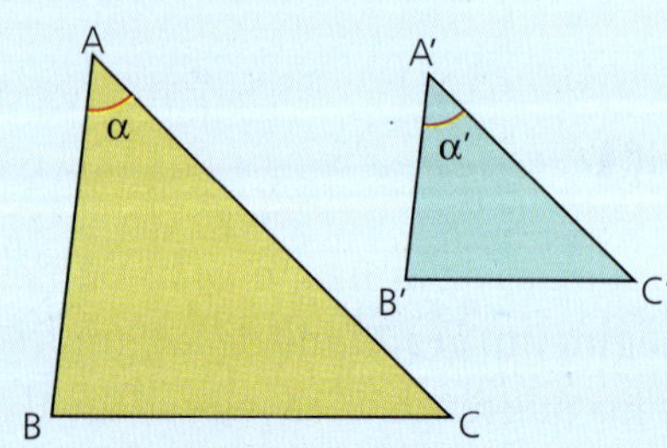

Actividad resuelta

Indica si los siguientes triángulos son semejantes:

a.

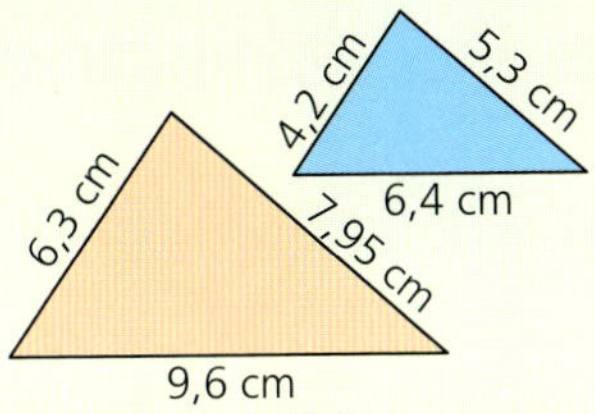

b.

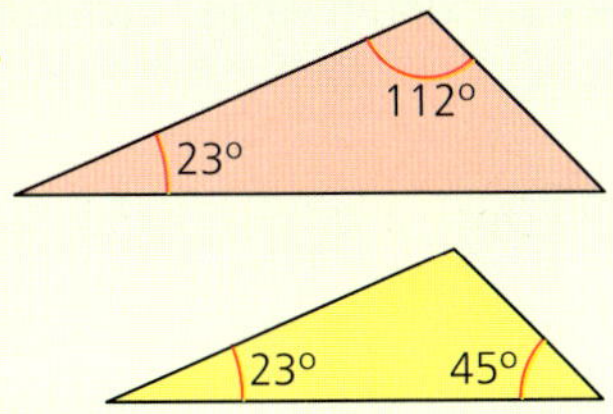

c.

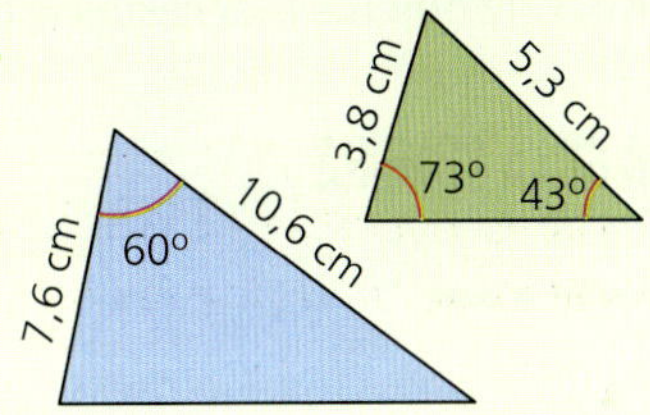

a. Como se conocen los tres lados de ambos triángulos, se comprueba si son proporcionales:

$$\frac{4{,}2}{6{,}3} = \frac{5{,}3}{7{,}95} = \frac{6{,}4}{9{,}6} = 1{,}5$$

Por tanto, al cumplirse el criterio 1, los dos triángulos son semejantes.

b. En este caso, solo se conocen dos ángulos de cada uno de los triángulos. Dos de los ángulos homólogos son iguales, así que bastaría con que otros dos ángulos homólogos coincidieran. Para ello, se calcula el ángulo que falta de uno de los dos triángulos:

$$\beta' = 180 - 23 - 45 = 112°$$

De esta forma, aplicando el criterio 2, como $\alpha = \alpha'$ y $\beta = \beta'$, se puede deducir que los triángulos son semejantes.

c. Con los datos observados en los triángulos, se puede comprobar que:

$$\frac{3{,}8}{7{,}6} = \frac{5{,}3}{10{,}6}$$

Para ver si se cumple el criterio 3, se puede comprobar si son iguales los ángulos formados por los lados que son proporcionales. Se sabe que el ángulo es $\gamma' = 60°$. Por lo tanto, faltaría hallar γ, el ángulo formado por los lados homólogos:

$$\gamma = 180 - 73 - 43 = 64°$$

Como $\gamma \neq \gamma'$, estos triángulos no son semejantes, al no cumplir el criterio 3.

TRIÁNGULOS EN POSICIÓN DE TALES

Se dice que dos triángulos están en posición de Tales si tienen un ángulo común y los lados opuestos a dicho ángulo son paralelos.

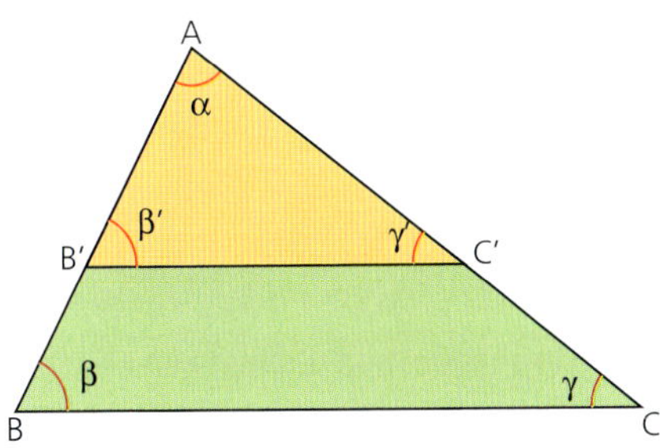

Los triángulos en posición de Tales siempre son semejantes.

Se puede observar, por el teorema de Tales, que los segmentos que forman los triángulos son proporcionales:

$$\frac{\overline{AC}}{\overline{AC'}} = \frac{\overline{AB}}{\overline{AB'}} = \frac{\overline{BC}}{\overline{B'C'}}$$

Además, los ángulos homólogos son iguales, ya que están formados por un ángulo común y los otros lados paralelos:

$$\beta = \beta' \qquad \gamma = \gamma'$$

Actividad resuelta

Halla el valor de *a* y *b*:

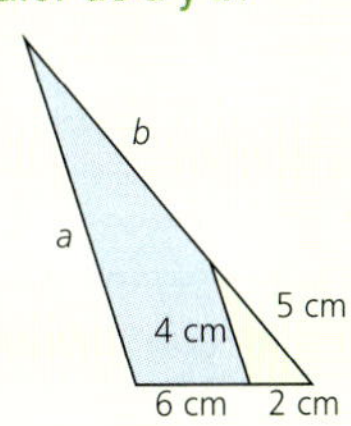

Como estos triángulos están en posición de Tales, son dos triángulos semejantes. Además, se cumple lo siguiente:

$$\frac{2+6}{2} = \frac{5+b}{5} = \frac{a}{4}$$

Por tanto, el valor de b se puede obtener mediante esta ecuación:

$$\frac{2+6}{2} = \frac{5+b}{5} \Rightarrow b = 15 \text{ cm}$$

De igual manera se obtiene el valor de a:

$$\frac{2+6}{2} = \frac{a}{4} \Rightarrow a = 16 \text{ cm}$$

3.1 APLICACIONES DE LA SEMEJANZA DE TRIÁNGULOS

Una de las aplicaciones más habituales de la semejanza de triángulos es la medida de la altura de objetos inaccesibles: edificios, árboles... Existen varios métodos:

MÉTODO DE LA SOMBRA

Actividad resuelta

Halla la altura del árbol de la imagen.

1. Se mide la altura de un objeto vertical y la sombra que proyecta. En este caso, se trata de una persona que mide 1,6 m y arroja una sombra de 2 m de longitud.
2. A continuación, se mide la sombra que proyecta el objeto inaccesible. En nuestro ejemplo se trata de un árbol, cuya sombra mide 4 m.
3. Se forman dos triángulos rectángulos semejantes, por lo que se puede obtener la siguiente relación para hallar la altura del árbol:

$$\frac{h}{1,6} = \frac{4}{2} \Rightarrow h = 3,2 \Rightarrow \text{El árbol mide, pues, 3,2 m de altura.}$$

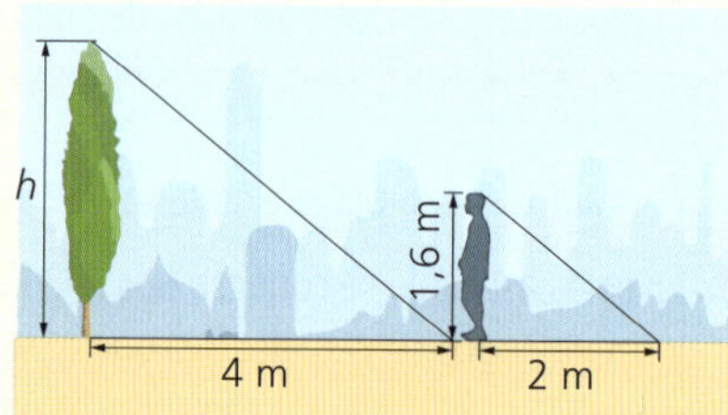

MÉTODO DEL ESPEJO

Actividad resuelta

Calcula la altura del edificio de la imagen.

1. Un observador coloca un espejo en el suelo frente al edificio y se separa del espejo hasta que alcanza a ver reflejada en él la parte superior del edificio.
2. Se mide después la distancia del espejo al edificio y al observador, que es de 18 m y 2,4 m, respectivamente, así como la altura del propio observador, que en este caso es 1,6 m.
3. Como se forman dos triángulos rectángulos semejantes, es posible establecer la siguiente relación para calcular la altura del edificio:

$$\frac{h}{1,6} = \frac{18}{2,4} \Rightarrow h = 12 \Rightarrow \text{La altura del edificio es, así, de 12 m.}$$

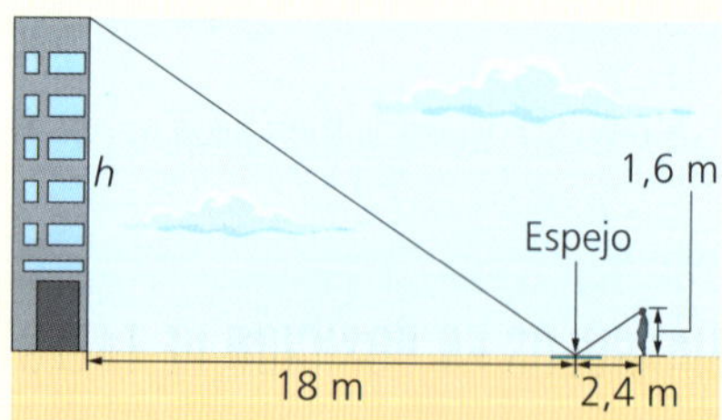

Medir la altura de una torre con la ayuda de otra persona

Dos personas se colocan en la posición que muestra la imagen: una tumbada en el suelo y la otra de pie, formando un ángulo recto. La distancia a la que deben situarse con respecto a la torre debe ser la necesaria para que quien está tumbado vea justo el punto más alto de la edificación por encima de la cabeza del que está de pie.

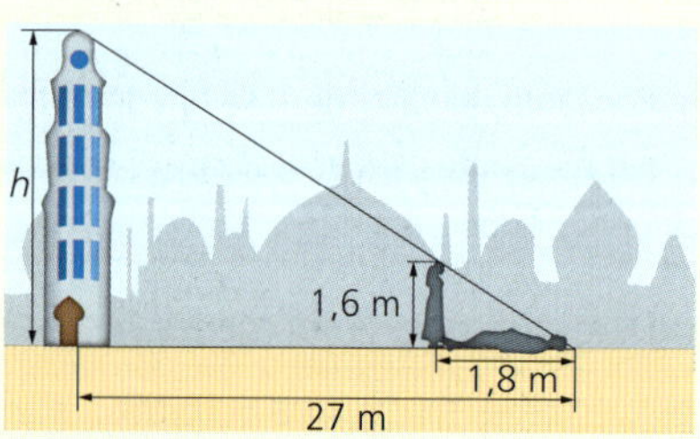

Se toman las medidas indicadas en la imagen: la distancia del pie de la torre a la visual del individuo tumbado, así como las alturas de las dos personas.

Se forman, de este modo, dos triángulos rectángulos en posición de Tales, por lo que, sabiendo las alturas de ambas personas:

$$\frac{h}{1,6} = \frac{27}{1,8} \Rightarrow h = 24 \Rightarrow \text{La altura del edificio es, pues, de 24 m.}$$

4 RELACIÓN ENTRE PERÍMETROS, ÁREAS Y VOLÚMENES DE CUERPOS SEMEJANTES

RELACIÓN ENTRE PERÍMETROS

Consideremos las figuras semejantes del margen, cuya razón de semejanza es r. Los perímetros de ambas figuras son, respectivamente, P y P'.

> **La razón de semejanza entre los perímetros de figuras semejantes coincide con la razón de semejanza, r:** $\frac{P'}{P} = \mathrm{r}$

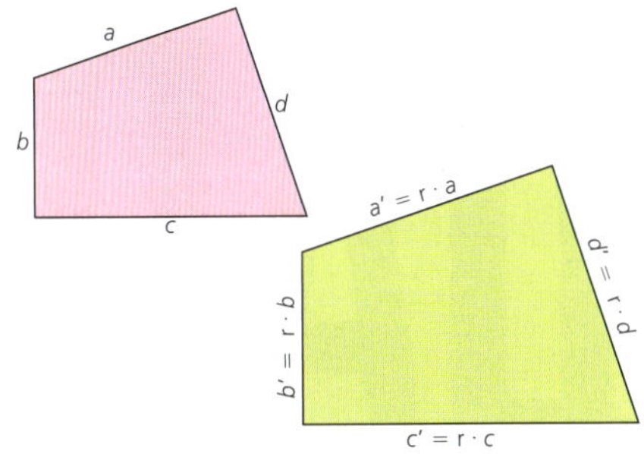

RELACIÓN ENTRE ÁREAS

Los rectángulos semejantes del margen tienen una razón de semejanza r. Las áreas de ambas figuras son, respectivamente, A y A'.

> **La razón de semejanza entre las áreas de figuras semejantes es el cuadrado de la razón de semejanza, r:** $\frac{A'}{A} = \mathrm{r}^2$

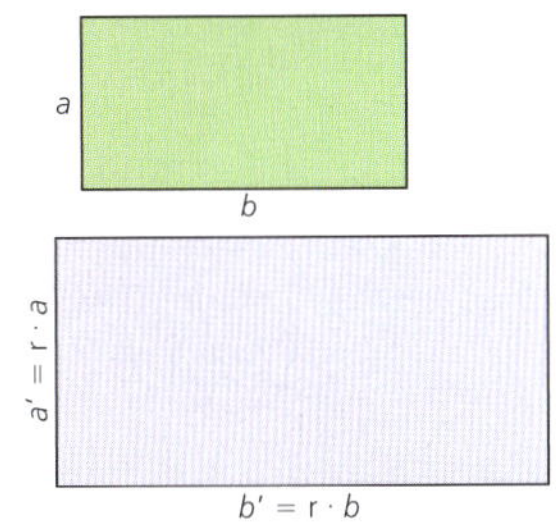

RELACIÓN ENTRE VOLÚMENES

Observa las figuras semejantes del margen, de razón de semejanza r. Los volúmenes de ambas figuras son, respectivamente, V y V'.

> **La razón de semejanza entre los volúmenes de figuras semejantes coincide con el cubo de la razón de semejanza, r:** $\frac{V'}{V} = \mathrm{r}^3$

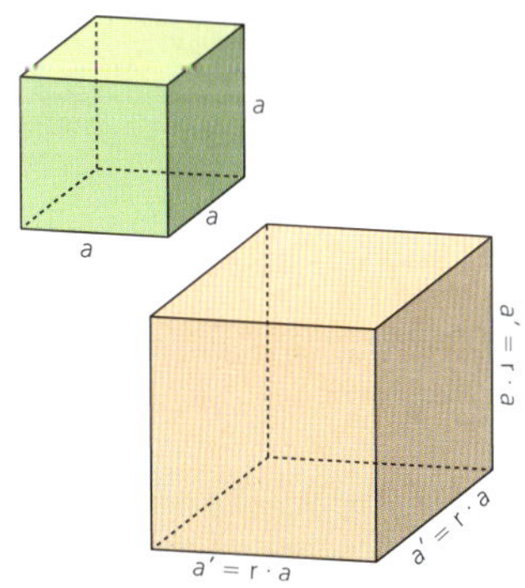

Actividad resuelta

Calcula el área de las bases y los volúmenes de las figuras del margen, así como la razón de semejanza, comprobando su relación con las áreas y los volúmenes.

El área de la base del cubo pequeño es: $A_{base} = l \cdot l = 5 \cdot 5 \Rightarrow A_{base} = 25\ \mathrm{cm}^2$

Y la del cubo grande: $A'_{base} = l \cdot l = 16 \cdot 16 \Rightarrow A'_{base} = 256\ \mathrm{cm}^2$

Por otro lado, el volumen del cubo pequeño es: $V = l \cdot l \cdot l = 5 \cdot 5 \cdot 5 \Rightarrow V = 125\ \mathrm{cm}^3$

El del cubo grande es: $V' = l \cdot l \cdot l = 16 \cdot 16 \cdot 16 \Rightarrow V = 4\,096\ \mathrm{cm}^3$

Por tanto, se puede calcular la razón de proporcionalidad de las figuras a partir de la razón de semejanza de las áreas y de los volúmenes:

$$\frac{A'_{base}}{A_{base}} = \mathrm{r}^2 \Rightarrow \frac{256}{25} = \mathrm{r}^2 \Rightarrow \mathrm{r} = 3{,}2 \qquad \frac{V'}{V} = \mathrm{r}^3 \Rightarrow \frac{4\,096}{125} = \mathrm{r}^3 \Rightarrow \mathrm{r} = 3{,}2$$

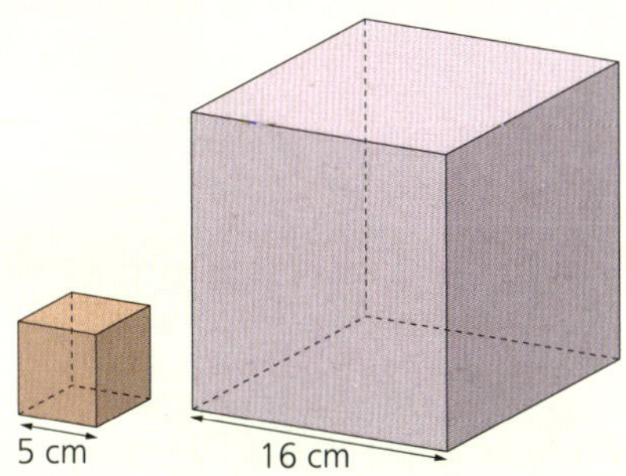

ACTIVIDADES

08 SEMEJANZA

1 Teorema de Tales

1 Halla el valor de las incógnitas en las siguientes figuras:

a.

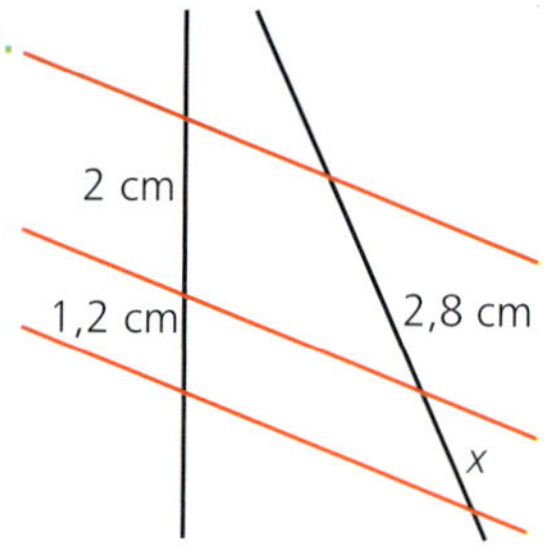

b.

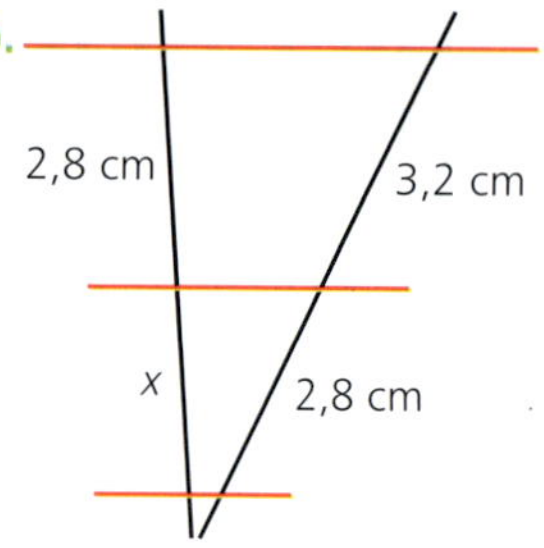

2 Indica si las rectas *r*, *s* y *t* son paralelas.

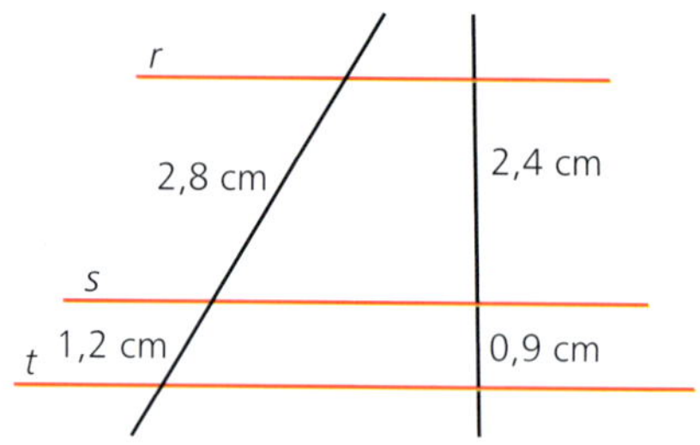

3 Divide los siguientes segmentos utilizando el teorema de Tales:

a. Un segmento de 4 cm en 5 partes iguales.

b. Un segmento de 5 cm en 2 partes proporcionales a 3 y 5.

c. Un segmento de 5 cm en 3 partes proporcionales a 1, 2 y 4.

4 Divide un segmento de 12 cm en 6 partes iguales mediante el teorema de Tales. Comprueba que el punto central de las divisiones hechas coincide con una medida de 2 cm.

5 Halla el valor de *a* y *b* en la siguiente figura:

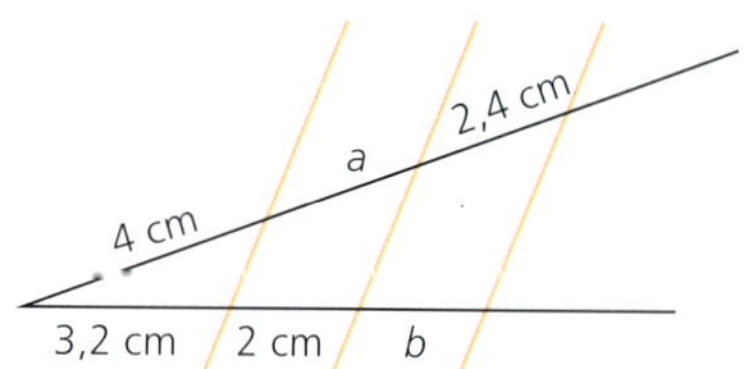

6 Calcula el valor de las incógnitas que se indican en la siguiente figura:

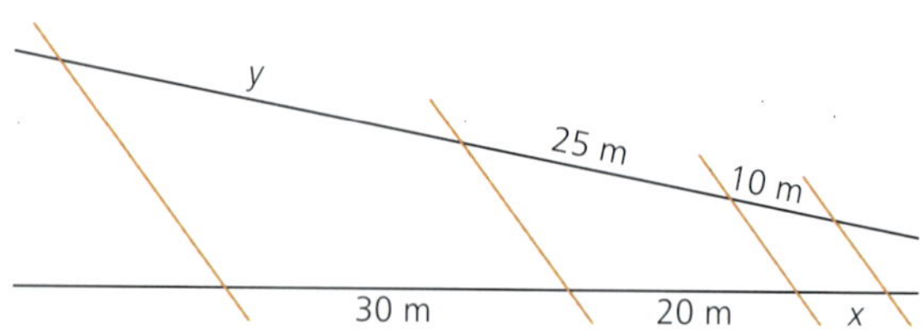

7 Utiliza el teorema de Tales para representar sobre la recta real las siguientes fracciones:

$\frac{3}{5}$ $\quad -\frac{4}{7}$ $\quad \frac{8}{3}$ $\quad -\frac{11}{6}$

8 Valeria ha cortado un listón de 5 m en tres trozos de 1 m, 1,5 m y 2,5 m, respectivamente. Si necesita cortar otro listón de 9 m de forma proporcional, ¿cuánto deberían medir los trozos?

2 Figuras semejantes

9 Dados los siguientes polígonos semejantes, calcula la razón de semejanza que permite pasar del primero al segundo:

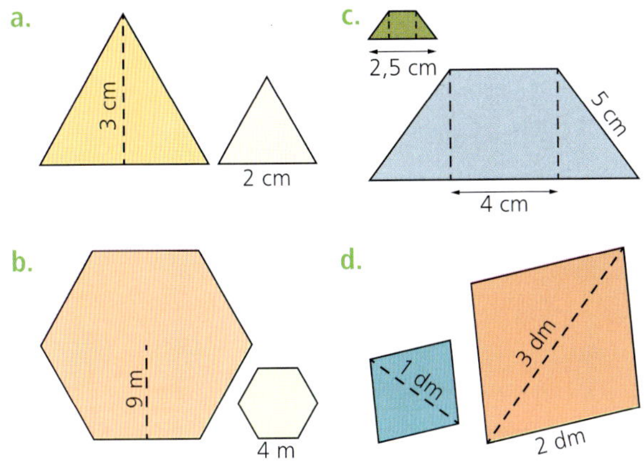

10 Un triángulo isósceles de 9 cm de base y cuyos lados iguales miden 12 cm es semejante a otro que tiene una altura sobre el lado desigual de 20 cm. Halla la razón de semejanza y las dimensiones del triángulo semejante.

11 Un rectángulo cuyos lados miden 6 cm y 8 cm, respectivamente, es semejante a otro de 15 cm de diagonal. Determina las dimensiones del rectángulo semejante.

12 Un hexágono regular de 10 cm de lado es semejante a otro de 10 cm de apotema. Calcula la razón de semejanza.

13 Un mapa está hecho a escala 1:300 000.

a. ¿Qué distancia separa en la realidad dos puntos que en el mapa distan 2,5 cm?

b. ¿Qué distancia separará en el mapa dos puntos que en la realidad se encuentran a 345 km?

14 Copia en tu cuaderno las figuras propuestas y dibuja otras semejantes con la razón de proporcionalidad indicada en cada caso.

a. $r = 2$ b. $r = \frac{1}{2}$ c. $r = 2,5$

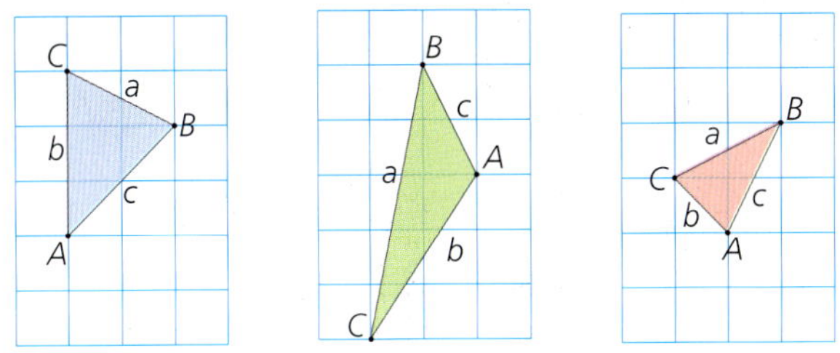

15 Un mapa de España está hecho a escala 1:30 000 000.

a. ¿Qué distancia separa Valencia de Badajoz en el mapa si en la realidad es de 656 km?

b. Si la distancia en el mapa entre Ourense y Santander es de 1,81 cm, ¿cuál es la distancia real que separa ambas poblaciones?

16 Calcula la escala que se ha aplicado en las distintas situaciones.

a. Distancia real entre dos ciudades: 720 km; distancia en el mapa: 10 cm.

b. Altura de la maqueta de una catedral: 16 cm; altura real: 80 m.

c. Ancho de la cocina en el plano de una casa: 5 cm; ancho real: 2 m.

d. Distancia entre dos puntos del plano del callejero de una ciudad: 3 cm; distancia real: 900 m.

17 Una maqueta del Airbus 320 está hecha a escala 1:157. Calcula la longitud real del avión sabiendo que la maqueta tiene 45 cm de largo.

18 Una maqueta de un barco de 15 m de eslora mide 50 cm de largo.

a. Calcula la escala utilizada.

b. ¿Qué altura tiene el mástil del barco si en la maqueta mide 20 cm?

c. Si se mantiene esa escala, ¿qué longitud habrá que dar a la maqueta de otro barco de 35 m de eslora?

19 Utiliza la escala gráfica que aparece en el mapa para calcular la longitud de los itinerarios trazados.

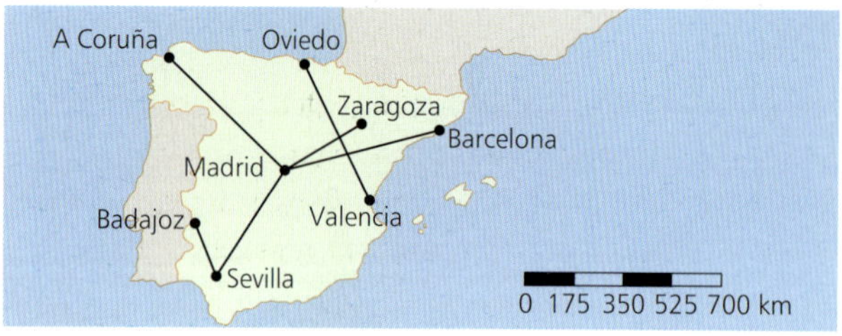

20 Pablo ha hecho un plano a escala de su casa como el de la siguiente figura:

a. ¿Qué escala ha aplicado?

b. Calcula la superficie real de cada habitación.

3 Semejanza de triángulos

21 Calcula cuánto deben valer los datos desconocidos en los siguientes pares de triángulos para que sean semejantes:

a.

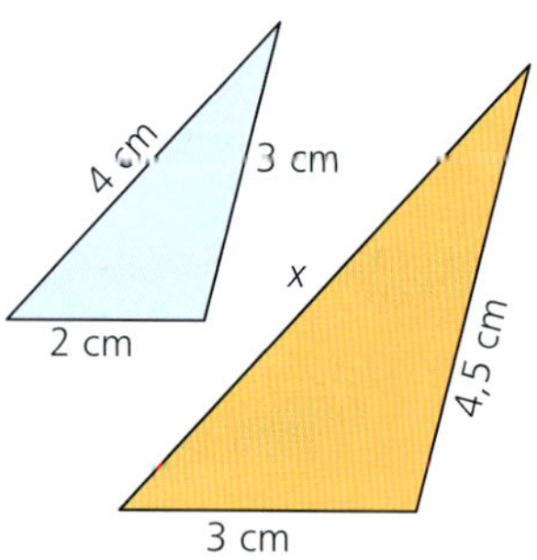

b.

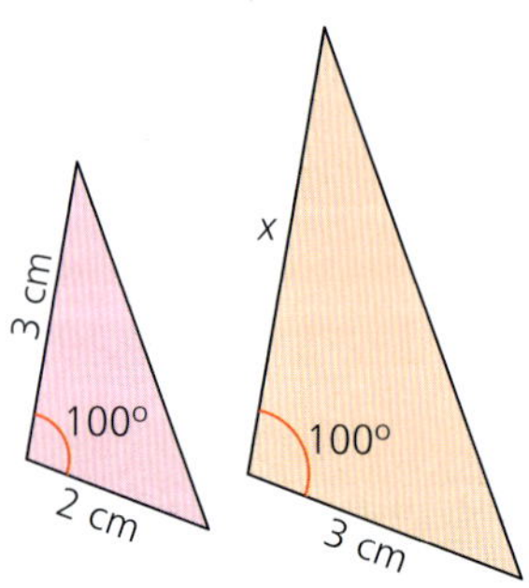

22 Determina cuáles de los siguientes triángulos son semejantes y explica por qué:

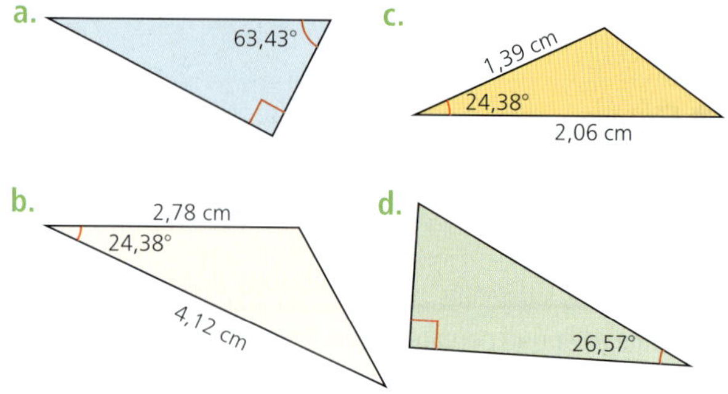

23 Determina el valor de las incógnitas que se indican en la figura, sabiendo que la recta que mide 2 cm, *z* y *t* son paralelas.

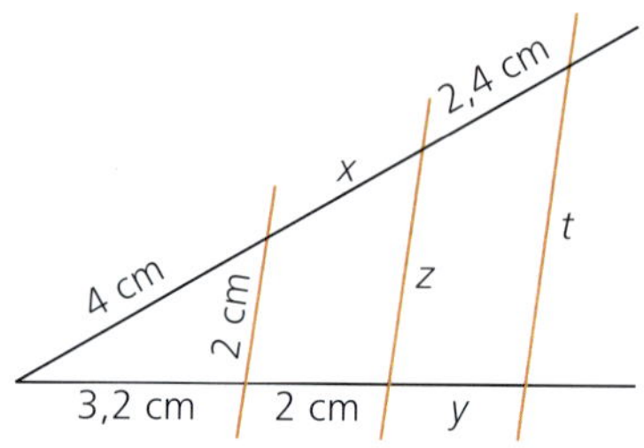

24 Indica si los siguientes triángulos están en posición de Tales:

a.

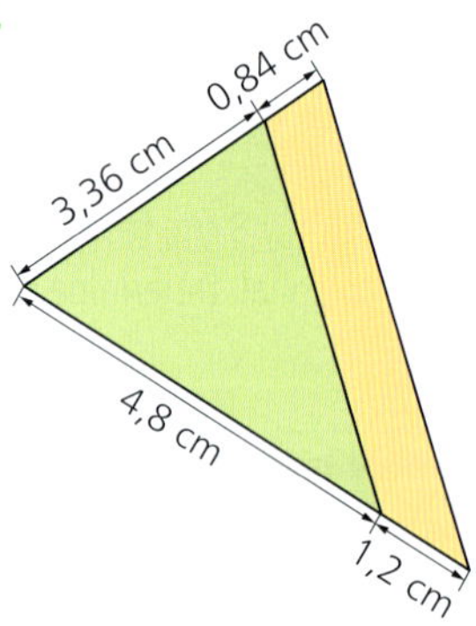

b.

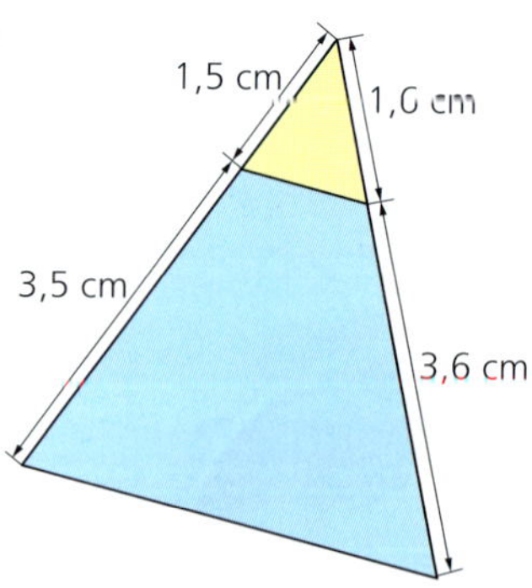

25 Dibuja en tu cuaderno un triángulo rectángulo cuyos lados midan 3 cm, 4 cm y 5 cm.

a. Traza una línea paralela a la hipotenusa de manera que se genere un triángulo con una razón de semejanza $r = \frac{1}{2}$.

b. Comprueba que se cumple la semejanza de triángulos.

26 Halla el valor de las incógnitas que se indican en las siguientes figuras:

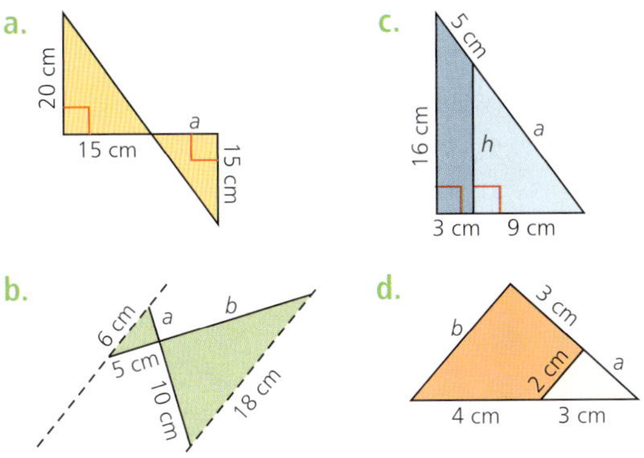

27 Un ciclista parte de un punto situado a 1 000 m de altitud y desciende por una carretera recta de 15 km de longitud. Cuando ha recorrido 3 km, sufre un pinchazo en una rueda y tiene que parar. ¿A qué altura se ha detenido?

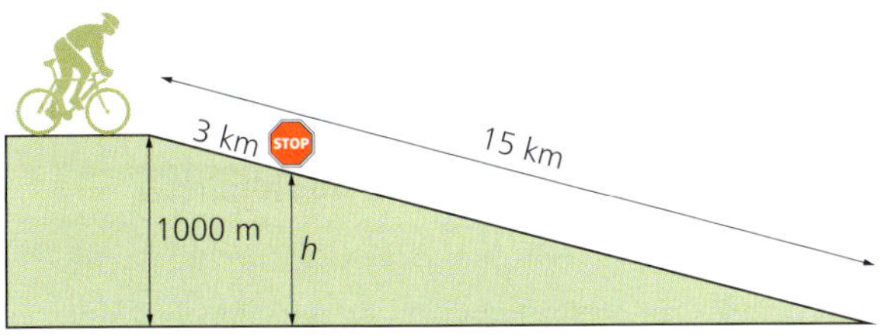

28 Las poblaciones de Torrejón de Abajo, Torrejón de en Medio y Torrejón de Arriba están situadas en línea recta en la ladera de una montaña y separadas entre sí 7 km y 5 km, respectivamente, tal y como muestra la figura. Sabiendo que la altura a la que están localizados Torrejón de Abajo y Torrejón de Arriba es de 400 m y 900 m, respectivamente, calcula la altura a la que se encuentra Torrejón de en Medio.

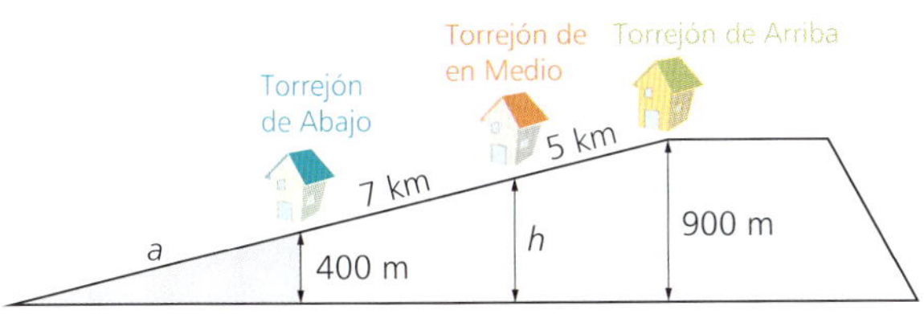

29 Una escalera apoyada sobre una pared alcanza en su extremo superior una altura de 2 m, con lo que su base queda a 80 cm de la pared. Si Elsa está subiendo y se halla a 30 cm de la pared, ¿a qué altura se encontrará?

30 Calcula la longitud de la sombra que proyecta un edificio de 126 m de altura si a la misma hora del día un hombre de 1,80 m de estatura proyecta una sombra de 1,20 m.

31 Una señora de 1,60 m de alto contempla a su perro, situado a 2 m de ella, bajo el mismo ángulo que su marido, que está justo enfrente de ellos en línea recta. Calcula la distancia que separa al matrimonio, sabiendo que el marido mide 1,80 m de altura.

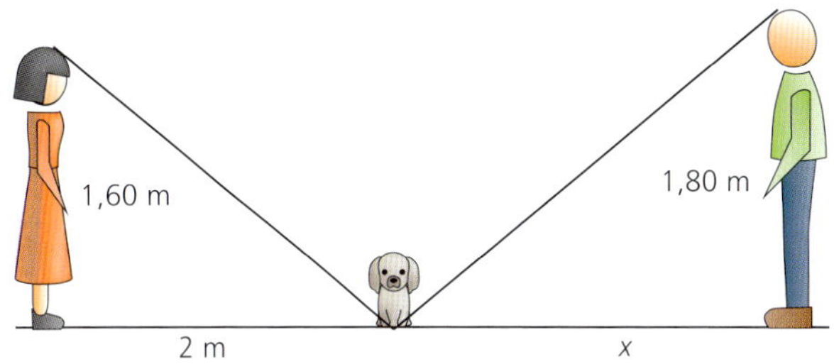

32 Melvin ha descubierto un ovni en el cielo nocturno. Desde el ovni emergen dos rayos de luz: uno vertical que incide en el suelo a 200 m de Melvin y otro que roza tangencialmente la cabeza del niño e incide en el suelo a 15 m de él. Calcula a qué altura se encuentra el ovni si Melvin mide 1,75 m.

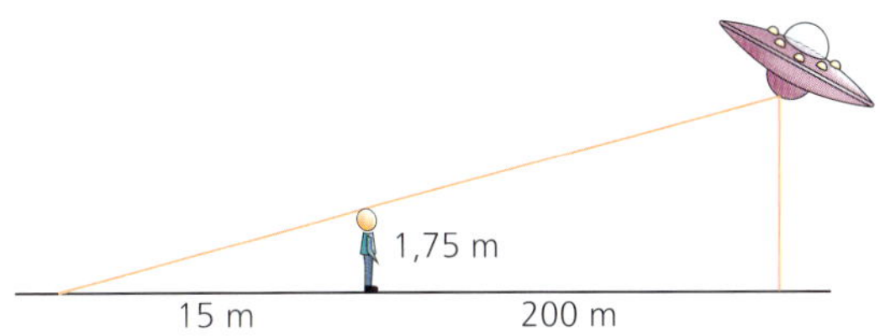

33 Desde la ventana de su habitación, Ana observa, bajo un ángulo de 40°, una pelota que se encuentra en la calzada a 26 m de su edificio. Justo en la acera de enfrente, su amigo Javier contempla la pelota bajo el mismo ángulo. Halla la altura a la que está la habitación de Ana sabiendo que la calle tiene 27,5 m de ancho y que Javier mide 1,80 m de alto.

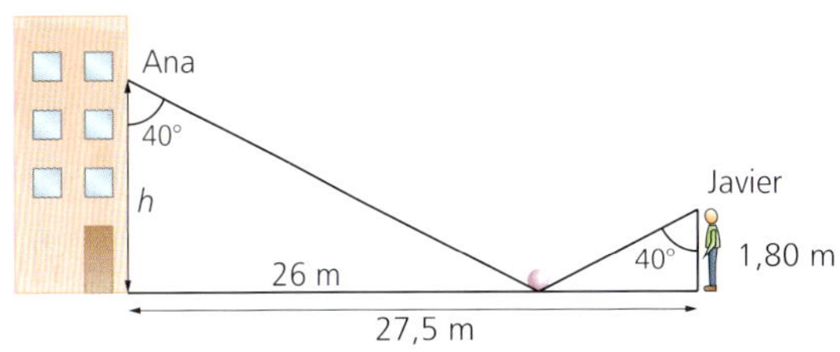

34 ¿Qué distancia en línea recta separa las dos casas?

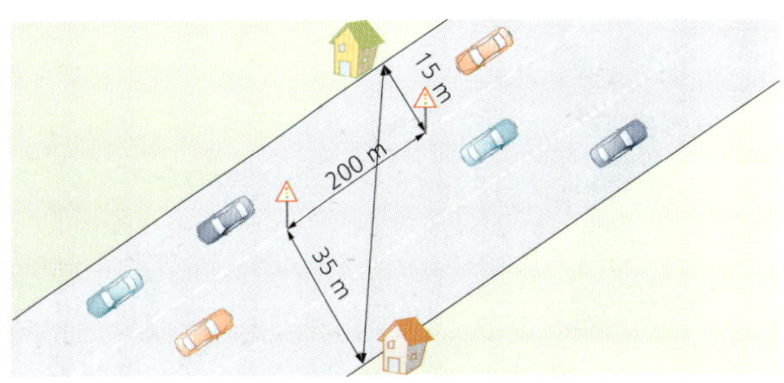

35 Para medir la altura de una iglesia, Santiago procede del siguiente modo:

Coloca un espejo en el suelo a 15 m de la fachada y se aleja del espejo 1,25 m en línea recta, hasta ver reflejada en él la parte superior del campanario de la iglesia. Con estos datos, y sabiendo que su propia estatura es de 1,65 m, Santiago deduce la altura de la iglesia. ¿Cómo lo ha hecho?

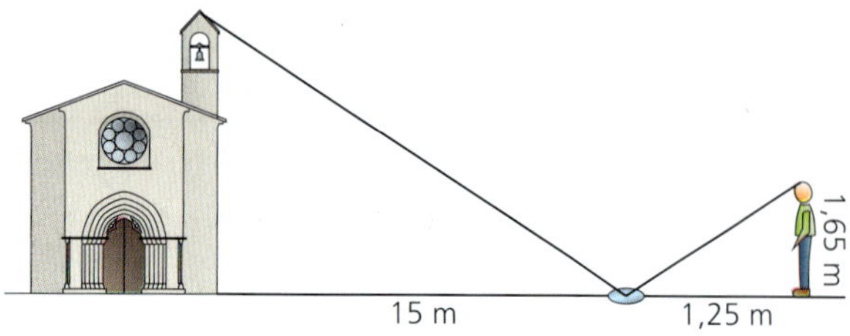

36 Para medir la altura de la estantería de su habitación, David hace lo siguiente:

Coloca un recogedor de 50 cm de alto a 1,6 m de la estantería. A continuación, pone una linterna en el suelo de manera que el extremo de la sombra que proyecta el recogedor coincida con la parte superior de la estantería. Finalmente, mide la distancia entre la linterna y el recogedor, que resulta ser de 1 m. ¿Qué razonamiento ha seguido? ¿Sabrías tú calcular la altura?

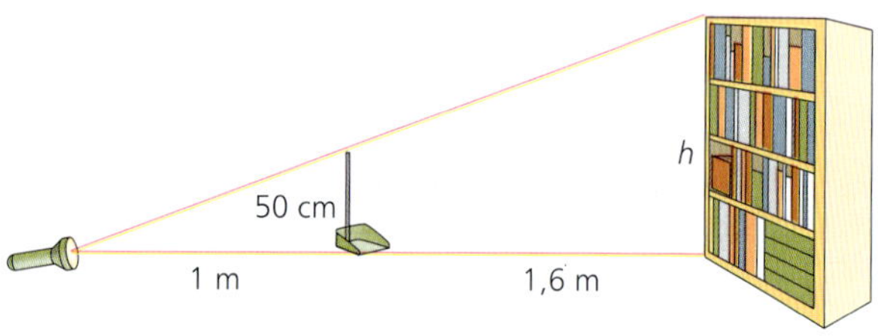

37 Una niña se acerca a una fuente hasta que ve reflejada en ella la parte superior de la torre Eiffel. Con los datos del dibujo, calcula la altura de la famosa torre.

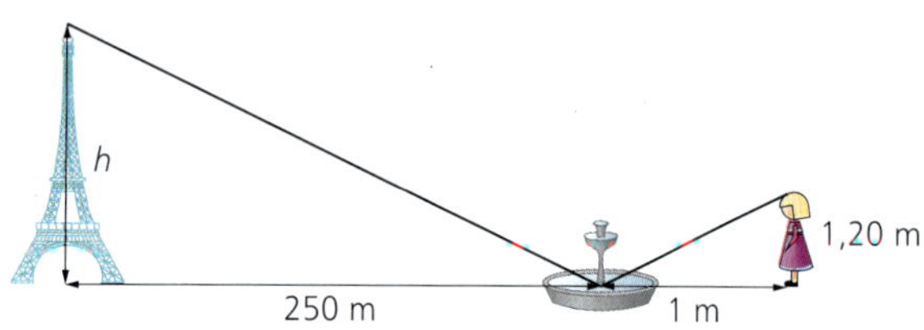

38 Para medir la altura de un torreón, Andrés se sitúa a 20 m del mismo y clava una estaca de manera que sobresale 2,5 m del suelo. Luego se separa de ella 5 m hasta que ve alineada la punta de la estaca con la parte superior del torreón. ¿Cuánto mide de alto el torreón si Andrés tiene una estatura de 1,75 m?

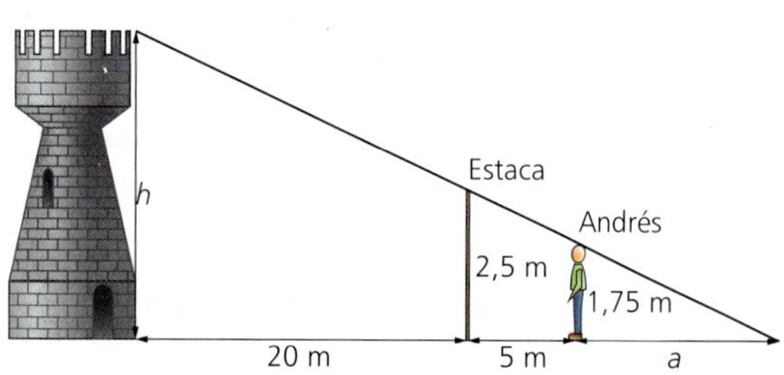

39 Juan quiere coger cocos de una palmera que está al otro lado de un río de 40 m de ancho. Dispone de una escalera de caballete que abierta alcanza 2 m de altura. Antes de cruzar el río, quiere asegurarse de que podrá alcanzar los cocos que están en la copa de la palmera, para lo cual coloca la escalera en el borde del río y se separa de ella 5 m hasta que ve la parte superior de la palmera alineada con el extremo superior de la escalera. Averigua si Juan debe cruzar o no el río si tiene una estatura de 1,60 m.

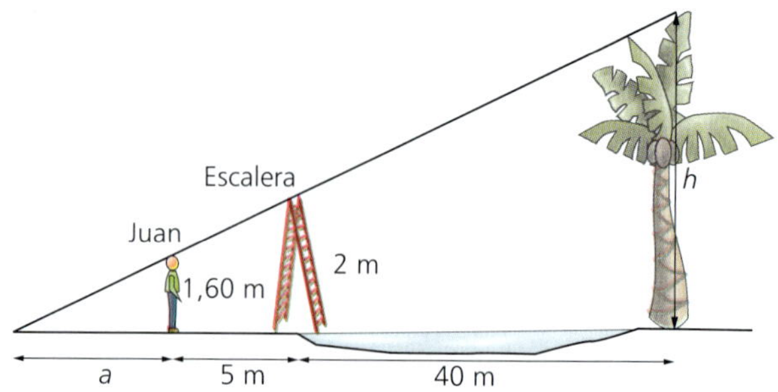

4 Relación entre perímetros, áreas y volúmenes de cuerpos semejantes

40 Sean los siguientes triángulos en posición de Tales:

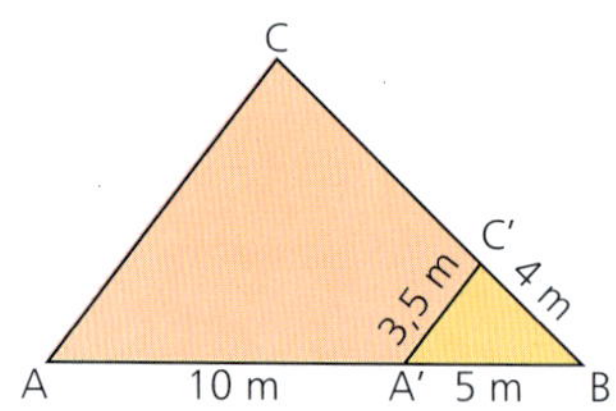

a. Calcula el perímetro del triángulo $\widehat{A'BC'}$.

b. Halla la razón de semejanza para obtener los lados del triángulo $\widehat{ABC}$ a partir de los lados del triángulo $\widehat{A'BC'}$.

c. Utiliza la razón de semejanza del apartado anterior para obtener el perímetro del triángulo $\widehat{ABC}$.

41 Los lados de un triángulo miden 3 cm, 9 cm y 12 cm, respectivamente. Determina los lados de un triángulo semejante al anterior cuyo perímetro es de 144 cm.

42 Un polígono tiene un perímetro de 35,5 cm, y un polígono semejante, uno de 85,2 cm. Si el lado del polígono pequeño mide 5 cm, ¿cuál es la longitud del lado homólogo del polígono semejante?

43 Un rombo que tiene unas diagonales de 6 cm y 10 cm es semejante a otro cuyas diagonales miden 15 cm y 25 cm. ¿Cuál es la relación de semejanza entre sus áreas?

44 Una casa consta de dos habitaciones semejantes rectangulares. La pequeña tiene unas dimensiones de 2,5 m × 3 m, mientras que la grande tiene una superficie de 16,875 m². Halla las dimensiones de la habitación grande.

45 Los catetos de un triángulo rectángulo miden 12 dm y 5 dm. Halla los lados de un triángulo semejante al anterior cuya superficie sea de 120 dm^2. ¿Cuánto vale la razón de semejanza? ¿Cuál sería la superficie de un triángulo semejante al primero con una razón de semejanza $r = \frac{1}{4}$?

46 Dos cilindros semejantes tienen un volumen de 100 cm^3 y 172,8 cm^3, respectivamente. Sabiendo que la altura del cilindro de menor volumen es de 4 cm, calcula la altura del cilindro de mayor volumen.

47 Una empresa fabrica envases de tetrabrik (ortoedro) de dos tamaños: de un litro y de un octavo de litro. El envase de litro tiene unas dimensiones de 10 cm × 5 cm × 20 cm. Calcula las dimensiones del envase de octavo de litro teniendo en cuenta que es proporcional al anterior.

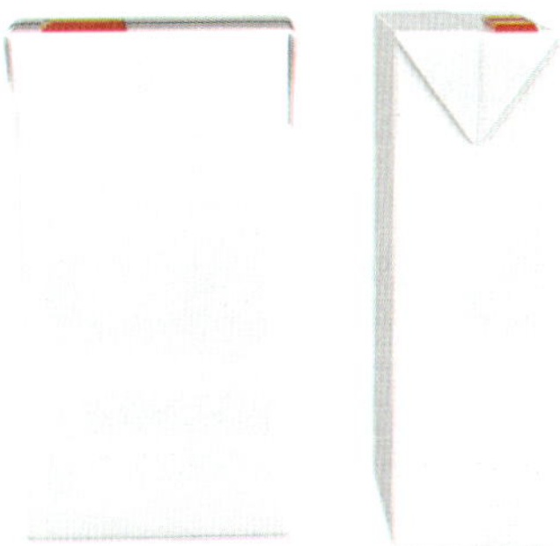

48 Un ortoedro de 101,25 dm^3 de volumen es semejante a otro ortoedro cuyas dimensiones son 2 dm × 3 dm × 5 dm. Calcula la razón de semejanza entre estos ortoedros.

49 Los lados de un rectángulo miden 3 cm y 4 cm, respectivamente. Calcula la diagonal de un rectángulo semejante al anterior cuya superficie sea de 27 cm^2.

50 ¿Cuál es el área de la zona coloreada si cada círculo es semejante al inmediatamente inferior en tamaño con una razón de semejanza $r = \frac{1}{3}$?

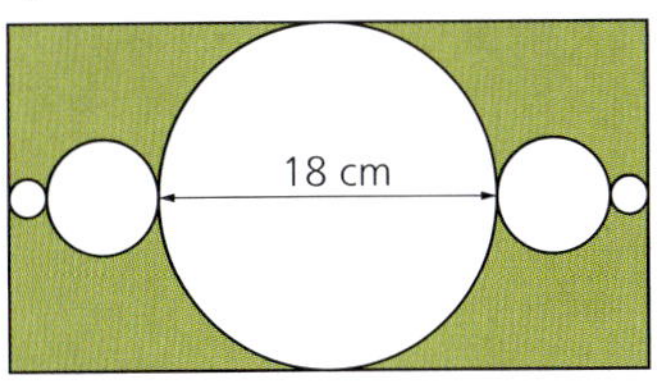

51 Una alfombra exhibe un dibujo geométrico como el de la imagen. En él, cada figura es semejante a la inmediatamente inferior en tamaño con una razón de semejanza de $r = \frac{3}{4}$. Halla la superficie bordada de rojo.

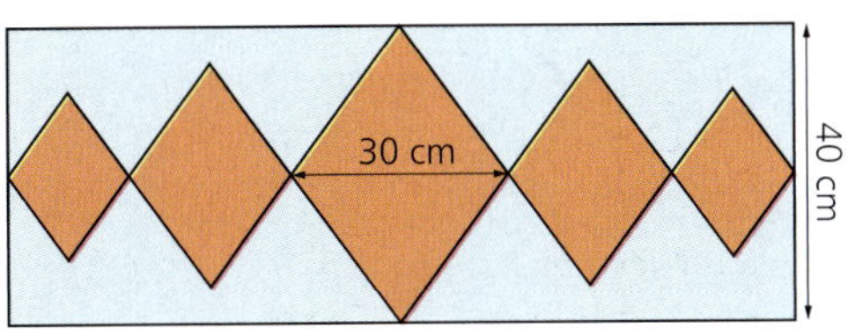

52 Calcula las dimensiones de un ortoedro semejante al de la figura y cuyo volumen es de 384 cm^3.

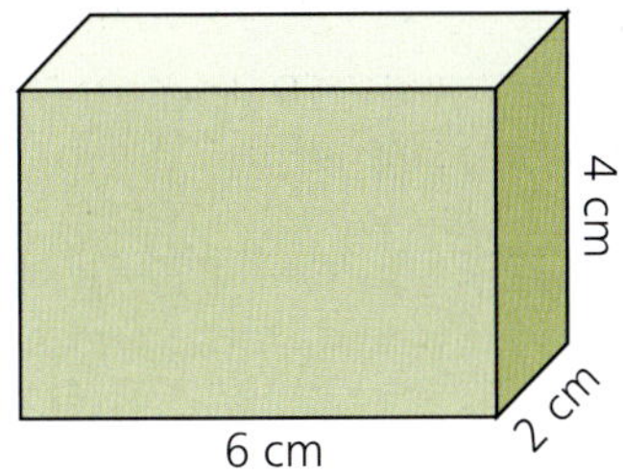

53 Averigua cuántos metros cuadrados de cartón se han empleado para construir tres cajas de regalo con forma de ortoedro, teniendo en cuenta que la mayor tiene por dimensiones 30 cm × 30 cm × 20 cm y cada una de ellas es semejante a la inmediatamente inferior en tamaño con una razón de semejanza de $r = \frac{4}{5}$.

54 ⊞ La pirámide del museo del Louvre es una pirámide cuadrangular regular de 20,6 m de altura, cuya base tiene 35 m de lado. Determina las dimensiones (lado de la base y altura) que debe tener una maqueta a escala si se desea que tenga un volumen de 70 dm^3.

55 ⊞ En la entrada del Centro Pompidou de Málaga hay una construcción con forma de hexaedro regular. Si se ha realizado una maqueta a escala 1:80 y tiene un volumen de 8 dm^3, determina las dimensiones de la construcción.

56 ⊞⊞ Un pabellón polideportivo cuenta con dos piscinas semejantes. La piscina de adultos es un ortoedro cuyas dimensiones son 25 m × 40 m × 2,5 m. La piscina infantil, por su parte, tiene una capacidad de 312,5 m^3. Calcula:

a. El volumen de la piscina de adultos.

b. Las dimensiones de la piscina infantil.

c. El coste total de pintar ambas piscinas con pintura impermeable a 3 €/m^2.

09 TRIÁNGULOS RECTÁNGULOS

EL TRIÁNGULO DEL ÉXITO: UNA IDEA, BASTANTE OLFATO Y MUCHO CORAJE

JOAQUÍN LORENTE

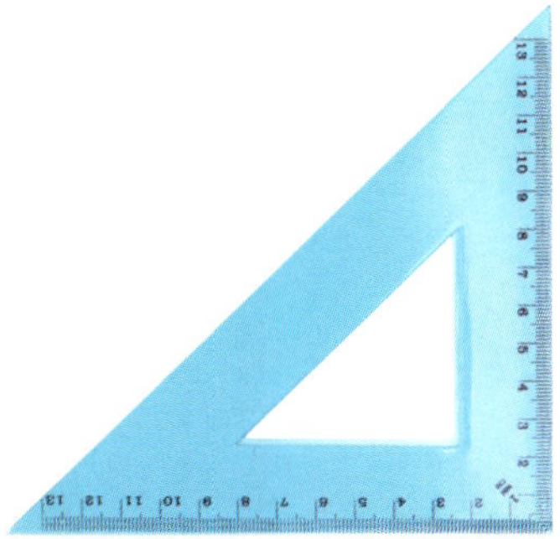

PRESENTAR

HACIENDO JUSTICIA

En el país de los triángulos está extendiéndose el bulo de la inutilidad de los teoremas de la altura y del cateto de los triángulos rectángulos. Uno de los descendientes de Pitágoras tiene la intención de poner punto final a esta terrible situación. Para ello, ha decidido organizar una mesa redonda con especialistas en cada uno de estos teoremas, con la intención de refrescar la memoria sobre sus enunciados y aplicaciones. Se trata de recabar el mayor número de «pruebas» que desmientan el bulo y restituyan toda su vigencia a estos valiosos teoremas.

CREAR

¡TRIANGULA TU CLASE!

El canal educativo ¿Cómo se hace? os ha pedido que desarrolléis un tutorial en el que expliquéis la elaboración de un *foldable*. Para ilustrar el proceso, vais a preparar uno que recoja las características y particularidades de las razones trigonométricas. El canal seleccionará el tutorial que ofrezca mejor guía y orientación acerca de la creación paso a paso del *foldable*.

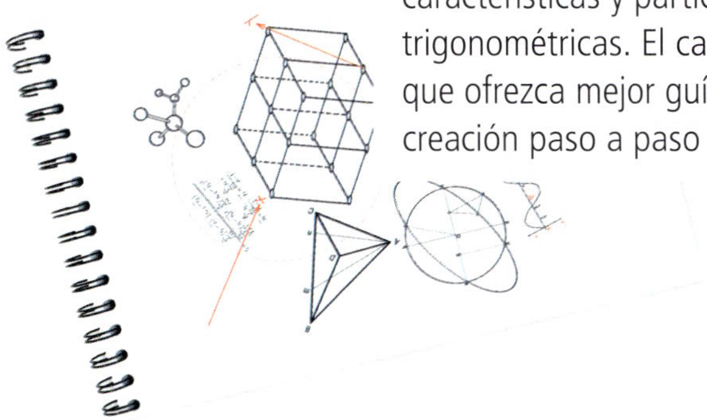

CONOCER

¡A CELEBRAR LAS MATEMÁTICAS!

Para celebrar el Día Mundial de las Matemáticas, vuestro centro educativo ha pensado crear un blog titulado Inventa tu propio problema. A fin de participar, habéis decidido preparar algunos problemas sobre trigonometría. Con este objetivo, os disponéis a buscar triángulos rectángulos en vuestro entorno, para, a continuación, tomar las medidas necesarias y redactar de forma creativa problemas que las incluyan y que requieran la aplicación de razones trigonométricas para su resolución. ¿Tendréis suerte y resultarán publicadas vuestras aportaciones?

INVESTIGAR

DETECTIVES MATEMÁTICOS

Imaginad que trabajáis en una agencia de detectives y que han contratado vuestros servicios para sacar a la luz todo lo concerniente a la trigonometría: su historia, curiosidades, aplicaciones… Preparad con toda la información un completo dosier.

1 EL TRIÁNGULO RECTÁNGULO Y SUS TEOREMAS

Debido a sus características, los triángulos rectángulos cumplen una serie de teoremas que permiten calcular distancias, representar números irracionales e, igualmente, resolver casos prácticos en multitud de situaciones cotidianas.

Recuerda

Un **triángulo** es **rectángulo** si uno de sus ángulos es recto (esto es, mide 90°), lo que implica que sus otros dos ángulos son agudos (miden menos de 90°) y complementarios (suman 90°).

1.1 TEOREMA DE PITÁGORAS

El teorema de Pitágoras afirma que, en un triángulo rectángulo, el cuadrado de la hipotenusa es igual a la suma de los cuadrados de los catetos:

$$c^2 = a^2 + b^2$$

Una demostración geométrica sencilla del teorema es la que se muestra en el margen. En los dos cuadrados de la imagen, cuyos lados son la suma de los dos catetos, $a + b$, hay cuatro triángulos iguales. Si se eliminan de los dos cuadrados, el área restante será igual en ambos y, por tanto, se cumplirá el teorema: $c^2 = a^2 + b^2$

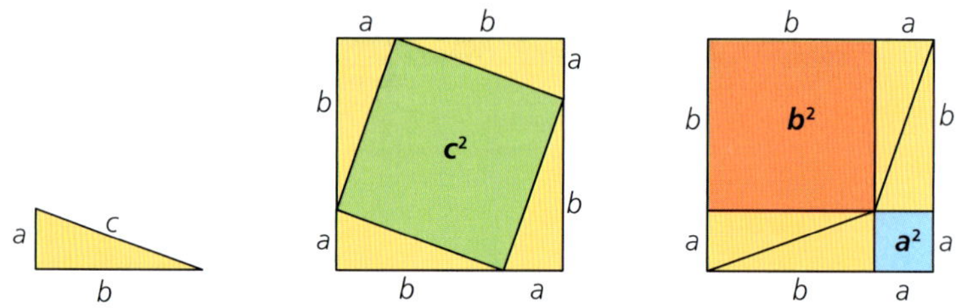

Si los lados de un triángulo verifican el teorema de Pitágoras, entonces se trata de un triángulo rectángulo. Además, siendo c el lado más largo del triángulo:

- El triángulo es rectángulo si $c^2 = a^2 + b^2$.
- El triángulo es obtusángulo si $c^2 > a^2 + b^2$.
- El triángulo es acutángulo si $c^2 < a^2 + b^2$.

Actividad resuelta

Indica si los triángulos formados por los siguientes lados son rectángulos, tomando como hipotenusa el lado más largo:

a. $a = 3$ cm, $b = 4$ cm y $c = 5$ cm

b. $a = 4$ cm, $b = 5$ cm y $c = 6$ cm

c. $a = 11$ cm, $b = 60$ cm y $c = 61$ cm

d. $a = 7$ cm, $b = 8$ cm y $c = 11$ cm

Se comprueba si los tres lados de cada triángulo cumplen el teorema de Pitágoras y, por tanto, son los catetos y la hipotenusa de un triángulo rectángulo. Se toma siempre el lado mayor como si fuese la hipotenusa del triángulo.

a. $3^2 + 4^2 = 5^2$. Como se cumple la igualdad, sí es un triángulo rectángulo.

b. $4^2 + 5^2 \neq 6^2$. No se verifica la igualdad, por lo que no es un triángulo rectángulo. Además, como $4^2 + 5^2 > 6^2$, se trata de los lados de un triángulo acutángulo.

c. $11^2 + 60^2 = 61^2$. En este caso también se cumple la igualdad, así que estamos ante un triángulo rectángulo.

d. $7^2 + 8^2 \neq 11^2$. Al no verificarse la igualdad, no es un triángulo rectángulo. Por otro lado, $7^2 + 8^2 < 11^2$, lo que permite deducir que se trata de un triángulo obtusángulo.

Actividades resueltas

1 **Determina el valor de los lados desconocidos en los siguientes triángulos rectángulos:**

a.

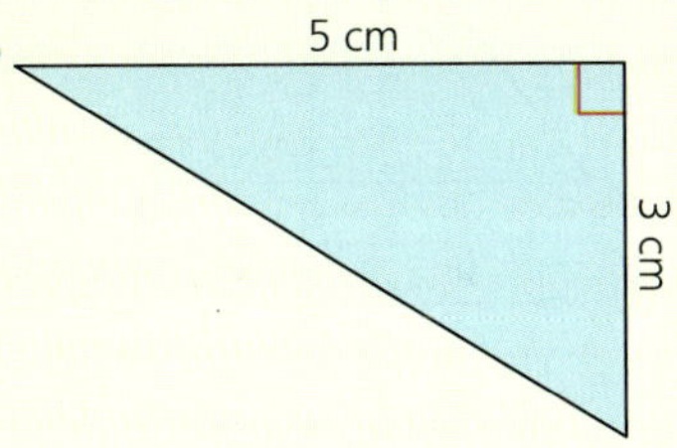

b.

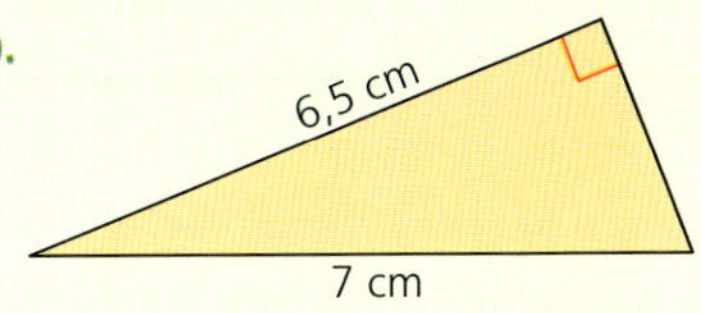

c.

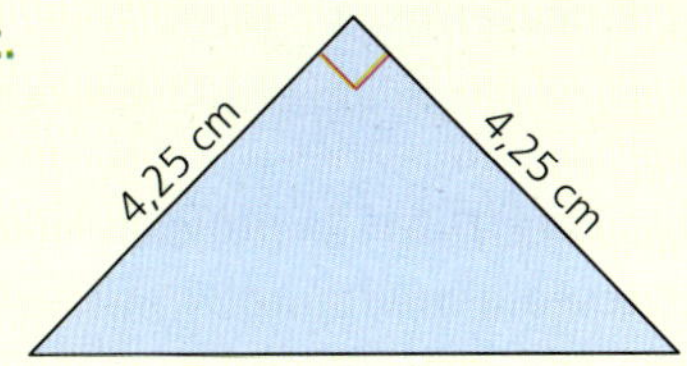

Aplicando el teorema de Pitágoras en todos los casos, tenemos que:

a. Se conoce la medida de los dos catetos del triángulo; por lo tanto, el lado desconocido es la hipotenusa, *c*:

$$c^2 = a^2 + b^2 \Rightarrow c^2 = 3^2 + 5^2 = 34 \Rightarrow c = \sqrt{34} \Rightarrow c = 5{,}83 \text{ cm}$$

b. En este caso, se parte de uno de los catetos y la hipotenusa. En consecuencia, el lado desconocido es un cateto, al que llamaremos *a*:

$$7^2 = a^2 + 6{,}5^2 \Rightarrow a^2 = 7^2 - 6{,}5^2 = 6{,}75 \Rightarrow a = \sqrt{6{,}75} \Rightarrow a = 2{,}6 \text{ cm}$$

c. Como es un triángulo isósceles, los dos catetos miden lo mismo, $a = b = 4{,}25$ cm. De este modo, se puede obtener la hipotenusa, *c*:

$$c^2 = a^2 + b^2 \Rightarrow c^2 = 4{,}25^2 + 4{,}25^2 = 36{,}125 \Rightarrow c = \sqrt{36{,}125} \Rightarrow c = 6{,}01 \text{ cm}$$

2 **Calcula la diagonal de un cuadrado cuyo lado mide 3 cm.**

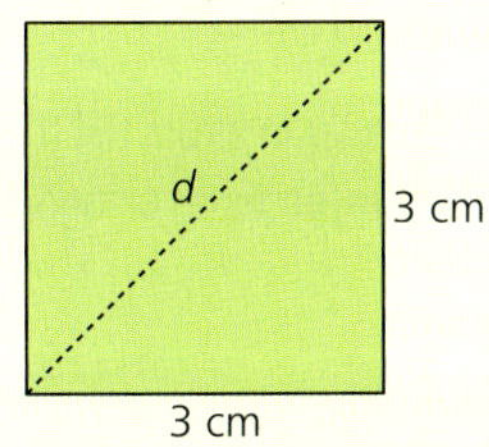

La diagonal divide al cuadrado en dos triángulos rectángulos y, por tanto, coincide con la hipotenusa del triángulo rectángulo cuyos catetos miden 3 cm cada uno. Para calcular lo que mide dicha diagonal, bastaría con aplicar el teorema de Pitágoras:

$$d^2 = 3^2 + 3^2 = 18 \Rightarrow d = \sqrt{18} \Rightarrow d = 4{,}24 \text{ cm}$$

3 **Calcula la longitud lateral, *a*, de la montaña del margen.**

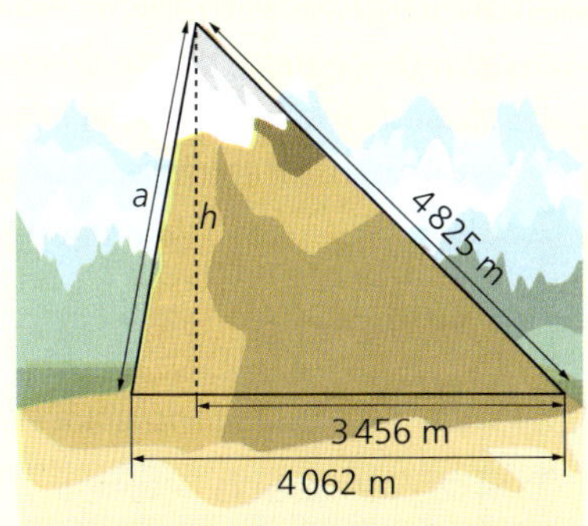

Para hallar el valor de *a*, es preciso conocer, en primer lugar, la altura, *h*, de la montaña. A tal fin, se aplica el teorema de Pitágoras en el triángulo formado por *h* y los dos lados de 4825 m y 3456 m, respectivamente:

$$h^2 + 3456^2 = 4825^2 \Rightarrow h^2 = 4825^2 - 3456^2 = 11\,336\,689 \Rightarrow$$

$$\Rightarrow h = \sqrt{11\,336\,689} \Rightarrow h = 3367 \text{ m}$$

El cálculo del valor de *a* una vez que se conoce la altura se lleva a cabo volviendo a aplicar el teorema de Pitágoras al triángulo formado por *a*, *h* y el lado que se obtiene de restar 4062 – 3456, es decir, el lado que mide 606 m:

$$a^2 = h^2 + 606^2 = 3367^2 + 606^2 = 11\,703\,925 \Rightarrow a = \sqrt{11\,703\,925} \Rightarrow$$

$$\Rightarrow a = 3421{,}1 \text{ m}$$

1.2 TEOREMA DE LA ALTURA

El triángulo rectángulo $\widehat{ACB}$ del margen tiene la altura, *h*, sobre su hipotenusa. Se observa que los triángulos $\widehat{ADC}$ y $\widehat{BDC}$, formados a partir de dicha altura, además de ser rectángulos, son semejantes entre sí, ya que α y β son ángulos complementarios. Así pues:

$$\frac{h}{\overline{DB}} = \frac{\overline{AD}}{h} \Rightarrow h^2 = \overline{DB} \cdot \overline{AD}$$

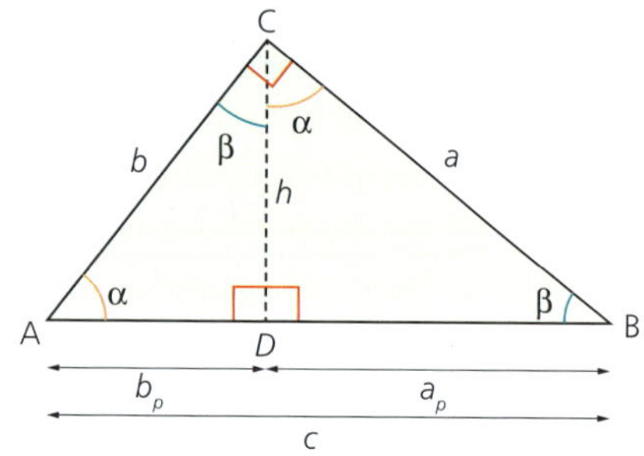

El segmento $\overline{DB}$ es la proyección ortogonal del cateto *a* sobre la hipotenusa y se representa mediante a_p. Análogamente, el segmento $\overline{AD}$ es la proyección ortogonal del cateto *b* sobre la hipotenusa y se designa con b_p.

En todo triángulo rectángulo se cumple el **teorema de la altura**, que establece que el cuadrado de la altura trazada sobre la hipotenusa es igual al producto de las proyecciones de los catetos sobre dicha hipotenusa:

$$h^2 = a_p \cdot b_p$$

Actividades resueltas

1 Halla el valor de los datos desconocidos en los siguientes triángulos rectángulos:

a.

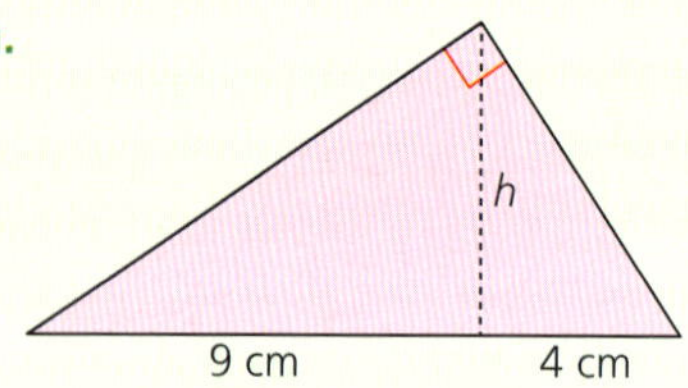

b.

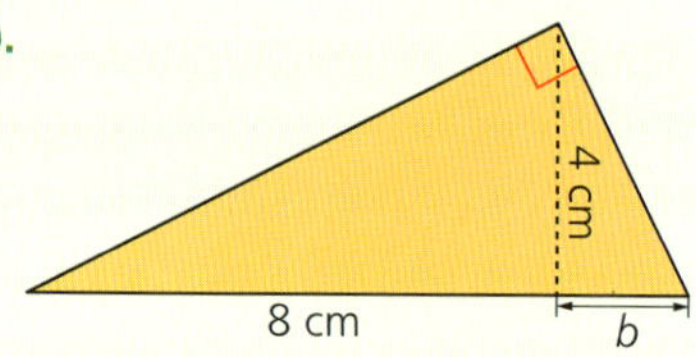

a. Para calcular la altura del triángulo trazada sobre la hipotenusa, dado que se conocen las proyecciones ortogonales de ambos catetos, se puede emplear el teorema de la altura:

$$h^2 = 9 \cdot 4 = 36 \Rightarrow h = \sqrt{36} \Rightarrow h = 6 \text{ cm}$$

Por lo tanto, la altura medirá 6 cm.

b. Para poder hallar el valor de *b*, se tiene que calcular la medida de la proyección ortogonal de uno de los catetos. Por otro lado, se conoce la medida de la proyección ortogonal del otro cateto y la altura trazada sobre la hipotenusa del triángulo rectángulo. Aplicando el teorema de la altura:

$$4^2 = 8 \cdot b \Rightarrow 16 = 8 \cdot b \Rightarrow b = 2 \text{ cm}$$

Consecuentemente, la proyección ortogonal del cateto será de 2 cm.

2 Calcula a qué altura se encuentra el aro de la canasta del margen.

Como se observa en la imagen, los dos balones y el aro de la canasta forman un triángulo rectángulo. Los únicos datos que se conocen son las distancias de los balones a la base de la canasta, es decir, las proyecciones ortogonales de los catetos. Por lo tanto, bastaría con utilizar el teorema de la altura para hallar *h:*

$$h^2 = 3{,}721 \cdot 2{,}5 = 9{,}3025 \Rightarrow h = \sqrt{9{,}3025} \Rightarrow h = 3{,}05 \text{ m}$$

Así, la altura a la que se encuentra el aro de la canasta es de 3,05 m.

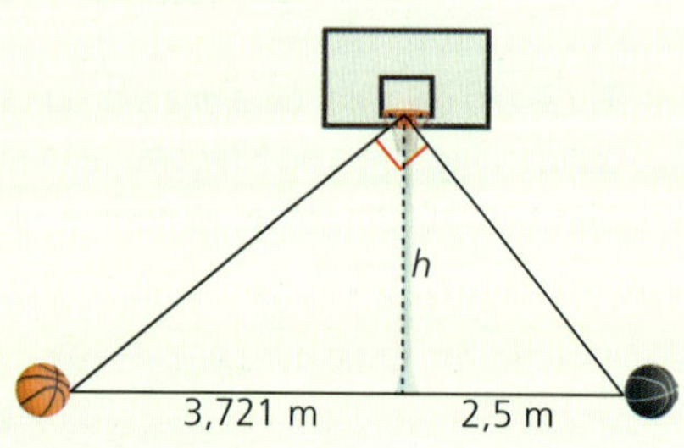

1.3 TEOREMA DEL CATETO

Si se considera un triángulo rectángulo, $\widehat{ACB}$, con una altura h sobre su hipotenusa, se cumple que los triángulos rectángulos $\widehat{ACB}$ y $\widehat{BDC}$ son semejantes, ya que comparten el ángulo β, y que los triángulos rectángulos $\widehat{ACB}$ y $\widehat{ADC}$ también los son, al compartir el ángulo α. Por tanto:

$$\frac{a}{c} = \frac{\overline{DB}}{a} \Rightarrow a^2 = \overline{DB} \cdot c \qquad \frac{b}{c} = \frac{\overline{AD}}{b} \Rightarrow b^2 = \overline{AD} \cdot c$$

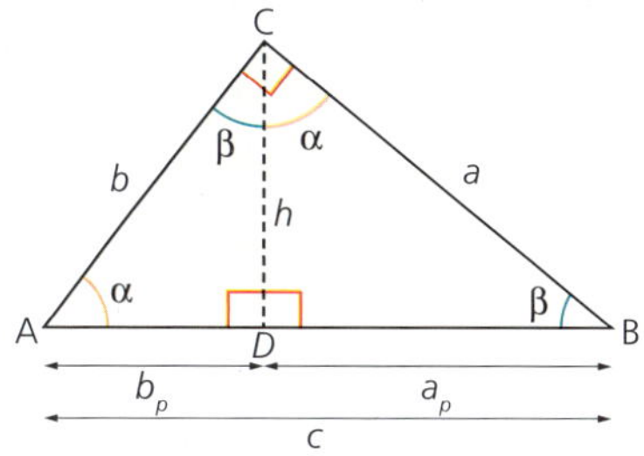

En todo triángulo rectángulo se cumple el **teorema del cateto**, que establece que el cuadrado de uno de sus catetos es igual al producto de la hipotenusa por la proyección ortogonal de ese cateto sobre dicha hipotenusa:

$$a^2 = a_p \cdot c \qquad b^2 = b_p \cdot c$$

Actividades resueltas

1 Halla el valor de los datos desconocidos de los siguientes triángulos rectángulos:

a.

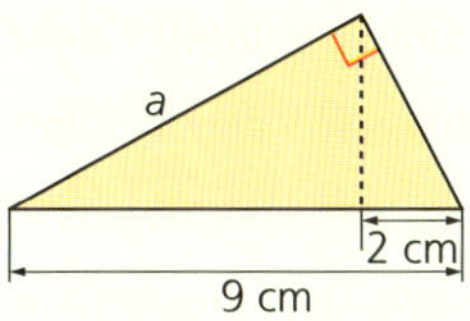

b.

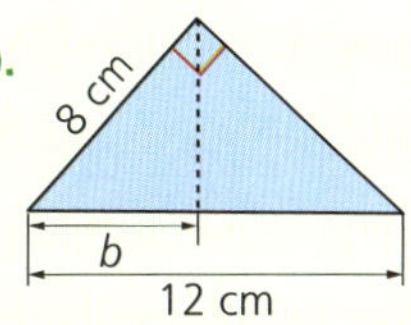

a. Se tiene la medida de la hipotenusa y de la proyección ortogonal de uno de los catetos. Para hallar el valor del cateto a, habría que calcular la medida de la proyección ortogonal de a, que es 9 – 2 = 7. Para determinar a, se utiliza el teorema del cateto:

$$a^2 = 7 \cdot 9 = 63 \Rightarrow a = \sqrt{63} \Rightarrow a = 7{,}94 \text{ cm}$$

b. Como se conoce el valor de la hipotenusa y el de uno de los catetos, y además se pide el valor de la proyección ortogonal de ese cateto, se aplica el teorema del cateto:

$$8^2 = b \cdot 12 \Rightarrow 64 = b \cdot 12 \Rightarrow b = 5{,}33 \text{ cm}$$

2 Halla el valor de a en el triángulo rectángulo del margen.

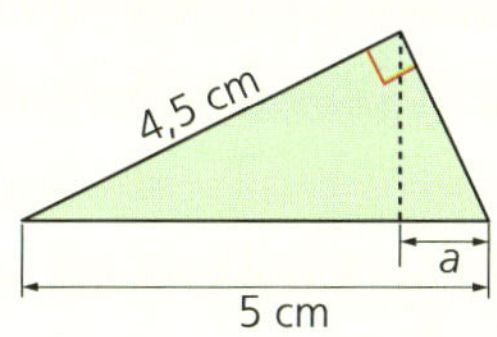

En primer lugar, se calcula el valor del otro cateto, b, cuya proyección ortogonal es a. Con este fin, se recurre al teorema de Pitágoras: $5^2 = 4{,}5^2 + b^2 \Rightarrow b = 2{,}18$ cm

A continuación, para hallar el valor de a, se puede emplear el teorema del cateto:

$$2{,}18^2 = a \cdot 5 \Rightarrow 4{,}75 = a \cdot 5 \Rightarrow a = 0{,}95 \text{ cm}$$

3 Calcula la distancia a la que se encuentra el dron de los puntos A y B, teniendo en cuenta las longitudes dadas.

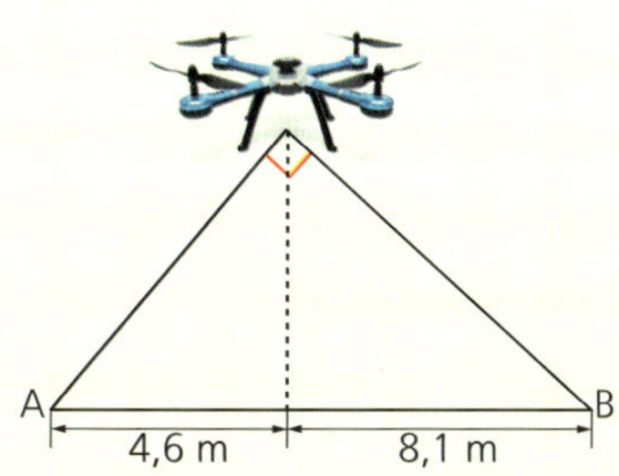

Se observa que el dron y los puntos A y B forman un triángulo rectángulo, del que se conoce la medida de la proyección de sus catetos y la hipotenusa: 4,6 + 8,1 = 12,7 m

Así pues, se calcula, en primer lugar, la distancia desde el dron hasta A, es decir, b, mediante el teorema del cateto:

$$b^2 = 8{,}1 \cdot 12{,}7 \Rightarrow b^2 = 102{,}87 \Rightarrow b = \sqrt{102{,}87} \Rightarrow b = 10{,}14 \text{ m}$$

De igual forma, se halla ahora la distancia a, que va desde el dron hasta el punto B:

$$a^2 = 4{,}6 \cdot 12{,}7 \Rightarrow a^2 = 58{,}42 \Rightarrow a = \sqrt{58{,}42} \Rightarrow a = 7{,}64 \text{ m}$$

2 MEDIDAS DE ÁNGULOS: GRADO SEXAGESIMAL Y RADIÁN

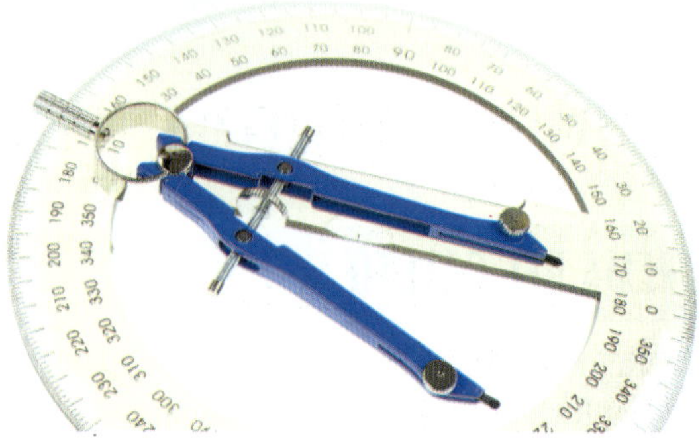

> Un ángulo es la región de plano limitada por dos semirrectas que tienen un origen común llamado vértice.

Los ángulos se pueden medir en grados sexagesimales y en radianes.

Sistema sexagesimal

- Es un sistema en base 60; es decir, en él, 60 unidades de un orden equivalen a una unidad del orden inmediatamente superior.
- Su unidad es el **grado sexagesimal (°)**, que es la 360-ava parte de una circunferencia.
- Los submúltiplos del grado sexagesimal son los minutos y los segundos.

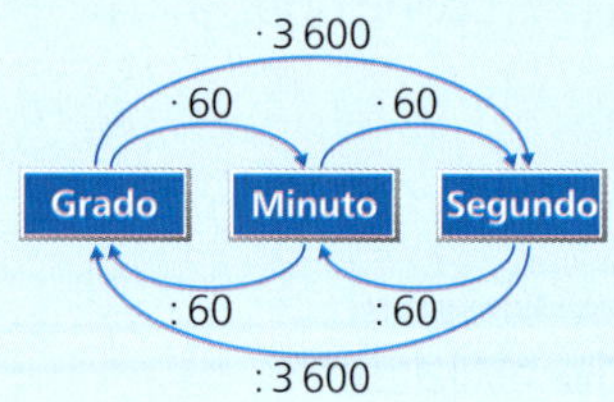

Sistema circular

- Su unidad es el **radián (rad)**, que es el ángulo cuyo arco es igual al radio de la circunferencia.
- El radián es la unidad de medida de un ángulo plano en el sistema internacional de unidades.

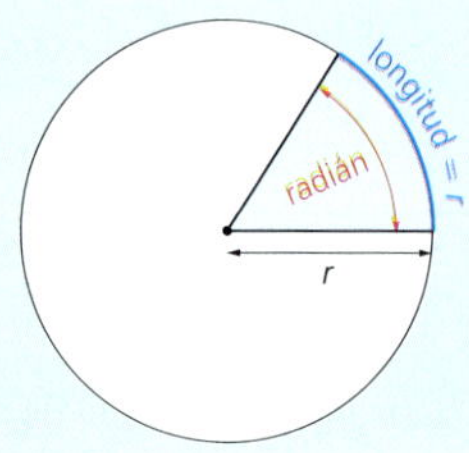

Los ángulos fundamentales miden los siguientes radianes:

Ángulo de 360°

La longitud de la circunferencia es $L = 2\pi r$; en consecuencia, una circunferencia tiene 2π rad o 360°:

$$2\pi \text{ rad} = 360°$$

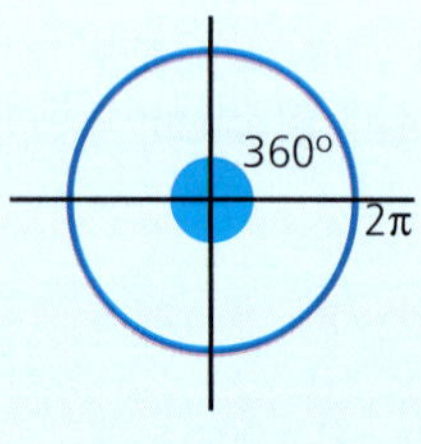

Ángulo de 180°

El arco de un ángulo llano es la mitad de la circunferencia. Así pues:

$$\pi \text{ rad} = 180°$$

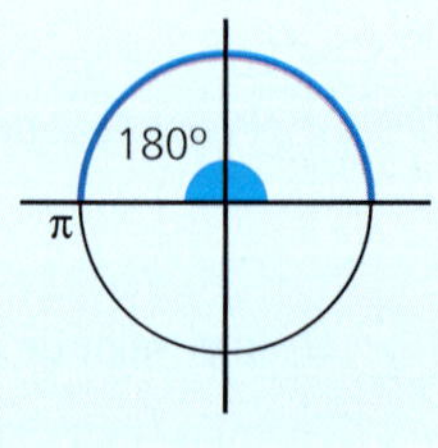

Ángulo de 270°

El arco de un ángulo de 270° equivale a las tres cuartas partes de la circunferencia, con lo que mide $\frac{3\pi}{2}$:

$$\frac{3\pi}{2} \text{ rad} = 270°$$

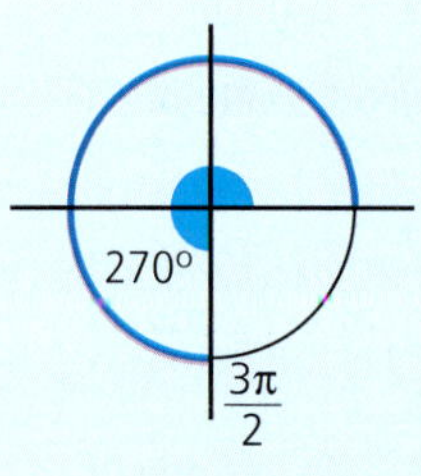

Ángulo de 90°

El arco de ángulo recto es la cuarta parte de la circunferencia, con lo que:

$$\frac{\pi}{2} \text{ rad} = 90°$$

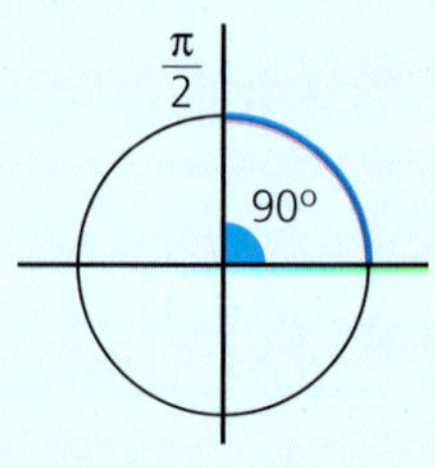

Actividades resueltas

1 Expresa en radianes el ángulo de 30°.

$$\frac{180°}{\pi \text{ rad}} = \frac{30°}{x \text{ rad}} \Rightarrow x = 30° \cdot \frac{\pi \text{ rad}}{180°} = \frac{\pi}{6} \text{ rad}$$

2 Expresa en grados sexagesimales $\frac{5\pi}{6}$ rad.

$$\frac{5\pi}{6} \text{ rad} = \frac{5 \cdot \pi \text{ rad}}{6} = \frac{5 \cdot 180°}{6} = 150°$$

3 RAZONES TRIGONOMÉTRICAS EN UN TRIÁNGULO RECTÁNGULO

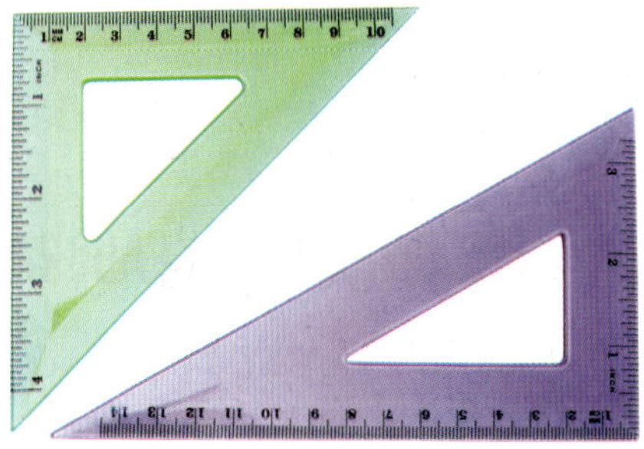

Los teoremas vistos, aplicables a triángulos rectángulos solo, establecían relaciones entre los lados; sin embargo, también es posible reconocer relaciones entre los lados y los ángulos agudos del triángulo.

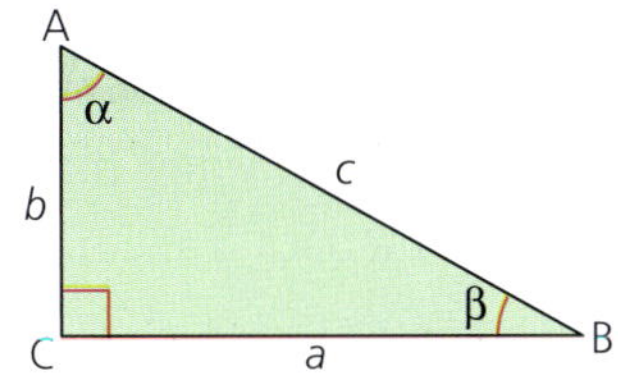

A las razones numéricas asociadas a cada uno de los ángulos agudos del triángulo rectángulo se las denomina razones trigonométricas.

Razones trigonométricas de α

- Seno del ángulo $\alpha \rightarrow \text{sen } \alpha = \dfrac{\text{cateto opuesto a } \alpha}{\text{hipotenusa}} = \dfrac{a}{c}$
- Coseno del ángulo $\alpha \rightarrow \cos \alpha = \dfrac{\text{cateto contiguo a } \alpha}{\text{hipotenusa}} = \dfrac{b}{c}$
- Tangente del ángulo $\alpha \rightarrow \text{tg } \alpha = \dfrac{\text{cateto opuesto a } \alpha}{\text{cateto contiguo a } \alpha} = \dfrac{a}{b}$

Razones trigonométricas de β

- Seno del ángulo $\beta \rightarrow \text{sen } \beta = \dfrac{\text{cateto opuesto a } \beta}{\text{hipotenusa}} = \dfrac{b}{c}$
- Coseno del ángulo $\beta \rightarrow \cos \beta = \dfrac{\text{cateto contiguo a } \beta}{\text{hipotenusa}} = \dfrac{a}{c}$
- Tangente del ángulo $\beta \rightarrow \text{tg } \beta = \dfrac{\text{cateto opuesto a } \beta}{\text{cateto contiguo a } \beta} = \dfrac{b}{a}$

Comparando los valores obtenidos, se puede concluir que las razones trigonométricas de los ángulos α y β, por ser **complementarios**, cumplen las siguientes igualdades:

$$\text{sen } \alpha = \cos \beta \qquad \cos \alpha = \text{sen } \beta \qquad \text{tg } \alpha = \frac{1}{\text{tg } \beta}$$

También es posible calcular el ángulo de un triángulo a partir de una razón trigonométrica. Para ello, se utilizan las funciones trigonométricas inversas: arcsen (x), arccos (x), arctg (x).

Por ejemplo:

$$\arccos(0{,}625) = 51°\ 19'$$

Actividad resuelta

Calcula las razones trigonométricas del ángulo α del triángulo rectángulo que aparece en el margen.

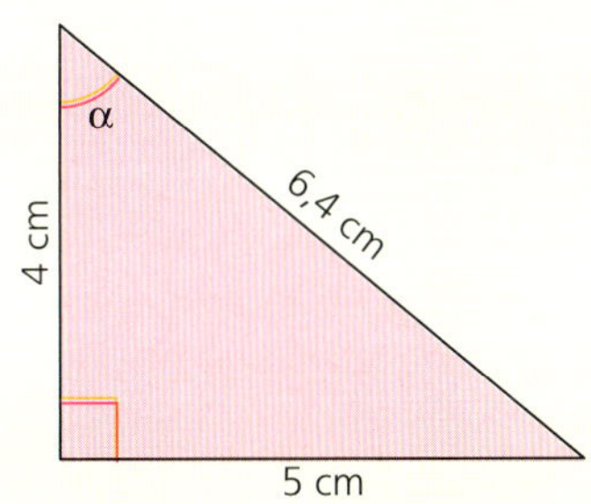

El cateto opuesto al ángulo α mide 5 cm, y el contiguo, 4 cm. Además, la hipotenusa del triángulo tiene una longitud de 6,4 cm. Para calcular las razones trigonométricas del ángulo, se aplica la expresión de cada una de ellas:

$$\text{sen } \alpha = \frac{\text{cateto opuesto a } \alpha}{\text{hipotenusa}} = \frac{5}{6{,}4} = 0{,}781\ 25$$

$$\cos \alpha = \frac{\text{cateto contiguo a } \alpha}{\text{hipotenusa}} = \frac{4}{6{,}4} = 0{,}625$$

$$\text{tg } \alpha = \frac{\text{cateto opuesto a } \alpha}{\text{cateto contiguo a } \alpha} = \frac{5}{4} = 1{,}25$$

Por lo tanto, el seno, el coseno y la tangente valen 0,781 25; 0,625 y 1,25, respectivamente.

3.1 USO DE LA CALCULADORA CIENTÍFICA

La calculadora científica puede servir de ayuda a la hora de determinar las razones trigonométricas de un ángulo conocido.

Para calcular el seno, el coseno y la tangente de cierto ángulo, se utilizan los botones sin, cos y tan, respectivamente. Dependiendo del modelo de la calculadora, habrá que introducir primero el ángulo y después pulsar la razón trigonométrica o al contrario.

Ten en cuenta

Desde las opciones de configuración, generalmente desde el botón MODE, se indica si se va a introducir el ángulo en grados sexagesimales (DEG) o en radianes (RAD).

Actividad resuelta

Calcula las razones trigonométricas del ángulo de 64,3° con ayuda de la calculadora.

En primer lugar, se configura la calculadora para introducir el ángulo en grados sexagesimales. Con este fin, se pulsa sobre el botón MODE y se escoge la opción DEG.

Con objeto de calcular el seno del ángulo, se selecciona sin y se introduce a continuación el valor del ángulo. Después, se pulsa en el botón = para obtener el resultado:

$$\sin 64{,}3^\circ = 0{,}901\,077\,021$$

Se calcula el coseno mediante el botón cos e introduciendo después el valor del ángulo. Tras pulsar sobre el botón = , se obtiene el resultado:

$$\cos 64{,}3^\circ = 0{,}433\,659\,084$$

Por último, para calcular la tangente, se procede de igual forma, pero pulsando sobre el botón tan. Así, se obtiene:

$$\tan 64{,}3^\circ = 2{,}077\,846\,524$$

El cálculo del ángulo a partir de una de sus razones trigonométricas se realiza utilizando los mismos botones, pero pulsando previamente la tecla SHIFT.

Actividad resuelta

Utiliza la calculadora para hallar el ángulo cuyo coseno es 0,6 y cuyo seno es 0,8.

En primer lugar, se configura la calculadora a fin de introducir el ángulo en grados sexagesimales. Para ello, se pulsa sobre el botón MODE y se escoge la opción DEG.

El cálculo del ángulo a través de su coseno se realiza pulsando en primer lugar SHIFT y después cos, de modo que en la calculadora aparezca la inversa del coseno. A continuación, se pone el valor del coseno y se pulsa el botón = para obtener el resultado:

$$\cos^{-1} 0{,}6 = 53{,}130\,310\,235$$

Si se quiere obtener este resultado en grados, no hay más que pulsar sobre el botón °''' y se tendrá 53° 7′ 48″.

Para comprobar que es el ángulo pedido, se puede realizar el mismo proceso con la inversa del seno:

$$\text{sen}^{-1} 0{,}8 = 53{,}130\,310\,235$$

3.2 PROPIEDADES DE LAS RAZONES TRIGONOMÉTRICAS

Propiedad 1

El seno y el coseno de un ángulo agudo están comprendidos entre 0 y 1. No ocurre lo mismo con la tangente, que puede tomar cualquier valor positivo:

$$0 < \text{sen}\ \alpha < 1 \qquad 0 < \cos \alpha < 1 \qquad \text{tg}\ \alpha > 0$$

Propiedad 2

La suma de los cuadrados del seno y del coseno es siempre 1:

$$\text{sen}^2\ \alpha + \cos^2 \alpha = 1$$

A esta propiedad se la conoce como **ecuación fundamental de la trigonometría.**

Observando el triángulo del margen, para el ángulo α se tiene que:

$$\text{sen}^2\ \alpha + \cos^2 \alpha = \left(\frac{a}{c}\right)^2 + \left(\frac{b}{c}\right)^2 = \frac{a^2}{c^2} + \frac{b^2}{c^2} = \frac{a^2 + b^2}{c^2} = \frac{c^2}{c^2} = 1$$

Propiedad 3

La tangente de un ángulo se puede obtener dividiendo su seno entre su coseno:

$$\text{tg}\ \alpha = \frac{\text{sen}\ \alpha}{\cos \alpha}$$

Teniendo de nuevo en cuenta el triángulo del margen, para el ángulo α resulta:

$$\frac{\text{sen}\ \alpha}{\cos \alpha} = \frac{\frac{a}{c}}{\frac{b}{c}} = \frac{a}{b} = \text{tg}\ \alpha$$

Observa

Como los catetos siempre son menores que la hipotenusa de un triángulo, los valores del seno y del coseno están entre 0 y 1.

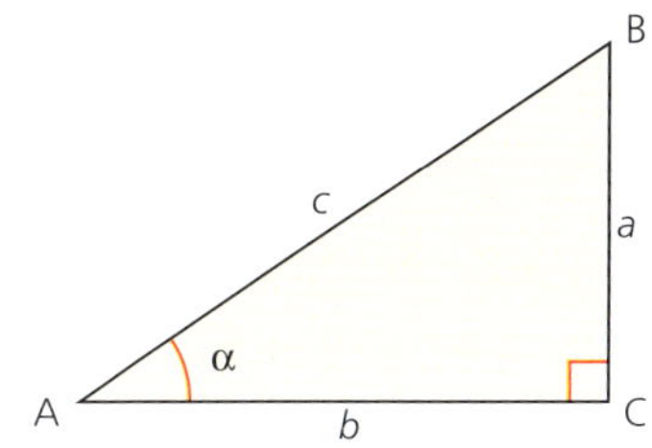

Actividades resueltas

1 Sabiendo que el seno de un ángulo vale 0,2, halla su coseno y su tangente sin determinar previamente el ángulo.

Al conocerse el seno, se sustituye su valor y se despeja el coseno en la ecuación fundamental de la trigonometría:

$$\text{sen}^2\ \alpha + \cos^2 \alpha = 1$$

$$0{,}2^2 + \cos^2 \alpha = 1 \Rightarrow \cos^2 \alpha = 1 - 0{,}2^2 \Rightarrow \cos \alpha = +\sqrt{1 - 0{,}04} = 0{,}98$$

Después, se calcula la tangente con la fórmula de la propiedad 3:

$$\text{tg}\ \alpha = \frac{\text{sen}\ \alpha}{\cos \alpha} = \frac{0{,}2}{0{,}98} \Rightarrow \text{tg}\ \alpha = 0{,}204$$

2 ¿Existe algún ángulo, α, cuyo coseno sea 0,4 y cuya tangente valga 3,1? ¿Por qué?

El ángulo dado cumple que $\cos \alpha = 0{,}4$ y $\text{tg}\ \alpha = 3{,}1$. Así pues, por la propiedad 3 se debe cumplir:

$$\text{tg}\ \alpha = \frac{\text{sen}\ \alpha}{\cos \alpha}$$

$$3{,}1 = \frac{\text{sen}\ \alpha}{0{,}4} \Rightarrow \text{sen}\ \alpha = 3{,}1 \cdot 0{,}4 \Rightarrow \text{sen}\ \alpha = 1{,}24$$

Como según la propiedad 1 $\text{sen}\ \alpha < 1$, cabe concluir que no puede existir un ángulo con las condiciones dadas.

3.3 RAZONES TRIGONOMÉTRICAS DE ÁNGULOS AGUDOS

Es importante conocer las razones trigonométricas de los ángulos de 30°, 45° y 60°, ya que aparecen frecuentemente en los problemas de trigonometría.

Razones trigonométricas del ángulo de 60°

Se construye un triángulo con un ángulo de 60°. Para ello, se parte de un triángulo equilátero de 1 unidad de lado, que se divide en dos triángulos rectángulos trazando su altura, *h:*

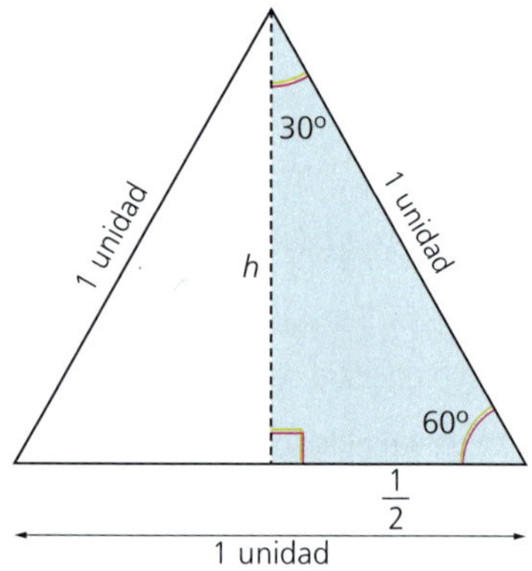

El valor de *h* se calcula aplicando el teorema de Pitágoras:

$$h^2 + \left(\frac{1}{2}\right)^2 = 1^2 \Rightarrow h^2 = 1 - \frac{1}{4} \Rightarrow h = \sqrt{\frac{3}{4}} = \frac{\sqrt{3}}{2}$$

De este modo, conocidos los dos catetos y la hipotenusa, es posible hallar las tres razones trigonométricas del ángulo:

$$\text{sen } 60° = \frac{\text{cateto opuesto}}{\text{hipotenusa}} = \frac{\frac{\sqrt{3}}{2}}{1} = \frac{\sqrt{3}}{2} \qquad \cos 60° = \frac{\text{cateto contiguo}}{\text{hipotenusa}} = \frac{\frac{1}{2}}{1} = \frac{1}{2}$$

$$\text{tg } 60° = \frac{\text{cateto opuesto}}{\text{cateto contiguo}} = \frac{\frac{\sqrt{3}}{2}}{\frac{1}{2}} = \sqrt{3}$$

Razones trigonométricas del ángulo de 30°

Para calcular las razones trigonométricas del ángulo de 30°, hay que tener en cuenta que los ángulos de 30° y 60° son complementarios:

$$\text{sen } 30° = \cos 60° = \frac{1}{2} \qquad \cos 30° = \text{sen } 60° = \frac{\sqrt{3}}{2} \qquad \text{tg } 30° = \frac{1}{\text{tg } 60°} = \frac{1}{\sqrt{3}} = \frac{\sqrt{3}}{3}$$

Razones trigonométricas del ángulo de 45°

Aplicando la ecuación fundamental de la trigonometría al ángulo de 45°, tenemos que:

$$\text{sen}^2\, 45° + \cos^2 45° = 1$$

Puesto que el ángulo de 45° es complementario de sí mismo, se verifica que sen 45° = cos 45°. Así pues:

$$\text{sen}^2\, 45° + \text{sen}^2\, 45° = 2\,\text{sen}^2\, 45° = 1 \Rightarrow \text{sen}^2\, 45° = \frac{1}{2} \Rightarrow \text{sen } 45° = \sqrt{\frac{1}{2}} = \frac{1}{\sqrt{2}} = \frac{\sqrt{2}}{2}$$

$$\text{sen } 45° = \cos 45° = \frac{\sqrt{2}}{2} \qquad \text{tg } 45° = \frac{\text{sen } 45°}{\cos 45°} = \frac{\frac{\sqrt{2}}{2}}{\frac{\sqrt{2}}{2}} = 1$$

Ángulo	Seno	Coseno	Tangente
30°	$\frac{1}{2}$	$\frac{\sqrt{3}}{2}$	$\frac{\sqrt{3}}{3}$
45°	$\frac{\sqrt{2}}{2}$	$\frac{\sqrt{2}}{2}$	1
60°	$\frac{\sqrt{3}}{2}$	$\frac{1}{2}$	$\sqrt{3}$

Actividad resuelta

Efectúa las siguientes operaciones:

a. $\cos^2 45° + \text{sen}^2\, 60°$ **b.** $\cos 30° \cdot \text{tg } 60°$

Se sustituye cada razón trigonométrica por su valor con objeto de calcular el resultado:

a. $\cos^2 45° + \text{sen}^2\, 60° = \left(\frac{\sqrt{2}}{2}\right)^2 + \left(\frac{\sqrt{3}}{2}\right)^2 = \frac{5}{4}$ **b.** $\cos 30° \cdot \text{tg } 60° = \frac{\sqrt{3}}{2} \cdot \sqrt{3} = \frac{3}{2}$

4 RESOLUCIÓN DE TRIÁNGULOS RECTÁNGULOS

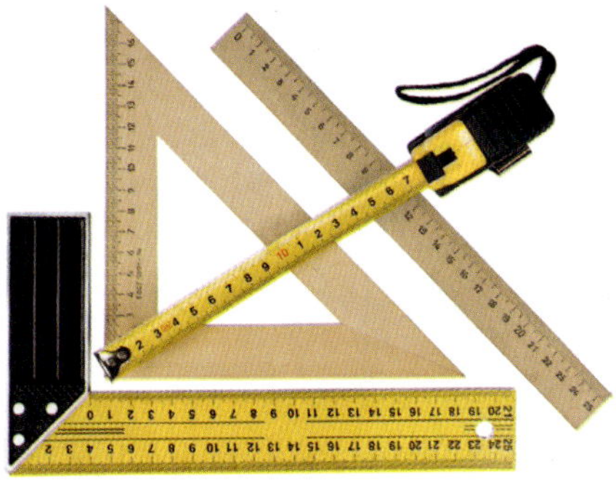

Para resolver un triángulo rectángulo, se debe calcular el valor de sus tres lados y de sus otros dos ángulos.

Con esta finalidad, se utilizan los teoremas y fórmulas vistos hasta ahora:

- El teorema de Pitágoras.
- Las razones trigonométricas.
- La complementariedad de los dos ángulos agudos.

SE CONOCEN DOS LADOS

Mediante el teorema de Pitágoras se calcula el lado que falta y con las razones trigonométricas inversas se determinan los ángulos.

Actividad resuelta

Resuelve los siguientes triángulos:

a.

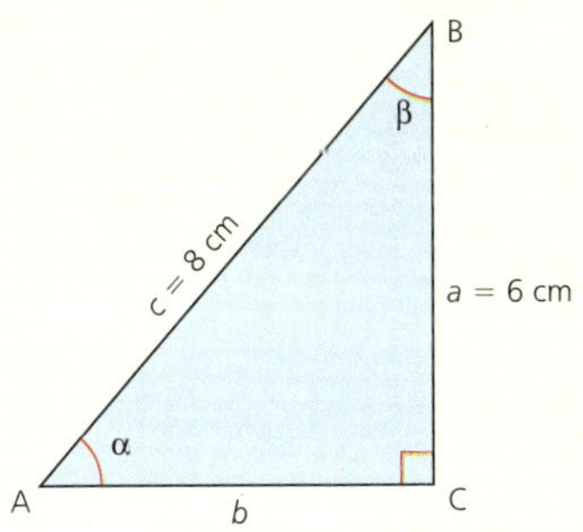

b.

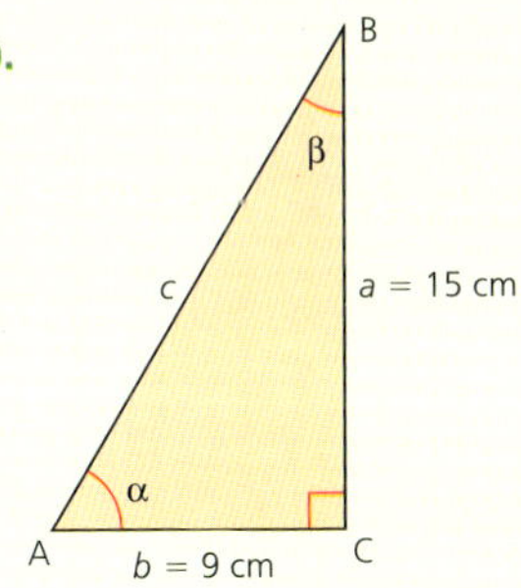

a. En primer lugar, aplicando el teorema de Pitágoras, se puede calcular el lado desconocido, en este caso el cateto *b*:

$$6^2 + b^2 = 8^2 \Rightarrow b^2 = 8^2 - 6^2 = 28 \Rightarrow b = 5{,}29 \text{ cm}$$

Después, se emplea la razón trigonométrica para determinar el seno del ángulo α:

$$\text{sen } \alpha = \frac{a}{c} = \frac{6}{8} = 0{,}75$$

A continuación, aplicando la inversa del seno, es posible calcular el ángulo α:

$$\alpha = \text{arcsen } 0{,}75 \Rightarrow \alpha = 48{,}59°$$

Finalmente, como $\alpha + \beta = 90$, tenemos que $\beta = 90 - 48{,}59 = 41{,}41°$.

b. Mediante el teorema de Pitágoras se calcula el lado desconocido, es decir, la hipotenusa, *c*:

$$15^2 + 9^2 = c^2 \Rightarrow c^2 = 306 \Rightarrow c = 17{,}49 \text{ cm}$$

Con la razón trigonométrica se calcula la tangente del ángulo α:

$$\text{tg } \alpha = \frac{a}{b} = \frac{15}{9}$$

Para obtener el ángulo, se aplica la inversa de la tangente:

$$\alpha = \text{arctg } \frac{15}{9} \Rightarrow \alpha = 59{,}04°$$

Finalmente, como $\alpha + \beta = 90$, resulta que $\beta = 90 - 59{,}04 = 30{,}96°$.

SE CONOCEN UN ÁNGULO Y UN LADO

En este caso, se calcula el otro ángulo mediante la expresión $\alpha + \beta = 90°$ y se analiza qué razón trigonométrica se puede utilizar para encontrar los lados restantes. El último lado también podría hallarse aplicando el teorema de Pitágoras a partir de la medida de los otros dos lados.

Actividad resuelta

Resuelve los siguientes triángulos:

a.

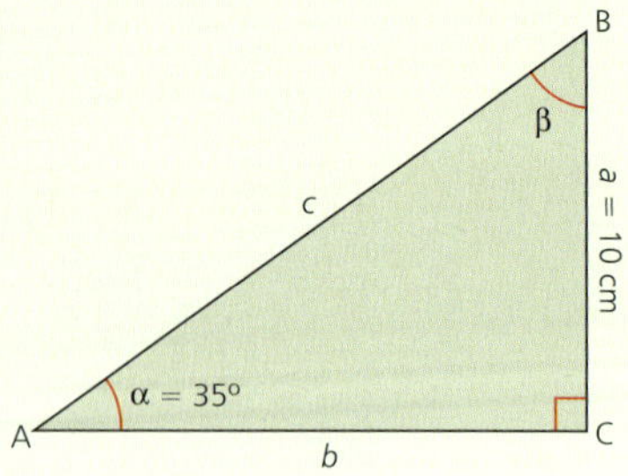

b.

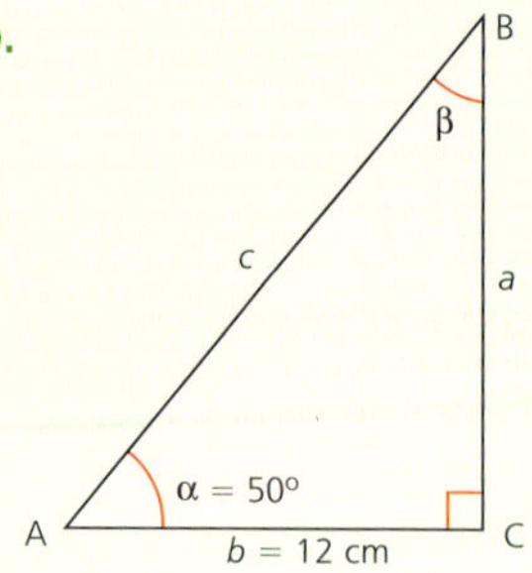

c.

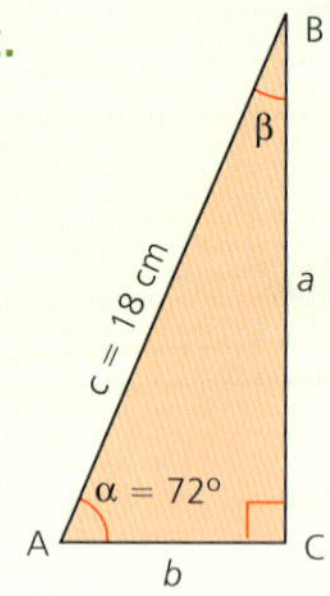

a. Se halla el ángulo que falta, β:

$$\alpha + \beta = 90 \Rightarrow \beta = 90 - 35 \Rightarrow \beta = 55°$$

Para calcular los lados restantes, se utilizan las razones trigonométricas. A partir del ángulo α es posible obtener la hipotenusa con su seno, y el cateto contiguo con la tangente:

$$\text{sen } 35° = \frac{a}{c} = \frac{10}{c} \Rightarrow c = \frac{10}{\text{sen } 35°} \Rightarrow c = 17{,}43 \text{ cm}$$

$$\text{tg } 35° = \frac{a}{b} = \frac{10}{b} \Rightarrow b = \frac{10}{\text{tg } 35°} \Rightarrow b = 14{,}28 \text{ cm}$$

Este último lado también se podría haber calculado mediante el teorema de Pitágoras.

b. En primer lugar, se calcula el ángulo β:

$$\alpha + \beta = 90 \Rightarrow \beta = 90 - 50 \Rightarrow \beta = 40°$$

Los lados restantes se hallan utilizando las razones trigonométricas. El ángulo α permite determinar la hipotenusa con su coseno, y el cateto opuesto mediante la tangente:

$$\cos 50° = \frac{b}{c} = \frac{12}{c} \Rightarrow c = \frac{12}{\cos 50°} \Rightarrow c = 18{,}67 \text{ cm}$$

$$\text{tg } 50° = \frac{a}{b} = \frac{a}{12} \Rightarrow a = 12 \cdot \text{tg } 50° \Rightarrow a = 14{,}30 \text{ cm}$$

También podría haberse empleado el teorema de Pitágoras para calcular este último.

c. Se calcula el ángulo β:

$$\alpha + \beta = 90 \Rightarrow \beta = 90 - 72 \Rightarrow \beta = 18°$$

Con objeto de obtener los lados restantes, se recurre a las razones trigonométricas. Así, se puede emplear el ángulo α para hallar el cateto opuesto con su seno, y el cateto contiguo con el coseno:

$$\text{sen } 72° = \frac{a}{c} = \frac{a}{18} \Rightarrow a = 18 \cdot \text{sen } 72° \Rightarrow a = 17{,}12 \text{ cm}$$

$$\cos 72° = \frac{b}{c} = \frac{b}{18} \Rightarrow b = 18 \cdot \cos 72° \Rightarrow b = 5{,}56 \text{ cm}$$

Como en los casos anteriores, hubiera sido igualmente posible determinar este último lado mediante el teorema de Pitágoras.

Cálculo de la altura de un objeto no accesible

Para calcular la altura, *h,* del poste del dibujo desde el punto A, bastaría con conocer el ángulo bajo el que se observa el punto más alto del poste y la distancia desde A hasta la base del poste, distancia que, sin embargo, no siempre es posible medir.

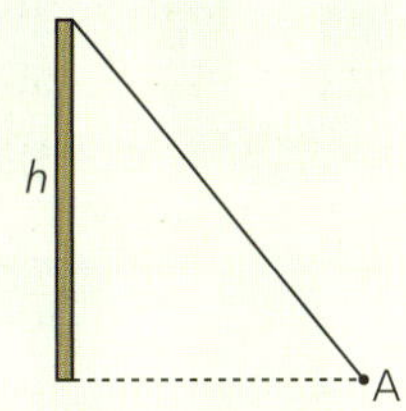

Para resolver este tipo de problemas, se precisa otro punto de referencia y la introducción de un segundo triángulo.

Así, se mide el ángulo de observación del punto más alto desde A, 50°, y tras retroceder 5 m, por ejemplo, se vuelve a medir el nuevo ángulo de observación desde el punto B, 30°.

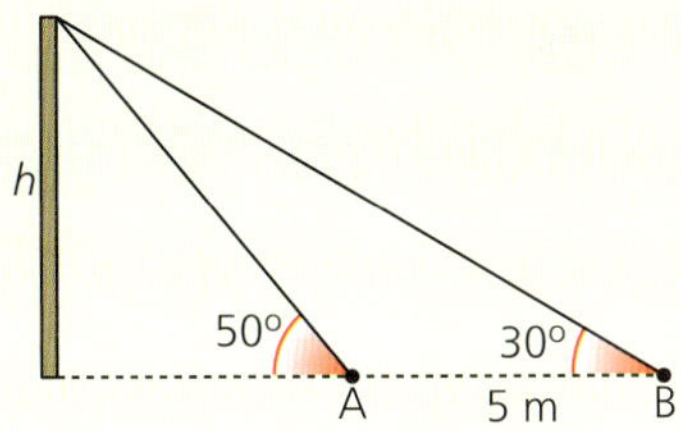

Se denomina *x* a la distancia de la base del poste hasta el punto A y se plantea el siguiente sistema de ecuaciones, aplicando las razones trigonométricas:

$$\begin{cases} \text{tg } 50° = \dfrac{h}{x} \\ \text{tg } 30° = \dfrac{h}{x+5} \end{cases} \Rightarrow \begin{cases} 1{,}19 = \dfrac{h}{x} \\ 0{,}58 = \dfrac{h}{x+5} \end{cases} \Rightarrow \begin{cases} 1{,}19x = h \\ 0{,}58x + 2{,}9 = h \end{cases}$$

Se resuelve el sistema por igualación:

$$1{,}19x = 0{,}58x + 2{,}9 \Rightarrow 1{,}19x - 0{,}58x = 2{,}9 \Rightarrow 0{,}61x = 2{,}9 \Rightarrow x = \frac{2{,}9}{0{,}61} \Rightarrow x = 4{,}75 \text{ m}$$

Sustituyendo el valor de *x* en una de las ecuaciones:

$$1{,}19 \cdot 4{,}75 = h \Rightarrow h = 5{,}65 \text{ m}$$

Por lo tanto, la altura pedida es de 5,65 m.

Construcción de un clinómetro

Un clinómetro es un instrumento de medición que permite conocer el ángulo bajo el que se observa un punto elevado.

1. Para construir un clinómetro casero, se necesita un transportador de 180° (también es posible imprimir un transportador y pegarlo sobre una tarjeta o cartón rígido).
2. Pega una cuerda en el punto central de la parte recta del transportador y ata un peso en el otro extremo.
3. Para utilizar el transportador, basta con mirar desde uno de sus extremos hacia el punto cuya elevación se desee conocer. El ángulo que indique la cuerda sobre el transportador señala el ángulo complementario al ángulo de visión. Si marca, por ejemplo, 50°, la observación se estaría realizando bajo un ángulo de 40°.

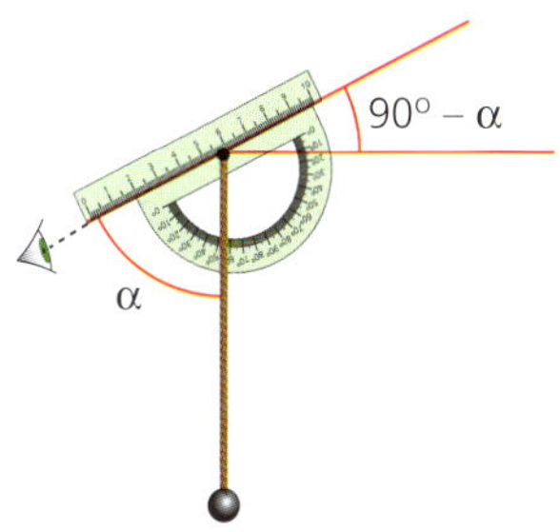

Marca en la pizarra un punto a una determinada altura y fíjate en el ángulo bajo el que lo observas. Con este dato, y teniendo en cuenta la distancia a la que estás situado de la pizarra, realiza los cálculos necesarios para hallar la altura a la que has señalado el punto.

ACTIVIDADES

09 TRIÁNGULOS RECTÁNGULOS

1 El triángulo rectángulo y sus teoremas

1 Aplica el teorema de Pitágoras para hallar los valores desconocidos en los siguientes triángulos:

a.

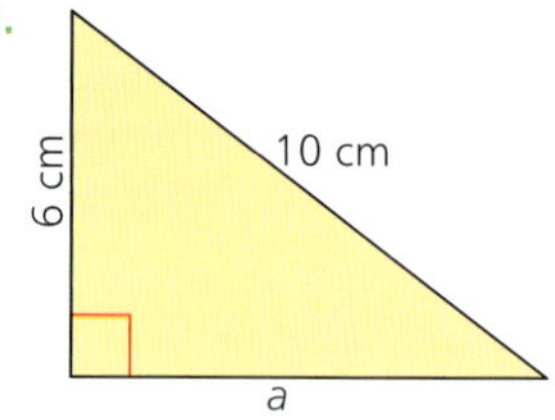

b.

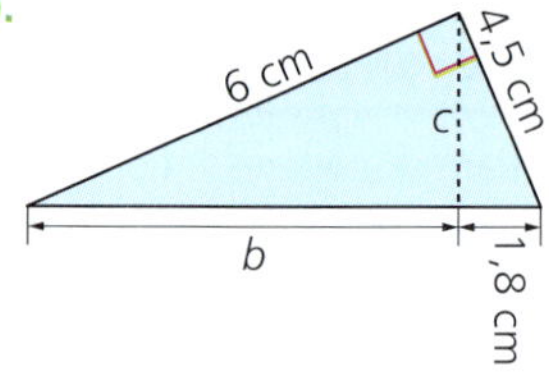

2 Aplica el teorema de la altura para determinar los valores desconocidos en estos triángulos:

a.

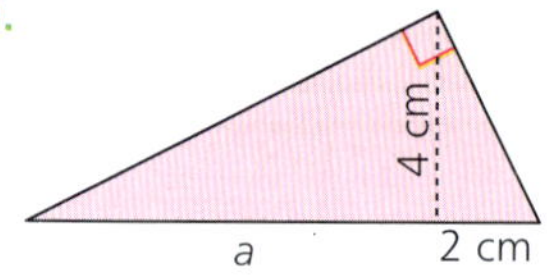

b.

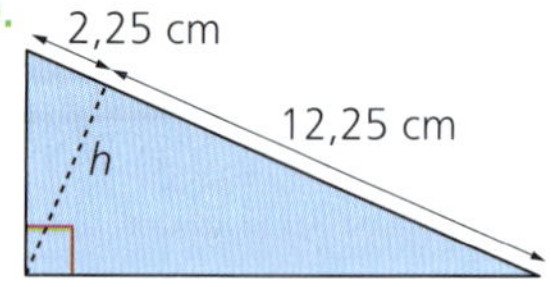

3 Aplica el teorema del cateto para calcular los valores desconocidos en los siguientes triángulos:

a.

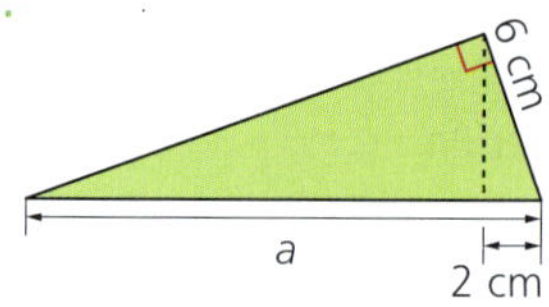

b.

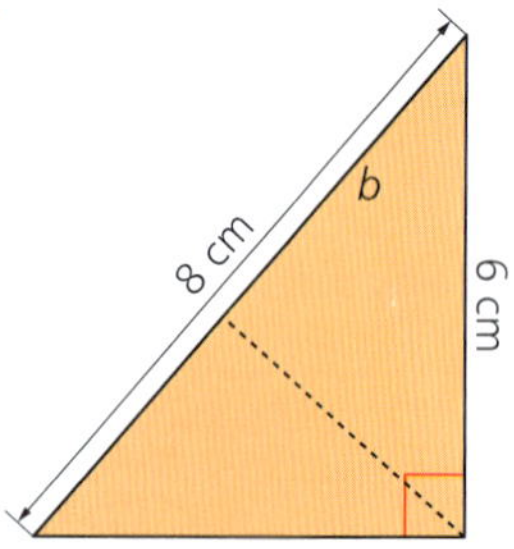

4 Aplica los teoremas relativos a triángulos rectángulos para calcular las incógnitas que se indican.

a.

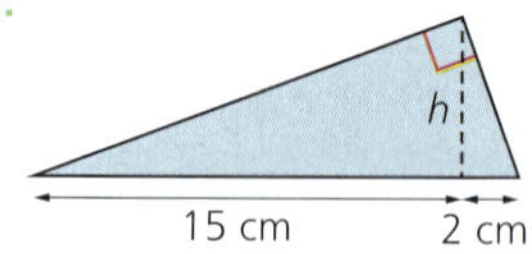

b.

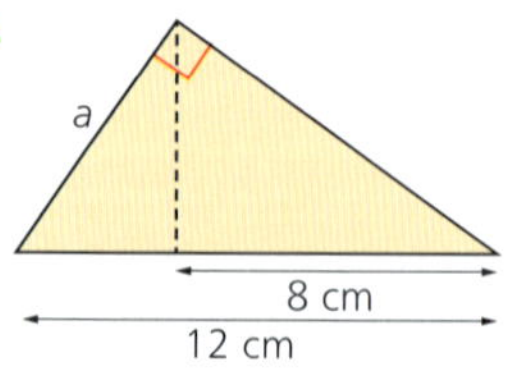

c.

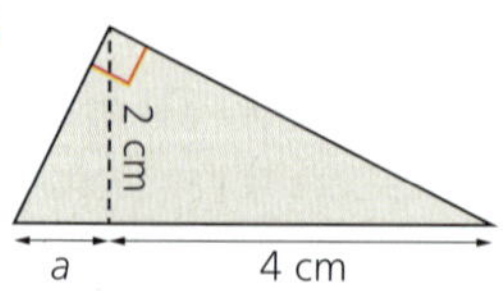

d.

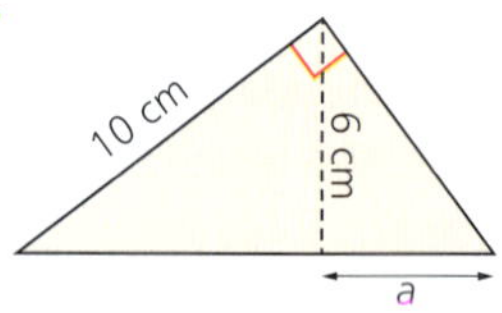

e.

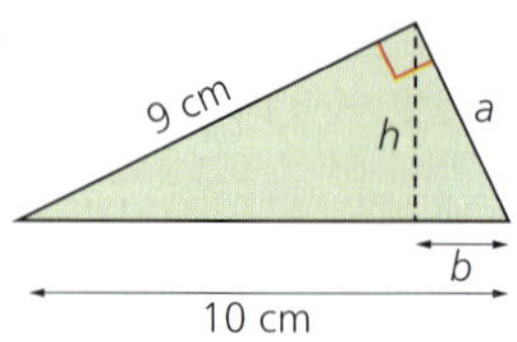

f.

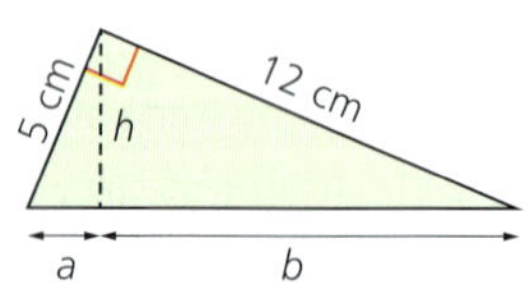

5 Halla las incógnitas que aparecen en cada una de las siguientes figuras:

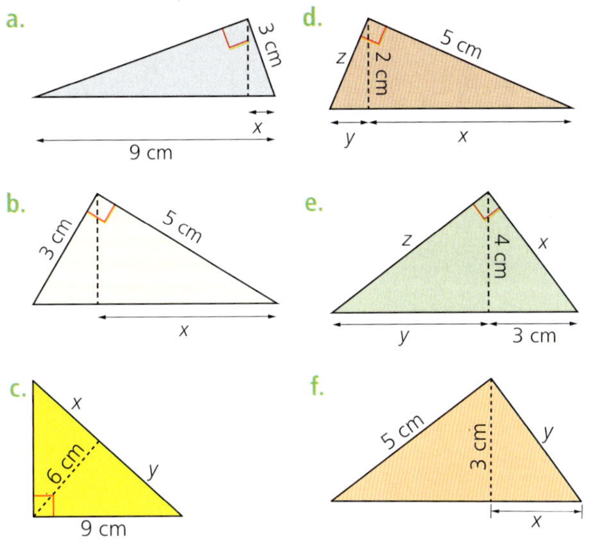

6 En la parte superior de un poste de teléfono se fijan dos cables que forman entre sí un ángulo de 90°. Halla la altura del poste sabiendo que los cables están anclados a ambos lados de la base del poste a una distancia de 15 m y 25 m, respectivamente.

7 Para sujetar una antena de telefonía móvil de 7 m de altura, se fijan en su parte superior dos cables, de manera que formen entre sí un ángulo de 90°. Si los cables se anclan a ambos lados de la base de la antena, uno de los dos a 5 m de ella, ¿a qué distancia de dicha base se debe colocar el otro anclaje?

8 Calcula la longitud del volquete del camión de la figura.

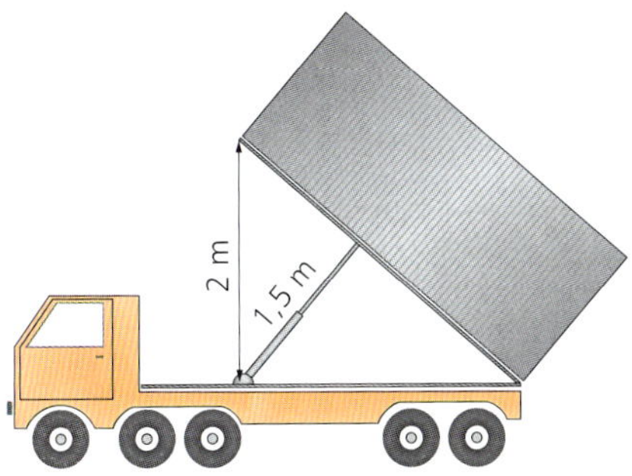

9 Un globo aerostático está anclado a tierra por dos cables de 200 m y 250 m de longitud que forman entre sí un ángulo de 90°. Averigua, aplicando al menos dos de los teoremas estudiados, a qué altura se encuentra el globo.

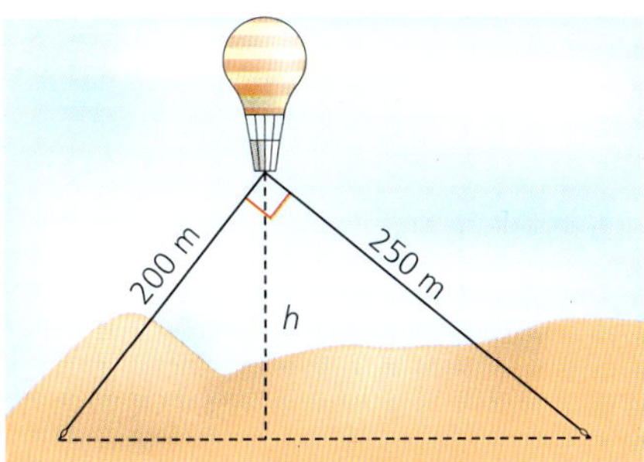

10 Aplica en estos triángulos rectángulos los teoremas estudiados sobre triángulos para calcular el valor de las incógnitas que se indican:

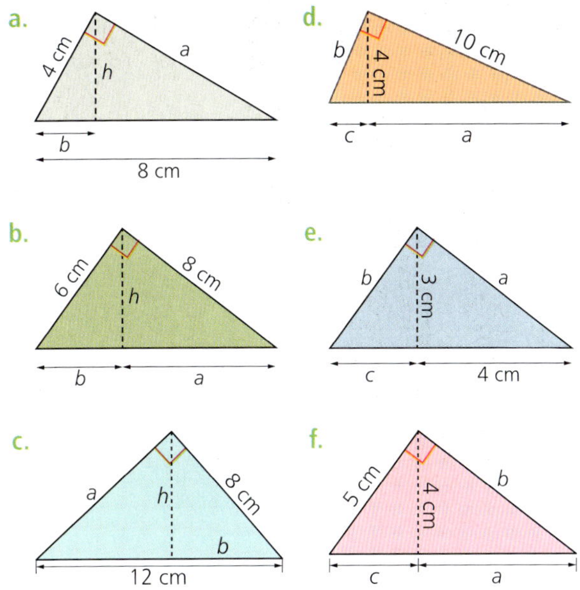

11 En una carrera popular, los participantes suben una loma de 750 m de altura por una ladera de 3 km de longitud para bajar luego por la otra ladera, a cuyo pie está la meta. Suponiendo que las dos laderas forman en la cumbre un ángulo de 90°, ¿cuántos kilómetros tiene la carrera?

12 ⊞ Un tobogán infantil consta de una zona de deslizamiento de 5 m de longitud y una escalerilla de 2 m. Suponiendo que ambas se unen bajo un ángulo de 90°, calcula, aplicando al menos dos de los teoremas estudiados, la altura del tobogán.

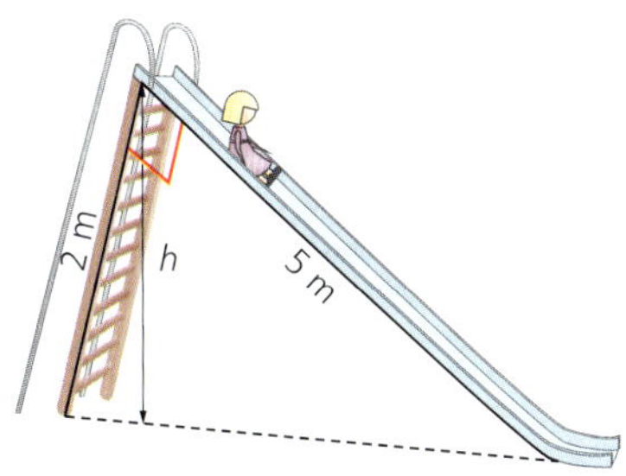

13 ⊞ Los cables de la grúa que aparece en la figura forman un ángulo de 90° en su parte superior.

a. ¿Cuál es la longitud de cada uno de los brazos de la grúa?

b. ¿Cuánto mide su altura?

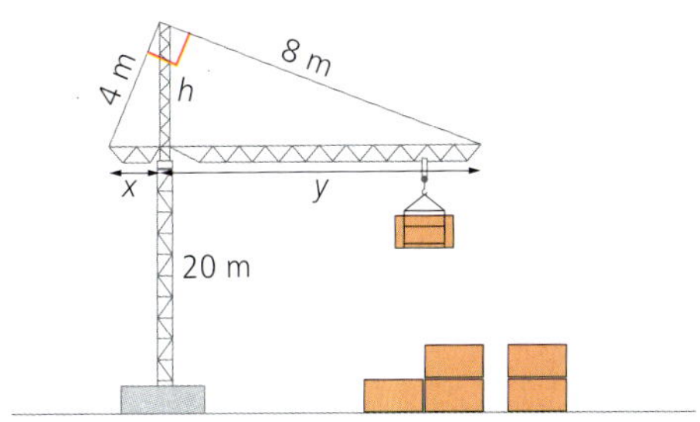

2 Medidas de ángulos: grado sexagesimal y radián

14 Indica en grados y en radianes el valor de los ángulos trazados en rojo, comparándolos con los siguientes ángulos:

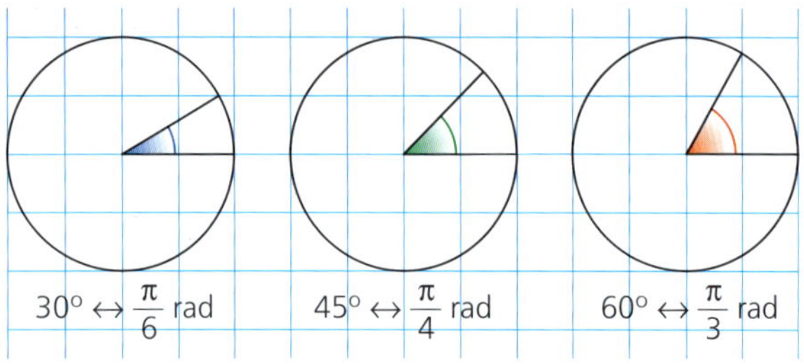

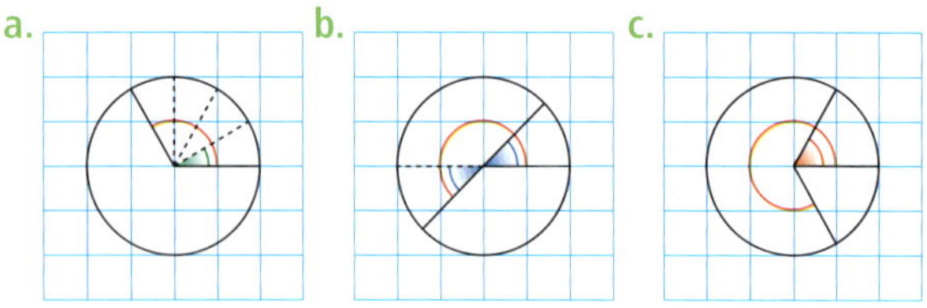

15 Transforma a radianes estos ángulos expresados en grados:

a. 20° c. 100° e. 210° g. 300°

b. 75° d. 150° f. 250° h. 330°

16 Expresa en grados sexagesimales los siguientes ángulos dados en radianes:

a. $\frac{3\pi}{2}$ c. $\frac{2\pi}{9}$ e. $\frac{2\pi}{5}$ g. $\frac{3\pi}{10}$

b. $\frac{11\pi}{6}$ d. $\frac{\pi}{8}$ f. $\frac{5\pi}{4}$ h. $\frac{4\pi}{9}$

17 Sin necesidad de expresarlos en grados sexagesimales, indica si los siguientes ángulos, dados en radianes, corresponden a ángulos mayores o menores de 180°:

a. $\frac{3\pi}{4}$ c. $\frac{3\pi}{5}$

b. $\frac{8\pi}{7}$ d. $\frac{9\pi}{8}$

18 ¿Cuántos radianes son un grado sexagesimal? ¿Cuántos grados son un radián?

3 Razones trigonométricas en un triángulo rectángulo

19 Utiliza la calculadora científica para hallar el ángulo de las siguientes razones trigonométricas:

a. sen $\alpha = 0{,}7880$ d. sen $\alpha = 1$

b. cos $\alpha = 0{,}8387$ e. cos $\alpha = 0$

c. tg $\alpha = 3{,}0777$ f. tg $\alpha = 0$

20 Utiliza la calculadora científica para hallar las razones trigonométricas propuestas, redondeado a tres cifras decimales.

a. cos 35° c. tg 48° e. sen $\frac{2\pi}{7}$

b. sen 70° d. cos $\frac{\pi}{5}$ f. tg $\frac{\pi}{8}$

21 Calcula las razones trigonométricas de los ángulos que se indican.

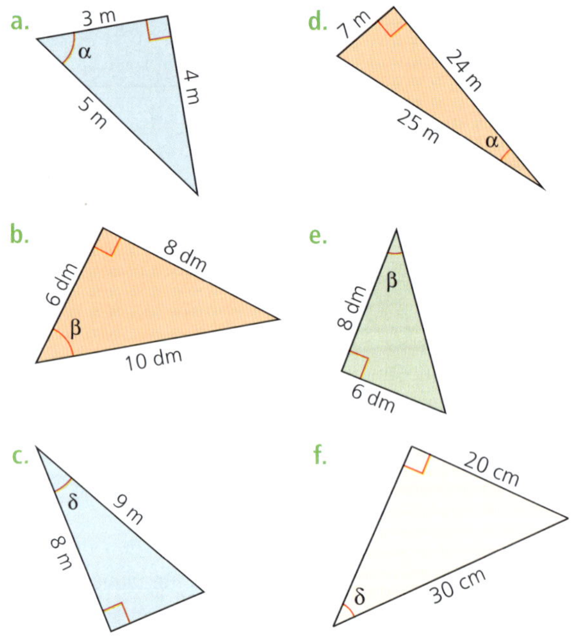

22 Calcula las razones trigonométricas de los ángulos que se indican y las de sus complementarios.

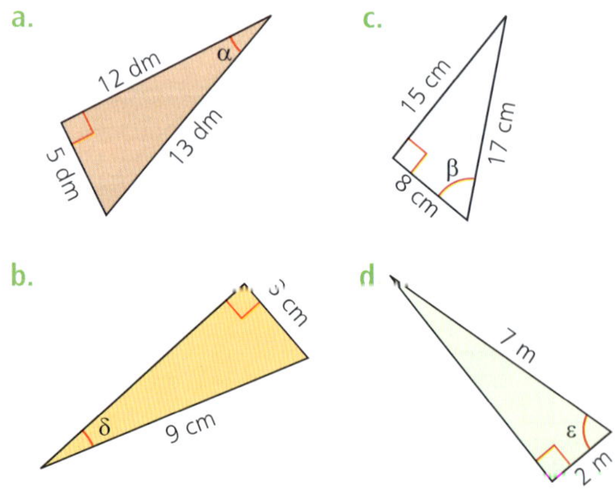

23 Con la ayuda de la calculadora científica halla:

a. El coseno de α si sen $\alpha = 0{,}23$.

b. La tangente de α si sen $\alpha = 0{,}35$.

c. El seno de α si tg $\alpha = 3{,}5$.

24 Averigua si algún ángulo, α, cumple que:

$$\text{sen } \alpha = 0{,}88 \text{ y tg } \alpha = 0{,}45$$

25 ⊞ Comprueba si algún ángulo, α, cumple que sen $\alpha = 0{,}21$ y cos $\alpha = 0{,}56$. ¿Por qué?

26 Utiliza la razón trigonométrica adecuada para hallar el ángulo que se indica. Ayúdate de una calculadora científica.

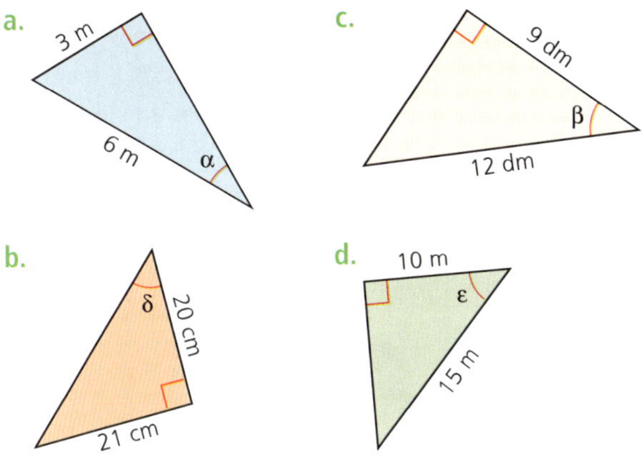

27 Un toldo de 1,5 m de largo está echado totalmente, de modo que su brazo, de 1 m de longitud, forma un ángulo de 90° con la fachada del edificio. Halla el ángulo de inclinación del toldo con respecto a la fachada.

28 El coseno de un ángulo vale 0,8; halla su seno y su tangente utilizando la ecuación fundamental y la fórmula de la tangente.

29 El seno de un ángulo vale 0,3; calcula su coseno y su tangente mediante la ecuación fundamental y la fórmula de la tangente.

30 Efectúa las siguientes operaciones:

a. $\text{sen}^2 60° - \cos^2 45°$

b. $\text{tg } 45° + \text{tg } 60°$

c. $\dfrac{\text{sen } 60° + \cos 30°}{\cos 60° + \text{sen } 30°}$

d. $\text{sen } 60° \cdot \cos 60° - \text{sen } 30° \cdot \cos 30°$

e. $\text{tg } 60° \cdot \text{sen } 30° + \text{tg } 30° \cdot \text{sen } 60°$

f. $\text{tg } 30° \cdot \text{sen } 45°$

g. $\dfrac{\cos 60° + \text{tg}^2\, 30°}{\text{tg } 45° - \text{sen}^2 45°}$

h. $\dfrac{\text{sen } 45° \cdot \cos 60°}{\cos 45° \cdot \text{sen } 30°}$

31 Si α y β son dos ángulos complementarios, comprueba:

a. $\text{sen } \alpha \cdot \cos \beta + \text{sen } \beta \cdot \cos \alpha = 1$

b. $\text{sen } \alpha \cdot \text{sen } \beta - \cos \alpha \cdot \cos \beta = 0$

c. $\text{tg } \alpha \cdot \text{tg } \beta = 1$

d. $\dfrac{\text{sen } \alpha}{\cos \beta} + \dfrac{\cos \alpha}{\text{sen } \beta} = 2$

4 Resolución de triángulos rectángulos

32 Resuelve los siguientes triángulos rectángulos:

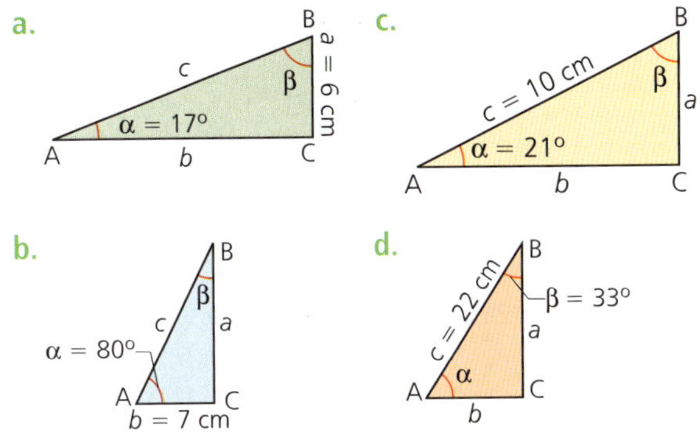

33 Desde un cierto punto del suelo situado a 3 m de un árbol se observa su copa bajo un ángulo de 67°. ¿Qué altura tiene el árbol?

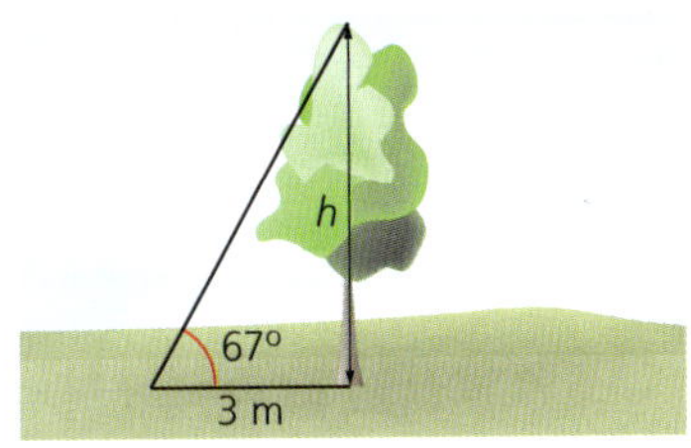

34 Calcula la altura del edificio de esta figura:

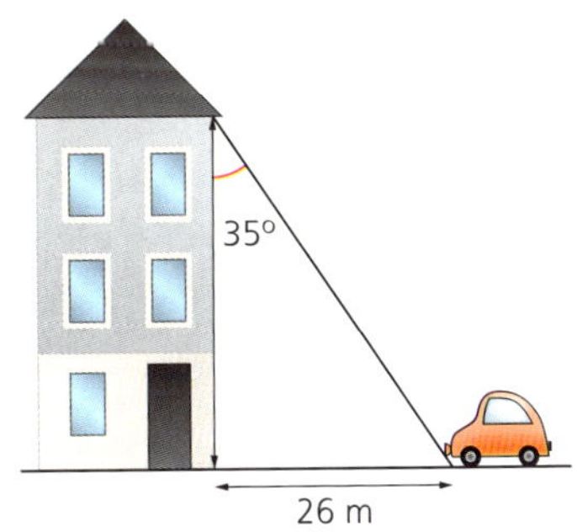

35 ¿Cuánto mide la pluma del camión que aparece en la figura?

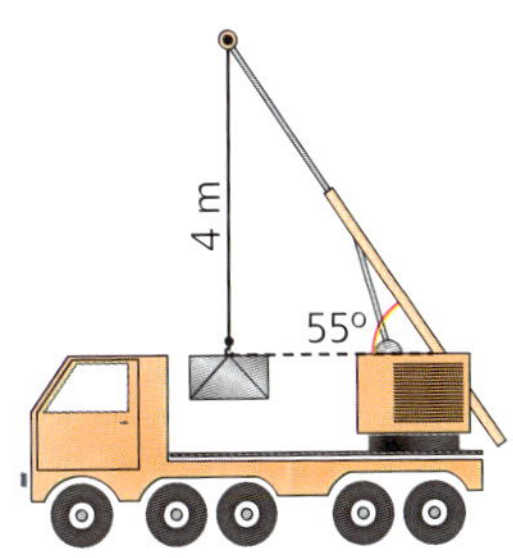

36 ¿Qué inclinación tiene la caña de pescar que aparece en la figura?

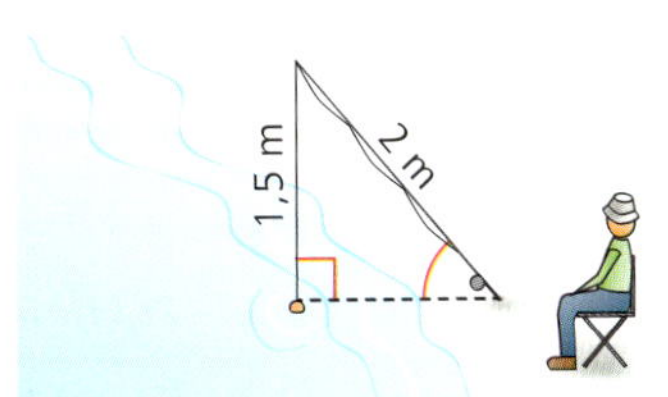

37 Tres poblaciones, A, B y C, están conectadas por carretera tal y como muestra el dibujo. Halla la distancia que separa a la población C de A y de B.

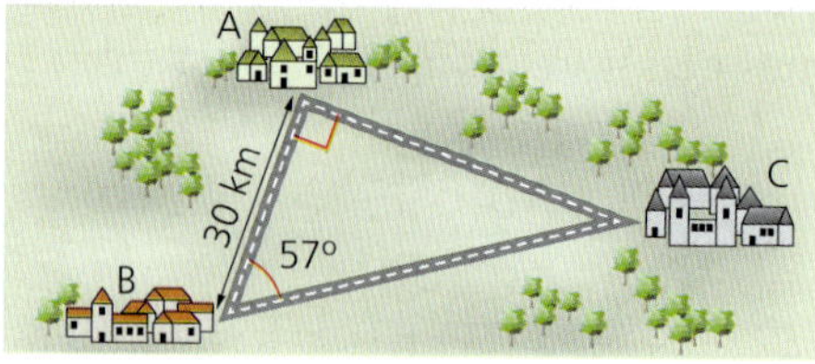

38 A cierta hora del día los rayos del sol inciden con una inclinación de 60° sobre la horizontal del terreno. Calcula la altura de una torre que en ese momento proyecta una sombra de 21 m.

39 En la parte superior de un poste se fija un cable de acero de 15 m de longitud. Este cable se ancla a tierra formando un ángulo de 53° con la horizontal del terreno. Halla la altura del poste y su distancia al anclaje.

40 Dado un pentágono regular de 5 cm de lado, calcula el radio de la circunferencia inscrita y de la circunscrita. ¿Cuánto vale el área del pentágono?

41 Averigua cuánto miden los ángulos que faltan de los siguientes triángulos:

a.
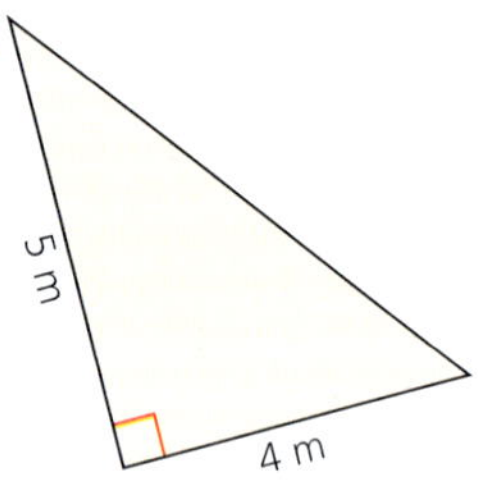

d.
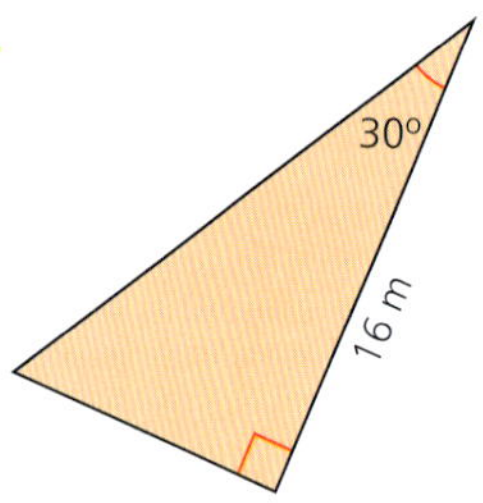

b.
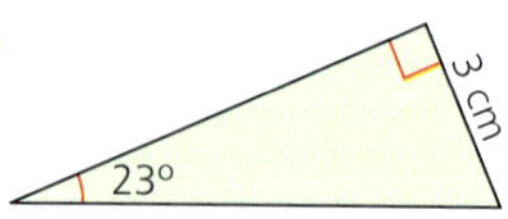

e.
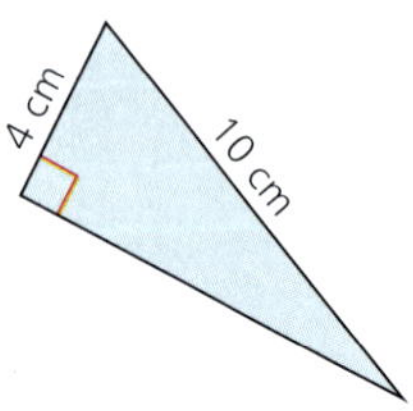

c.
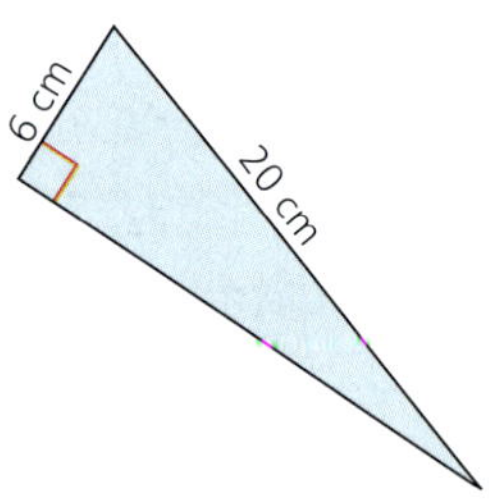

f.
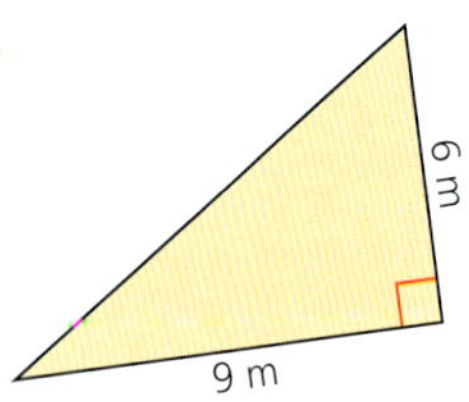

42 Resuelve los siguientes triángulos rectángulos:

a.
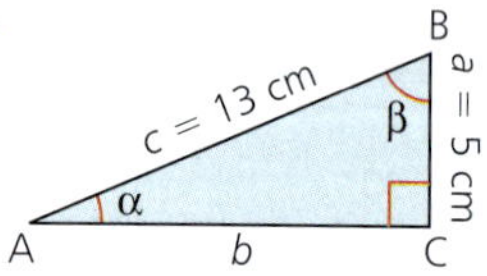

b.
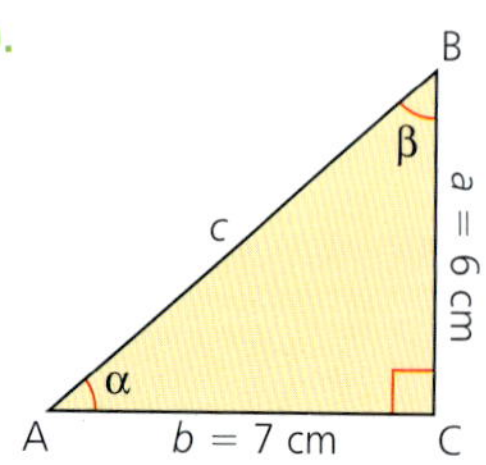

43 Una escalera de 4 m de longitud está apoyada contra una pared en la que alcanza una altura de 3 m. Calcula el ángulo de inclinación de la escalera y la distancia de su pie a la pared.

44 Las puntas de las ramas de un compás distan 8 cm y cada rama mide 10 cm. Determina el ángulo que forman las ramas del compás.

45 Si el lado de un pentágono regular mide 8 cm, calcula:

a. Su área.

b. El radio y el área de la circunferencia circunscrita en el pentágono.

46 Calcula el área y el perímetro de un triángulo isósceles cuyo lado desigual mide 20 cm, sabiendo que el ángulo opuesto a dicho lado vale 80°.

47 Halla el área de un rectángulo cuya diagonal mide 15 m y forma un ángulo de 30° con la base.

48 Calcula el área de un decágono regular cuya circunferencia circunscrita tiene 5 cm de radio.

49 ⊞ Halla los datos desconocidos que se indican en cada una de las siguientes figuras.

a.
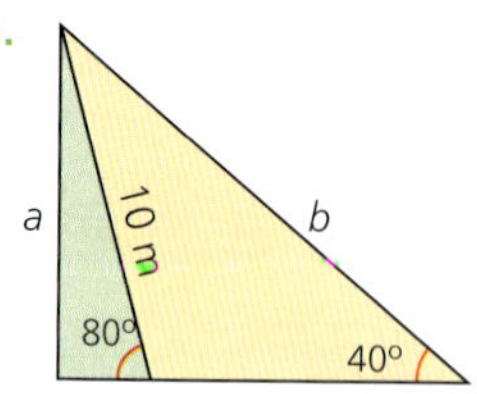

d.
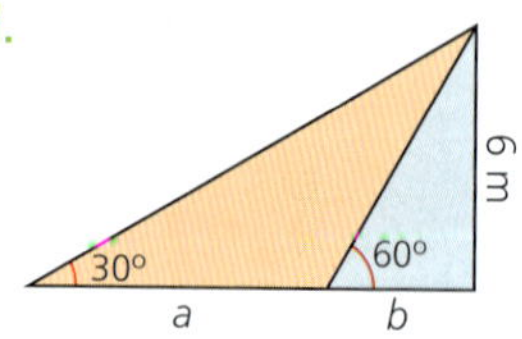

b.
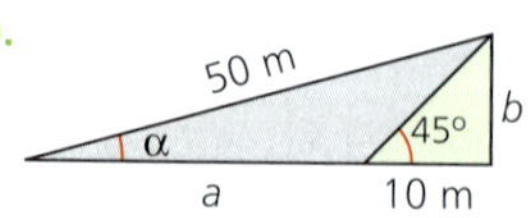

e.
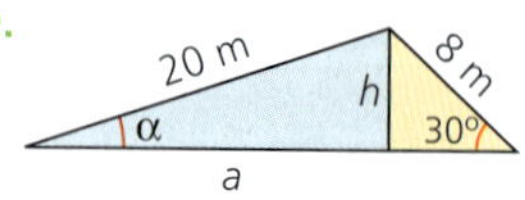

c.
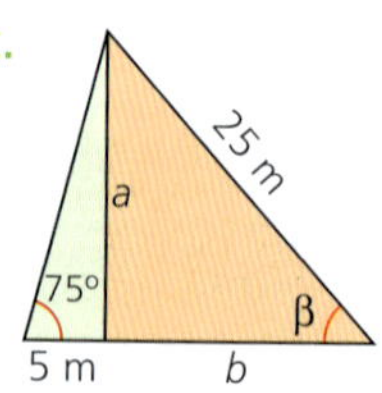

f.
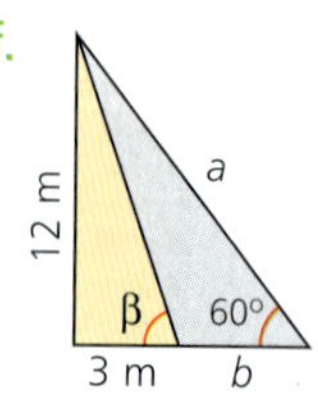

50 Determina la altura del edificio de la figura.

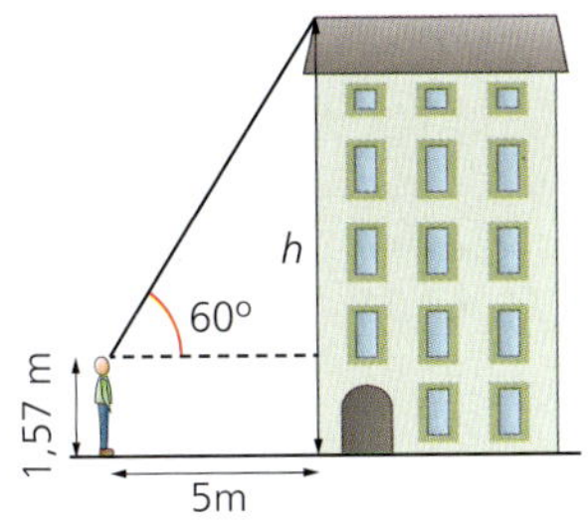

51 Una escalera de bomberos de 10 m de longitud se ha fijado en un punto de la calzada. Si se apoya sobre una de las fachadas, forma un ángulo de 45° con el suelo, y si se apoya sobre la otra, el ángulo es de 30°. Calcula:

a. La anchura de la calle.

b. La altura que alcanza la escalera sobre cada una de las fachadas.

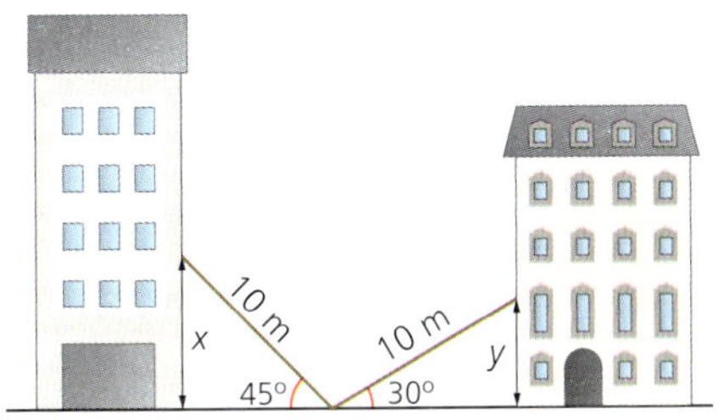

52 ✚ Desde un barco pesquero que se encuentra anclado a 500 m de un acantilado se observa la luz de un faro bajo un ángulo de 25°. Si el acantilado tiene 200 m de altura, ¿qué altura tiene el faro?

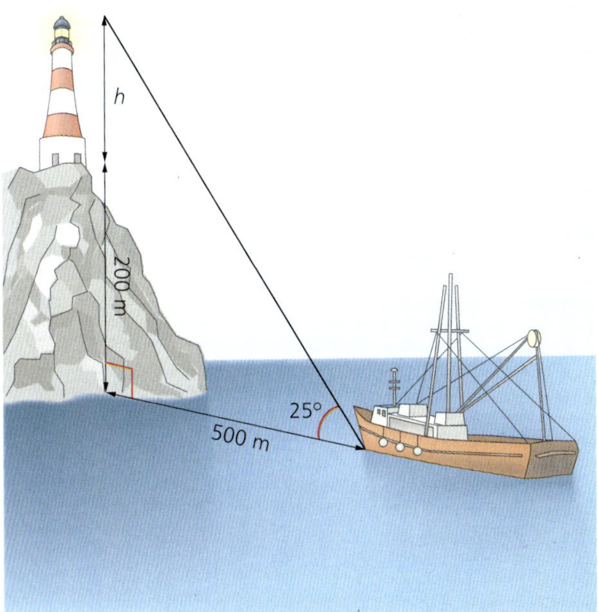

53 Desde un punto del suelo situado a 50 m de un edificio y bajo un ángulo de 40°, se observa la parte superior de una antena de televisión instalada en la azotea de dicha edificación. Calcula la altura del inmueble sabiendo que la antena tiene 4 m de longitud.

54 ✚ En la parte superior de un poste de 4 m de alto se han fijado dos cables de 6 m y 9 m de longitud, respectivamente. Estos cables se encuentran anclados a tierra a ambos lados de la base del poste. Halla el ángulo de inclinación de los cables con la horizontal y la distancia entre los anclajes a tierra.

55 ✚ Dos niños situados uno enfrente del otro observan bajo ángulos de 30° y 55°, respectivamente, a una gaviota que vuela a una altura de 100 m. Calcula la distancia que separa ambos niños.

56 ✚✚ Una piscina cuenta con dos trampolines, uno de ellos situado 3 m por encima del otro. Si desde el otro lado de la piscina se observan los dos trampolines bajo ángulos de 30° y 40°, respectivamente, calcula la altura de cada trampolín y el largo de la piscina.

57 ✚✚ Unos ciclistas están ascendiendo por un camino que tiene una pendiente del 6 %.

a. ¿A qué altura se encuentran los ciclistas cuando ha recorrido 12 km?

b. ¿Cuántos kilómetros habrán recorrido cuando estén a una altura de 900 m?

58 ✚✚ Un camión sube una montaña que tiene una pendiente del 7 %. Calcula el ángulo de inclinación de la ladera de la montaña. ¿Cuántos metros habrá recorrido el camión cuando se encuentre a una altura de 800 m?

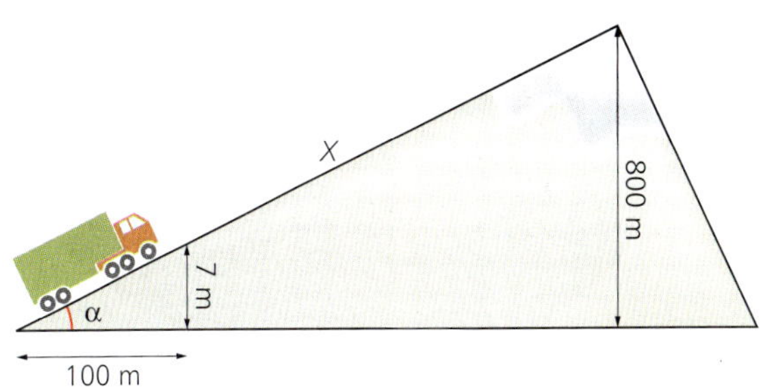

10 ESTADÍSTICA

LA ESTADÍSTICA ES LA GRAMÁTICA DE LA CIENCIA

KARL PEARSON

CONOCER

UNA VISITA A LOS DATOS

Una agencia de turismo de vuestra localidad os ha pedido realizar un estudio estadístico para ayudarlos en los preparativos de la próxima campaña. Con este objetivo, recoged información sobre el número de turistas que visitó cada mes vuestra comunidad autónoma a lo largo del último año. Construid con los datos recabados una tabla de frecuencias y calculad los parámetros estadísticos a fin de extraer conclusiones que sean de utilidad a la agencia.

CREAR

UNA IMAGEN MUY TURÍSTICA

Para completar el estudio estadístico anterior, representad en distintos gráficos los datos obtenidos de modo que resulte más fácil interpretarlos. Con esta finalidad, podéis utilizar cartulinas de colores o emplear algún *software* informático que os facilite el trabajo. ¡Tratad de que la información quede lo más gráfica posible!

INVESTIGAR

¿HAY ALGUNA RELACIÓN?

Como la agencia de turismo tiene locales en diversos puntos del país, quiere saber si existe alguna relación entre el número de personas que visitan cada mes las diferentes comunidades autónomas. Recoged los datos necesarios de otra comunidad distinta a la que ya habíais analizado y presentad vuestros hallazgos en un mural que incluya un gráfico con la información recopilada, acompañado de una breve explicación.

PRESENTAR

UN ANÁLISIS DEL TURISMO

Con el conjunto de datos, tablas y gráficos que habéis elaborado, realizad entre toda la clase una mesa redonda en la que discutáis vuestros resultados y analicéis la relación existente entre el número de visitantes de cada una de las comunidades autónomas con las que habéis trabajado y a qué creéis que se deben las diferencias que se observen entre unas cifras y otras. También podéis aprovechar para debatir con vuestros compañeros acerca del tipo de gráfico que os ha sido de mayor ayuda.

1 ESTADÍSTICA UNIDIMENSIONAL

La estadística es la rama de las matemáticas encargada de analizar ciertas características propias de una determinada población.

Generalmente, los **estudios estadísticos** se realizan a partir de grandes cantidades de datos. Su objetivo consiste en organizar esta información, resumir y extraer conclusiones que pueden ayudar a predecir futuros comportamientos o generar modelos para afrontar distintas situaciones.

Población

Es el conjunto total sobre el que se realiza un estudio estadístico. Cada uno de los elementos de esta población recibe el nombre de **individuo** o **unidad estadística.**

Muestra

Cuando la población sobre la que se desea hacer el estudio es demasiado grande, se toma un subconjunto de ella que se denomina **muestra.**

ELECCIÓN DE LA MUESTRA

La forma de elegir a los individuos de la muestra se denomina **muestreo.** Este puede ser:

- **Aleatorio:** si se escogen al azar los individuos. A su vez, este tipo de muestreo puede ser:
  - **Simples:** consisten en seleccionar al azar los individuos de la muestra entre el total de la población.
  - **Sistemáticos:** en ellos se elije al azar un primer individuo de la población y, a partir de él, se escoge el resto de miembros según una regla fijada.
- **Estratificado:** si se tienen en cuenta las características de la población que pueden influir en el estudio.

La **representatividad** de una muestra depende del tamaño de la población. Para poblaciones pequeñas, el tamaño debe ser bastante grande en comparación con el de la población y, a veces, prácticamente el mismo. En cambio, si el tamaño de la población es muy grande, basta con tomar una muestra no demasiado amplia para que sea representativa.

Las características que se pueden estudiar de una población pueden ser:

- **Cualitativas:** si no se pueden expresar o medir numéricamente. Por ejemplo, el país de nacimiento de una persona: España, Italia, Francia, Chile...
- **Cuantitativas:** si se pueden expresar o medir numéricamente. Existen dos tipos de variables cuantitativas:
  - **Discretas:** si toman un conjunto finito de valores numéricos. Por ejemplo, el número de asignaturas suspendidas en el primer trimestre: 0, 1, 2, 3...
  - **Continuas:** si pueden tomar infinitos valores numéricos. Por ejemplo, la altura de una persona: 1,72 m, 1,68 m, 1,75 m, etc.

Actividad resuelta

Para mejorar los servicios de cierta universidad que tiene 15 000 alumnos matriculados, se va a realizar un estudio estadístico sobre 600 de ellos, 400 de los cuales viven en la ciudad de la universidad, mientras que el resto tiene su domicilio fuera de ella. El estudio analiza el tipo de transporte que utilizan y el tiempo que permanecen diariamente en la biblioteca.

a. Establece el tamaño de la población y de la muestra. ¿De qué tipo es el muestreo?

b. Determina cuáles son las variables estadísticas analizadas y sus tipos.

a. La población son los 15 000 alumnos que están matriculados en la universidad, y la muestra son los 600 alumnos que han sido seleccionados para realizar el estudio.

El muestreo es estratificado, ya que, a la hora de seleccionar a los individuos para obtener la muestra, se tiene en cuenta dónde habitan.

b. Se tienen dos variables estadísticas:

- El tipo de transporte que utilizan. Se trata de una variable cualitativa, pues no se puede expresar numéricamente: coche, bicicleta, autobús, metro...
- El tiempo que permanecen diariamente en la biblioteca. Es una variable cuantitativa continua, ya que puede tomar valores infinitos: 1 h, 90 min, 3 h y cuarto, 50 min...

2 FRECUENCIAS Y TABLAS ESTADÍSTICAS

El recuento y la organización de los datos recogidos para un estudio estadístico se realiza en una **tabla de frecuencias.**

x_i	n_i	N_i	f_i	F_i
x_1	n_1	N_1	f_1	F_1
x_2	n_2	N_2	f_2	F_2
…	…	…	…	…
x_k	n_k	N_k	f_k	F_k
Total	N		1	

La suma de las frecuencias absolutas siempre es igual al tamaño de la muestra.

La suma de las frecuencias relativas siempre es 1.

Datos, x_i. Son los valores obtenidos en la recogida de datos.

Frecuencia absoluta, n_i. Es el número de veces que se repite cada dato.

Frecuencia absoluta acumulada, N_i. Es la suma de las frecuencias absolutas de los valores menores o iguales a x_i.

Frecuencia relativa, f_i. Es el cociente entre frecuencia absoluta y el número total de datos que se tienen, N.

Frecuencia relativa acumulada, F_i. Es la suma de las frecuencias relativas de los valores menores o iguales a x_i.

TABLA DE FRECUENCIAS PARA DATOS AISLADOS

Se utilizan para organizar la información de variables estadísticas cualitativas o cuantitativas discretas que tienen un número reducido de valores distintos.

Actividad resuelta

Se ha preguntado a 30 familias por el número de compras que hacen por Internet a lo largo de la semana y se han obtenido los siguientes datos:

0, 0, 1, 1, 0, 1, 2, 2, 3, 0, 1, 1, 3, 2, 2, 1, 2, 1, 2, 2, 2, 1, 2, 3, 1, 3, 0, 1, 0, 0

Construye una tabla de frecuencias para este conjunto de datos.

La variable es cuantitativa discreta y toma como posibles valores {0, 1, 2, 3}. Dado que es un número reducido, se utiliza una tabla de frecuencias para datos aislados.

x_i	n_i	N_i	f_i	F_i
0	7	7	$\frac{7}{30} = 0,2\widehat{3}$	$0,2\widehat{3}$
1	10	17	$\frac{10}{30} = 0,\widehat{3}$	$0,5\widehat{6}$
2	9	26	$\frac{9}{30} = 0,3$	$0,8\widehat{6}$
3	4	30	$\frac{4}{30} = 0,1\widehat{3}$	1
Total	**30**		**1**	

TABLA DE FRECUENCIAS PARA DATOS AGRUPADOS

Se utiliza para organizar la información de variables estadísticas cuantitativas continuas o discretas con un elevado número de valores distintos.

En este tipo de tablas, los datos se agrupan en intervalos o clases.

- **Intervalo o clase.** Es el conjunto de números comprendidos entre dos extremos, *a* y *b*, y se designa mediante [a , b). Su **amplitud** viene dada por la diferencia entre sus extremos, b – a.
- **Marca de clase.** Es el valor central de cada intervalo. Por ejemplo, si el intervalo es [a , b), la marca de clase será $c_i = \frac{a+b}{2}$.

Actividad resuelta

Para conocer las características de una determinada variedad de naranja, se ha medido el diámetro (en centímetros) de una muestra de un total de 30 frutas seleccionadas al azar el día de la cosecha, de lo que se obtuvieron los siguientes resultados:

7,37	7,21	7,34	7,88	7,17	7,77	7,59	7,61	7,01	7,06
7,27	7,35	7,48	7,57	7,62	7,7	7,84	7,38	7,38	7,46
7,39	7,54	7,25	7,71	7,08	7,36	7,37	7,24	7,96	7,31

Construye una tabla de frecuencias con los datos agrupados e indica las marcas de clase de cada intervalo.

1 Se determina el número de intervalos o clases en los que se deben agrupar los datos. El número de intervalos que se suele considerar es el entero más próximo a $\sqrt{N}$, donde N es el tamaño de la muestra. Se tomarán, como mínimo, cuatro intervalos.

En este caso, como $\sqrt{N} = \sqrt{30} \approx 5{,}48$, se toman cinco intervalos.

2 Se calcula el rango o recorrido (R) del conjunto de datos.

El valor máximo es 7,96 y el valor mínimo es 7,01. Por tanto:

$$\text{Rango} = 7{,}96 - 7{,}01 = 0{,}95$$

3 Se determina la amplitud de los intervalos: $\frac{R}{\text{n.º de intervalos}}$

En este caso: $\frac{0{,}95}{5} = 0{,}19$. Por comodidad, se puede tomar una amplitud de 0,2.

4 Se incluye en la tabla de frecuencias una columna que contenga los intervalos o clases en los que se divide el conjunto de datos.

Teniendo en cuenta la amplitud, se consideran los intervalos [7 , 7,2), [7,2 , 7,4), [7,4 , 7,6), [7,6 , 7,8) y [7,8 , 8].

5 Se añade una columna en la tabla de frecuencias con la marca de clase (c_i).

Las marcas de clase que se obtienen son:

(7 + 7,2) : 2 = 7,1 (7,2 + 7,4) : 2 = 7,3 (7,4 + 7,6) : 2 = 7,5

(7,6 + 7,8) : 2 = 7,7 (7,8 + 8) : 2 = 7,9

Clases (x_i)	Marca de clase (c_i)	n_i	N_i	f_i	F_i
[7 , 7,2)	7,1	4	4	$\frac{4}{30} = 0{,}1\widehat{3}$	$0{,}1\widehat{3}$
[7,2 , 7,4)	7,3	13	17	$\frac{13}{30} = 0{,}4\widehat{3}$	$0{,}5\widehat{6}$
[7,4 , 7,6)	7,5	5	22	$\frac{5}{30} = 0{,}1\widehat{6}$	$0{,}7\widehat{3}$
[7,6 , 7,8)	7,7	5	27	$\frac{5}{30} = 0{,}1\widehat{6}$	0,9
[7,8 , 8]	7,9	3	30	$\frac{3}{30} = 0{,}1$	1
Total		**30**		**1**	

3 GRÁFICOS ESTADÍSTICOS

Si se desea visualizar de una forma rápida el comportamiento de las variables estadísticas estudiadas, la mejor opción es su representación gráfica.

DIAGRAMA DE BARRAS

Para representar variables estadísticas cualitativas o cuantitativas discretas expresadas en tablas de frecuencias con datos aislados, se usa el diagrama de barras. A la hora de construirlo, se representan los datos en el eje de abscisas y las frecuencias absolutas en el eje de ordenadas. Después se dibujan barras verticales cuyas alturas vienen determinadas por sus frecuencias absolutas.

Actividad resuelta

Representa en un diagrama de barras la información registrada en la tabla de frecuencias elaborada con el número de veces que 30 familias hacen compras por Internet a lo largo de la semana.

En el eje de abscisas se indican los cuatro valores posibles: 0, 1, 2 y 3 y, a continuación, se dibujan las barras con la altura que indica la frecuencia absoluta en la tabla.

x_i	n_i
0	7
1	10
2	9
3	4

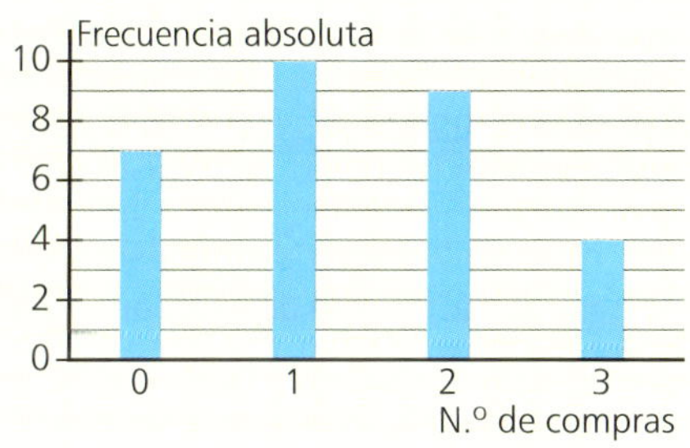

HISTOGRAMA

Cuando lo que se quiere representar son variables estadísticas cuantitativas discretas con un número elevado de datos o variables continuas en las que los datos están agrupados por intervalos, se usan los histogramas.

Para dibujar los rectángulos del histograma, se toma como base de estos la amplitud de los intervalos en los que se haya dividido la variable y como altura las frecuencias correspondientes a cada intervalo.

Actividad resuelta

Dada la tabla de frecuencias elaborada con el diámetro (en centímetros) de una muestra de 30 naranjas de una determinada variedad el día de la cosecha, representa en un histograma esta información:

En el eje de abscisas se indican los intervalos [7 , 7,2), [7,2 , 7,4), [7,4 , 7,6), [7,6 , 7,8) y [7,8 , 8], y luego se dibujan las barras con la altura que indica la frecuencia absoluta en la tabla para cada uno de los intervalos.

x_i	c_i	n_i
[7 , 7,2)	7,1	4
[7,2 , 7,4)	7,3	13
[7,4 , 7,6)	7,5	5
[7,6 , 7,8)	7,7	5
[7,8 , 8]	7,9	3

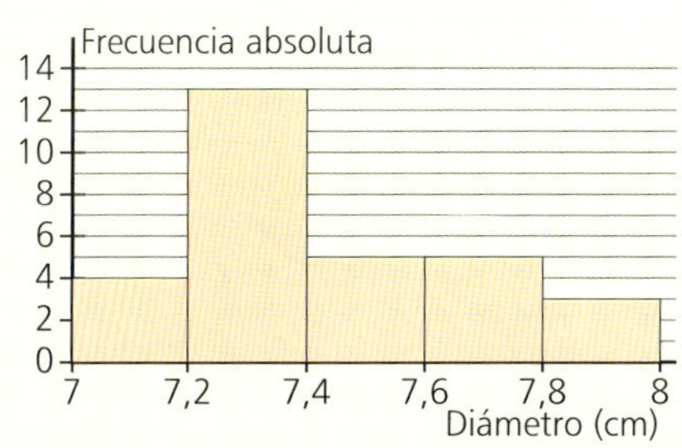

POLÍGONOS DE FRECUENCIAS

De manera opcional, tanto en los diagramas de barras como en los histogramas se puede representar el polígono de frecuencias que se obtiene al unir los puntos centrales superiores de cada una de las barras.

Ayuda a visualizar la tendencia de los datos representados y, en los casos en los que se estudian varios diagramas, permite hacer una comparación más clara entre ellos.

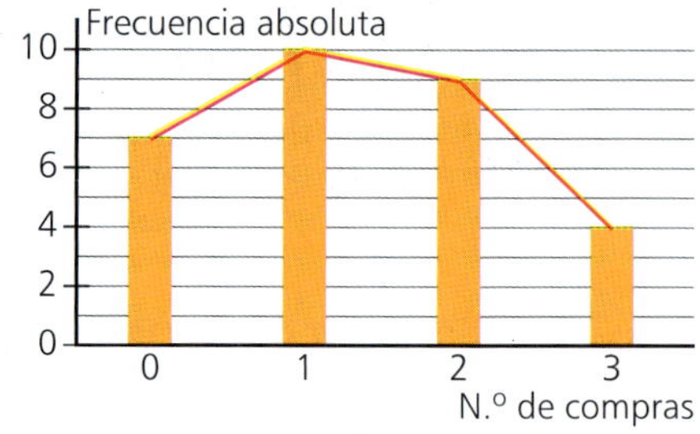

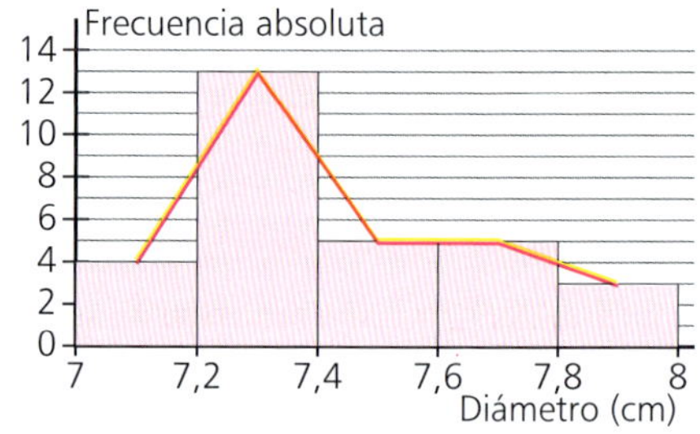

DIAGRAMA DE SECTORES

Con el diagrama de sectores se pueden representar tanto variables cualitativas como cuantitativas, discretas y continuas.

Estos gráficos se construyen con un círculo que se divide en tantos sectores como datos distintos haya. La amplitud de cada sector viene determinada por la proporción de cada frecuencia absoluta expresada en grados. Para calcularla, se multiplica cada frecuencia relativa por 360°.

Actividades resueltas

1 Representa en un diagrama de sectores la información recogida en la actividad relativa al número de veces que 30 familias realizan compras por Internet.

x_i	n_i	f_i	$f_i \cdot 360°$
0	7	$\frac{7}{30} = 0,2\widehat{3}$	84°
1	10	$\frac{10}{30} = 0,\widehat{3}$	120°
2	9	$\frac{9}{30} = 0,3$	108°
3	4	$\frac{4}{30} = 0,1\widehat{3}$	48°

Se completa la tabla de frecuencias con la amplitud del ángulo correspondiente a cada uno de los datos, amplitud que viene determinada por el resultado de multiplicar la frecuencia relativa de cada dato por 360°.

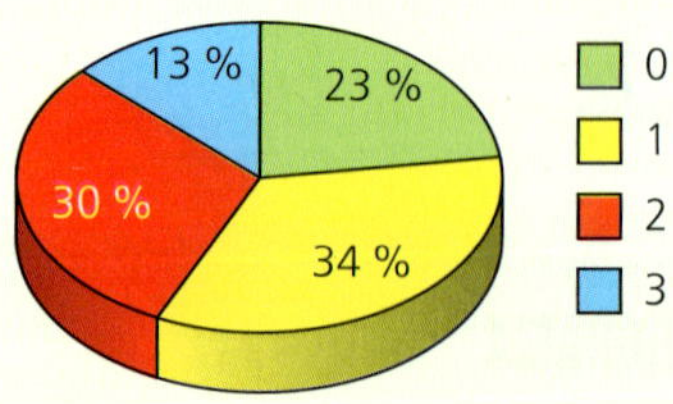

2 Representa en un diagrama de sectores los siguientes datos, que indican el país natal de los asistentes a un curso de medicina:

Francia, España, Italia, España, Alemania, Alemania, España, Italia, Francia, Alemania, Francia, Italia, España, Francia, Alemania, Alemania, España, Alemania

País (x_i)	n_i	f_i	$f_i \cdot 360°$
España	5	$\frac{5}{18}$	100°
Italia	3	$\frac{3}{18}$	60°
Francia	4	$\frac{4}{18}$	120°
Alemania	6	$\frac{6}{18}$	80°

En primer lugar, se representan los datos en una tabla de frecuencias, que se completa con la columna en la que se indica la amplitud del ángulo.

Después, teniendo en cuenta cada ángulo, se realiza el diagrama de sectores.

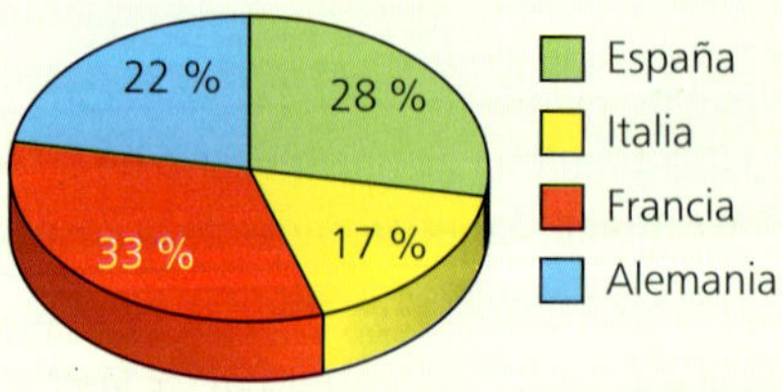

4 PARÁMETROS DE CENTRALIZACIÓN Y POSICIÓN

PARÁMETROS DE CENTRALIZACIÓN

Los parámetros de centralización son valores que representan de una forma global los datos estadísticos de una muestra o población. En torno a ellos se distribuyen los datos. Los más utilizados son:

Media aritmética ($\bar{x}$)

Es el valor central de todos los datos de una muestra. Se calcula con el cociente de la suma de todos los productos de cada dato por su frecuencia entre el número total de datos:

$$\bar{x} = \frac{n_1 \cdot x_1 + n_2 \cdot x_2 + \ldots + n_n \cdot x_n}{n_1 + n_2 + \ldots + n_n} = \frac{\sum_{i=1}^{n} n_i \cdot x_i}{N}$$

Si los datos están agrupados en intervalos o clases, se toman como valores para el cálculo las marcas de clase, c_i. Es un parámetro que solo se puede utilizar para características cuantitativas.

Moda (M_o)

Es el valor que más se repite de la muestra, es decir, el que tiene mayor frecuencia absoluta. La moda no siempre es única, ya que puede haber más de un valor de la variable que tenga la misma frecuencia absoluta. Si es así, la moda se denomina bimodal, trimodal...

Si los datos están agrupados en intervalos, se toma como valor la marca de clase del intervalo que tiene mayor frecuencia absoluta. Este intervalo también recibe el nombre de **intervalo modal.**

Mediana (M_e)

Es el valor que ocupa la posición central de la muestra, ordenada de menor a mayor. Por lo tanto, hay el mismo número de valores por encima que por debajo de la mediana.

- Si la muestra tiene un número impar de valores, la mediana es el valor que se sitúa en el centro de la muestra ordenada de menor a mayor.
- Si la muestra tiene un número par de valores, se hace la media aritmética de los dos valores que se sitúen en la posición central de la muestra ordenada de menor a mayor.

Actividad resuelta

Calcula la media aritmética, la moda y la mediana de los siguientes conjuntos de datos:

a. 4, 5, 5, 6, 6, 6, 10

b. 3, 6, 1, 3, 4, 5, 4, 1, 1, 4

a. Para calcular la media aritmética, hay que sumar los productos de cada dato por su frecuencia y dividir el resultado por el número total de datos:

$$\bar{x} = \frac{4 \cdot 1 + 5 \cdot 2 + 6 \cdot 3 + 10 \cdot 1}{7} = \frac{42}{7} = 6$$

Al ser el número 6 el dato que más se repite de la muestra, se concluye que es el valor de la moda.

Para obtener la mediana, se observa que la muestra está ordenada de menor a mayor. Como hay un número impar de datos, el valor corresponderá al dato que se encuentre en la posición central, que es la cuarta, ya que deja tres datos por encima y por debajo de ella:

$$4, 5, 5, 6, 6, 6, 10 \Rightarrow M_e = 6$$

b. Igual que en el apartado anterior, hay que sumar los productos de cada dato por su frecuencia y dividir el resultado por el número total de datos:

$$\bar{x} = \frac{1 \cdot 3 + 3 \cdot 2 + 4 \cdot 3 + 5 \cdot 1 + 6 \cdot 1}{10} = \frac{32}{10} = 3{,}2$$

La moda la constituyen el 1 y el 4, ya que ambos números se repiten tres veces.

Para obtener la mediana, lo primero que hay que hacer es ordenar la muestra de menor a mayor. Además, como hay un número par de datos, habrá que hacer la media aritmética de los dos valores que ocupan las posiciones centrales:

$$1, 1, 1, 3, 3, 4, 4, 4, 5, 6 \Rightarrow M_e = \frac{3+4}{2} = \frac{7}{2} = 3{,}5$$

PARÁMETROS DE POSICIÓN

Los parámetros de posición son los valores que informan sobre el lugar que ocupa un dato dentro de una distribución. Los más usados son:

Cuartiles (Q_1, Q_2 y Q_3)

Se parte de una muestra de datos ordenados de menor a mayor y se divide en cuatro partes iguales de manera que cada una tenga el mismo número de datos.

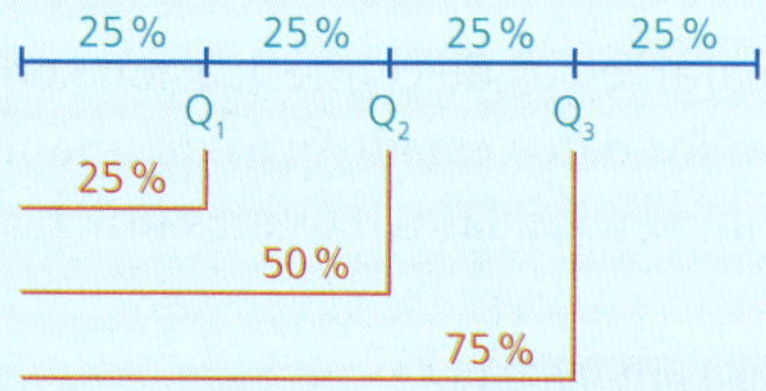

Los valores que determinan las divisiones son los **cuartiles:**

- **Primer cuartil (Q_1).** Es el primer valor que deja a su izquierda el 25 % de los datos.
- **Segundo cuartil (Q_2).** Es el primer valor de la variable que deja a su izquierda el 50 % de los datos. Coincide con la mediana: $Q_2 = M_e$
- **Tercer cuartil (Q_3).** Es el primer valor que deja a su izquierda el 75 % de los datos.

El **recorrido intercuartílico (R_i)** es la diferencia entre el tercer y el primer cuartil: $R_i = Q_3 - Q_1$

Percentiles o centiles (P_k)

Si se dividen los datos ordenados de menor a mayor de una muestra en cien partes iguales, el **percentil (o centil) *k*, P_k,** es el primer valor de la variable estadística que deja a su izquierda el k % de los datos.

En una muestra que tiene N elementos, el dato correspondiente al percentil *k* es el que ocupa la posición $\frac{k \cdot N}{100}$.

- Si este valor no coincide con ninguna de las frecuencias absolutas acumuladas, se coge el primer valor de la variable cuya frecuencia acumulada supere este dato.
- Si dicho valor coincide con una frecuencia absoluta acumulada, el percentil buscado será la media aritmética entre el valor de la variable correspondiente y el siguiente.

Por tanto, se puede afirmar que $Q_1 = P_{25}$, $Q_2 = M_e = P_{50}$ y $Q_3 = P_{75}$.

Actividad resuelta

Halla Q_1, Q_2, Q_3, P_{20} y P_{60} del siguiente conjunto de datos estadísticos:

3, 4, 4, 4, 5, 5, 6, 6, 6, 7, 7, 7, 7, 8, 8

Hay un total de 15 datos que están ordenados de menor a mayor.

- Q_1: el 25 % de 15 = $\frac{25 \cdot 15}{100}$ = 3,75 indica la posición del primer cuartil. El dato que esté en la cuarta posición es el que deja un 25 % de los datos de la muestra a su izquierda.

  3, 4, 4, 4, 5, 5, 6, 6, 6, 7, 7, 7, 7, 8, 8

  Por lo tanto, $Q_1 = 4$.

Se procede de forma análoga con el resto de los cuartiles y percentiles:

- Q_2: 50 % de 15 = 7,5. El segundo cuartil será el elemento que se encuentra en la octava posición: $Q_2 = 6 = M_e$
- Q_3: 75 % de 15 = 11,25. El tercer cuartil será el elemento que se encuentra en la duodécima posición: $Q_3 = 7$
- P_{20}: 20 % de 15 = 3. Así, P_{20} será el dato que se encuentra entre el tercer y cuarto elemento. Se toma la media aritmética de ambos: $P_{20} = \frac{4+4}{2} = 4$
- P_{60}: 60 % de 15 = 9. De este modo, P_{60} será el dato que se encuentra entre el noveno y el décimo elemento. Se toma, pues, la media aritmética de ambos: $P_{60} = \frac{6+7}{2} = 6,5$

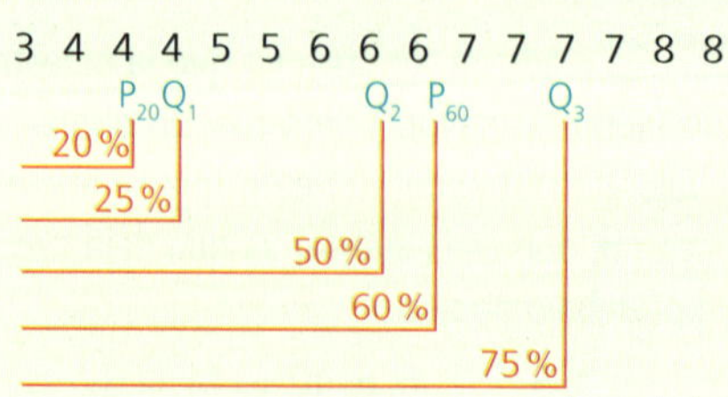

5 PARÁMETROS DE DISPERSIÓN

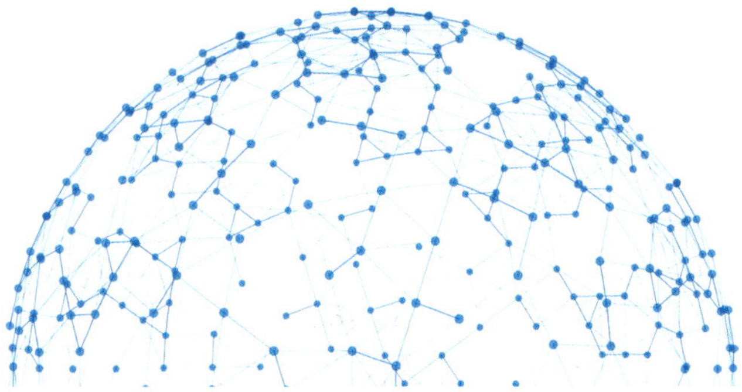

Los **parámetros de dispersión** miden la concentración o dispersión de valores alrededor de los parámetros de centralización.

Existen diferentes parámetros para analizar dicha dispersión:

Rango o recorrido (R)	Es la diferencia entre el mayor y el menor dato de la muestra.	$R = \text{valor}_{\text{máximo}} - \text{valor}_{\text{mínimo}}$
Desviación media (DM)	Es la media aritmética de los valores absolutos de las diferencias entre cada dato y la media.	$DM = \frac{\sum_{i=1}^{n} n_i \cdot \lvert x_i - \overline{x} \rvert}{N}$
Varianza (σ^2)	Es la media aritmética de los cuadrados de las diferencias de los datos con respecto al valor de la media. Cuanto menor es la varianza, menos dispersos están los datos.	$\sigma^2 = \frac{\sum_{i=1}^{n} n_i \cdot (x_i - \overline{x})^2}{N} = \frac{\sum_{i=1}^{n} n_i \cdot x_i^2}{N} - \overline{x}^2$
Desviación típica (σ)	Es la raíz cuadrada positiva de la varianza. Es el parámetro de dispersión más utilizado. Mide el grado de dispersión de los datos respecto de la media aritmética y se expresa en sus mismas unidades.	$\sigma = +\sqrt{\sigma^2}$
Coeficiente de variación (CV)	El coeficiente de variación de Pearson es el cociente entre la desviación típica y el valor absoluto de la media. Indica cómo de dispersos están los datos con respecto a la media aritmética sin tener en cuenta la unidad. Esto hace que sea muy útil para comparar muestras heterogéneas. Suele expresarse en forma de porcentaje, multiplicando el cociente obtenido por 100.	$CV = \frac{\sigma}{\lvert \overline{x} \rvert}$

Uso de tablas para el cálculo de parámetros estadísticos

Calcula la media aritmética, la varianza y la desviación típica de las notas que ha obtenido cierto alumno: 7, 5, 6, 6, 5, 6, 7, 6

Para el cálculo de parámetros estadísticos, puede servir de ayuda la tabla de frecuencias, a la cual se van añadiendo columnas en las que de forma sistemática se irán determinando los elementos necesarios para aplicar la fórmula del parámetro que se desea calcular.

Nota	N.º de exámenes
5	2
6	4
7	2

→

x_i	n_i	$n_i \cdot x_i$	$n_i \cdot x_i^2$
5	2	10	50
6	4	24	144
7	2	14	98
Total	**8**	**48**	**292**

N ; $\sum_{i=1}^{n} n_i \cdot x_i$; $\sum_{i=1}^{n} n_i \cdot x_i^2$

Una vez obtenidos los valores en la tabla de frecuencias, se pueden hallar los parámetros pedidos:

$$\overline{x} = \frac{\sum_{i=1}^{n} n_i \cdot x_i}{N} = \frac{48}{8} = 6$$

$$\sigma^2 = \frac{\sum_{i=1}^{n} n_i \cdot x_i^2}{N} - \overline{x}^2 = \frac{292}{8} - 6^2 = 0{,}5 \Rightarrow \sigma = +\sqrt{\sigma^2} = +\sqrt{0{,}5} = 0{,}71$$

Actividades resueltas

1 Calcula los parámetros de dispersión del siguiente conjunto de datos:

13 12 14 15 15 13 18 17 13 11 16 15

17 15 11 18 18 17 12 11 15 15 17 13

En primer lugar, se construye una tabla de frecuencias con los datos y se amplía con las columnas necesarias para facilitar los cálculos de los parámetros de dispersión.

x_i	n_i	$n_i \cdot x_i$	$\|x_i - \bar{x}\| \cdot n_i$	$n_i \cdot x_i^2$
11	3	33	10,875	363
12	2	24	5,25	288
13	4	52	6,5	676
14	1	14	0,625	196
15	6	90	2,25	1 350
16	1	16	1,375	256
17	4	68	9,5	1 156
18	3	54	10,125	972
Total	**24**	**351**	**46,5**	**5 257**

A continuación, se calculan los parámetros:

Rango: R = 18 − 11 = 7

Media: $\bar{x} = \frac{351}{24} = 14{,}625$

$DM = \frac{46{,}5}{24} = 1{,}937\,5$

$\sigma^2 = \frac{5\,257}{24} - 14{,}625^2 = 5{,}15 \Rightarrow \sigma = \sqrt{5{,}15} = 2{,}27$

$CV = \frac{2{,}27}{14{,}625} = 0{,}155\,2 \Rightarrow CV = 15{,}52\,\%$

2 Calcula los parámetros de dispersión de la tabla de valores del margen.

N.º de películas vistas	N.º de personas
[0 , 10)	7
[10 , 20)	11
[20 , 30]	8

Para frecuencias con los datos agrupados, el valor de las variables, x_i, se sustituye por el valor de la marca de clase, c_i.

Se añaden las columnas necesarias en la tabla para poder hallar los parámetros de dispersión:

Clases (x_i)	Marca de clase (c_i)	n_i	$n_i \cdot c_i$	$\|c_i - \bar{x}\| \cdot n_i$	$n_i \cdot c_i^2$
[0 , 10)	5	7	35	72,695	175
[10 , 20)	15	11	165	4,235	2 475
[20 , 30]	25	8	200	76,92	5 000
Total		**26**	**400**	**153,85**	**7 650**

Se calculan los parámetros:

Rango: R = 30 − 0 = 30

Media: $\bar{x} = \frac{400}{26} = 15{,}385$

$DM = \frac{153{,}85}{26} = 5{,}92$

$\sigma^2 = \frac{7\,650}{26} - 15{,}385^2 = 57{,}53 \Rightarrow \sigma = \sqrt{57{,}53} = 7{,}58$

$CV = \frac{7{,}58}{15{,}385} = 0{,}492\,7 \Rightarrow CV = 49{,}27\,\%$

6 ESTADÍSTICA BIDIMENSIONAL

En muchas ocasiones, los estudios estadísticos tratan de observar dos características de una determinada población a fin de establecer relaciones entre ellas. En estos casos se usa la **estadística bidimensional.**

VARIABLES BIDIMENSIONALES

Una **variable estadística bidimensional** es la que expresa dos características de cada uno de los miembros de una población. Se representa por el par de valores (X, Y).

Las dos características de una variable bidimensional no tienen por qué ser del mismo tipo:

Tipo	Dos caracteres cualitativos	Dos caracteres cuantitativos	Un carácter cualitativo y otro cuantitativo
Variable (X, Y)	Cualitativa / cualitativa	Continua / continua Discreta / continua Discreta / discreta	Cualitativa / discreta Cualitativa / continua

TABLAS BIDIMENSIONALES

Una **distribución bidimensional** es la tabla estadística bidimensional formada por todas las frecuencias absolutas de todos los valores de la variable (X, Y).

Existen dos formas de representar la información de las variables bidimensionales dependiendo de las características:

- Si el conjunto de pares de datos es muy grande, pero se repiten muchos de ellos, se suele utilizar una **tabla bidimensional simple** como la del margen.
- Para el resto de los casos, lo más habitual es el uso de una **tabla de doble entrada.** Se colocan los valores de la variable X en la primera columna y los de la variable Y en la primera fila. En las casillas interiores se indican las frecuencias absolutas correspondientes al par que determina la fila y la columna.

Tabla bidimensional simple

X	Y	n_i
x_1	y_1	n_1
x_2	y_2	n_2
…	…	…
x_n	y_n	n_n

X \ Y	y_1	y_2	…	y_n	Sumas
x_1	n_{11}	n_{12}	…	n_{1n}	$n_{11} + n_{12} + \ldots + n_{1n}$
x_2	n_{21}	n_{22}	…	n_{2n}	$n_{21} + n_{22} + \ldots + n_{2n}$
…	…	…	…	…	…
x_m	n_{m1}	n_{m2}	…	n_{mn}	$n_{m1} + n_{m2} + \ldots + n_{mn}$
Sumas	$n_{11} + n_{21} + \ldots + n_{m1}$	$n_{12} + n_{22} + \ldots + n_{m2}$	…	$n_{1n} + n_{2n} + \ldots + n_{mn}$	N

Total de elementos de la población

DISTRIBUCIONES MARGINALES

Si en una tabla de doble entrada únicamente se consideran la variable *X* y el recuento de sus frecuencias (en la última columna), por un lado, y, de manera análoga, la variable *Y* y el recuento de sus frecuencias (en la última fila), por el otro, se obtienen las **distribuciones marginales de las variables *X* e *Y*.**

Actividad resuelta

Se ha estudiado el número de días a la semana que un grupo de personas practica deporte, *X*, y el número de días de baja por enfermedad en su trabajo durante el último año, *Y*, y se han obtenido los siguientes datos:

(0 , 4), (2 , 1), (2 , 2), (1 , 2), (2 , 0), (0 , 2), (0 , 3), (7 , 0), (4 , 0), (4 , 0), (7 , 1), (7 , 1),

(3 , 0), (3 , 1), (4 , 1), (4 , 2), (4 , 2), (5 , 0), (2 , 3), (3 , 0), (3 , 0), (2 , 0), (2 , 0), (2 , 1),

(2 , 1), (3 , 0), (0 , 4), (1 , 0), (3 , 0), (6 , 1), (6 , 2), (5 , 0), (5 , 1), (0 , 3), (2 , 0), (7 , 0),

(0 , 4), (0 , 4), (1 , 0), (3 , 1), (3 , 3), (4 , 0), (1 , 0), (1 , 1), (1 , 1), (1 , 2), (5 , 2), (6 , 0)

Representa la información en una tabla bidimensional simple. A partir de ella construye una tabla de doble entrada y las tablas de las distribuciones marginales. Después, contesta las siguientes preguntas:

a. ¿Cuántas personas han estado tres días de baja?

b. ¿Cuántas personas hacen deporte un día a la semana?

Tabla bidimensional simple:

X	0	0	0	1	1	1	2	2	2	2	3	3	3	4	4	4	5	5	5	6	6	6	7	7
Y	2	3	4	0	1	2	0	1	2	3	0	1	3	0	1	2	0	1	2	0	1	2	0	1
n_i	1	2	4	3	2	2	4	3	1	1	5	2	1	3	1	2	2	1	1	1	1	1	2	2

Tabla de doble entrada:

X \ *Y*	0	1	2	3	4	Sumas
0	0	0	1	2	4	7
1	3	2	2	0	0	7
2	4	3	1	1	0	9
3	5	2	0	1	0	8
4	3	1	2	0	0	6
5	2	1	1	0	0	4
6	1	1	1	0	0	3
7	2	2	0	0	0	4
Sumas	20	12	8	4	4	**48**

Distribución marginal de *Y*:

y_i	0	1	2	3	4
n_i	20	12	8	4	4

Distribución marginal de *X*:

x_i	0	1	2	3	4	5	6	7
n_i	7	7	9	8	6	4	3	4

a. 4 personas (este dato se extrae de la distribución marginal de *Y*).

b. 7 personas (este dato se extrae de la distribución marginal de *X*).

7 DIAGRAMAS DE DISPERSIÓN O NUBES DE PUNTOS

Para interpretar la información dada en las tablas bidimensionales, se puede recurrir a una representación gráfica. En el eje de abscisas se escriben los valores de la variable *X* y en el eje de ordenadas los de la variable *Y*. Esta representación da lugar a un conjunto de puntos sobre el plano que se denomina **diagrama de dispersión** o **nube de puntos.**

7.1 DEPENDENCIA ALEATORIA Y FUNCIONAL

Según sea la nube de puntos se puede apreciar, de forma aproximada, el tipo de relación o dependencia que existe entre ambas variables.

Dependencia funcional

Los valores se ajustan a la gráfica de una función:

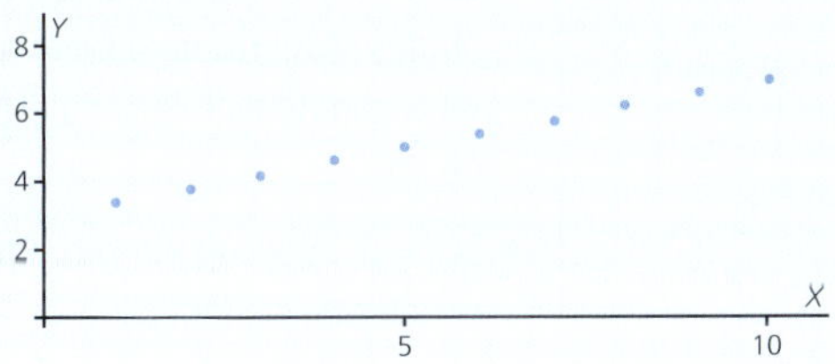

Dependencia aleatoria

Los valores no se ajustan a la gráfica de una función, pero guardan cierta relación:

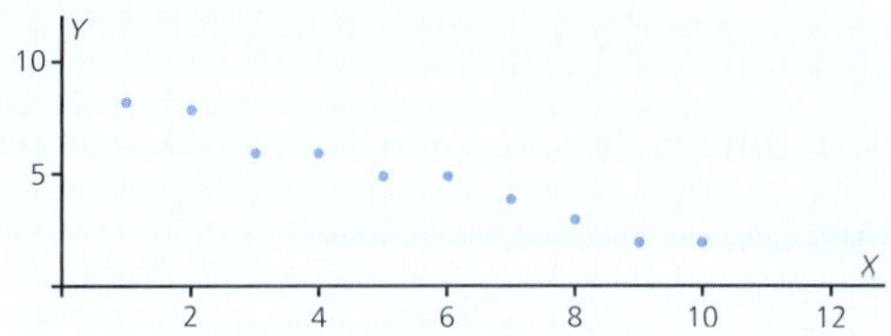

A la dependencia entre variables se la denomina correlación. Se distinguen varios tipos:

Correlación lineal

La nube de puntos se condensa en torno a una línea recta:

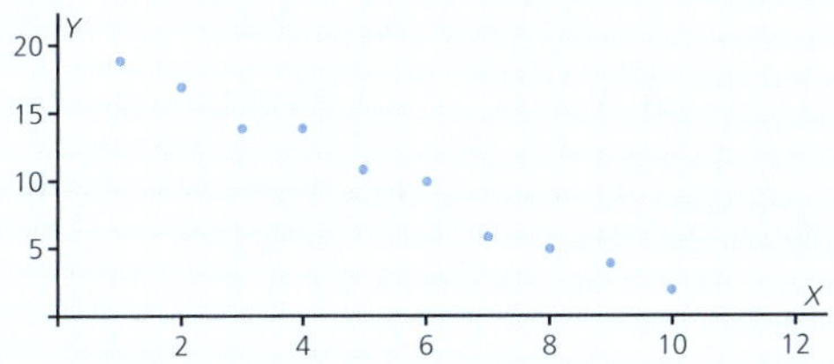

Correlación curvilínea

La nube de puntos se condensa en torno a una curva:

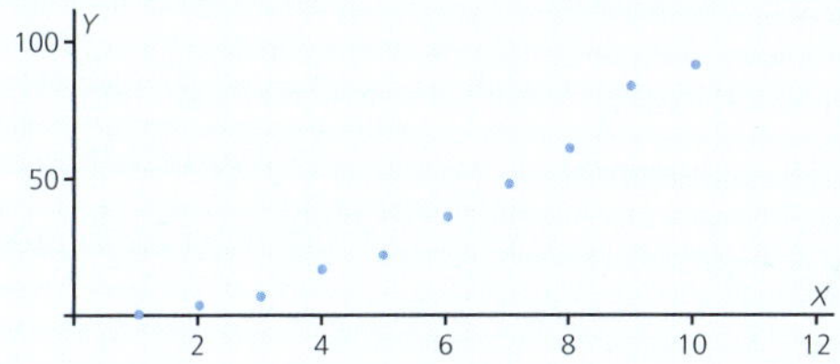

Correlación positiva

Si aumentan los valores de una variable, se incrementan también los de la otra:

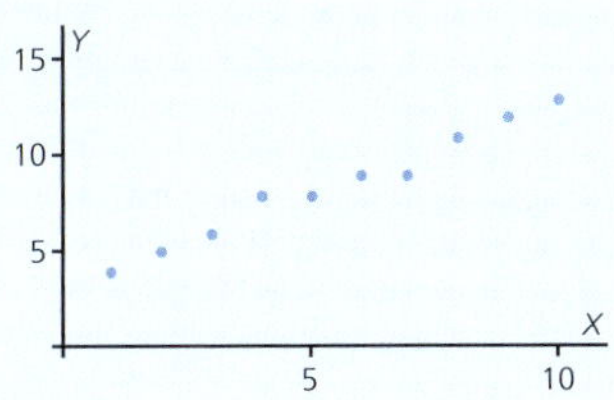

Correlación negativa

A medida que aumentan los valores de una variable, disminuyen los de la otra:

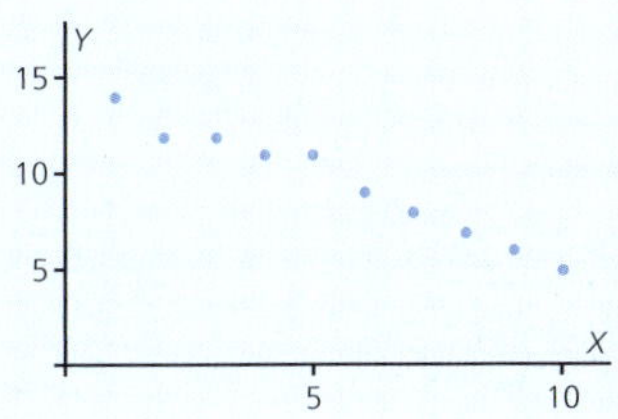

Correlación nula

No existe ninguna dependencia entre las variables:

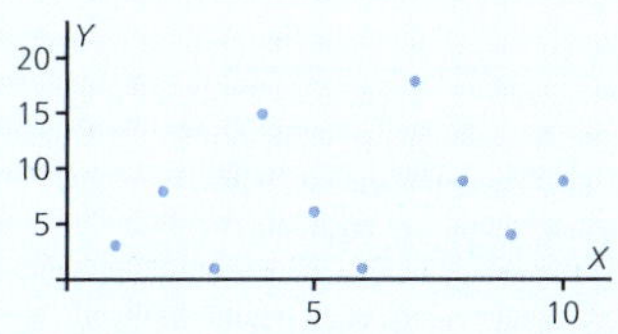

7.2 COVARIANZA Y COEFICIENTE DE CORRELACIÓN LINEAL

Se puede analizar algebraicamente la relación que existe entre las variables estudiadas con el cálculo de la covarianza y el coeficiente de correlación lineal.

COVARIANZA

La **covarianza (o varianza conjunta)** de dos variables, X e Y, σ_{xy}, indica el grado de dispersión de las variables bidimensionales con respecto a sus medias, de forma conjunta, y el tipo de dependencia que hay entre las variables. La covarianza que toma los pares de valores (x_1, y_1), (x_2, y_2), ..., (x_i, y_j), viene dada por:

$$\sigma_{xy} = \frac{\sum_{i=1}^{m} \sum_{j=1}^{n} n_{ij} \cdot x_i \cdot y_j}{N} - \bar{x} \cdot \bar{y}$$

donde $\bar{x}$ e $\bar{y}$ representan las medias de las variables marginales X e Y.

Ten en cuenta

- Si $\sigma_{xy} > 0$, hay una dependencia directa entre las variables.
- Si $\sigma_{xy} < 0$, la dependencia es inversa.
- Si $\sigma_{xy} = 0$, no hay dependencia entre las variables.

COEFICIENTE DE CORRELACIÓN LINEAL

El parámetro que se usa para indicar el grado de correlación entre las dos variables de una distribución bidimensional (X, Y) es el **coeficiente de correlación lineal de Pearson, *r*,** que se define con la siguiente expresión:

$$r = \frac{\sigma_{xy}}{\sigma_x \cdot \sigma_y}$$

donde σ_x y σ_y son las desviaciones típicas de las variables marginales X e Y.

Ten en cuenta

- El valor de *r* siempre se encuentra entre −1 y 1, y la distribución de los puntos se aproximará tanto más a una recta cuanto más cercana esté el valor de *r* a 1 o −1.
- Si r = 0, puede existir otro tipo de correlación distinta de la lineal.

Valores del coeficiente de correlación (r)

r = -1

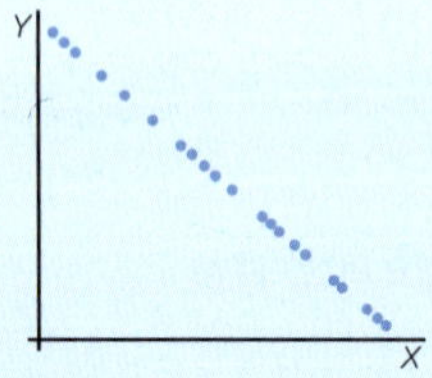

- Correlación negativa y lineal.
- Dependencia funcional.

-1 < r < 0

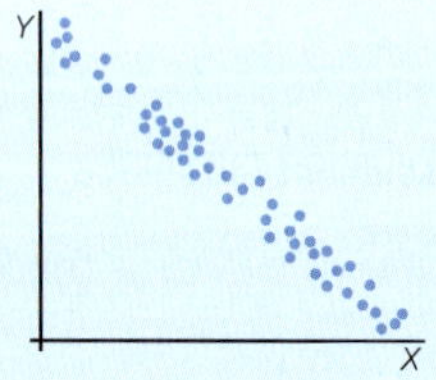

- Correlación negativa fuerte, al estar cerca de −1.
- Dependencia aleatoria.

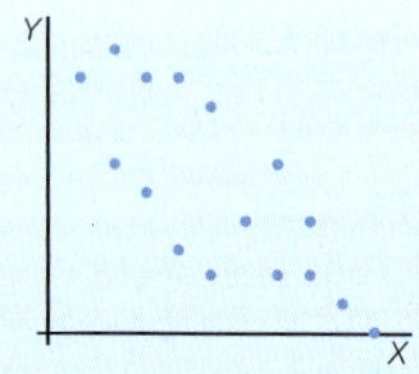

- Correlación negativa débil, al estar cerca de 0.
- Dependencia aleatoria.

r = 0

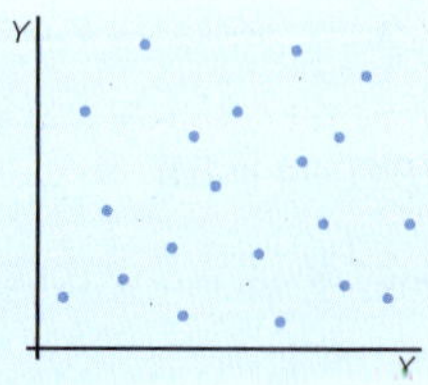

- No existe correlación lineal.
- Son aleatoriamente independientes.

0 < r < 1

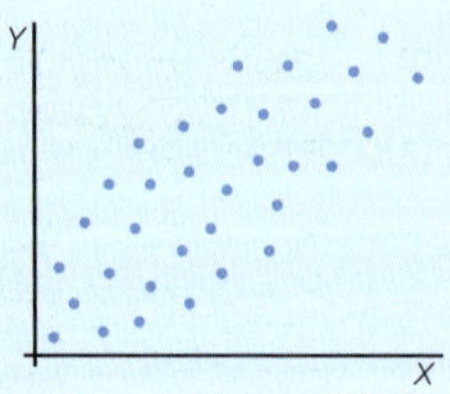

- Correlación positiva débil, al estar cerca de 0.
- Dependencia aleatoria.

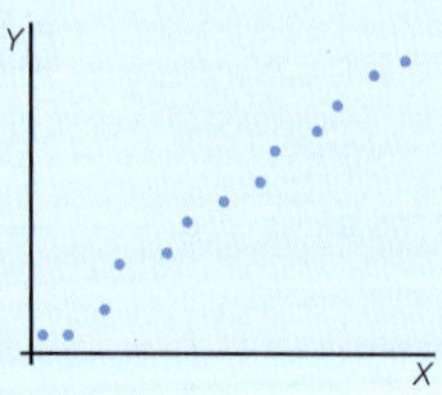

- Correlación positiva fuerte, al estar cerca de 1.
- Dependencia aleatoria.

r = 1

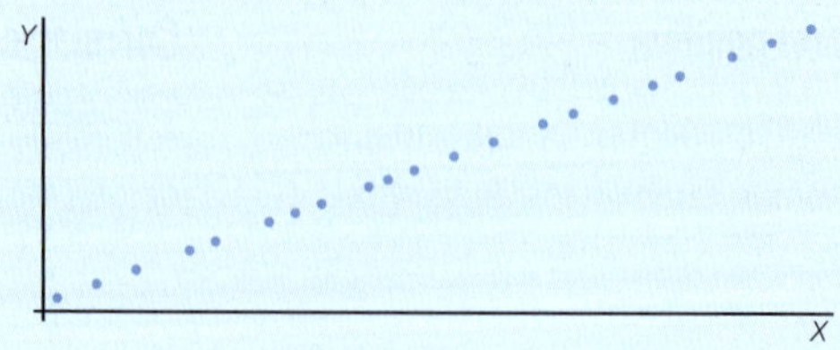

- Correlación positiva y lineal.
- Dependencia funcional.

Actividad resuelta

A continuación, se muestra la información de una encuesta en la que se indica el número de integrantes de una familia y las veces que fueron al cine durante el último año: (2 , 7), (3 , 7), (3 , 5), (5 , 3), (2 , 8), (3 , 6), (3 , 5), (6 , 2), (2 , 9), (5 , 4), (3 , 6), (2 , 6), (2 , 8), (4 , 6), (5 , 2), (3 , 6), (2 , 8), (4 , 3), (4 , 4), (5 , 2), (5 , 3), (6 , 2), (7 , 0), (5 , 1), (3 , 7), (6 , 1), (4 , 3), (3 , 5), (2 , 6) y (4 , 5)

Calcula la covarianza y el coeficiente de correlación lineal e interpreta el resultado.

Se asigna la variable X al número de integrantes de la familia y la variable Y al número de veces que fueron al cine y se representa la información en una tabla bidimensional simple.

A continuación, se efectúan los cálculos para obtener la media y la desviación típica de las variables marginales X e Y:

$$\overline{x} = \frac{113}{30} = 3{,}77 \qquad \overline{y} = \frac{140}{30} = 4{,}67$$

$$\sigma_x^2 = \left[\frac{1}{N}\sum_{i=1}^{n} n_i \cdot x_i^2\right] - \overline{x}^2 = 2{,}046 \Rightarrow \sigma_x = 1{,}43$$

$$\sigma_y^2 = \left[\frac{1}{N}\sum_{i=1}^{n} n_i \cdot y_i^2\right] - \overline{y}^2 = 5{,}622 \Rightarrow \sigma_y = 2{,}37$$

Por tanto:

$$\sigma_{xy} = \frac{\sum_{i=1}^{n} n_i \cdot x_i \cdot y_i}{N} - \overline{x} \cdot \overline{y} = \frac{434}{30} - 3{,}77 \cdot 4{,}67 = -3{,}11$$

$$r = \frac{\sigma_{xy}}{\sigma_x \cdot \sigma_y} = \frac{-3{,}11}{1{,}43 \cdot 2{,}37} = -0{,}92$$

El coeficiente de correlación lineal es un valor muy próximo a −1, lo que indica que existe una correlación negativa fuerte. Es decir, el número de veces que una familia asiste anualmente al cine está relacionado con el número de integrantes de dicha familia: cuantos más integrantes, menos asistencia.

x_i	y_i	n_i	$n_i \cdot x_i$	$n_i \cdot y_i$	$n_i \cdot x_i \cdot y_i$	$n_i \cdot x_i^2$	$n_i \cdot y_i^2$
2	6	2	4	12	24	8	72
2	7	1	2	7	14	4	49
2	8	3	6	24	48	12	192
2	9	1	2	9	18	4	81
3	5	3	9	15	45	27	75
3	6	3	9	18	54	27	108
3	7	2	6	14	42	18	98
4	3	2	8	6	24	32	18
4	4	1	4	4	16	16	16
4	5	1	4	5	20	16	25
4	6	1	4	6	24	16	36
5	1	1	5	1	5	25	1
5	2	2	10	4	20	50	8
5	3	2	10	6	30	50	18
5	4	1	5	4	20	25	16
6	1	1	6	1	6	36	1
6	2	2	12	4	24	72	8
7	0	1	7	0	0	49	0
Total		**30**	**113**	**140**	**434**	**487**	**822**

Aplicaciones para la estadística

Utilizando aplicaciones informáticas, es posible conocer los parámetros estadísticos de muestras. Te proponemos que utilices una de ellas, Mathway, para calcular el coeficiente de correlación lineal de los datos de la actividad resuelta.

1 Selecciona la opción de **Estadística** en el menú de la aplicación.

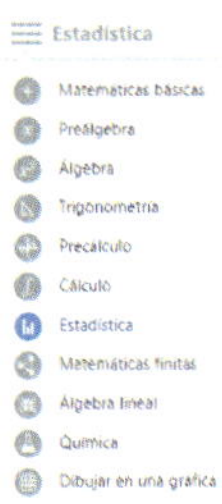

2 Introduce todos los valores en una tabla de doble entrada y pulsa en la flecha para enviar.

3 Selecciona la opción **Hallar el coeficiente de correlación lineal,** y el programa te dará el resultado.

ACTIVIDADES

1 Conceptos estadísticos

1 Determina, siempre que se pueda, la población, la muestra, el tamaño de la muestra, la variable estadística y el tipo de variable en los siguientes estudios estadísticos:

a. El ayuntamiento de cierta localidad estudia las preferencias deportivas de los jóvenes de entre 15 y 26 años a partir de las opiniones de 2 000 jóvenes de la localidad.

b. El administrador de una comunidad de propietarios estudia el consumo de agua caliente que realizan 10 propietarios en su vivienda.

c. Una empresa de telefonía móvil quiere estudiar qué días de la semana se utiliza más el servicio de telefonía entre todos sus abonados a partir de encuestas telefónicas realizadas a 300 de ellos.

d. Una compañía de seguros quiere lanzar una oferta para los propietarios de vehículos de cierto municipio. Con esta finalidad necesita conocer la marca de los vehículos que están matriculados en el mismo, mediante un sondeo a 150 propietarios.

e. Para analizar la intención de voto de los habitantes de un distrito de Madrid, se ha realizado un sondeo a pie de urna sobre 1 000 de las personas que acudieron a ejercer su derecho a voto en dicho distrito.

f. Una empresa que fabrica tornillos quiere estudiar el porcentaje de unidades defectuosas que se obtienen en el proceso de elaboración y, para ello, analiza 500 tornillos.

g. Se quiere estudiar la opinión de la ciudadanía sobre una reforma que tiene intención de implantar el gobierno en relación con el impuesto de sucesiones y se lleva a cabo una encuesta telefónica sobre 2 500 personas.

2 Determina el tamaño de la población y el tamaño de la muestra en los siguientes estudios estadísticos:

a. Las autoridades sanitarias de cierta ciudad de 6 508 habitantes desean realizar un estudio sobre la altura de la población mediante un muestreo aleatorio estratificado sobre 500 personas.

b. Una compañía telefónica quiere conocer la opinión sobre el servicio prestado a sus 15 000 clientes por medio de un sondeo efectuado telefónicamente a 600 de sus abonados.

c. Una empresa demoscópica ha realizado un estudio sobre el nivel de aceptación de cierto presentador televisivo. La cadena en la que trabaja el presentador tiene 130 000 televidentes, y el estudio se ha efectuado sobre una muestra de 700 personas.

d. Una dentista que tiene un total de 2 000 pacientes a lo largo del año desea llevar a cabo un estudio del número de pacientes tratados de endodoncia. Con este objetivo, se analizan 200 de los casos atendidos durante dicho año.

e. En una prueba a nivel nacional, 300 000 alumnos han realizado un ejercicio de habilidad numérica. Se ha efectuado un muestreo aleatorio estratificado con un total de 1 000 pruebas.

3 Determina el tipo de variables estadísticas asociadas a cada uno de los siguientes estudios:

a. Tipo de enfermedad que padecen los bebés que asisten al servicio de urgencias.

b. Asignatura preferida por los alumnos de un centro educativo.

c. Número de litros de agua que consumen los hogares de un municipio.

d. Número de hermanos que tienen los habitantes de una ciudad.

e. Salario mensual que ingresan los trabajadores de cierta multinacional.

f. Número de personas que utilizan el AVE Madrid-Barcelona un determinado mes.

g. Regalo preferido por los adolescentes de 14-16 años en su día de cumpleaños.

4 Formad grupos de cuatro personas y considerad características de los turistas de tu comunidad autónoma que sean susceptibles de un estudio estadístico.

a. Enumera tres ejemplos de caracteres que den lugar a variables cualitativas.

b. Indica tres ejemplos de caracteres que den lugar a variables cuantitativas discretas.

c. Escribe tres ejemplos de caracteres que den lugar a variables cuantitativas continuas.

2 Frecuencias y tablas estadísticas

5 El administrador de una página web ha recogido el tiempo (en minutos) que la han estado consultando 40 usuarios elegidos al azar. Ha obtenido los siguientes resultados:

0,1	0,2	0,3	0,7	1,3	1,5	1,7	2,1	2,2	2,4
2,6	2,6	2,8	3	3,7	3,9	4,1	4,2	4,7	5,5
5,7	6,4	6,4	6,7	6,8	7,3	7,3	7,4	7,9	7,9
8,1	8,1	8,2	9,4	9,5	10,5	10,5	10,9	11,1	11,7

a. ¿De qué tipo de variable se trata?

b. Elabora la tabla de frecuencias más apropiada.

6 La siguiente lista recoge el número de exámenes que ha hecho un grupo de alumnos la última semana:

0	1	2	0	2	2	3	2	2	2	3	1	1
4	1	3	2	4	1	1	3	4	0	1	1	2

Determina el tipo de variable estadística y elabora la tabla de frecuencias.

7 Construye la tabla de frecuencias asociada a la siguiente distribución:

N.º de componentes	2	3	4	5	6
N.º de familias	4	8	10	6	2

8 Se desea analizar el color de los ojos de los habitantes de una determinada población. Se ha recogido una muestra de 100 individuos y se han obtenido los siguientes datos:

Color de ojos	N.º de individuos
Azules	20
Marrones	25
Miel	5
Negros	30
Verdes	20

a. Determina el tipo de variable estadística.

b. Construye una tabla de frecuencias.

9 Una empresa desea analizar lo que sus empleados gastan en transporte, en euros, para valorar la implementación de un complemento de transporte que se adecúe a las necesidades medias. A tal fin, ha realizado 50 encuestas, de las que han obtenido los siguientes resultados:

80	81	90	255	200	120	123	124	123	127
135	91	93	87	134	123	121	105	98	103
97	104	115	234	237	225	98	250	200	198
99	220	225	230	145	241	243	231	201	200
198	195	145	87	96	99	234	200	198	156

a. Determina cuál es el tipo de variable estadística.

b. Elabora la tabla de frecuencias adecuada.

3 Gráficos estadísticos

10 Con los datos de las actividades 5, 6 y 8 elabora un diagrama de barras, un histograma y un diagrama de sectores, eligiendo el más apropiado para cada una de las situaciones descritas.

11 Fíjate en la siguiente tabla de frecuencias:

x_i	4	5	8	12	15
n_i	10	6	12	23	20

Construye el diagrama de barras, el polígono de frecuencias y el diagrama de sectores que representen a esta variable.

12 En una bolsa de patatas fritas se indica que, por cada 100 g, hay 39 g de grasas, 53 g de hidratos de carbono, 3 g de fibra alimentaria, 4 g de proteínas y 1 g de sal. Elabora una tabla de frecuencias y el diagrama de sectores asociado a la composición por cada 100 g de producto.

13 Se ha medido la temperatura de una localidad durante 100 días y se han registrado los siguientes datos:

Clases (x_i)	[0 , 5)	[5 , 10)	[10 , 15)	[15 , 20)	[20 , 25]
n_i	10	17	22	23	28

Representa los datos en un gráfico adecuado y dibuja el diagrama de sectores.

14 Construye las tablas de frecuencias asociadas a las variables estadísticas representadas en los siguientes gráficos:

a.

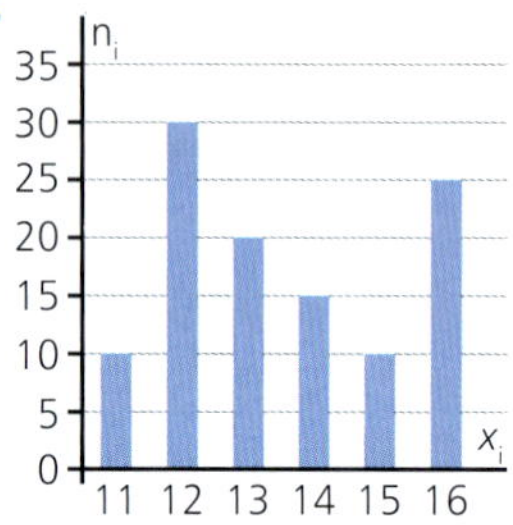

b.

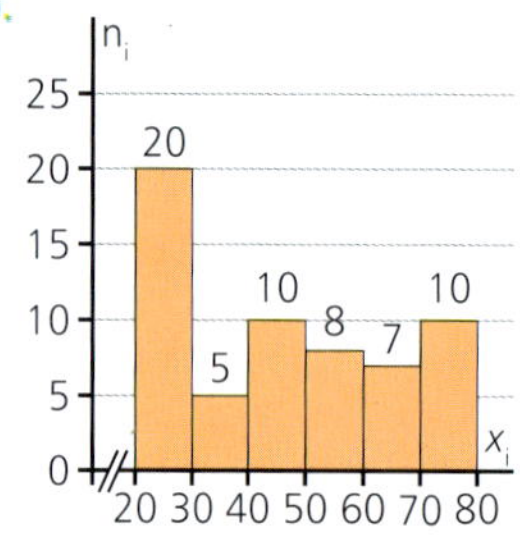

15 Construye el diagrama de sectores de la variable estadística representada en el siguiente gráfico:

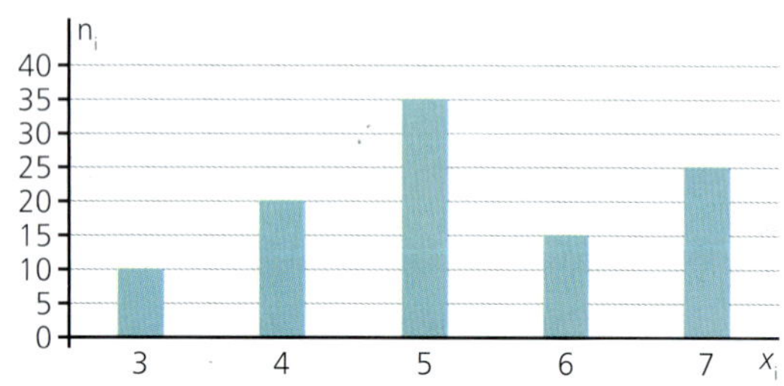

16 El siguiente diagrama de sectores representa la distribución de una variable aleatoria para un total de cien datos:

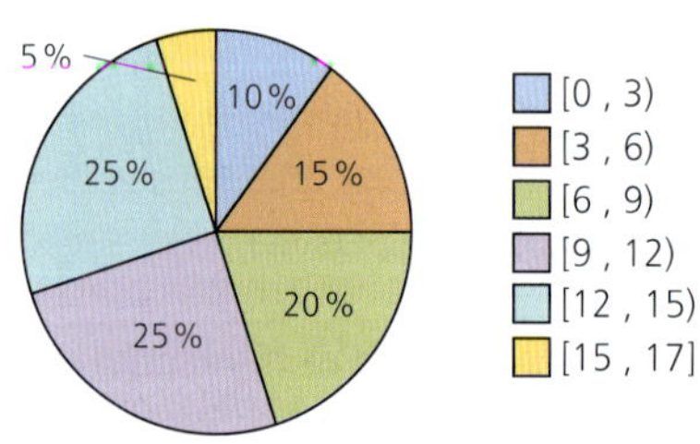

a. Representa los datos en un histograma.

b. Construye la tabla de frecuencias asociada con las columnas de clases, marcas de clase, frecuencias absolutas y relativas y frecuencias acumuladas absolutas y relativas.

17 En la siguiente tabla se ha recogido información sobre el color de pelo de los alumnos de 4.º de ESO de cierto centro:

Color de pelo	Rubio	Moreno	Castaño	Pelirrojo
N.º alumnos	20	40	18	12

Representa los datos en una gráfica adecuada y construye su polígono de frecuencias.

4 Parámetros de centralización y posición

18 Jana ha lanzado 6 veces un balón medicinal en la clase de Educación Física y ha alcanzado las siguientes distancias en metros:

7 7,3 9 8,5 9,6 7,2

Calcula la media aritmética de sus lanzamientos.

19 Se ha escogido al azar a un grupo de jóvenes y se ha anotado el número de pulseras que llevaban puestas. Se han obtenido los siguientes valores:

1 3 2 3 3 2 1 2 2 2 1 0 1 1 2

1 0 3 3 2 2 0 4 1 1 0 2 2 2 2

Indica qué número de pulseras es el que más se lleva y asócialo a un parámetro estadístico.

20 La altura, en metros, de un grupo de 20 personas es:

1,68	1,67	1,67	1,89	1,89
1,72	1,74	1,78	1,87	1,68
1,66	1,69	1,85	1,86	1,89
1,74	1,82	1,8	1,9	1,85

Calcula la media, la mediana y la moda.

21 Calcula la media, la mediana y la moda de cada una de las series de datos siguientes:

a. 3 2 2 5 1

b. 10 11 10 11 10 9 11 10

c. 1 2 1 0 1 2 3 2 1 2 2 0 1 0 2 2

22 Halla la media, la moda y la mediana de estas distribuciones:

a.

x_i	n_i
0	12
1	9
2	7
3	6
4	3
5	3

b.

Intervalo	n_i
[160 , 165)	4
[165 , 170)	5
[170 , 175)	13
[175 , 180)	17
[180 , 185)	8
[185 , 190]	3

23 Dada la siguiente tabla de frecuencias, determina los parámetros de centralización:

Intervalos	c_i	n_i
[10 , 15)	12,5	16
[15 , 20)	17,5	20
[20 , 25)	22,5	18
[25 , 30)	27,5	24
[30 , 35]	32,5	15

24 Las edades, en años, de 30 alumnos es la siguiente:

16 17 18 18 17 16 15 14 16 17

18 17 16 13 14 13 13 14 16 17

18 13 13 18 17 16 16 13 13 18

Construye la tabla de frecuencias y calcula sus parámetros de centralización.

25 De una distribución estadística que estudia la estatura, en centímetros, de los habitantes de cierto país, se han obtenido los siguientes datos: $P_{10} = 120$, $P_{30} = 150$, $P_{60} = 170$ y $P_{75} = 185$

a. ¿Qué porcentaje de población tiene una altura menor o igual que 120 cm?

b. ¿Qué porcentaje de población tiene una altura mayor o igual que 170 cm?

c. ¿Qué estatura máxima tiene un 75 % de la población?

d. ¿Qué estatura máxima tiene un 60 % de la población?

e. ¿Qué porcentaje de la población tiene una altura mayor o igual que 150 cm?

26 Calcula los cuartiles y los percentiles P_{20}, P_{40}, P_{60} y P_{80} del siguiente conjunto de datos estadísticos: 1, 2, 2, 2, 2, 3, 4, 5, 6, 6, 7, 8, 8, 8, 8.

27 Preguntadas por el número de horas que pasan frente al televisor a lo largo de un día, 100 personas han contestado lo siguiente:

1 2 3 1 1 1 2 3 1 1 3 2 3 4 5 2 2 1 3 2

3 2 1 3 2 3 5 1 2 4 5 6 1 2 3 4 5 6 5 4

4 3 2 3 4 2 3 5 3 1 3 5 4 1 1 1 2 2 2 2

4 1 1 1 1 1 3 4 4 5 6 7 6 7 2 5 5 6 3 4

5 6 8 2 1 2 1 3 3 4 3 2 2 2 2 1 3 4 3 4

Calcula la media, la moda, los cuartiles y los percentiles P_{10}, P_{40} y P_{60}. Interpreta los resultados obtenidos y contesta las preguntas:

a. ¿Qué porcentaje de la población está frente al televisor 5 horas al día o menos?

b. ¿Qué porcentaje de la población pasa frente al televisor 6 horas al día o más?

28 Se ha realizado una encuesta a un grupo de personas acerca del número de veces que acuden al teatro a lo largo de un mes. Los datos se han representado en el siguiente diagrama:

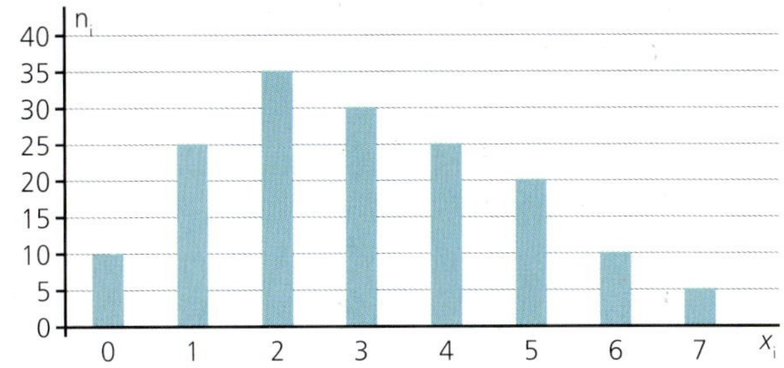

a. Elabora la tabla de frecuencias asociada.

b. Calcula la media, la moda y la mediana e interpreta los resultados.

c. Halla los cuartiles e interpreta los resultados obtenidos.

5 Parámetros de dispersión

29 Determina el rango, la desviación media, la varianza, la desviación típica y el coeficiente de variación de los siguientes conjuntos de datos:

a. 1 2 2 5 7 8

b. 0 0 1 2 2 8 9 10

c. 1 1 1 2 3 3 4 5 7 7 8 8

d. 2 2 3 4 5 5 6 6 7 7 7

¿Cuál de las tres distribuciones tiene los datos más dispersos?

30 Calcula el rango, la desviación media, la varianza, la desviación típica y el coeficiente de variación de las distribuciones representadas en las siguientes tablas de frecuencias:

a.

x_i	n_i
0	10
1	7
2	6
3	2
4	1
5	4

b.

Intervalo	n_i
[2 , 2,5)	10
[2,5 , 3)	9
[3 , 3,5)	11
[3,5 , 4]	7

31 Las ventas de una librería durante el mes pasado fueron:

Precio del libro (€)	[6 , 9)	[9 , 12)	[12 , 15)	[15 , 18]
Unidades vendidas	12	16	25	14

Calcula los parámetros de dispersión de esta distribución.

32 Calcula la media, la desviación media, la varianza, la desviación típica y el coeficiente de variación de la siguiente distribución sobre las calificaciones de los alumnos de una clase de 4.º de ESO:

x_i	1	2	3	4	5	6	7	8	9	10
n_i	2	2	3	5	3	7	4	3	2	1

33 ⊞ Los siguientes son los resultados de un estudio estadístico sobre el número de pulsaciones por minuto de 40 personas:

50 52 65 67 70 73 56 90 88 78

86 67 79 82 83 87 78 83 74 76

65 67 63 78 87 79 80 82 78 89

75 67 67 66 60 59 69 61 63 87

Establece los parámetros de dispersión a partir de una tabla de frecuencias para datos agrupados en 5 intervalos.

34 La altura media de los habitantes de una localidad, A, es de 165 cm y su desviación típica de 10 cm. Por otro lado, los habitantes de la localidad vecina, B, tienen una estatura media de 175 cm y su desviación típica es de 15 cm. Calcula el coeficiente de variación de ambas distribuciones y compara la dispersión que hay entre las alturas de los habitantes de las dos localidades.

35 Se quiere comparar la duración de dos marcas de bombillas, X e Y. Con este fin, se eligen dos muestras de 9 unidades y se obtienen las siguientes duraciones (en días):

X	258	298	315	305	300	299	317	320	325
Y	315	300	299	310	290	297	277	315	317

¿Cuál de las dos marcas es más homogénea? Comprueba tu razonamiento a través de dos parámetros de dispersión.

6 Estadística bidimensional

36 Calcula las distribuciones marginales de X e Y, las medias y las varianzas de estos datos:

X \ Y	5	6	7	Sumas
7	2	1	0	3
8	1	2	1	4
9	2	2	2	6
10	0	0	2	2
Sumas	5	5	5	15

37 En la siguiente tabla se han representado el número de días que un grupo de personas dedica a hacer deporte, X, y el tiempo total que emplea semanalmente, Y:

X \ Y	1 día	2 días	3 días	4 días
2 horas	1	6	2	0
3 horas	0	4	7	3
4 horas	0	2	3	4

a. Construye las tablas marginales de las variables X e Y.

b. ¿Cuántas personas practican deporte 2 días? ¿Y cuántas personas hacen deporte 4 horas a la semana?

c. Elabora una tabla bidimensional simple a partir de estos datos.

38 Considera los datos de la siguiente variable bidimensional, (X, Y):

X	1	1	1	2	2	2	2	3	3	3	3
Y	1	1	2	1	2	3	1	2	3	2	1
n_i	2	1	2	3	1	2	1	3	1	3	3

a. Construye la tabla de doble entrada asociada.

b. Calcula las distribuciones marginales de X e Y. Después, halla sus medias y sus desviaciones típicas.

39 A continuación, se muestra la información relacionada con la masa (X, en kilogramos) y la estatura (Y, en centímetros) de 20 estudiantes:

(70 , 170), (70 , 171), (70 , 170), (71 , 171), (72 , 170),
(72 , 170), (74 , 171), (74 , 170), (74 , 172), (74 , 172),
(75 , 170), (75 , 170), (75 , 172), (75 , 173), (75 , 175),
(75 , 175), (75 , 175), (75 , 179), (75 , 180), (75 , 180)

Representa los datos en una tabla de doble entrada y halla las distribuciones marginales de X e Y.

40 ⊞ Las puntuaciones obtenidas por 40 alumnos en dos pruebas físicas se registran en los siguientes pares de valores, (X, Y), donde X es la puntuación obtenida en la primera prueba, e Y, la conseguida en la segunda:

(3 , 3), (3 , 3), (3 , 4), (3 , 4), (3 , 5), (3 , 6), (3 , 7), (3 , 8),
(3 , 8), (3 , 9), (4 , 3), (4 , 4), (4 , 4), (4 , 4), (4 , 4), (4 , 5),
(4 , 5), (4 , 6), (5 , 3), (5 , 3), (5 , 3), (5 , 6), (5 , 8), (5 , 8),
(6 , 5), (6 , 6), (6 , 6), (6 , 8), (7 , 3), (7 , 3), (7 , 4), (7 , 4),
(7 , 4), (7 , 5), (7 , 5), (7 , 7), (7 , 8), (7 , 8), (7 , 9), (7 , 9)

a. Representa la información en una tabla de doble entrada.

b. Construye la distribución marginal de la nota en la primera prueba y calcula su media y su desviación típica.

c. Elabora la distribución marginal de la nota en la segunda prueba y halla su media y su desviación típica.

7 Diagramas de dispersión o nubes de puntos

41 Indica si entre cada par de variables existe una relación funcional o aleatoria y, en caso de ser aleatoria, si es positiva o negativa.

a. *X:* temperatura a la que se calienta una barra de hierro.
Y: longitud que alcanza la barra.

b. *X:* altura de una persona en centímetros.
Y: talla de calzado que utiliza.

c. *X:* espacio recorrido por el AVE Madrid-Sevilla.
Y: tiempo empleado en el trayecto.

d. *X:* número de personas que viven en una casa.
Y: coste, en euros, del recibo de la electricidad.

42 Indica, para los siguientes diagramas de dispersión, si la dependencia que existe entre las variables es funcional o aleatoria:

a.
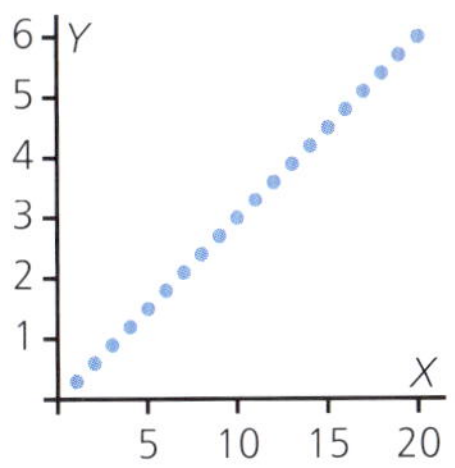

c.
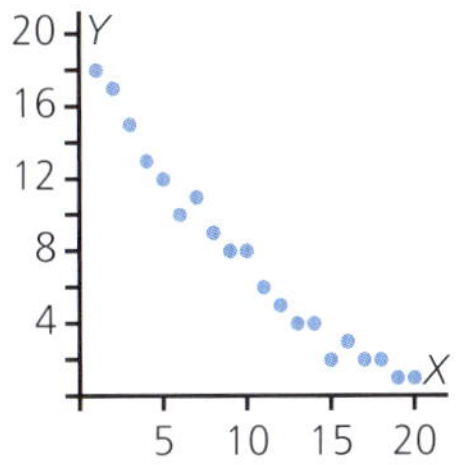

b.
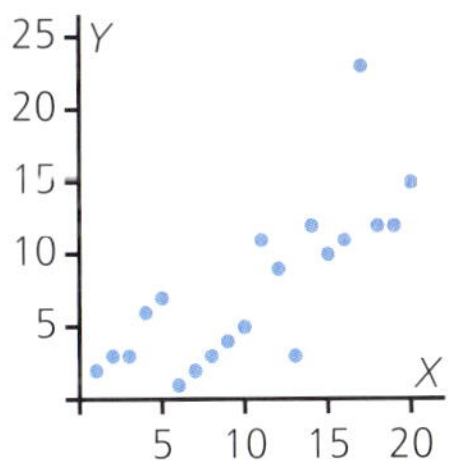

d.
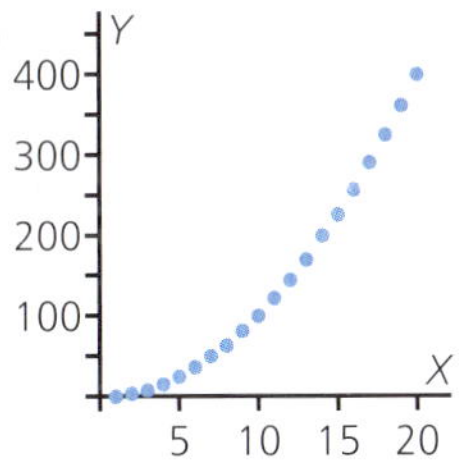

43 Represent mediante una nube de puntos o diagrama de dispersión los datos de la siguiente tabla bidimensional y analiza si existe correlación entre las variables:

X	0	1	2	3	4	5	6	7	8	9
Y	3	3,5	4	4,5	5,5	6	7	7,8	8	8

44 En un pueblo se ha tomado una muestra de 20 familias y se les ha preguntado por los gastos mensuales, en euros, y el número de miembros de la unidad familiar. La información obtenida es la siguiente:

(800 , 2), (850 , 3), (700 , 3), (1 000 , 3), (950 , 2),
(1 100 , 3), (950 , 4), (1 500 , 4), (1 800 , 4), (1 750 , 4),
(950 , 3), (1 300 , 4), (1 900 , 4), (2 000 , 5), (1 900 , 0),
(1 100 , 3), (1 200 , 4), (2 000 , 4), (2 100 , 5), (1 850 , 4)

Representa la información en un diagrama de dispersión y analiza si existe alguna correlación entre las variables.

45 Calcula la covarianza de estas distribuciones bidimensionales:

a.

X	3	4	4	5	5	6	7	9
Y	2	1	3	4	5	1	3	4

b.

X	0	1	1	3	2	3	1	2
Y	8	9	7	8	8	9	7	8

46 ⊞ Fíjate en la siguiente tabla de doble entrada:

X \ *Y*	**10**	**11**	**12**
1	1	0	2
2	2	0	1
3	2	1	1
4	1	2	1

Calcula:

a. Las frecuencias absolutas marginales y las frecuencias relativas marginales.

b. Las medias y desviaciones típicas marginales.

c. La covarianza de *X* e *Y* y el coeficiente de correlación.

47 Una empresa decide estudiar la posible relación entre los gastos mensuales en teléfono y sus ingresos también mensuales, ambos en miles de euros. En una muestra se recogen estos datos:

X	12	11	12	13	14	15	16	12
Y	800	850	950	1 010	1 200	1 500	1 800	900

a. Calcula las medias y las desviaciones típicas marginales.

b. Representa los datos en una nube de puntos.

c. Halla la covarianza y el coeficiente de correlación e interpreta los resultados.

48 ⊞ A 40 estudiantes se les propone un test de cálculo (*X*) y otro de lógica (*Y*). Obtienen estos pares de resultados, (*X* , *Y*):

(5 , 3), (5 , 3), (5 , 3), (5 , 4), (5 , 4), (5 , 5), (5 , 6), (5 , 6),
(5 , 6), (5 , 7), (5 , 7), (5 , 7), (6 , 4), (6 , 4), (6 , 4), (6 , 5),
(6 , 5), (6 , 5), (6 , 6), (6 , 6), (6 , 7), (6 , 8), (7 , 4), (7 , 4),
(7 , 5), (7 , 5) (7 , 5), (7 , 5), (7 , 6), (7 , 6), (7 , 7), (8 , 5),
(8 , 5), (8 , 6), (8 , 6), (8 , 7), (8 , 8), (8 , 8), (8 , 8), (8 , 9)

a. Representa los datos en un diagrama de dispersión.

b. Analiza gráficamente si puede existir alguna correlación entre los datos.

c. Construye la tabla bidimensional simple.

d. Halla las desviaciones típicas marginales de *X* e *Y*.

e. Determina la covarianza y el coeficiente de correlación.

11 PROBABILIDAD

APRENDÍ QUE
SIEMPRE QUE DECIDO ALGO CON MI
CORAZÓN ABIERTO
SUELO ACERTAR

MAYA ANGELOU

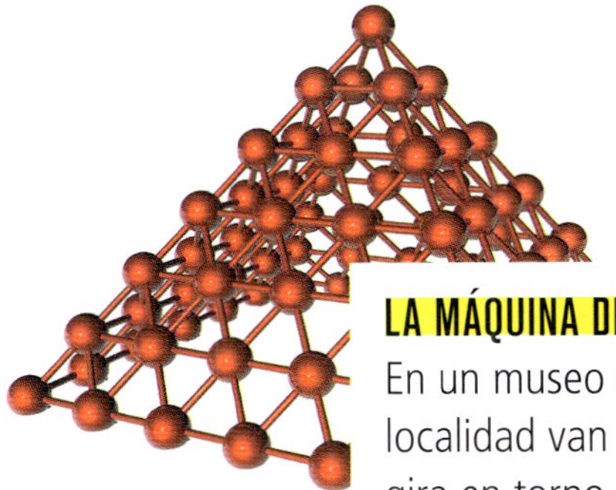

INVESTIGAR

LA MÁQUINA DE GALTON

En un museo científico cercano a vuestra localidad van a inaugurar una exposición que gira en torno a inventos relacionados con las matemáticas y necesitan ofrecer información de cada uno. A vosotros os han encargado que, por equipos, elaboréis un pequeño folleto sobre la máquina de Galton en el que indiquéis quién la inventó y qué utilidad tiene, entre otras características. Adjuntad también algún boceto que ilustre su funcionamiento.

CREAR

¡MEJORA LA MÁQUINA!

En la exposición del museo tienen previsto también organizar un concurso consistente en reproducir uno de los inventos de la exposición a partir de materiales reciclados, y van a habilitar una sala para exhibir las mejores réplicas. Como ya habéis investigado acerca de la máquina de Galton, construid por grupos vuestra propia reproducción, reservándoos el derecho a introducir variaciones en el diseño e incluyendo una explicación de la probabilidad de que las bolas salgan por un lado u otro. ¡Empleaos a fondo para conseguir que vuestra reproducción ocupe un lugar destacado en la sala!

CONOCER

SACA LA BOLA

El profesor os ha pedido que experimentéis en torno al cumplimiento de la regla de Laplace. Por grupos, utilizad una caja y varias bolas de dos colores distintos y escoged un experimento aleatorio con el que trabajar: sacar una bola al azar de un color, con o sin reemplazamiento; sacar dos bolas seguidas de un mismo color, etc. Id tomando nota de los resultados conforme vayáis haciendo más repeticiones y elaborad un informe en el que expliquéis al resto de la clase las conclusiones a las que habéis llegado.

PRESENTAR

PROBABILIDAD O SUERTE

Al llegar a clase os habéis encontrado tres cajas cerradas. Según os informa vuestra profesora, en dos de ellas no hay nada, pero en la otra hay un premio para toda la clase. Después de poneros de acuerdo y elegir una de ellas, la profesora abre una de las otras dos cajas, que se encuentra vacía, y os da la posibilidad de cambiar la elección inicial. En grupos, analizad las probabilidades de obtener el premio y decidid si es mejor mantenerse o cambiar la primera elección.

1 SUCESOS. OPERACIONES CON SUCESOS

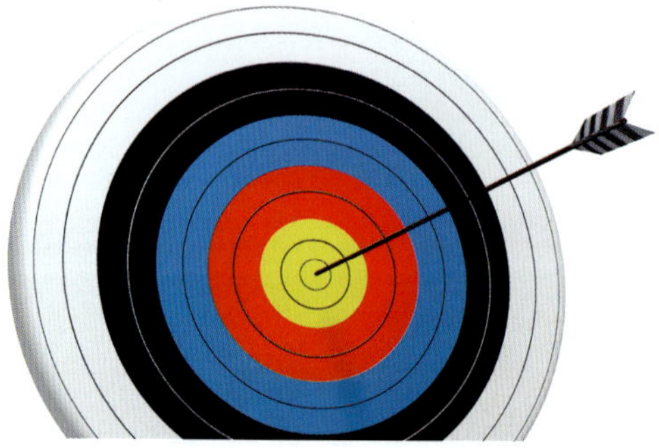

Hay situaciones cuyo desarrollo no podemos conocer con antelación: el resultado al lanzar una moneda, si mañana lloverá o no, etc., aunque sí se puede evaluar en qué medida es posible que ocurra cada una de estas situaciones. La rama de las matemáticas que estudia este fenómeno se llama **probabilidad.**

Se dice que un experimento es **aleatorio** cuando depende del azar. Por el contrario, si es posible predecir el resultado de un experimento sin necesidad de realizarlo, se dice que este es **determinista.**
El conjunto de los posibles resultados de un experimento aleatorio se denomina **espacio muestral**, E. Los elementos de un espacio muestral se llaman **sucesos elementales.**

Por ejemplo, el espacio muestral del experimento consistente en escoger al azar una de las cinco vocales es E = {a, e, i, o, u}.

Un **suceso** de un experimento aleatorio es cada uno de los subconjuntos del espacio muestral determinado por dicho experimento.

Actividad resuelta

Determina el espacio muestral del experimento consistente en lanzar una moneda.

Si se lanza una moneda al aire, se está realizando un experimento aleatorio con dos posibles resultados, pues o sale cara o sale cruz:

E = {cara, cruz}

1.1 TIPOS DE SUCESOS

A continuación, se muestran los tipos de sucesos, tomando como ejemplo el lanzamiento de un dado de 6 caras numeradas del 1 al 6:

Suceso elemental	Es cada uno de los elementos del espacio muestral.	«Obtener un 5» = {5}
Suceso compuesto	Está formado por dos o más sucesos elementales.	«Obtener un número mayor que 3» = {4, 5, 6}
Suceso imposible	Es el que no puede suceder nunca. No tiene, por tanto, ningún elemento. Se designa mediante el símbolo del conjunto vacío (∅).	«Obtener un número mayor que 6» = ∅
Suceso seguro	Se verifica siempre que se realice el experimento. Coincide con la totalidad del espacio muestral.	«Obtener un número menor que 7» = {1, 2, 3, 4, 5, 6} = E

Dependiendo de la relación que haya entre dos o más sucesos, puede ser:

Suceso contrario o complementario de A	Es el formado por todos los sucesos elementales del espacio muestral que no están en el suceso A. Se representa por $\bar{A}$ o por A^c.	A = «obtener un número par» = {2, 4, 6} A^c = «obtener un número impar» = {1, 3, 5}
Sucesos compatibles	Dos sucesos, A y B, son compatibles si tienen sucesos elementales en común, es decir, si pueden ocurrir a la vez.	A = «obtener un número par» = {2, 4, 6} B = «obtener un número mayor que 3» = {4, 5, 6} Los sucesos elementales {4} y {6} son comunes.
Sucesos incompatibles	Dos sucesos, A y B, son incompatibles si no tienen sucesos elementales en común, es decir, si no se pueden verificar a la vez.	A = «obtener un 1» = {1} B = «obtener un número mayor que 3» = {4, 5, 6} A y B no tienen ningún suceso elemental en común.

Actividad resuelta

En una caja están todas las piezas de un juego de ajedrez. Se extrae una al azar:

a. Determina el espacio muestral.

b. Averigua los sucesos elementales que forman los siguientes sucesos: A = «extraer una pieza de color negro» y B = «extraer un alfil»

c. ¿Son A y B sucesos compatibles?

d. Halla los sucesos contrarios a A y B.

a. El espacio muestral es E = {peón blanco, torre blanca, caballo blanco, alfil blanco, reina blanca, rey blanco, peón negro, torre negra, caballo negro, alfil negro, reina negra, rey negro}.

b. Los sucesos son:

A = {peón negro, torre negra, caballo negro, alfil negro, reina negra, rey negro}

B = {alfil blanco, alfil negro}

c. Sí, ya que tienen en común el suceso elemental {alfil negro}.

d. Los sucesos contrarios son:

$\overline{A}$ = «extraer una pieza de color blanco» = {peón blanco, torre blanca, caballo blanco, alfil blanco, reina blanca, rey blanco}

$\overline{B}$ = «extraer cualquier pieza menos un alfil» = {peón blanco, torre blanca, caballo blanco, reina blanca, rey blanco, peón negro, torre negra, caballo negro, reina negra, rey negro}

1.2 OPERACIONES CON SUCESOS

Las operaciones más importantes con sucesos son:

Unión de sucesos

Dados dos sucesos, A y B, de un espacio muestral, se define la unión de ambos, $A \cup B$, al suceso formado por los elementos del suceso A junto con los elementos del suceso B. Es decir, el suceso $A \cup B$ se verifica cuando ocurre uno de los dos, A o B, o ambos a la vez:

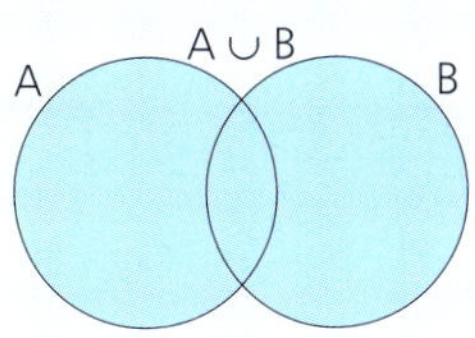

Intersección de sucesos

Dados dos sucesos, A y B, de un espacio muestral, se define la intersección de ambos, $A \cap B$, como el conjunto de sucesos elementales que están en A y en B al mismo tiempo. Es decir, el suceso $A \cap B$ se verifica cuando ocurren A y B a la vez:

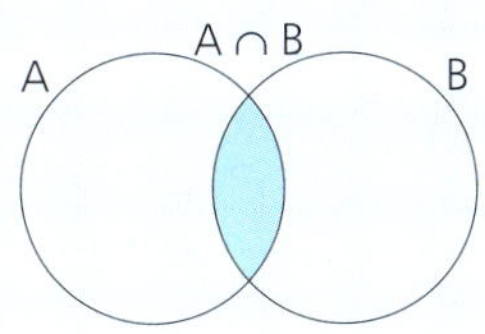

Observa

Las leyes de Morgan cumplen que:

- $\left(\overline{A \cup B}\right) = \overline{A} \cap \overline{B}$
- $\left(\overline{A \cap B}\right) = \overline{A} \cup \overline{B}$

Actividad resuelta

Se lanza un dardo a una diana con 10 espacios iguales numerados del 1 al 10 y se consideran los siguientes sucesos:

A = «obtener el número 5», B = «obtener un número impar» y C = «obtener un número menor que 7»

a. Describe los sucesos A, B y C.

a. A = {5}

B = {1, 3, 5, 7, 9}

C = {1, 2, 3, 4, 5, 6}

b. Halla $A \cap B$, $A \cap C$ y $B \cap C$.

b. $A \cap B$ = {5}

$A \cap C$ = {5}

$B \cap C$ = {1, 3, 5}

c. Halla $A \cup B$, $A \cup C$ y $B \cup C$.

c. $A \cup B$ = {1, 3, 5, 7, 9}

$A \cup C$ = {1, 2, 3, 4, 5, 6}

$B \cup C$ = {1, 2, 3, 4, 5, 6, 7, 9}

2 PROBABILIDAD EN EXPERIMENTOS SIMPLES

El grado de posibilidad de que ocurran los diferentes sucesos de un experimento aleatorio se puede cuantificar y recibe el nombre de **probabilidad.**

2.1 FRECUENCIA ABSOLUTA Y RELATIVA

En una bolsa se han mezclado anacardos, nueces y pistachos. Se realiza 10 veces el experimento que consiste en sacar al azar un fruto seco de la bolsa y se obtienen los siguientes resultados:

N A N P N P N A N P

Si se considera el suceso A = «sacar un anacardo», se observa que aparece 2 veces, es decir, su **frecuencia absoluta** es 2.

> La **frecuencia absoluta** de un suceso A, $n_i(A)$, es el número de veces que se produce dicho suceso al realizarse un experimento aleatorio.

Es más útil conocer la **frecuencia relativa** de un suceso.

> La **frecuencia relativa** de un suceso A, $f_i(A)$, es el número de veces que se produce dicho suceso con respecto al total de veces que se realiza el experimento aleatorio. Se puede calcular mediante el cociente entre la frecuencia absoluta del suceso A, $n_i(A)$, y el número de veces que se realiza el experimento aleatorio, N:
>
> $$f_i(A) = \frac{\text{N.º de veces que ha ocurrido A}}{\text{N.º de veces que se ha realizado el experimento}} = \frac{n_i(A)}{N}$$

Por tanto, la frecuencia relativa del suceso A es: $f_i(A) = \frac{2}{10} = \frac{1}{5}$

Propiedades de las frecuencias relativas

Propiedad 1

La frecuencia relativa de cualquier suceso, A, está comprendida entre 0 y 1: $0 \leq f_i(A) \leq 1$

Como consecuencia de esta propiedad tenemos que:

- La frecuencia relativa del suceso imposible es 0.
- La frecuencia relativa del suceso seguro es 1.

Propiedad 2

La suma de las frecuencias relativas de todos los sucesos elementales es 1.

Propiedad 3

La frecuencia relativa de la unión de sucesos incompatibles se expresa así:

$$f_i(A \cup B) = f_i(A) + f_i(B)$$

De esta propiedad cabe concluir que:

$$f_i(A) + f_i(A^c) = 1$$

Propiedad 4

La frecuencia relativa de la unión de sucesos compatibles tiene como expresión: $f_i(A \cup B) = f_i(A) + f_i(B) - f_i(A \cap B)$

2.2 LEY DE LOS GRANDES NÚMEROS. DEFINICIÓN DE PROBABILIDAD

La **ley de los grandes números** afirma que, si un experimento aleatorio se repite un número elevado de veces, la frecuencia relativa de cada suceso elemental se aproxima a un número concreto. Este número es la probabilidad experimental del suceso y cuantifica la posibilidad de que ocurra dicho suceso.

Actividad resuelta

Se ha realizado 1 000 veces el experimento de la página anterior consistente en sacar un fruto seco de la bolsa y se han obtenido los resultados de la tabla del margen. Determina la probabilidad experimental de obtener cada uno de los frutos secos.

N.º de frutos secos extraídos	250	500	750	1 000
N.º de anacardos	55	102	151	199
N.º de nueces	86	171	260	350
N.º de pistachos	109	227	339	451

Sean los sucesos A = «sacar un anacardo», B = «sacar una nuez» y C = «sacar un pistacho». Si se analiza la tendencia de las frecuencias relativas de cada uno de los sucesos, se puede observar que, a medida que aumenta el número de veces que se realiza el experimento, se estabiliza en torno a los siguientes valores:

$f_i(A) = 0{,}2$ $\quad f_i(B) = 0{,}35$ $\quad f_i(C) = 0{,}45$

Por tanto, estas serán las probabilidades experimentales de dichos sucesos.

2.3 REGLA DE LAPLACE

La regla de Laplace permite calcular la probabilidad de que ocurra un suceso sin necesidad de realizar el experimento. Para aplicarla, los sucesos tienen que ser **equiprobables**, es decir, todos deben tener la misma probabilidad de ocurrir.

Pierre-Simon Laplace (1739-1827)

Matemático, astrónomo y físico francés que sentó las bases de la teoría de las probabilidades y formuló la regla que lleva su nombre.

Si los sucesos elementales de un experimento aleatorio son equiprobables, la **probabilidad de un suceso A, P (A)**, se puede obtener mediante una expresión conocida como **regla de Laplace**.

Teniendo en cuenta que los casos posibles son todos los resultados que se pueden obtener al realizar el experimento y los casos favorables de un suceso, los resultados que verifican dicho suceso, se establece que:

$$P(A) = \frac{\text{N.º de casos favorables al suceso A}}{\text{N.º de casos posibles}}$$

Actividad resuelta

Se lanza un dado de seis caras. Calcula la probabilidad de los siguientes sucesos: A = «sacar un 4», B = «sacar un número par» y C = «sacar un número menor que 3»

Para hallar estas probabilidades, se necesita describir el espacio muestral y cada uno de los sucesos a fin de conocer cuántos elementos tienen:

E = {1, 2, 3, 4, 5, 6} (6 elementos posibles); A = {4} (1 elemento favorable al suceso A); B = {2, 4, 6} (3 elementos favorables al suceso B); C = {1, 2} (2 elementos favorables al suceso C)

Por tanto: $P(A) = \frac{1}{6} = 0{,}167$ $\quad P(B) = \frac{3}{6} = 0{,}5$ $\quad P(C) = \frac{2}{6} = 0{,}333$

Propiedades de la probabilidad

Propiedad 1

La probabilidad de un suceso, A, es un número comprendido entre 0 y 1, ambos inclusive: $0 \leq P(A) \leq 1$

En consecuencia:

- La probabilidad del **suceso imposible** es 0: $P(\varnothing) = 0$
- La probabilidad del **suceso seguro** es 1: $P(E) = 1$

Propiedad 2

La suma de las probabilidades de todos los sucesos elementales es 1:

$$P(A_1) + P(A_2) + \ldots + P(A_n) = 1$$

Propiedad 3

Si A es un suceso incluido en otro suceso, B, entonces:

$$P(A) \leq P(B)$$

Propiedad 4

La probabilidad de la unión de **sucesos incompatibles** es igual a la suma de las probabilidades de los sucesos:

$$P(A \cup B) = P(A) + P(B)$$

Propiedad 5

La probabilidad de la unión de **sucesos compatibles** es igual a la suma de las probabilidades de los sucesos menos la probabilidad del suceso intersección de los mismos:

$$P(A \cup B) = P(A) + P(B) - P(A \cap B)$$

Propiedad 6

La probabilidad del suceso contrario a A es:

$$P(\bar{A}) = 1 - P(A)$$

Actividad resuelta

Una ruleta está dividida en cuatro secciones iguales numeradas del 1 al 4. Se hace girar la ruleta y se observa el número al que apunta la flecha. Calcula las siguientes probabilidades:

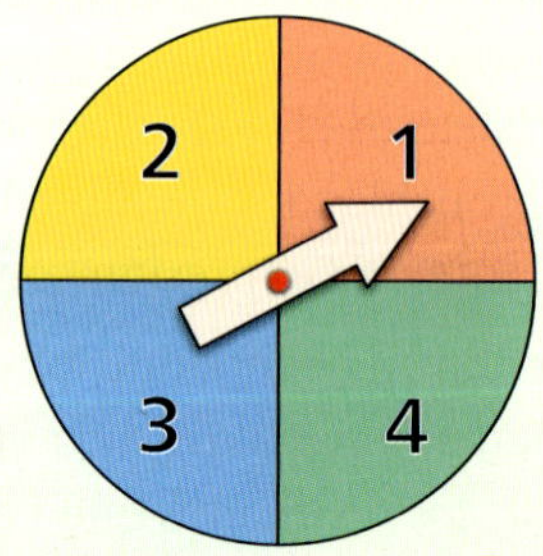

a. P (1), P (2), P (3) y P (4)

b. P (5)

c. P (obtener un número menor que 5)

d. P (no obtener un 1)

a. Los cuatro sucesos son equiprobables. Todos presentan un caso favorable de cuatro posibles. Por tanto:

$$P(1) = \frac{1}{4} \qquad P(2) = \frac{1}{4} \qquad P(3) = \frac{1}{4} \qquad P(4) = \frac{1}{4}$$

b. Obtener un 5 al hacer girar la ruleta es un suceso imposible, ya que no hay ningún caso favorable. En consecuencia: $P(5) = 0$

c. Todas las posibilidades son valores menores que 5; por tanto, hay cuatro sucesos favorables y también cuatro sucesos posibles. Así, pues:

$$P(\text{obtener un número menor que } 5) = \frac{4}{4} = 1$$

d. Se calcula primero la probabilidad del suceso «obtener un 1» y luego se halla el complementario.

$P(\text{obtener un } 1) = \frac{1}{4}$, al haber un caso favorable. Entonces:

$$P(\text{no obtener un } 1) = 1 - P(\text{obtener un } 1) = 1 - \frac{1}{4} = \frac{3}{4}$$

Actividades resueltas

1 Sean los sucesos A y B de un experimento aleatorio, tales que:

$$P(A) = 0{,}4 \qquad P(\overline{B}) = 0{,}5 \qquad P(A \cap B) = 0{,}2$$

Calcula:

a. $P(\overline{A})$ **b.** $P(B)$ **c.** $P(A \cup B)$ **d.** $P(\overline{A \cap B})$

a. Se pide determinar la probabilidad del suceso complementario:

$$P(\overline{A}) = 1 - P(A) = 1 - 0{,}4 = 0{,}6$$

b. Se conoce el suceso complementario de B y se pide hallar la probabilidad de B:

$$P(\overline{B}) = 1 - P(B);\ P(B) = 1 - P(\overline{B}) = 1 - 0{,}5 = 0{,}5$$

c. Dado que el enunciado proporciona la probabilidad $A \cap B$, entonces ambos son sucesos compatibles. Por tanto:

$$P(A \cup B) = P(A) + P(B) - P(A \cap B) = 0{,}4 + 0{,}5 - 0{,}2 = 0{,}7$$

d. Como se pide calcular la probabilidad de un suceso complementario, entonces:

$$P(\overline{A \cap B}) = 1 - P(A \cap B) = 1 - 0{,}2 = 0{,}8$$

2 Sean los sucesos A y B de un experimento aleatorio, tales que:

$$P(A) = 0{,}4 \qquad P(B) = 0{,}3 \qquad P(A \cup B) = 0{,}5$$

Calcula $P(A \cap B)$. ¿Son compatibles o incompatibles los sucesos A y B?

Conociendo la probabilidad de la unión de dos sucesos, se puede hallar también la probabilidad de la intersección de ambos:

$$P(A \cup B) = P(A) + P(B) - P(A \cap B) \rightarrow 0{,}5 = 0{,}4 + 0{,}3 - P(A \cap B) \Rightarrow$$

$$\Rightarrow P(A \cap B) = 0{,}4 + 0{,}3 - 0{,}5 = 0{,}2 \neq 0$$

Como $P(A \cap B) \neq 0$, A y B tienen elementos comunes y, por tanto, son compatibles.

Simulación de un experimento aleatorio

Si se lanza una moneda sin trucar, la probabilidad de obtener cara o cruz es de $\frac{1}{2}$, pero ¿cuál es la probabilidad de que, al lanzar una chincheta, esta caiga con la punta hacia arriba o hacia abajo?

Para conocer esta probabilidad, es necesario realizar una simulación:

1 Deja caer sobre la mesa una chincheta el mayor número de veces posible y anota los resultados obtenidos. También se puede llevar a cabo el experimento de forma simultánea, vaciando el contenido de una caja de chinchetas y contando el número de piezas que quedan en cada posición.

2 El número al que se aproxime la frecuencia relativa que se obtenga acumulando los lanzamientos se considerará, por la ley de los grandes números, la probabilidad de cada uno de los dos sucesos. Cuantas más veces se realice el experimento, más fiable será el resultado obtenido.

Ten en cuenta que este experimento varía dependiendo del tipo de chincheta.

Elige algún objeto irregular e intenta llevar a cabo una simulación para analizar cuál es la probabilidad de que caiga de una determinada forma.

3 PROBABILIDAD EN EXPERIMENTOS COMPUESTOS

Escoger una vocal al azar o extraer una pieza de ajedrez de la caja que la contiene son ejemplos de experimentos simples. Sin embargo, si estos experimentos se realizan varias veces de forma consecutiva, se convierten en experimentos compuestos.

> Un experimento aleatorio es **compuesto** cuando está formado por dos o más experimentos aleatorios simples realizados de forma consecutiva.

Existen distintos métodos para encontrar los elementos del espacio muestral de un experimento compuesto y asignar las probabilidades de cada uno de ellos.

DIAGRAMAS DE ÁRBOL

Los diagramas de árbol son estructuras utilizadas para obtener el espacio muestral. Se trazan de izquierda a derecha emulando el orden en el que puede ocurrir cada uno de los sucesos. Al final de cada rama se sitúa el suceso descrito y sobre las ramas se indica la probabilidad asociada a ese suceso.

> La probabilidad de un suceso en un experimento compuesto se calcula multiplicando las probabilidades de cada una de las ramas que conforman dicho suceso.

Actividad resuelta

Construye el diagrama de árbol del experimento aleatorio compuesto que consiste en lanzar una moneda y un dado y calcula la probabilidad de obtener cada uno de los siguientes sucesos: A = «sacar cara y un 5» y B = «sacar un 3»

Se construye el diagrama de árbol, suponiendo que primero se lanza la moneda y luego el dado, aunque la probabilidad sería la misma si se realizase en orden inverso o de forma simultánea. Sobre cada rama se indica la probabilidad de que ocurra cada suceso.

Para calcular la probabilidad del suceso A, se sigue la línea que describe la probabilidad del suceso pedida y se multiplica el valor de cada una de las ramas. La probabilidad de sacar cara en el lanzamiento de la moneda es de $\frac{1}{2}$, y la de obtener un 5 en la tirada del dado, $\frac{1}{6}$. Por tanto:

$$P(A) = \frac{1}{2} \cdot \frac{1}{6} = \frac{1}{12}$$

Para calcular la probabilidad de B, se siguen las líneas que terminan en la obtención de un 3. Se multiplican los valores de las dos ramas y se suman. La probabilidad de obtener tanto una cara como una cruz en la tirada de la moneda es de $\frac{1}{2}$, y la de sacar un 3 al lanzar el dado, de $\frac{1}{6}$. Por tanto, observando las dos ramas en este caso:

$$P(B) = \frac{1}{2} \cdot \frac{1}{6} + \frac{1}{2} \cdot \frac{1}{6} = \frac{2}{12} = \frac{1}{6}$$

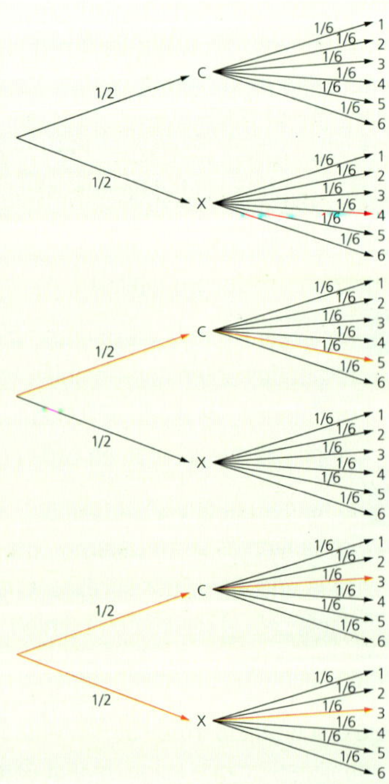

Diagramas de árbol con las ramas necesarias

Se lanza un dado tres veces consecutivas. Halla:

a. La probabilidad de que salga el número 6 en los tres lanzamientos.

b. La probabilidad de obtener el mismo número en los tres lanzamientos.

Si se dibujase el árbol con las posibilidades que existen al lanzar tres veces un dado, se obtendría un total de 216 ramas: 6 posibilidades para el primer lanzamiento, multiplicadas por otras seis para el segundo y multiplicadas por otras seis para el tercero: $6 \cdot 6 \cdot 6 = 216$

En estos casos hay que dibujar solo las ramas de los casos favorables.

a. Como se pide la probabilidad de que salga el número 6 en cada lanzamiento, se dibujan las ramas asociadas a estos elementos:

$$\xrightarrow{\frac{1}{6}} 6 \xrightarrow{\frac{1}{6}} 6 \xrightarrow{\frac{1}{6}} 6$$

Por tanto: P (obtener un 6 en los tres lanzamientos) $= \frac{1}{6} \cdot \frac{1}{6} \cdot \frac{1}{6} = \frac{1}{216}$

b. En este caso, se dibujan las ramas del segundo y del tercer lanzamiento de manera que coincidan con el número obtenido en el primer lanzamiento.

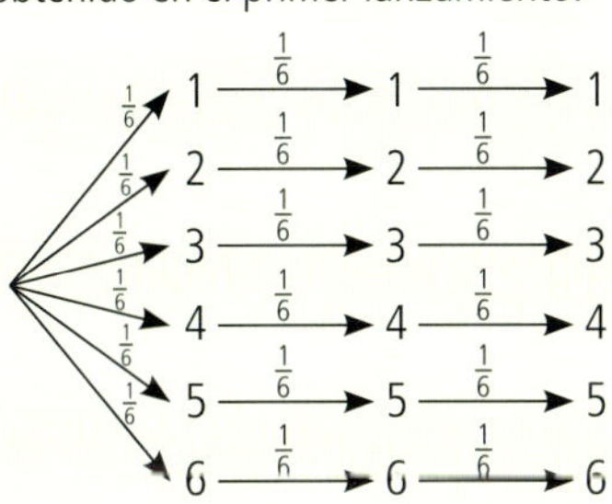

Así, P (obtener el mismo número) $= \frac{1}{6} \cdot \frac{1}{6} \cdot \frac{1}{6} = \frac{1}{216}$

TABLA DE DOBLE ENTRADA

Otra técnica es la construcción de **tablas de doble entrada.** Se utilizan en experimentos compuestos formados por dos experimentos simples. En la fila superior de la tabla se colocan los sucesos elementales del primer experimento y en la columna de la izquierda, los del segundo, o viceversa.

Actividad resuelta

Halla la probabilidad de que, al lanzar dos dados de 6 caras numeradas del 1 al 6, se obtengan dos números cuya suma sea mayor que 7.

En primer lugar, se construye una tabla de doble entrada. En la primera fila se sitúan los posibles resultados del primer dado y en la primera columna, los del segundo. Después, en cada casilla se incluye el resultado de sumar los dos valores de la fila y la columna principal.

Se constata que hay 15 celdas donde se cumple la condición dada, es decir, 15 casos favorables, frente a 36 casos posibles. Por tanto:

$$P\ (\text{suma mayor que } 7) = \frac{15}{36} = \frac{5}{12}$$

+	1	2	3	4	5	6
1	2	3	4	5	6	7
2	3	4	5	6	7	**8**
3	4	5	6	7	**8**	**9**
4	5	6	7	**8**	**9**	**10**
5	6	7	**8**	**9**	**10**	**11**
6	7	**8**	**9**	**10**	**11**	**12**

Actividad resuelta

Se lanza un dado de 6 caras numeradas con los primeros números pares y otro de 6 caras numeradas con los primeros números impares. Calcula la probabilidad de que, al sumar sus caras, se obtenga un número primo.

Se construye una tabla de doble entrada, anotando en la primera columna y la primera fila los resultados posibles de los dados.

Se observa en la tabla que hay 25 números primos en el espacio muestral, que son los casos favorables, y 36 casos posibles. Por tanto: P (obtener número primo) = $\frac{25}{36}$

+	2	4	6	8	10	12
1	**3**	**5**	**7**	9	**11**	**13**
3	**5**	**7**	9	**11**	**13**	15
5	**7**	9	**11**	**13**	15	**17**
7	9	**11**	**13**	15	**17**	**19**
9	**11**	**13**	15	**17**	**19**	21
11	**13**	15	**17**	**19**	21	**23**

TABLAS DE CONTINGENCIA

Una forma práctica de registrar los datos que presentan dos o más características es agruparlos en una **tabla de contingencia.**

Una **tabla de contingencia** es una tabla de doble entrada que organiza la información de un grupo de individuos en torno a dos características, que, a su vez, se dividen en varias modalidades.

Si la tabla de contingencia es de 2 × 2, es decir, dos características agrupadas en dos tipos, su estructura se ajusta al siguiente esquema:

	Suceso A	Suceso A^c	Total
Suceso B	$A \cap B$	$A^c \cap B$	N.º de datos del suceso B
Suceso B^c	$A \cap B^c$	$A^c \cap B^c$	N.º de datos del suceso B^c
Total	N.º de datos del suceso A	N.º de datos del suceso A^c	N.º total de datos

Los **casos posibles** vienen dados en la celda del número total de datos, mientras que los **casos favorables** para cada uno de los sucesos se registran en las filas o columnas marginales y los casos favorables para las intersecciones se localizan en cada una de las casillas.

Actividad resuelta

A determinado acto social solo está permitido asistir con una camisa blanca o azul celeste y con un pantalón negro o marrón. Un total de 14 personas han combinado la camisa blanca con el pantalón negro, mientras que la camiseta azul celeste con el pantalón marrón lo han conjuntado 11 asistentes. En total ha habido 20 personas que han vestido camisa blanca y 25 camisa azul celeste. ¿Cuántas personas han asistido con pantalón negro? ¿Y con pantalón marrón?

En primer lugar, se construye la tabla de contingencia, anotando en la primera fila las posibles opciones para el pantalón y en la primera columna las posibles opciones para la camisa. Después, se rellenan las casillas de la tabla cuyo contenido se da en el enunciado y, por último, se completa la tabla.

Han asistido con pantalón negro 28 personas y con pantalón marrón 17.

	Negro	Marrón	Total
Blanca	14	**6**	20
Celeste	**14**	11	25
Total	**28**	**17**	**45**

Actividad resuelta

En un festival de música se han dado cita 200 miembros de varios grupos musicales, de los cuales 58 tocan la guitarra y 92 son cantantes. Hay un total de 103 mujeres, y se sabe que 43 de ellas son cantantes y 22 tocan el piano. Se consideran los siguientes sucesos:

A = «ser mujer», B = «ser hombre», C = «ser cantante»

D = «ser guitarrista», E = «ser pianista»

Si se escoge a una persona al azar, calcula las siguientes probabilidades:

a. Seleccionar a un hombre.

b. Seleccionar a una persona que toque el piano.

c. Seleccionar a una mujer que toque la guitarra.

d. Seleccionar una persona que no cante.

e. Seleccionar una mujer que toque la guitarra o un hombre que cante.

En primer lugar, se completa la tabla de contingencia para trabajar con mayor facilidad. Se rellena la tabla primero con los datos del enunciado para añadir luego los datos que faltan. En la primera columna se colocan las posibles profesiones de cada uno de los asistentes al festival de música y en la primera fila si se trata de mujeres o de hombres.

	Mujeres (A)	Hombres (B)	Total
Cantantes (C)	43	**49**	92
Guitarristas (D)	**38**	**20**	58
Pianistas (E)	22	**28**	**50**
Total	103	**97**	200

a. A la hora de calcular esta probabilidad se considera, para los casos favorables, el total en la columna de hombres. Por tanto:

$$P(B) = \frac{97}{200} = 0{,}485$$

b. En este caso se tiene en cuenta, para los casos favorables, el total en la fila de pianistas. De este modo:

$$P(E) = \frac{50}{200} = 0{,}25$$

c. Ahora se considera, para los casos favorables, la casilla de intersección de la fila de los guitarristas y la columna de las mujeres:

$$P(A \cap D) = \frac{38}{200} = 0{,}19$$

d. Esta probabilidad se puede determinar mediante sucesos complementarios, ya que es más sencillo calcular la probabilidad de escoger a una persona que cante. Así pues, se considera, para los casos favorables, el total en la fila de los cantantes. En consecuencia:

$$P(\overline{C}) = 1 - P(C) = 1 - \frac{92}{200} = 0{,}54$$

e. Por último, para calcular esta probabilidad, se considera, para los casos favorables, la suma de la casilla de intersección de la fila de los cantantes y la columna de los hombres y la probabilidad obtenida en el apartado c, referida a las mujeres guitarristas. Así pues:

$$P(A \cap D) + P(B \cap C) = \frac{38}{200} + \frac{49}{200} = \frac{87}{200} = 0{,}435$$

3.1 EXPERIMENTOS COMPUESTOS INDEPENDIENTES Y DEPENDIENTES

Cuando se trabaja con experimentos compuestos, se debe tener en cuenta si el resultado de uno de los experimentos simples puede influir en el resultado del otro.

Si se lanza un dado dos veces, el resultado obtenido en el primer lanzamiento no influye sobre lo que se obtenga en el segundo. Pero, si se extraen dos cartas de una baraja, el resultado de la primera extracción influirá en la segunda, porque el espacio muestral habrá cambiado, al haber una carta menos.

Cuando se realizan experimentos compuestos y el resultado de un experimento no influye en el resultado de los otros, se dice que los experimentos son **independientes.** Si, por el contrario, el resultado del primero influye en el de los otros, los experimentos son **dependientes.**

Actividad resuelta

En un bol hay 6 frambuesas y 8 moras. Se realizan dos extracciones consecutivas y se observa qué tipo de fruta es.

a. Calcula la probabilidad de que las dos frutas extraídas sean frambuesas, reemplazando la primera fruta extraída antes de sacar la segunda. ¿Se trata de un experimento dependiente o independiente?

b. Calcula la probabilidad de que las dos frutas extraídas sean frambuesas, sin reemplazar la primera fruta tras su extracción. ¿Es un experimento dependiente o independiente?

En primer lugar, se construye un diagrama de árbol para cada uno de los casos, observando que la estructura es la misma, salvo por los valores de las probabilidades:

Con reemplazamiento

1.ª fruta 2.ª fruta

Sin reemplazamiento

1.ª fruta 2.ª fruta

a. Como es con reemplazamiento, hay que atender al primer diagrama de árbol. El cálculo de la probabilidad se obtiene multiplicando las probabilidades de cada una de las ramas:

$$P\text{ (extraer dos frambuesas)} = \frac{6}{14} \cdot \frac{6}{14} = \frac{36}{196} = \frac{9}{49} = 0{,}184$$

Las probabilidades de cada fruta en la segunda extracción no se ven afectadas por la extracción de la primera, por lo que es un experimento independiente.

b. En este caso es sin reemplazamiento, así que hay que centrarse en el segundo diagrama.

$$P\text{ (extraer dos frambuesas)} = \frac{6}{14} \cdot \frac{5}{13} = \frac{30}{182} = \frac{15}{91} = 0{,}165$$

En este caso, la extracción de la primera fruta influye en las probabilidades de extracción de la segunda, por lo que se trata de un experimento dependiente.

4 PROBABILIDAD CONDICIONADA

En los experimentos compuestos dependientes, un experimento depende del resultado del experimento anterior; por lo tanto, su probabilidad está condicionada por el resultado de sucesos anteriores.

Sean dos sucesos, A y B, de un experimento aleatorio compuesto; se denomina **probabilidad de A condicionada a B, P (A/B)**, siempre que B no sea un suceso imposible, a la probabilidad de que tenga lugar el suceso A si previamente ha sucedido el suceso B y se calcula mediante la expresión:

$$P(A/B) = \frac{P(A \cap B)}{P(B)}$$

De esta definición, se puede deducir la siguiente expresión:

$$P(A \cap B) = P(B) \cdot P(A/B)$$

Actividad resuelta

En una clase hay 10 chicos y 12 chicas. De los 10 chicos, 8 viven cerca del colegio y acuden cada día a pie, mientras que el resto usa transporte público. De las 12 chicas, 7 van andando y 5 en transporte público. Contesta a las siguientes preguntas:

a. ¿Cuál es la probabilidad de que, escogiendo un estudiante al azar, vaya en transporte público? ¿Y la probabilidad de que acuda andando?

b. ¿Cuál es la probabilidad de que vaya andando si es un chico?

c. ¿Cuál es la probabilidad de que sea chica si utiliza transporte púbico?

	Andando (A)	Transporte (B)	Total
Chicos (C)	8	**2**	10
Chicas (D)	7	5	12
Total	**15**	**7**	**22**

En primer lugar, se construye la tabla con los datos del enunciado y se completa para obtener después la información de forma más sencilla. También se pueden designar los sucesos mediante letras: A = «ir andando», B = «ir en transporte público», C = «ser un chico» y D = «ser una chica»

a. Los casos favorables serán 7, teniendo en cuenta la columna donde se registra el transporte público, mientras que los posibles son el total de alumnos, es decir, 22. Por tanto:

$$P(B) = \frac{7}{22}$$

Para calcular la probabilidad de que acuda andando, se puede considerar que ir en transporte público e ir andando son dos sucesos complementarios. Así pues:

$$P(A) = 1 - P(B) = 1 - \frac{7}{22} = \frac{15}{22}$$

b. Se trata de una probabilidad condicionada. Como se sabe que es chico y se pide calcular la probabilidad de que vaya andando, el planteamiento será:

$$P(A/C) = \frac{P(A \cap C)}{P(C)} = \frac{8/22}{10/22} = \frac{8}{10} = \frac{4}{5}$$

c. Se pide en este apartado otra probabilidad condicionada. Se sabe que acude en transporte público y se pide calcular la probabilidad de que sea chica; de este modo:

$$P(D/B) = \frac{P(D \cap B)}{P(B)} = \frac{5/22}{7/22} = \frac{5}{7}$$

5 SUCESOS DEPENDIENTES E INDEPENDIENTES

Cuando entre dos sucesos no existe ninguna relación y el que uno ocurra es algo que no depende del otro, se dice que los sucesos son **independientes.** Por el contrario, si el resultado obtenido por uno de ellos influye en el posible resultado del otro, se dice que los sucesos son **dependientes.**

Sucesos independientes

Utilizando la probabilidad condicionada, se puede afirmar que, si dos sucesos son independientes, entonces se verifica que $P(A/B) = P(A)$ o $P(B/A) = P(B)$.

La probabilidad de que ocurra A habiendo ocurrido B coincide con la probabilidad de A, es decir, el suceso A no depende de que haya tenido lugar B:

$$P(A/B) = \frac{P(A \cap B)}{P(B)} \Rightarrow P(A) = \frac{P(A \cap B)}{P(B)} \Rightarrow P(A \cap B) = P(A) \cdot P(B)$$

Esta condición es la que se utiliza para comprobar la independencia de dos sucesos.

Sucesos dependientes

Si dos sucesos son dependientes, entonces $P(A/B) \neq P(A)$ o $P(B/A) \neq P(B)$.

La probabilidad de que ocurra A habiendo ocurrido B no coincide con la probabilidad de A, ya que el suceso A depende de si se ha producido o no el suceso B:

$$P(A \cap B) = P(A) \cdot P(B/A) \text{ o } P(A \cap B) = P(B) \cdot P(A/B)$$

Observa

Los conceptos de sucesos incompatibles y sucesos independientes no son equivalentes: el primero se refiere a conjuntos, y el segundo, a probabilidades.

- Dos sucesos son independientes si:

$$P(A \cap B) = P(A) \cdot P(B)$$

- Dos sucesos son incompatibles si:

$$A \cap B = \varnothing \Rightarrow P(A \cap B) = 0$$

Actividad resuelta

En la siguiente tabla se muestran los datos recogidos en dos clases de 4.º de ESO en relación con el hecho de si los alumnos tienen hermanos o no.

Se elige a un alumno al azar.

a. Calcula la probabilidad de los siguientes sucesos:

A = «elegir un alumno que tenga hermanos»

B = «elegir un alumno de 4.º de ESO A»

$A \cap B$ = «elegir un alumno de 4.º de ESO A y que tenga hermanos»

A/B = «elegir un alumno que tenga hermanos siendo de 4.º de ESO A»

b. Basándote en los cálculos anteriores, ¿son A y B dos sucesos independientes?

	Tiene hermanos	No tiene hermanos	Total
4.º de ESO A	21	6	27
4.º de ESO B	18	8	26
Total	39	14	53

a. Se calculan las probabilidades mediante la regla de Laplace: los casos favorables son los que aparecen indicados en las celdas de la tabla del enunciado y los casos posibles son 53, el número total de alumnos.

$$P(A) = \frac{39}{53} \quad P(B) = \frac{27}{53} \quad P(A \cap B) = \frac{21}{53} \quad P(A/B) = \frac{P(A \cap B)}{P(B)} = \frac{21/53}{27/53} = \frac{21}{27} = \frac{7}{9}$$

b. Se puede observar que son sucesos dependientes, ya que $P(A \cap B) \neq P(A) \cdot P(B)$ y, además: $P(A/B) \neq P(A)$

Actividades resueltas

1 En una urbanización de 100 viviendas, 60 de ellas tienen alarma en el interior, 20 disponen de cámaras en el exterior, y en 12 se han instalado ambos sistemas.

Se elige una vivienda al azar y se consideran los siguientes sucesos: A = «tiene una alarma interior» y B = «tiene una cámara exterior»

a. Calcula las probabilidades de los sucesos A y B.

b. ¿Son compatibles A y B? ¿Y son independientes A y B?

a. Los casos totales son el número de viviendas de la urbanización, es decir, 100. Los casos posibles para los sucesos A y B son, respectivamente, 60 y 20. Por tanto:

$$P(A) = \frac{60}{100} = \frac{3}{5} \qquad P(B) = \frac{20}{100} = \frac{1}{5}$$

b. A fin de constatar si son incompatibles, habría que ver si la probabilidad de la intersección de ambos sucesos es igual a 0. Por el enunciado, sabemos que:

$$P(A \cap B) = \frac{12}{100} \neq 0 \Rightarrow \text{No son incompatibles.}$$

Para ver si son independientes, tendría que cumplirse $P(A \cap B) = P(A) \cdot P(B)$.

$$P(A \cap B) = \frac{12}{100} = \frac{3}{25} \qquad P(A) \cdot P(B) = \frac{3}{5} \cdot \frac{1}{5} = \frac{3}{25}$$

Por tanto, sí son independientes.

2 En un recipiente hay 6 bolas rojas y 4 bolas azules. Se extraen dos bolas sin reemplazamiento y se anota el color.

a. Construye un diagrama de árbol de este experimento aleatorio.

b. ¿Cuál es la probabilidad de que la segunda bola sea roja?

c. ¿Cuál es la probabilidad de que la primera y la segunda bola sean rojas?

d. Determina la probabilidad de que la primera bola haya sido roja si la segunda también lo es. ¿Son independientes estos sucesos?

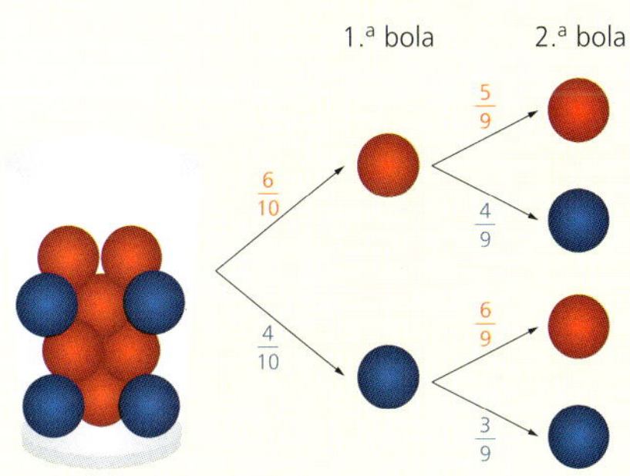

a. Como no hay reemplazamiento, tras la primera extracción quedarán 9 bolas en el recipiente. Teniendo esto en cuenta, se representa el experimento aleatorio mediante el diagrama de árbol del margen.

b. Se localizan las dos líneas que llevan a que la segunda bola sea roja y se suman ambas, multiplicando las probabilidades de cada rama:

$$P(2.^a R) = \frac{6}{10} \cdot \frac{5}{9} + \frac{4}{10} \cdot \frac{6}{9} = \frac{3}{5}$$

c. Este apartado se puede solucionar mediante la regla del producto:

$$P(1.^a R \cap 2.^a R) = \frac{6}{10} \cdot \frac{5}{9} = \frac{1}{3}$$

d. La probabilidad que se plantea es condicionada y, dado que se conocen todos los valores gracias a los apartados anteriores, se puede plantear la siguiente expresión:

$$P(1.^a R / 2.^a R) = \frac{P(1.^a R \cap 2.^a R)}{P(2.^a R)} = \frac{1/3}{3/5} = \frac{5}{9}$$

No son independientes, ya que:

$$\left.\begin{array}{l} P(1.^a R \cap 2.^a R) = \frac{1}{3} \\ P(1.^a R) \cdot P(2.^a R) = \frac{6}{10} \cdot \frac{3}{5} = \frac{18}{50} = \frac{9}{25} \end{array}\right\} P(1.^a R \cap 2.^a R) \neq P(1.^a R) \cdot P(2.^a R)$$

ACTIVIDADES

11 PROBABILIDAD

1 Sucesos. Operaciones con sucesos

1 Clasifica los siguientes experimentos en deterministas o aleatorios:

a. El resultado de un partido de balonmano.

b. Extraer una carta de una baraja española y observar cuál es.

c. Calcular la longitud de una circunferencia de 2 cm de radio.

d. Constatar el color de una bola extraída de una urna que contiene 100 bolas blancas.

2 Se considera el experimento aleatorio consistente en extraer una bola de una bolsa que contiene 4 bolas blancas, 3 bolas rojas, 2 bolas amarillas y 1 bola azul y se considera el suceso A = «extraer una bola roja o amarilla». Describe:

a. Un suceso imposible y otro seguro.

b. Dos sucesos que sean compatibles.

c. Dos sucesos que sean incompatibles.

d. El suceso contrario al suceso A.

3 Se realiza el experimento aleatorio «lanzar un dado» y se consideran los siguientes sucesos asociados:

$A = \{1, 2, 3\}$, $B = \{4, 5, 6\}$ y $C = \{2, 4, 6\}$. Calcula:

a. $A \cup B$	**d.** $A \cap B$	**g.** $\overline{A} \cup \overline{B}$
b. $A \cup C$	**e.** $A \cap C$	**h.** $B \cap \overline{C}$
c. $B \cup C$	**f.** $B \cap C$	**i.** $\overline{B} \cup \overline{C}$

4 Determina el espacio muestral de los siguientes experimentos aleatorios:

a. Extraer una carta de una baraja española y constatar el palo al que pertenece.

b. Elegir al azar un tema de una oposición cuyo temario está formado por 50 temas.

c. Lanzar un dodecaedro con sus caras numeradas y anotar el número que sale.

5 En un espectáculo de magia se le pide a uno de los asistentes pensar en un número al azar del 1 al 40. Considera los siguientes sucesos:

A = «pensar en un número par»

B = «pensar en un número múltiplo de 5»

C = «pensar en un número múltiplo de 11»

D = «pensar en un número múltiplo de 3»

a. Enumera los sucesos elementales de los que constan cada uno de los sucesos anteriores.

b. Calcula $A \cup B$, $(A \cap B) \cup C$, $\overline{A} \cap C$, $A \cup (C \cap D)$, $B \cap C \cap D$ y $B \cap \overline{B}$.

6 En una bolsa hay 100 bolas numeradas del 1 al 100. Se extrae una bola al azar.

a. Determina el espacio muestral.

b. Averigua los sucesos elementales que forman los siguientes sucesos:

A = «extraer un múltiplo de 3»

B = «extraer un número mayor que 200»

C = «extraer un número menor o igual que 100»

c. ¿Son A y B sucesos compatibles?

d. Calcula $A \cap B$, $A \cup B$ y $A \cap C$.

e. Halla los sucesos contrarios a A, B y C.

7 Se extrae una carta de una baraja española y se consideran los sucesos:

A = «sacar un oro»

B = «sacar un rey»

C = «no sacar un as»

a. Describe los sucesos A, B y C.

b. Halla $A \cap B$, $B \cup C$, $\overline{A}$ y $A \cup C$.

8 ⊞ Sean los sucesos $A = \{1, 3, 5, 7\}$, $B = \{1, 2\}$ y $C = \{2, 4, 6\}$. Si el espacio muestral es $E = \{1, 2, 3, 4, 5, 6, 7, 8\}$, calcula:

a. $A \cup B$, $A \cup C$ y $B \cup C$

b. $A \cap B$, $A \cap C$ y $B \cap C$

c. $\overline{A}$, $\overline{B}$ y $\overline{C}$

d. $\overline{A} \cup B$, $A \cap \overline{C}$ y $B \cap \overline{C}$

e. $\overline{A \cup B}$, $\overline{A} \cap \overline{B}$, $\overline{A \cap B}$, $\overline{A} \cup \overline{B}$

2 Probabilidad en experimentos simples

9 Al realizar un control de calidad en una fábrica de artículos de iluminación, se han seleccionado al azar conjuntos de 50 bombillas y se ha anotado cuántas estaban defectuosas. Los resultados han sido los siguientes:

N.º de bombillas	50	100	150	200	250	300
N.º de bombillas defectuosas	2	2	4	5	5	6

¿Podrías determinar la probabilidad de que, elegida una bombilla al azar, esté defectuosa?

10 Una ruleta pentagonal tiene cada uno de sus cinco sectores de un color: rojo, blanco, amarillo, azul y verde. Se hace girar la ruleta 100 veces y se obtienen los siguientes resultados:

Color	Rojo	Blanco	Amarillo	Azul	Verde
Frecuencia	21	22	18	19	20

Considera estos sucesos:

A = «sacar color rojo o blanco»

B = «no sacar color azul»

C = «sacar un color que no sea ni verde ni rojo»

a. Determina el espacio muestral de este experimento y calcula las frecuencias relativas de cada suceso elemental. ¿Cuánto suman todas las frecuencias relativas?

b. Halla la frecuencia relativa de los sucesos A, B y C.

c. Calcula la frecuencia relativa del suceso $\overline{A}$.

d. Determina cuánto sumarán las frecuencias de los sucesos A y $\overline{A}$.

11 Al observar durante 8 días los 100 primeros vehículos que pasan por un determinado túnel y anotar cuántos son de color rojo, se obtiene el siguiente resultado:

Día	1.º	2.º	3.º	4.º	5.º	6.º	7.º	8.º
N.º de vehículos	7	9	7	8	9	9	8	8

a. Calcula la frecuencia relativa del número de vehículos rojos que circulan por el túnel cada día.

b. ¿Podrías determinar la probabilidad de este suceso?

c. Al día siguiente y en el mismo lugar, ¿podría predecirse cuántos vehículos de los 50 primeros serán de color rojo?

12 Una bolsa tiene bolas de diferentes colores: verdes, rojas, azules y amarillas. Se extraen 50 bolas en 5 series. El número de bolas verdes y azules obtenidas en cada serie se recoge en la siguiente tabla:

Serie	1.ª	2.ª	3.ª	4.ª	5.ª
N.º de bolas verdes	6	6	5	4	5
N.º de bolas azules	17	19	21	19	20

a. Calcula la frecuencia relativa de los sucesos «sacar bola verde» y «sacar bola azul» en cada una de las series.

b. Determina la frecuencia relativa del suceso «sacar bola verde o bola azul» en cada una de las series.

c. Si se realiza otra serie más, ¿cuántas bolas verdes crees que saldrán? ¿Y azules?

13 Una clase de 3.º de ESO está formada por 20 chicos y 12 chicas. Si se elige un alumno al azar, ¿cuál es la probabilidad de que sea un chico? ¿Y de que sea una chica?

14 El despertador de María se adelanta y se atrasa de forma impredecible. El último año sonó a la hora correcta 348 días, se retrasó un minuto en 15 ocasiones y se adelantó dos minutos en 2 ocasiones. Calcula la probabilidad experimental de que:

a. Mañana suene a la hora correcta.

b. Mañana suene con un minuto de retraso.

c. Mañana suene con dos minutos de adelanto.

15 Un libro de 525 páginas se abre por una página al azar. Calcula la probabilidad de que la página:

a. Sea la 324 o la 325.

b. Sea una página par.

c. Sea una página anterior a la 186.

16 De una baraja española se extrae una carta al azar. Calcula la probabilidad de los siguientes sucesos:

a. A = «sacar copas»

b. B = «sacar un as»

c. C = «sacar el as de copas»

d. D = «sacar un diamante»

e. E = «no sacar copas»

f. F = «sacar un caballo y un as»

17 Ainhoa ha creado una lista musical con 7 canciones de *rock*, 9 de *rap*, 3 de *reguetón* y 4 de *trap*. Se reproduce una canción al azar; calcula la probabilidad de los siguientes sucesos:

a. Reproducir una canción de *rock*.

b. No reproducir una canción de *trap*.

c. Reproducir una canción de *rap* o de *reguetón*.

d. Reproducir una canción de *trap* o de *rock*.

18 Indica si es posible aplicar la regla de Laplace para determinar la probabilidad en las siguientes situaciones y, en caso afirmativo, calcúlala:

a. De una bolsa con 100 bolas numeradas del 1 al 100, halla la probabilidad de obtener la bola con el 34 si las bolas acabadas en 0 tienen mas probabilidad de salir que el resto.

b. Averigua la probabilidad de extraer al azar el seis doble de una caja que contiene todas las fichas de dominó.

c. Calcula la probabilidad de obtener una bola roja al extraer una bola de una urna que contiene 4 bolas rojas, 4 bolas blancas y 2 bolas azules, sabiendo que todas ellas tienen la misma probabilidad de salir.

19 Un jugador de fútbol marca habitualmente el 7 % de las faltas que lanza; ¿cuál es la probabilidad de que no marque una falta?

20 Se ha realizado un control de calidad en una fábrica de tuercas y se ha concluido que, de cada 1 000 tuercas, 15 son defectuosas. Se elige una tuerca al azar: calcula la probabilidad de que no sea defectuosa.

21 Se hace girar una ruleta con 25 compartimentos numerados del 1 al 25 y se anota el número en el que se sitúa la bola. Calcula la probabilidad de los siguientes sucesos:

a. A = «sacar un número que no sea múltiplo de 5»

b. B = «sacar un número mayor que 25»

c. C = «sacar un número múltiplo de 2»

d. $B \cap C$

e. $A \cup C$

22 ++ Una urna contiene 8 bolas numeradas del 1 al 8. Se extrae al azar una de ellas y se consideran los siguientes sucesos: A = «sacar número par», B = «sacar múltiplo de 5» y C = «sacar múltiplo de 3»

a. Describe los elementos de cada suceso.

b. Determina P (A), P (B) y P (C).

c. Calcula $A \cap B$ y $P(A \cap B)$. ¿Cómo son A y B: compatibles o incompatibles?

d. Halla $A \cap C$ y $P(A \cap C)$. ¿Cómo son A y C: compatibles o incompatibles?

e. Deduce de los datos anteriores $P(A \cup B)$ y $P(A \cup C)$.

23 La probabilidad de que salga un número u otro al lanzar un dado 1 000 veces se recoge en la siguiente tabla:

Resultado	1	2	3	4	5	6
Probabilidad	0,16	0,16	0,17	0,17	0,17	0,17

Si se consideran los sucesos A = {1, 2}, B = {2, 3, 4} y C = {1, 5, 6}, calcula estas probabilidades:

a. $P(A \cup B)$ b. $P(A \cup C)$ c. $P(B \cup C)$

24 Los sucesos A y B son incompatibles. Teniendo en cuenta que P (A) = 0,2 y P (B) = 0,5, calcula:

a. $P(A \cap B)$

b. $P(A \cup B)$

c. $P(\overline{A})$

d. $P(\overline{B})$

25 Los sucesos A y B son compatibles. Teniendo en cuenta que P (A) = 0,25, P (B) = 0,55 y $P(A \cap B) = 0,2$, calcula $P(A \cup B)$.

26 + Sean A y B dos sucesos de un experimento aleatorio tales que P (A) = 0,45, P (B) = 0,75 y $P(A \cup B) = 0,88$.

a. Calcula la probabilidad del suceso $A \cap B$ y determina si los sucesos son compatibles.

b. Halla la probabilidad de $\overline{A}$ y de $\overline{A \cup B}$.

3 Probabilidad en experimentos compuestos

27 Construye un diagrama de árbol para el experimento aleatorio consistente en lanzar tres monedas y calcula la probabilidad de obtener:

a. Tres caras.

b. Dos cruces y una cara.

c. Dos caras y una cruz.

28 Se lanza una moneda y se extrae una bola de una bolsa que tiene 5 bolas blancas y 3 negras. ¿Son experimentos independientes? ¿Cuál es la probabilidad de que salga cara y la bola sea negra?

29 En una bolsa hay 6 bolas blancas, 5 bolas azules, 3 bolas amarillas, 4 bolas verdes y 2 bolas negras. Se extrae una de ellas, se anota el color, se introduce en la bolsa y se vuelve a extraer una segunda bola. Calcula la probabilidad de que:

a. Las dos bolas hayan sido azules.

b. La primera bola sea blanca y la segunda, amarilla.

c. Se haya obtenido una bola azul y otra verde en cualquier orden.

30 Una urna contiene 6 bolas blancas y 4 bolas negras. Se extraen dos bolas de la urna con devolución.

a. Elabora el diagrama de árbol del experimento aleatorio.

b. Calcula la probabilidad de que salga la primera bola blanca y la segunda negra.

c. Halla la probabilidad de que salgan dos bolas negras.

d. Determina la probabilidad de que salga al menos una bola blanca.

31 Construye una tabla de doble entrada para el experimento aleatorio que consiste en lanzar dos monedas y contar el número de caras, y calcula la probabilidad de que:

a. El número de caras sea 2.

b. El número de caras sea 0.

c. El número de caras sea 1.

32 Se lanzan una moneda y un dado dodecaédrico con sus caras numeradas del 1 al 12.

a. Construye una tabla de doble entrada en la que se describa el espacio muestral.

b. Halla la probabilidad de que salga cara y un número par.

c. Determina la probabilidad de que salga cruz y un número múltiplo de 3.

d. Calcula la probabilidad de obtener en el dado un número múltiplo de 4.

33 Se ha realizado una encuesta en la que se pregunta si existe, o no, la manipulación informativa en los medios de comunicación. La información obtenida queda recogida en la siguiente tabla:

	Sí	No	No sabe/no contesta
Hombres	205	53	30
Mujeres	185	43	21

Se elige un encuestado al azar. Calcula la probabilidad de los siguientes sucesos:

a. Que haya dicho que sí.

b. Que haya dicho que no sabe o que no contesta.

c. Que sea hombre y haya dicho que no.

d. Que sea mujer.

34 ⊞ En un congreso se reúnen 50 matemáticas y 50 físicas de tres nacionalidades: entre ellas, hay 10 matemáticas argentinas, 15 matemáticas alemanas, 12 físicas alemanas y 20 físicas indias. Construye una tabla de contingencia completando los datos que faltan. Si se selecciona una científica al azar; calcula la probabilidad de que:

a. Sea una física argentina.

b. Sea una matemática india.

c. Sea una física india.

d. Sea alemana.

e. Sea argentina o india.

35 Los alumnos y alumnas de un centro educativo están distribuidos por cursos de la siguiente forma:

	1.º de ESO	2.º de ESO	3.º de ESO	4.º de ESO
Alumnos	55	45	40	25
Alumnas	65	55	40	35

Se selecciona un alumno al azar. Calcula las siguientes probabilidades:

a. Elegir un alumno de 3.º de ESO.

b. Elegir una alumna de 1.º o 2.º de ESO.

c. Elegir un alumno o alumna de 4.º de ESO.

d. Elegir un alumno o alumna de 1.º de ESO o 3.º de ESO.

36 A 18 de los 30 alumnos de cierta clase de 4.º de ESO les gusta el grupo musical A, y a 16, el grupo musical B, mientras que a 10 les encantan ambos grupos. Se elige a un alumno al azar. Calcula las siguientes probabilidades:

a. Le gusta el grupo A.

b. Le gusta el grupo B.

c. Le gusta el grupo A y el grupo B.

d. Le gusta el grupo A o el grupo B.

e. Le gusta el grupo A, pero no el B.

f. No le gusta ni el grupo A ni el grupo B.

37 Sean dos sucesos aleatorios, A y B, tales que $P(A) = 0{,}7$, $P(B) = 0{,}2$ y $P(A \cap B) = 0{,}1$. Calcula las siguientes probabilidades:

a. $P(A \cup B)$ b. $P\left(\overline{A \cap B}\right)$

38 De una encuesta realizada a 300 personas sobre la inclusión de la quinoa y el cuscús en su dieta, se deduce que 210 encuestados consumen quinoa; 150, cuscús, y 92, ambos alimentos.

a. ¿Cuántas personas consumen solo quinoa?

b. Si se elige a un encuestado al azar, calcula la probabilidad de que consuma alguno de los dos productos.

39 Se tienen dos barajas españolas y se extrae una carta de cada una. Calcula las siguientes probabilidades:

a. Sacar un as de la primera baraja y un rey de la segunda.

b. Sacar dos oros.

40 + El vestuario de Juan está formado por 2 pantalones vaqueros de color azul, 3 pantalones vaqueros de color marrón, 1 pantalón de color verde y 1 pantalón de color beige. Además, tiene 3 camisas blancas, 2 camisas azules, 1 camisa de color rojo y 2 camisas verdes. Se considera el experimento que consiste en elegir al azar un pantalón y una camisa.

a. Construye un diagrama en árbol en el que se muestren las posibles indumentarias de Juan atendiendo únicamente al color de los pantalones y de las camisas.

b. ¿Se trata de un experimento compuesto? Enumera los experimentos simples y determina si son dependientes o independientes.

c. Calcula la probabilidad de que haya sacado un pantalón vaquero azul y una camisa roja.

41 + Determina la probabilidad de que, al lanzar tres dados:

a. Salga solo un uno.

b. No salga ningún seis.

c. Salgan dos cincos.

d. Salgan tres cincos.

e. No salga ningún cinco.

f. Salga al menos un seis.

42 ++ Se extraen tres bolas con reemplazamiento de una urna que contiene 6 bolas rojas, 5 bolas blancas y 4 bolas azules. Calcula la probabilidad de los siguientes sucesos:

a. Sacar 2 bolas rojas.

b. Sacar 3 bolas azules.

c. Sacar 2 bolas blancas y una azul.

d. Sacar al menos 2 bolas azules.

e. No sacar ninguna bola roja.

4 Probabilidad condicionada

43 Se extraen dos piezas de ajedrez de una caja sin reemplazamiento. Calcula las siguientes probabilidades:

a. La primera es un rey, y la segunda, un caballo.

b. Las dos son blancas.

c. La segunda es un alfil, y la primera también lo ha sido.

44 Una caja de lazos de pasta contiene 30 lazos verdes, 15 lazos blancos y 10 lazos rojos. Se extraen 2 lazos al azar sin reemplazamiento.

a. Construye el diagrama de árbol del experimento.

b. Calcula la probabilidad de que los dos sean del mismo color.

c. Halla la probabilidad de que el segundo sea verde si el primero ha sido blanco.

45 Se tienen dos urnas que contienen bolas blancas y negras. En la primera urna hay 3 bolas blancas y 7 negras, y en la segunda, 7 bolas blancas y 3 negras. Se lanza una moneda al aire: si sale cara, se extrae una bola de la primera urna, y si sale cruz, la bola se extrae de la segunda urna. Construye el diagrama de árbol del experimento aleatorio.

a. Determina la probabilidad de obtener una bola blanca.

b. Determina la probabilidad de obtener cara y una bola blanca.

c. Calcula la probabilidad de haber obtenido cara si ha salido una bola blanca.

46 + La entrenadora de un equipo de fútbol está repartiendo al azar los dorsales, del 1 al 32, para la siguiente temporada. Las dos primeras jugadoras en recibir el dorsal son las capitanas, que no pueden obtener ni el 1 ni el 13, pues ambos están reservados para las porteras.

a. ¿Cuál es la probabilidad de que a las dos capitanas les corresponda un número múltiplo de 3?

b. ¿Cuál es la probabilidad de que la segunda capitana reciba un dorsal que sea múltiplo de 5?

c. ¿Cuál es la probabilidad de que a la primera capitana se le haya asignado un número par si la segunda lo ha obtenido?

47 La siguiente tabla muestra el número de alumnos, padres y profesores que han acudido a la fiesta de fin de curso de dos centros de enseñanza, A y B:

	Alumnos	Padres	Profesores
Centro A	260	100	30
Centro B	140	80	20

Se elige una persona al azar. Calcula la probabilidad de:

a. Que sea padre.

b. Que pertenezca al centro A si es alumno.

c. Que sea padre si pertenece al centro B.

d. Que sea profesor si pertenece al centro A.

48 La comunidad de procedencia y el sexo de los visitantes a la Catedral de León un día determinado se recogen en la siguiente tabla:

	Andalucía	Galicia	País Vasco
Hombre	125	80	45
Mujer	250	40	34

Se elige una persona al azar. Calcula las probabilidades de que:

a. Sea andaluz.

b. Sea hombre.

c. Sea andaluz y hombre.

d. Sea andaluz si es hombre.

e. Sea hombre si es andaluz.

f. Sea mujer gallega o mujer vasca.

g. Sea de Galicia si es mujer.

h. Sea del País Vasco si es mujer.

5 Sucesos dependientes e independientes

49 Se ha estudiado el color de los ojos de una población de adolescentes compuesta por 200 chicos y 300 chicas. Hay 30 chicos y 70 chicas con los ojos azules, 50 chicos y 60 chicas con los ojos verdes y el resto con los ojos negros.

Construye una tabla de contingencia que describa este estudio.

Dados los sucesos A = «tener los ojos azules», B = «ser chica» y C = «tener los ojos negros», determina si son dependientes o independientes:

a. Los sucesos A y B, calculando P (A/B) y P (B/A).

b. Los sucesos B y C, calculando P (B/C) y P (C/B).

50 La probabilidad de que un alumno apruebe Inglés es de 0,6 y la probabilidad de que apruebe Matemáticas es de 0,4. ¿Cuál es la probabilidad de que apruebe las dos materias?

51 Un jugador de baloncesto dispone de tres tiros libres para encestar. Si su porcentaje de acierto es del 65 %:

a. ¿Cuál es la probabilidad de que enceste los dos primeros lanzamientos?

b. ¿Cuál es la probabilidad de que falle el primer lanzamiento y acierte los otros dos?

52 Un producto se somete a tres controles de calidad. La probabilidad de pasar dichos controles es de 0,99, 0,98 y 0,95, respectivamente. Suponiendo que los resultados de las pruebas de control son independientes:

a. ¿Cuál es la probabilidad de que un nuevo artículo pase los dos primeros controles?

b. Calcula la probabilidad de que un nuevo artículo no pase el primer control y sí los dos siguientes.

53 Sean dos sucesos aleatorios, A y B, tales que $P(A) = 0{,}4$, $P(B) = 0{,}5$ y $P(A \cap B) = 0{,}2$. ¿Son independientes?

54 Sean dos sucesos aleatorios, A y B, tales que $P(A) = 0{,}8$, $P(B) = 0{,}3$ y $P(A \cup B) = 1$. ¿Son independientes?

55 ⊞ Se extraen dos cartas de una baraja española y se consideran los siguientes sucesos:

A = «sacar un oro en la primera extracción»

B = «sacar un as en la segunda extracción»

a. Establece la probabilidad de los sucesos A y B cuando existe reemplazamiento y determina si son sucesos dependientes o independientes.

b. Halla la probabilidad de los sucesos A y B cuando no existe reemplazamiento y determina si son sucesos dependientes o independientes.

56 ⊞⊞ Se extraen dos croquetas de una bolsa que contiene 10 croquetas de jamón, 5 croquetas de boletus y 8 croquetas de gambas. Se consideran los siguientes sucesos:

A = «sacar una croqueta de jamón en la primera extracción»

B = «sacar una croqueta de boletus en la segunda extracción»

a. Determina la probabilidad de los sucesos A y B cuando existe reemplazamiento y determina si son dependientes o independientes.

b. Halla la probabilidad de los sucesos A y B cuando no existe reemplazamiento y determina si son dependientes o independientes.

PARA QUE LAS COSAS OCURRAN

EDELVIVES

PROYECTO EDITORIAL Y DIRECCIÓN DE CONTENIDOS
Departamento de Proyectos Educativos GE

AUTORÍA
María Presentación García López
Pedro Ortega Pulido
Francisco Torres Quesada

EDICIÓN
Área de Proyectos Educativos Edelvives

CORRECCIÓN
José María Sotillos Martín

PROYECTO VISUAL Y DIRECCIÓN DE ARTE
Departamento de Imagen y Diseño GE

DISEÑO GRÁFICO DEL PROYECTO
Departamento de Imagen y Diseño GE

DISEÑO DE LOS ESPACIOS *MAKER*
Bordó Buenos Aires

INFOGRAFÍA
Ramón Colera

FOTOGRAFÍA
Istockphoto, Age Fotostock

COORDINACIÓN DE PRODUCCIÓN Y MAQUETACIÓN
Área de Producción Editorial GE

MAQUETACIÓN
Silvia Román (JLRestudio)

IMPRESIÓN
Edelvives Talleres Gráficos. Certificado ISO 9001
Impreso en Zaragoza, España

Código: 171610
ISBN: 978-84-140-2709-7
Depósito legal: Z 421-2020

Los espacios incluidos son meramente indicativos y su finalidad es didáctica.

Todas las actividades contenidas en este libro han de realizarse en un cuaderno aparte.